HUODIANCHANG YANQI TUOLIU ZHUANGZHI YUNXING JIANXIU
GANGWEI PEIXUN JIAOCAI

# 火电厂烟气脱硫装置运行检修岗位培训教材

本书编委会

中国电力出版社
CHINA ELECTRIC POWER PRESS

## 内 容 提 要

随着我国烟气脱硫产业的快速发展，石灰石—石膏湿法烟气脱硫装置得到了广泛应用。

本书针对石灰石—石膏湿法烟气脱硫装置做了详细介绍，主要介绍了湿法烟气脱硫理论、烟气脱硫装置组成及设备，重点介绍了湿法烟气脱硫装置的运行与维护、湿法烟气脱硫装置检测、装置检修及湿法烟气脱硫装置性能试验，并对烟气脱硫装置常见故障分析处理等内容进行了重点阐述。

本书适用于从事火力发电厂脱硫装置运行、维护和管理工作的技术人员使用，也可作为火力发电厂生产人员的培训教材和电力高等院校课程教材。

**图书在版编目（CIP）数据**

火电厂烟气脱硫装置运行检修岗位培训教材/《火电厂烟气脱硫装置运行检修岗位培训教材》编委会编. —北京：中国电力出版社，2012.3（2020.6重印）

ISBN 978-7-5123-2258-5

Ⅰ.①火… Ⅱ.①火… Ⅲ.①火电厂-烟气脱硫-技术培训-教材 Ⅳ.①X773.013

中国版本图书馆 CIP 数据核字（2011）第 215763 号

中国电力出版社出版、发行
（北京市东城区北京站西街 19 号 100005 http://www.cepp.sgcc.com.cn）
三河市百盛印装有限公司印刷
各地新华书店经售

＊

2012 年 3 月第一版　2020 年 6 月北京第三次印刷
787 毫米×1092 毫米　16 开本　18 印张　407 千字
印数 4501—5500 册　定价 **54.00 元**

**版 权 专 有　侵 权 必 究**

本书如有印装质量问题，我社营销中心负责退换

# 编 委 会

**主　　编**　王志轩

**副主编**　潘　荔

**参　　编**　毛专建　张静怡　胡振华　杜云贵
　　　　　　唐小健　聂　华　蒙　剑　喻江涛
　　　　　　潘　红　周晓瑾　汪　琦　李紫龙
　　　　　　丁小红　刘艳荣　徐先周　秦福初
　　　　　　曾庭华　胡健民　李晓芸

○ 火电厂烟气脱硫装置运行检修岗位培训教材

# 前　言

我国是世界上最大的煤炭生产和消耗国，在能源结构上，原煤占能源消费总量的70%，是世界上少数几个以煤为主要能源的国家之一。煤炭消费可分为工业用煤和生活用煤两个部分，工业用煤主要集中在电力、建材、钢铁和化工行业，其中电力行业是我国用煤大户。2009年我国电力工业发电消耗标煤量15.6亿万t，$SO_2$排放总量948万t，提前完成"十一五"1000万t的目标。随着我国国民经济的快速发展，"十二五"期间电力工业的首要任务依然是发展，作为主要电源供应的燃煤发电机组仍将逐年增加，由此排放的$SO_2$量也将逐年增加，电力工业控制$SO_2$排放的任务依然严峻。

就当前的技术水平和现实能力而言，烟气脱硫是降低电站锅炉$SO_2$排放最有效的技术手段，也是目前世界上应用最广泛的一种$SO_2$排放控制技术，而且烟气脱硫装置布置在锅炉尾部，对锅炉系统没有显著的影响，既可用于新装机组，也可用于现有机组的脱硫改造。因此，烟气脱硫技术已发展成了世界上应用最广、商业化规模最大的二氧化硫控制技术。

烟气脱硫始于20世纪30年代的湿法实验，最早的工业脱硫装置是英国伦敦电力公司的石灰石洗涤法和加拿大Cominco公司的氨洗涤法。在长期的发展和工业实践中，世界各国开发出了200余种采用不同脱硫剂或利用不同脱除机理的技术和工艺，在我国有应用业绩的脱硫工艺也有十多种，如石灰石—石膏法、烟气循环流化床法、旋转喷雾半干法、磷铵肥法、电子束脱硫氨法、脉冲电晕法、炉内喷钙法、双碱法、亚硫酸铵法、简易石灰石法、海水脱硫法等。

实践证明：石灰石/石灰—石膏湿法烟气脱硫技术是目前世界上脱硫技术最成熟、应用业绩最多、运行状况较为稳定的工艺，日本、德国、美国等国家90%以上的脱硫装置均采用该工艺，中国也不例外。截至2009年底，我国火电厂烟气脱硫装机容量达到4.61亿kW，占总装机容量的70.7%，其中约有92%的脱硫机组采用石灰石/石灰—石膏湿法。

随着大量石灰石/石灰—石膏湿法烟气脱硫装置的运行，脱硫装置已成为火电厂除锅炉、汽轮机和发电机外的又一主要设备，其运行与管理水平的高低直接影响到电站的经济性与安全性。目前部分脱硫装置故障率较高，而大多数电厂运行人员对烟气脱硫装置的组成、特点与运行规律，以及在解决影响脱硫装置安全稳定运行的结垢、堵塞和腐蚀问题等方面技能和经验还比较欠缺。

针对上述现状，中国电力企业联合会组织有关单位结合石灰石—石膏湿法脱硫工程实践编制了本书内容，并对石灰石—石膏湿法烟气脱硫装置做了详细介绍，主要内容可归纳为四个部分，第一部分（第一、二章）阐述了石灰石—石膏湿法烟气脱硫理论及工艺流程；详细介绍了各子系统及主要设备，包括烟气系统中的增压风机、烟气换热器（GGH）；$SO_2$ 吸收系统的循环泵、除雾器；石膏脱水系统中的旋流器、脱水机等。第二部分（第三、四章）介绍了石灰石—石膏湿法烟气脱硫装置的运行与维护，并详细介绍了烟气脱硫装置运行参数的检测与控制方法。第三部分（第五、六章）介绍了石灰石—石膏湿法烟气脱硫装置的检修及相关性能参数的测试实验方法，包括脱硫效率、石灰石耗量和电耗等的测量方法。第四部分（第七章）详细介绍了石灰石—石膏湿法烟气脱硫装置常见运行问题及处理，特别针对脱硫效率低、脱硫系统入口参数变化大等现象进行了详细的原因分析。

书中不足之处，敬请各位专家和读者批评指正。

编　者<br>
2011 年 11 月

火电厂烟气脱硫装置运行检修岗位培训教材

# 目 录

前言

## 第一章 石灰石—石膏湿法烟气脱硫理论基础 ................................ 1
 第一节 石灰石—石膏湿法烟气脱硫原理 ................................ 1
 第二节 吸收剂石灰石特性 ................................ 6
 第三节 石灰石活性 ................................ 14
 第四节 影响石灰石—石膏湿法烟气脱硫效率的主要因素 ................................ 22

## 第二章 烟气脱硫装置及主要设备 ................................ 31
 第一节 脱硫工艺流程 ................................ 31
 第二节 烟气系统及设备 ................................ 33
 第三节 吸收塔系统及设备 ................................ 63
 第四节 石灰石浆液制备系统及主要设备 ................................ 91
 第五节 石膏脱水系统及主要设备 ................................ 103
 第六节 脱硫废水处理系统及主要设备 ................................ 111
 第七节 控制系统及主要设备 ................................ 118
 第八节 其他系统及主要设备 ................................ 119

## 第三章 烟气脱硫装置运行与维护 ................................ 124
 第一节 脱硫装置启动与停运 ................................ 124
 第二节 脱硫装置可靠性与运行调整 ................................ 137
 第三节 脱硫装置运行中设备的防腐防垢 ................................ 145
 第四节 脱硫设备检查和维护 ................................ 150
 第五节 脱硫副产品的质量控制与利用 ................................ 158

## 第四章 烟气脱硫装置运行参数的检测与控制 ................................ 164
 第一节 脱硫装置运行参数检测 ................................ 164
 第二节 脱硫装置顺序控制、保护及连锁 ................................ 173
 第三节 脱硫装置模拟量闭环控制 ................................ 179

## 第五章 烟气脱硫装置检修 ................................ 184

第一节　检修基本概念与基本原则 …………………………………………… 184
　　第二节　脱硫装置的检修管理 ………………………………………………… 185
　　第三节　检修工艺及质量要求 ………………………………………………… 189
第六章　烟气脱硫装置的性能试验 …………………………………………………… 205
　　第一节　概述 …………………………………………………………………… 205
　　第二节　性能试验准备 ………………………………………………………… 208
　　第三节　脱硫率测量 …………………………………………………………… 211
　　第四节　石灰石消耗量测量 …………………………………………………… 215
　　第五节　电耗等测量 …………………………………………………………… 218
　　第六节　除雾器液滴含量测量 ………………………………………………… 221
　　第七节　石膏品质及其他化学分析 …………………………………………… 223
　　第八节　其他项目测量 ………………………………………………………… 225
第七章　烟气脱硫装置运行常见故障及处理 ………………………………………… 233
　　第一节　脱硫装置主要设备常见故障 ………………………………………… 233
　　第二节　脱硫装置运行调整中常见问题分析 ………………………………… 267
参考文献 …………………………………………………………………………………… 280

# 第一章

# 石灰石—石膏湿法烟气脱硫理论基础

## 第一节 石灰石—石膏湿法烟气脱硫原理

**一、脱硫主要化学反应**

用石灰石浆液吸收 $SO_2$ 的反应主要发生在吸收塔内,由于进行的化学反应多且非常复杂,至今仍不完全清楚全部反应的细节。一般认为该反应过程由 $SO_2$ 的吸收、石灰石的溶解、亚硫酸盐的氧化和石膏结晶等一系列物理化学过程组成。

1. $SO_2$ 的吸收

气相(g) $SO_2$ 进入液相(aq),首先发生如下一系列反应

$$SO_2(g) + H_2O \rightleftharpoons H_2SO_3(aq)$$

$$H_2SO_3(aq) \rightleftharpoons H^+ + HSO_3^-$$

$$HSO_3^- \rightleftharpoons H^+ + SO_3^{2-}$$

上述反应都是可逆的,$SO_2$ 进入液相后被吸收的程度与溶液的 pH 值有关,只有当 pH 值较高时,$HSO_3^-$ 的二级电离才会产生较高浓度的 $SO_3^{2-}$。图 1-1 表示了这种关系,其中显示了 $H_2SO_3$、$SO_3^{2-}$、相对含量和 pH 值(即 $H^+$ 浓度)的关系。当 pH 值低于 2.0 时,被吸收的 $SO_2$ 大多以 $H_2SO_3$ 的形式存在于液相中;当 pH 值为 4.0~5.0 时,$H_2SO_3$ 主要离解成 $HSO_3^-$;当 pH 值上升到 6.5 以上时,液相中主要是 $SO_3^{2-}$。在石灰石—石膏湿法 FGD 工艺中,吸收塔的 pH 值基本上控制在 5.0~6.0 之间,所以进入水中的 $SO_2$ 主要以 $HSO_3^-$ 的形式存在。

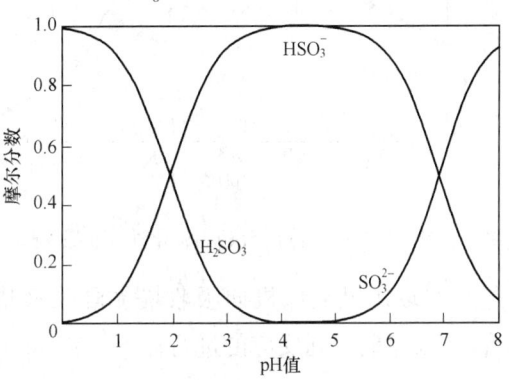

图 1-1 亚硫酸平衡曲线

为确保最有效地吸收 $SO_2$,液相中至少必须去掉一种反应产物,以保证平衡继续向右移动,从而使 $SO_2$ 继续不断地进入溶液。为达此目的,一方面加入吸收剂 $CaCO_3$ 浆液,以消耗氢离子;另一方面通过加入氧气使 $SO_3^{2-}$、$HSO_3^-$ 离子氧化生成硫酸盐。

2. 石灰石的溶解和中和反应

研究表明,在脱硫过程中,石灰石需先溶于水后才能与 $SO_2$ 反应,而不能以固态的

形式与 $SO_2$ 反应。石灰石在常温常压下属于极难溶物质，在酸性条件下石灰石的溶解过程如下

$$CaCO_3(s)+H_2O \longrightarrow CaCO_3(aq)+H_2O$$
$$CaCO_3(aq)+H^+ +HSO_3^- \longrightarrow Ca^{2+} +SO_3^{2-} +H_2O+CO_2(g)$$
$$SO_3^{2-} +H^+ \rightleftharpoons HSO_3^-$$

石灰石按上述反应式溶解，由化学过程（反应动力学过程）和物理过程（反应物从石灰石粒子中迁移出的扩散过程）决定。当 pH 值在 5.0～7.0 之间时，这两种过程一样重要；但是在 pH 值较低时，扩散速度限制着整个过程；而在碱性范围内，颗粒表面的化学动力学过程是起主要作用的。

低 pH 值有利于 $CaCO_3$ 的溶解，当 pH 值在 4.0～6.0 之间时，石灰石的溶解速率按近似线性的规律加快，直至 pH=6.0 为止。为提高 $SO_2$ 的吸收量，需要尽可能保持较高的 pH 值，这只能提高石灰石浆液的浓度，以加快动力学过程，从而加快氢离子的消耗。但悬浮液中 $CaCO_3$ 含量过高，在最终产物和废水中的 $CaCO_3$ 含量也都会增高，一方面增加了吸收剂的消耗，另一方面降低了石膏的质量。因此，在实际工程应用中，应寻求两者的平衡点，即选用既有利于石灰石的溶解又有利于 $SO_2$ 高效脱除的 pH 值范围。

为了尽可能提高浆液的化学反应活性，增大石灰石颗粒的比表面积是必要的。因此，在脱硫系统中使用的石灰石粉，其颗粒度大都为 40～60$\mu m$，个别还有 20$\mu m$，目前典型的要求是 90% 的石灰石粉通过 325 目（44$\mu m$）。

3. 亚硫酸盐的氧化

对 $SO_2$ 在水溶液中氧化动力学的研究表明，$HSO_3^-$ 在 pH 值为 4.5 时氧化速率最大（见图 1-2）。但实际运行中，浆液的 pH 值在 5.0～6.0 之间，在此条件下，$HSO_3^-$ 很不容易被氧化，为此，工艺上采取用氧化风机向吸收塔循环浆液槽中鼓入空气的方法，使 $HSO_3^-$ 强制氧化成 $SO_4^{2-}$，以保证下列反应的进行

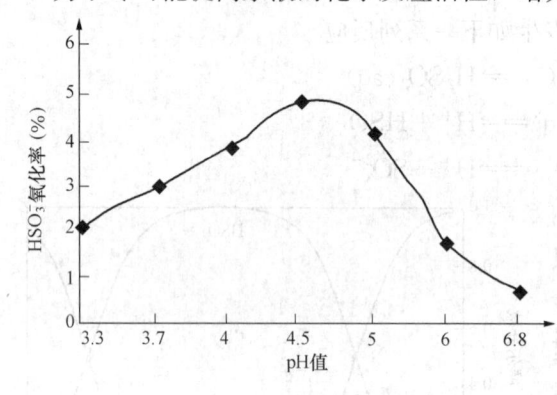

图 1-2 pH 值对 $HSO_3^-$ 氧化速率的影响

$$HSO_3^- +\frac{1}{2}O_2 \longrightarrow HSO_4^- \rightleftharpoons H^+ +SO_4^{2-}$$

氧化反应使大量 $HSO_3^-$ 转化成 $SO_4^{2-}$，加之生成的 $SO_4^{2-}$ 会与 $Ca^{2+}$ 发生反应，生成溶解度相对较小的 $CaSO_4$，更加大了 $SO_2$ 溶解的推动力，从而使 $SO_2$ 不断地由气相转移到液相，最后生成有用的石膏。同时 $SO_3^{2-}$ 也发生氧化反应生成 $SO_4^{2-}$

$$SO_3^{2-} +\frac{1}{2}O_2 \longrightarrow SO_4^{2-}$$

亚硫酸盐的氧化除受 pH 值的影响外，还受到如锰、铁、镁等具有催化作用的金属离子的影响，这些离子的存在加速了 $HSO_3^-$ 的氧化速率。这些金属离子主要是由吸收剂、

烟气引入的。

4. 石膏的结晶和析出

形成硫酸盐之后，吸收 $SO_2$ 的反应进入最后阶段，即生成固态盐类结晶，并从溶液中析出。石灰石—石膏湿法脱硫工艺生成的是硫酸钙，从溶液中析出的是石膏 $CaSO_4 \cdot 2H_2O$。在实际工程应用中，由于氧化程度的不同，还会生成部分半水亚硫酸钙等沉淀物，这是造成设备结垢的原因之一。反应式如下

$$Ca^{2+} + SO_4^{2-} + 2H_2O \longrightarrow CaSO_4 \cdot 2H_2O(s)$$

$$Ca^{2+} + SO_3^{2-} + \frac{1}{2}H_2O \longrightarrow CaSO_3 \cdot \frac{1}{2}H_2O(s)$$

$$Ca^{2+} + (1-x)SO_3^{2-} + xSO_4^{2-} + \frac{1}{2}H_2O \longrightarrow (CaSO_3)_{(1-x)} \cdot (CaSO_4)_{(x)} \cdot \frac{1}{2}H_2O(s)$$

式中：$x$ 是被吸收的 $SO_2$ 氧化成 $SO_4^{2-}$ 的摩尔分数。

在吸收塔中吸收 $SO_2$ 生成石膏的总反应式可写成

$$SO_2 + CaCO_3 + \frac{1}{2}O_2 + 2H_2O \longrightarrow CaSO_4 \cdot 2H_2O + CO_2(g)$$

另外，还存在其他各种副反应，如

$$2HCl + CaCO_3 \longrightarrow CaCl_2 + H_2O + CO_2(g)$$

$$2HF + CaCO_3 \longrightarrow CaF_2 \downarrow + H_2O + CO_2(g)$$

烟气中的 HCl 优先与石灰石中酸可溶性 $MgCO_3$ 反应生成 $MgCl_2$，如果有剩余，再与 $CaCO_3$ 反应生成溶于水的 $CaCl_2$，若不排放，$Cl^-$ 的浓度会越来越高，这会对设备造成腐蚀，只有通过废水排放除去；而 $F^-$ 则以溶解度很小的 $CaF_2$ 存在，不会富集。

控制石膏结晶，使其生成易于分离和脱水的石膏颗粒是很重要的。在可能的条件下，石膏晶体最好是粗颗粒，如图 1-3 所示，如果是层状、针状或非常细的颗粒，不仅非常难脱水，而且还可能引起系统结垢。为保证生成大颗粒的石膏，工艺上必须控制石膏溶液的相对过饱和度 $\sigma$。式（1-1）表示相对过饱和度与溶液中石膏浓度的关系

$$\sigma = (C - C^*)/C^* \tag{1-1}$$

式中 $C$——溶液中石膏的实际浓度；

$C^*$——工艺条件下石膏的平衡浓度。

在 $\sigma < 0$ 的情况下，即溶液中离子的实际浓度小于平衡浓度时，溶液中不会有晶体析

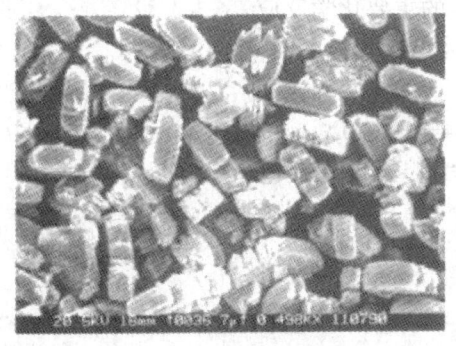

图 1-3 理想的石膏晶体（三斜晶系，无对称轴）

出；而当 $\sigma>0$，即 $C>C^*$ 时，溶液中将首先出现晶束（小分子团），进而形成晶种，并逐渐形成结晶。与此同时也会有单个分子离开晶体而再度进入溶液，这是一个动态平衡过程。

溶液中，相对过饱和度不同，晶种的密度会不同。相对过饱和度越大，晶种的密度越高。这样在溶液中就会出现晶种生成和晶种增长两种过程。图 1-4 表示了晶种生成速率和晶体增长速率与相对过饱和度 $\sigma$ 之间的定性关系。在饱和的情况下（$\sigma=0$），分子的聚集和分散处于平衡状态，因此晶种生成和晶体增长的速度均为 0。当达到一定的相对过饱和度时，晶体会呈现指数增长。在此情况下，现有的晶体可进一步增长而生成大的石膏颗粒。当达到较大的过饱和度时，晶种的生成速率会突然迅速加快，使晶种密度迅速加大，从而产生许多新颗粒，这将趋向于生成针状或层状晶体，这在工艺上是不希望出现的。

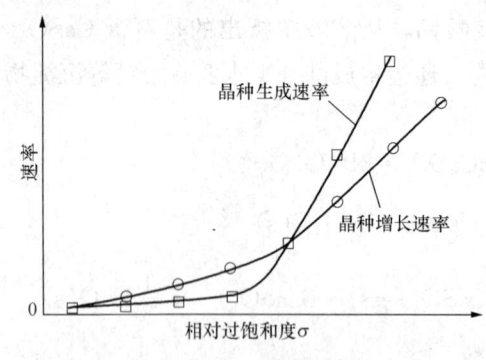

图 1-4 晶种生成速率和增长速率与相对过饱和度的定性关系

根据以上分析，保持适当的过饱和度，可使浆液中生成较大的晶体。为达此目的，工艺上一般控制相对过饱和度 $\sigma$ 为 0.2～0.4（即过饱和度为 120%～140%），以保证生成的石膏易于脱水，同时防止系统结垢。

结晶时间对形成优质石膏也有影响，若有足够的时间，能形成大小为 $100\mu m$ 及其以上的石膏晶体，这种石膏将非常容易脱水。因此，设计上一般都从吸收塔浆液池的容积上来满足对停留时间的要求。

pH 值的变化会改变亚硫酸盐的氧化速率，这将直接影响浆液中石膏的相对过饱和度。在图 1-2 中定性地显示了 pH 值为 4.5 时，$HSO_3^-$ 的氧化作用最强。而在 pH 值偏离时，$HSO_3^-$ 的氧化率将降低。事实上，当 pH 值降到足够低时，溶液中存在的只是水化了的 $SO_2$ 分子，这对氧化相当不利。因此，用控制浆液 pH 值的手段来影响石膏的过饱和度也是一个重要手段。

## 二、吸收塔中不同区域的主要化学反应

针对国内外广泛应用的湿法石灰石强制氧化脱硫系统工艺，以图 1-5 所示的逆流喷淋塔为例，按照吸收塔模块不同区域来介绍发生的主要化学反应。

1. 吸收区

主要发生的反应为

$$SO_2(g)+H_2O \rightleftharpoons H_2SO_3(aq)$$
$$H_2SO_3(aq) \rightleftharpoons H^+ + HSO_3^-$$

部分发生的反应为

$$H^+ + HSO_3^- + \frac{1}{2}O_2 \rightleftharpoons 2H^+ + SO_4^{2-}$$
$$2H^+ + SO_4^{2-} + CaCO_3(l) + H_2O \longrightarrow CaSO_4 \cdot 2H_2O(s) + CO_2(g)$$

烟气中的 $SO_2$ 溶入吸收液的过程几乎全部发生在吸收区内，在该区内仅有部分

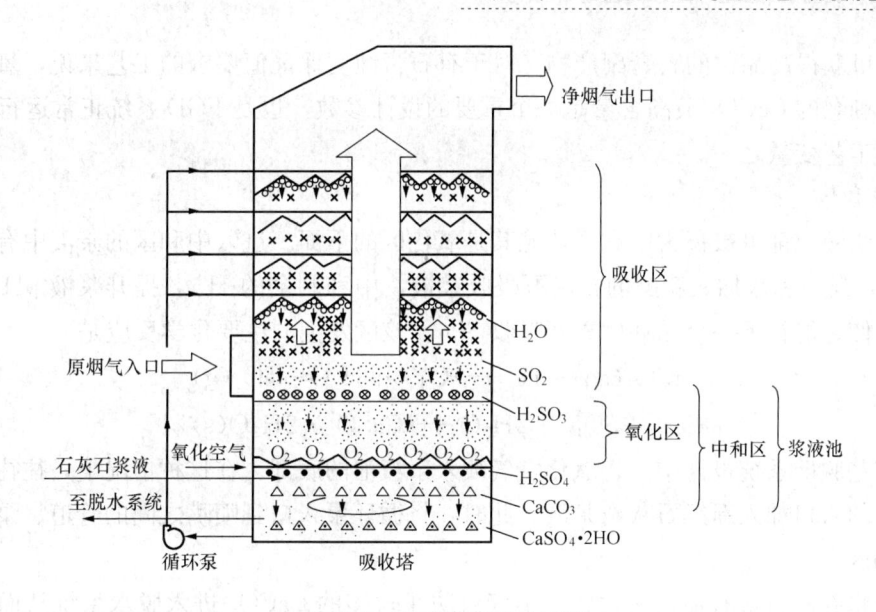

图 1-5 吸收塔典型分区图

$HSO_3^-$ 被烟气中的 $O_2$ 氧化成 $H_2SO_4$，由于浆液和烟气在吸收区的接触时间仅数秒钟，浆液中的 $CaCO_3$ 仅能中和部分已氧化的 $H_2SO_4$ 和 $H_2SO_3$。也就是说，吸收区浆液的 $CaCO_3$ 只有很少部分参与了化学反应，因此液滴的 pH 值随着液滴的下落急剧下降，液滴的吸收能力也随之减弱。

由于吸收区上部浆液的 pH 值较高，浆液中 $HSO_3^-$ 浓度很低，其接触的烟气 $SO_2$ 浓度已大为减少，因此容易生产 $CaSO_3 \cdot \frac{1}{2} H_2O$，尤其在浆液 pH 值过高的情况下，这种反应更强。吸收浆液在下落过程中，接触的 $SO_2$ 浓度越来越高，不断吸收烟气中的 $SO_2$ 使吸收区下部的浆液 pH 值较低，在吸收区上部形成的 $CaSO_3 \cdot \frac{1}{2} H_2O$ 可能转化成 $Ca(HSO_3)_2$，因此，下落到吸收区下部的浆液中含有大量的 $Ca(HSO_3)_2$。

2. 氧化区

如图 1-5 所示，氧化区的范围大致从浆液池液面至固定管网氧化装置喷嘴下方约 300mm 处。氧化区发生的主要反应是

$$H^+ + HSO_3^- + \frac{1}{2} O_2 \longrightarrow 2H^+ + SO_4^{2-}$$

$$CaCO_3(aq) + H^+ \longrightarrow Ca^{2+} + H_2O + CO_2(g)$$

$$Ca^{2+} + SO_4^{2-} + 2H_2O \longrightarrow CaSO_4 \cdot 2H_2O(s)$$

过量氧化空气均匀地喷入氧化区下部，将在吸收区形成的未被氧化的 $HSO_3^-$ 几乎全部氧化成 $H^+$ 和 $SO_4^{2-}$，此反应的最佳 pH 值为 4～4.5，氧化反应产生的 $H_2SO_4$ 是强酸，能迅速中和洗涤浆液中剩余的 $CaCO_3$，生成溶解状态的 $CaSO_4$，当 $Ca^{2+}$ 和 $SO_4^{2-}$ 浓度达到一定的过饱和度时，结晶析出二水硫酸钙即石膏固体副产物。

吸收浆液落入浆液池后缓慢通过氧化区，浆液中过剩的 $CaCO_3$ 含量也逐渐减少，当浆液到达氧化区底部时，浆液中剩余的 $CaCO_3$ 浓度降至最低值，从此处抽取浆液送去脱

水系统，可获得高品位的石膏副产物。对于有石膏纯度保证值要求的工艺来说，氧化区底部浆液中剩余的 $CaCO_3$ 最高含量是一个重要的设计参数，也是 FGD 系统正常运行时需监视的重要工艺变量之一。

3. 中和区

整个浆液池都可被视为中和区，尤其是氧化区的下面。进入中和区的浆液中有未中和完的 $H^+$，向中和区加入新鲜的石灰石吸收浆液，中和剩余的 $H^+$，提升浆液 pH 值，活化浆液，使之能在下一个循环中重新吸收 $SO_2$。该区发生的主要化学反应是

$$CaCO_3(aq) + H^+ \longrightarrow Ca^{2+} + H_2O + CO_2(g)$$
$$Ca^{2+} + SO_4^{2-} + 2H_2O \longrightarrow CaSO_4 \cdot 2H_2O(s)$$

在有些脱硫系统设计中，将氧化空气喷入浆液池的底部。在这种情况下，往往在吸收塔循环泵的入口加入新鲜石灰石浆液。此时，将循环泵入口到喷嘴之间的管道、泵体空间视为中和区。

避免将新鲜石灰石加入氧化区，不仅可防止过多的 $CaCO_3$ 进入脱水系统从而带入石膏副产品中，影响石膏纯度和石灰石的利用率，而且有利于 $HSO_3^-$ 氧化。因为当存在过量 $CaCO_3$ 时，浆液 pH 值升高，有助于 $CaSO_3 \cdot \frac{1}{2}H_2O$ 的形成，溶解氧要氧化 $CaSO_3 \cdot \frac{1}{2}H_2O$ 是很困难的，除非有足够多的 $H^+$ 使其重新溶解成 $HSO_3^-$。再则，补充的新鲜石灰石浆液直接进入吸收区有利浆液吸收 $SO_2$，避免浆液 pH 值过快下降。吸收区内高气—液接触表面积，也有利于提高石灰石的溶解速度。

通过前面的讨论可知，除了 $SO_2$ 的吸收和溶解几乎只在吸收区发生外，吸收区、氧化区和中和区都会程度不一地发生氧化、中和反应和结晶所出。由于浆液的一次吸收循环周期大致是数分钟，而浆液在吸收区的停留时间仅 4s 左右，因此大部化学反应发生在浆液池内。另外，在喷淋层之后的除雾器、烟道、GGH 等也会发生部分反应。

## 第二节　吸收剂石灰石特性

一、概述

锅炉排烟中的 $SO_2$ 是一种酸性气体，脱硫系统中需用一种碱性物质来中和排烟中的 $SO_2$。从理论上说，只要能中和 $SO_2$、反应速度有实际利用价值的碱或酸性低于 $H_2SO_3$ 的弱碱盐都可以作为脱除 $SO_2$ 的吸收剂。吸收剂的性能从根本上决定了 $SO_2$ 吸收操作的效率，因而对吸收剂有一定的要求。吸收剂一般可按下列原则进行选择：

(1) 吸收能力高。要求对 $SO_2$ 具有较高的吸收能力，以提高吸收速率，减少吸收剂的用量，减少设备体积和降低能耗。

(2) 选择性能好。要求对 $SO_2$ 吸收具有良好的选择性能，对其他组分不吸收或吸收能力很低，确保对 $SO_2$ 具有较高的吸收能力。

(3) 挥发性低，无毒，不易燃烧，化学稳定性好，凝固点低，不发泡，易再生，黏度

小，比热小。

(4) 不腐蚀或腐蚀性小，以减少设备投资及维护费用。

(5) 来源丰富，容易得到，价格便宜。

(6) 副产品便于处理及操作不易产生二次污染。

完全满足上述要求的吸收剂是很难选择到的，只能根据实际情况，权衡多方面因素有所侧重地选择。目前国内外烟气脱硫中采用最多的是分布广泛、储量丰富、可以就地取材、价廉的石灰石以及由石灰石焙烧得到的石灰。在脱硫系统装置应用初期，大部分采用石灰作吸收剂。这是因为石灰更易与 $SO_2$ 反应，有较高的反应活性，能获得较高的脱硫效率。但石灰比石灰石贵得多，而且需要石灰消化设备，生石灰吸水性强，储存比石灰石困难得多。随着石灰石洗涤工艺技术的开发和发展，特别是就地强制氧化工艺的出现，用石灰石作吸收剂的脱硫系统已成为电厂首选脱硫工艺，供应商通常只要用户没有特殊要求，或由于当地条件的原因，也是首先推荐石灰石脱硫系统工艺。

在石灰石—石膏脱硫系统工艺中，石灰石的品质是重要的工艺指标之一，因为石灰石的品质影响脱硫效率、石灰石耗用量、石膏副产品的质量和对设备的磨损。石灰石的品位随产地不同有相当大的差别，用于湿法脱硫系统以及用来生产石灰的石灰石主要成分是碳酸钙，石灰石中还含有一些杂质，这些杂质会影响石灰或石灰石基脱硫系统的性能和可靠性。

纯碳酸钙为白色晶体或粉末，分子量 100.09，溶于酸而放出二氧化碳，极难溶于水，在以 $CO_2$ 饱和的水中溶解而成碳酸氢钙，加热至 825℃ 左右分解为 CaO 和 $CO_2$。

## 二、石灰石成分及要求

### (一) 石灰石化学成分

石灰石是以自然形态存在的碳酸钙所组成的沉积岩，在组成地壳的物质中，就丰度而言，石灰石仅次于硅酸盐岩石居第二位，几乎在世界各地都能找到。由于碳酸钙随着时间的变迁发生重结晶，依重结晶过程进行的条件可生成晶体分散度不一的岩石，具有微晶或粗晶结构，如大理石是粗晶结构，白垩是最细散晶体结构。形成时间越久，石灰石越致密而坚硬；形成时间越短，结构越松软。因此，石灰石的化学成分、矿物组成及物理性质变动极大。我国多数石灰石矿的大致成分含量范围是：CaO，45%～53%；MgO，0.1%～2.5%；$Al_2O_3$，0.2%～2.5%；$Fe_2O_3$，0.1%～2.0%；$SiO_2$，0.2%～10%；烧失量，36%～43%。日本的石灰石来源于太平洋中部的珊瑚堆积物，它们经大洋板块漂移搬运至日本列岛，因此日本的石灰石有别于亚洲大陆、欧洲或美洲的石灰石，混入来自我国内地的泥沙较少，从而形成了纯度很高的石灰石矿床。图 1-6 是脱硫系统中所用的一种石灰石。

石灰石主要由方解石组成，常混有白云石、砂和黏土矿等杂质。因所含杂质不同而呈灰色、灰白色、灰黑色、浅黄色、褐色或浅红色等，

图 1-6 FGD 系统中所用的石灰石

密度为 2.0~2.9。方解石的主要成分是 $CaCO_3$，常呈白色，含杂质时呈淡黄色、玫瑰色、褐色等。密度 2.6~2.8，硬度为 3。加入 10% 稀盐酸能产生 $CO_2$ 气体。白云石的主要成分是 $CaMg(CO_3)_2$，或写成 $CaCO_3 \cdot MgCO_3$，常呈各种颜色，大都是白色、黄色和灰白色，常呈致密块状，密度为 2.8~2.95，硬度为 3.5~4.0，与 10% 的稀盐酸不起作用，因此，在烟气脱硫装置工艺过程中基本呈现为惰性物质。大理石和汉白玉是颗粒状方解石的密集块体，就烟气脱硫的化学反应环境而言，大理石和汉白玉的反应性能比较差。还有一种形态的方解石，叫白垩，也是可供电厂选择的、性能较好的钙性吸收剂。白垩是方解石质点与有孔虫、软骨动物和球菌类的方解石质碎屑组成的沉积岩，呈白色至灰色，松软而易粉碎，所以吸收速率较石灰石好。石灰石中的砂、黏土等也属杂质成分，这些物质即使在强酸中也不是非常易溶解，故往往将这类物质及上面提到的白云石称为酸惰性物。石灰石还有一种普遍存在的杂质是碳酸镁（$MgCO_3$）。在现有湿法脱硫系统工况下，石灰石的部分 $MgCO_3$ 是可溶性的，因此，往往对烟气脱硫装置的性能产生一定的影响。

石灰石的平均比热容约为 $0.59kJ/(kg \cdot ℃)$，$CaCO_3$ 在 50℃时溶解度为 $0.038kg/m^3$，吸水率为 0.6%~16.6%。微晶白云石和含黏土较多的石灰石吸水率最高，微晶石灰石吸水率最低。在无 $CO_2$ 的纯净水中，$CaCO_3$ 溶液的 pH 值在常温下为 9.5~10.2 之间，在饱含空气的水中略低，为 8.0~8.6。$CaCO_3$ 在含碳酸水中的溶解度比在无 $CO_2$ 的水中高得多，因为这时它形成了比较易溶的碳酸盐 $Ca(HCO_3)_2$。

在纯水中，石灰石和白云石溶解速度非常缓慢。然而，石灰石几乎与所有强酸都发生反应，生成相应的钙盐，同时放出二氧化碳。反应速度主要取决于石灰石所含杂质及其晶体的大小。杂质含量越高、晶体越大，反应速度愈慢，如白云石的反应速度就较慢。当稀释的盐酸加热后，才缓慢对白云石起反应，而纯石灰石则在很稀的冷态盐酸中就冒泡。

**（二）石灰石中碳酸镁**

碳酸镁可能以两种主要形态存在于石灰石中，即固溶体碳酸镁和白云石形态。固溶体碳酸镁可以看成是镁离子取代了碳酸钙结晶结构（方解石）中的钙离子形成的碳酸钙与碳酸镁的固溶体的一部分，这种方解石结晶结构中可容纳固溶体形态的碳酸镁最高大约是 5%。在湿法脱硫系统工艺条件下，固溶体中的 $MgCO_3$ 是可溶的，能向洗涤浆液中贡献 $Mg^{2+}$，可溶性 $Mg^{2+}$ 对脱硫系统性能既有正面也有负面的影响，在多数情况下，溶解的 $Mg^{2+}$ 可以提高 $SO_2$ 的脱除效率，而且在其他条件不变时，随着 $Mg^{2+}$ 浓度的增大，脱硫效率的提高是相当大的。但是过多的 $Mg^{2+}$ 会抑制石灰石的溶解，恶化未完全氧化的固体物的沉降和脱水特性，对于生产商业等级石膏的系统需要耗用较多的工业水来冲洗石膏滤饼，以降低石膏固体副产物中可溶性 $Mg^{2+}$ 的含量，因为可溶性镁盐主要以 $MgSO_4$，其次以 $MgCl_2$ 的形式存在于液相中。因此，当石灰石中可溶性碳酸镁含量较高时应作为设计参数来看待。在脱硫系统物料平衡计算中可以考虑石灰石中酸可溶性 $MgCO_3$ 带来的碱度，也有的出于保守设计不考虑这部分碱度。当考虑这部分碱度时，石灰石中可参与脱硫反应的 $CaCO_3$ 和 $MgCO_3$ 含量，可以用 $CaCO_3$ 有效含量表示，即将 $MgCO_3$ 折算成 $CaCO_3$，$CaCO_3$ 有效含量可按下式近似计算

$CaCO_3$（有效%）=石灰石 $CaCO_3$ 含量(%)+0.894×石灰石 $MgCO_3$ 含量(%)

碳酸镁还可能以白云石 $CaCO_3 \cdot MgCO_3$ 的形式存在于石灰石中，是一种化合物，含有等摩尔的碳酸钙和碳酸镁，与固溶体中的 $MgCO_3$ 相对比较，在脱硫系统现有工况下，白云石基本上是不溶解的。白云石的相对不溶性使得白云石中的 $CaCO_3$ 和 $MgCO_3$ 不能被利用，最终以固体废物的形式留在脱硫系统中，这样就增加了石灰石的耗量，降低了商业石膏的纯度。另外，白云石的存在还阻碍了石灰石主要活性部分的溶解，因此白云石含量较高的石灰石一般反应活性较低。

（三）石灰石中酸惰性物

石灰石中往往含有像砂、黏土和淤泥之类的酸惰性物杂质，这类杂质主要由二氧化硅（$SiO_2$）、高岭石（$Al_2O_3 \cdot 2SiO_2 \cdot 2H_2O$）和少量氧化铝、氧化铁组成。高岭石是铝硅酸盐矿物经风化或水热变化的产物，是高岭土（又称瓷土）和黏土的主要成分。上述杂质对 FGD 系统性能的主要影响是：

（1）$SiO_2$ 是一种研磨材料，会增加钢球磨石机、浆泵、喷嘴和浆液管道的磨损。将 $SiO_2$ 磨细可以降低冲刷磨损，但 $SiO_2$ 比方解石硬，要磨细会相应地增加研磨能耗，降低研磨设备的实际研磨能力。

（2）酸惰性物的存在降低了石膏纯度，而且类似于白云石，酸惰性物会降低石灰石的反应活性。

（3）由石灰石中的杂质带入系统中的可溶性铝和铁可能会降低烟气脱硫装置的性能，可溶性铝与浆液中的氟离子（$F^-$）可以形成 $AlF_x$ 络合物，当 $AlF_x$ 浓度达到一定程度时会抑制石灰石的溶解速度，降低石灰石的反应活性，即石灰石致盲现象，其特征是尽管加入过量石灰石浆液，pH 值依然呈下降趋势，使 pH 值失去控制，脱硫效率也随之下降。实际测试发现，出现这种情况时吸收塔浆液中 $Al^{3+}$ 含量通常超过 8～15mg/kg。而且还发现，运行 pH 值对 $AlF_x$ 抑制石灰石活性的发展有决定性的影响，在高 pH 值时，$AlF_x$ 络合物包裹在石灰石颗粒表面使之暂时失去活性。目前正在试图建立能预测石灰石被 $AlF_x$ 致盲的数学模型，电厂可以建立自己的 $Al^{3+}$、$F^-$ 临界浓度示警值，以便及时采取措施。当出现石灰石被封闭的迹象时，应降低进烟量、加大废水排放量，严格控制 pH 值，严重时还要添加 NaOH 或其他强碱。

因此在选择石灰石矿源时，应检测石灰石中酸可溶性铝含量，特别是富含铝矿区的石灰石。可溶性铁具有催化亚硫酸盐氧化的作用，在自然氧化或抑制氧化系统中可能造成石膏结垢。

（四）石灰石粒径

电厂烟气脱硫装置吸收剂浆液的制备可以采取将石灰石碎石运抵电厂，用钢球磨石机或其他类型的磨石机将石灰石磨成由石灰石细小颗粒组成的吸收剂浆液，或干磨成一定细度的石灰石粉，再配制成浆液使用。如果电厂附近有符合要求的石灰石粉供应，可以直接购入粉状石灰石配制成一定浓度的浆液供脱硫使用。这些方法都涉及石灰石应磨细的程度，表示颗粒物细度的参数是粒径或粒径分布（Particle Size Distribution，PSD）。对于单一颗粒，如果将其视为球形体，粒径就是颗粒的直径。但实际上颗粒物不仅大小不同，而且形状各异，这样往往由于粒径测定方法不同，其定义也不同，得到的粒径数值常差别很大，因而实际上大多根据应用目的来选择粒径的测定和定义方法。对于颗粒群，往往用平均粒径来表示其物理特性和平均尺寸大小，常用的平均粒径有算术平均直径、中位直径、众径及几何平均直径等。PSD 是指细小颗粒物中各种粒径的颗粒所占的比例。对脱硫吸收剂细度多用 PSD 表示，即用某一筛号的筛网筛分石灰石粉，用筛下质量百分数来表示石灰石粉的细度。有时也用不同筛号的筛子筛分石灰石粉，测出小于各粒径的累积质量百分数，应用对数概率坐标纸，其横坐标为对数刻度，表示粒径，纵坐标表示累积质量百分数，为正态概率刻度。绘出对数正态分布曲线，以累积筛下质量百分数 50% 对应的粒径即中位径 $d_{50}$ 来表示石灰石粉的平均粒径。

石灰石的 PSD 是一个重要的设计和运行参数。由于石灰石在 FGD 工艺条件下的反应性相对较低，其 PSD 决定了石灰石溶解表面积，它影响吸收塔浆液池 pH 值与石灰石利用率之间的相互关系。

1. 石灰石粒径对烟气脱硫装置性能的影响

烟气脱硫装置中固体石灰石溶解的总表面积直接影响到循环浆液的运行 pH 值和吸收塔内溶解石灰石的总量，这些变量是决定脱硫效率的因素之一。改变石灰石总表面的一种方法是改变研磨细度，磨细石灰石可以提高单位质量石灰石的表面积；另一种方法是改变单位体积洗涤浆液中过剩固体石灰石的质量，实际上就是通过改变石灰石利用率来改变石灰石的总表面积。

如果将石灰石研磨得较细些，那么在维持吸收塔浆液池相同 pH 值和相同脱硫率的情况下，烟气脱硫装置可以在一个较高的石灰石利用率的工况下运行。如果采用粒径较大的石灰石，通过提高浆液池 pH 值（即降低石灰石利用率）也可以达到相同的脱硫率。因此，应比较研磨设备的投资、运行成本和改变石灰石利用率引起的费用变化，依此来选择石灰石最佳粒径分布。例如，要研磨出较细的石灰石，就需要较大的钢球磨石机，生产单位质量石灰石要消耗较高的电能，较细的石灰石带来高利用率，即低石灰石用量、较高质量的石膏副产品，对于固体副产物作废弃处理的工艺则可减少废弃物总量。对品位较低的石灰石，欲获得较高质量的石膏，提高石灰石的细度是必由之路。

从总体来看，目前大多数烟气脱硫装置设计趋向于将石灰石研磨得相对较细些，如，美国、日本、德国石灰石细度的典型技术要求是 90%~95% 通过 325 目的金属筛网，筛孔净宽大约 44$\mu m$，也就是说单位质量的石灰石中 90%~95% 的颗粒物直径小于 44$\mu m$。虽然国外现有的一些系统，特别是较老的系统，曾设计采用较粗的石灰石，如 200 目，60% 通过，筛孔净宽 74$\mu m$，但这种粒度可能是脱硫系统装置运行的极端情况。我国目前已投运的脱硫系统装置中多数采用 250~325 目，90%~95% 通过的石灰石，仅有个别为 100 目，95% 以上通过，筛孔净宽达 147$\mu m$。如此粗的石灰石，其利用率和石膏纯度很难达到较高的设计值。即便是对于 CT-121 脱硫系统工艺（鼓泡塔）运行 pH 值较低（5.0 左右），也不适合采用粒径较粗的石灰石浆液。

2. 石灰石粒径测量

为了保证石灰石研磨、分级装置的正常运行或为了检验进厂石灰石粉的细度，应定期监测石灰石的 PSD。有多种测定的石灰石粒径分布的方法，如金属网筛分法，各种仪器测试方法（如显微镜法、沉降分析法、光散射法、超声波法以及吸附法等）以及在线PSD监测仪。

脱硫系统实验室普遍采用金属网筛分法（或称标准筛法）来监测石灰石的PSD。此方法是采集石灰石样品进行筛分，测定通过某筛号筛网的石灰石质量。根据要求研磨的细度来选择筛号，筛号表示筛子上筛孔的数量，对应一定的丝径和孔径（参见表1-1）。这种方法测出的结果是以某一孔径值来表示PSD，这一孔径值通常在PSD范围的高端。如研磨细度为90%通过325目的筛网，那么大于该筛网孔径的颗粒物仅占10%，这样来表示石灰石的细度较适合对石灰石细度的控制，因为粒径较大的石灰石对其利用率的影响最大。

工业发达国家已日益广泛地采用粒度分析仪来测量PSD。这些方法得出的是整个粒径分布的平均值，而不仅仅是测出小于某一粒径的颗粒物的百分率。激光衍射目前被广泛用于测定浮液和干态粉末的粒度分布，可测定粒度范围为0.1μm至几毫米。但因为该技术是利用光的传送并要求确保颗粒单颗分散，所以只限于测量稀释的试样。超声波声谱测定法采用声波测量样品，可以对高浓度的颗粒试样进行粒度分析。声波对颗粒的相互作用与光波类似，但优点是声波可通过像石膏浆液这样高浓度试样。超声波声谱测定法采用不同频率的超声波来检测样品，频率通常为1~200MHz，可测定0.1%~60%浓度的悬浮液，粒度范围为0.01~3000μm。图1-7为国内某电厂采用激光粒度分析仪进行石灰石浆液粒度测试及结果。

| 表 1-1 | | | | | | | | | 各国常用筛网的主要尺寸 | | | | μm |
|---|---|---|---|---|---|---|---|---|---|---|---|---|---|
| 中国 | | 美国 ASIM | | 美国 Tylor | | 英国 BS | | 日本 JIS | | 苏联 ГОСТ | | | |
| 筛号 | 孔径 | 筛号 | 孔径 | 筛号 | 孔径 | 筛号 | 孔径 | 筛号 | 孔径 | 筛号 | 孔径 | 目数 |
| 100 | 147 | 100 | 149 | 100 | 147 | 100 | 147 | 100 | 149 | 015 | 150 | 100 |
| 150 | 104 | 140 | 105 | 150 | 104 | 150 | 104 | 145 | 105 | 010 | 100 | 140 |
| 170 | 89 | | | | | | | | | | | |
| 200 | 74 | 200 | 74 | 200 | 74 | 200 | 74 | 200 | 74 | 0080 | 80 | 180 |
| 250 | 61 | 230 | 62 | 250 | 61 | 240 | 66 | 250 | 62 | 0063 | 063 | 225 |
| 270 | 53 | 270 | 53 | 270 | 53 | | | | | | | |
| 325 | 44 | 325 | 44 | 325 | 44 | 300 | 53 | 325 | 44 | 0056 | 56 | 215 |
| 400 | 37 | 400 | 37 | 400 | 37 | | | | | 004 | 40 | |

不同类型的粒度分析仪采用不同的测量原理，仪器的价格相差很大。电厂可以购置这类仪器也可以将样品委托厂外的试验室分析。

由于筛分和仪器测量方法都不能实时提供PSD数据，在国外采用在线PSD分析仪的脱硫系统在逐渐增多。这类分析仪有助于烟气脱硫装置操作人员建立最佳研磨工况，及时发现研磨、分级装置的异常情况。另外，粒度分析除了应用于石灰石浆液的制备外，还应用于对吸收浆液中石膏结晶的生长、水力旋流分离器的性能监控。

（五）石灰石硬度

硬度是石灰石的一个重要特性，这是因为石灰石硬度对石灰石的PSD有重要影响。

虽然习惯上也采用可研磨指数来表示石灰石的硬度，但石灰石的硬度通常用BWI（Bond Work Index）表示。BWI是用实验室小型钢球磨石机将3.36mm的石灰石块磨成80%通过$100\mu m$所需的能耗来定义的，是石灰石钢球磨石机系统的一个重要参数，BWI越大，其硬度越高，越难磨，钢球磨石机的能耗正比于BWI。石灰石BWI的典型范围是4～14，石灰石研磨至一定细度的能耗正比BWI，即如果一种石灰石的BWI是另一种的2倍，那么研磨至相同细度所消耗的电能是另一种石灰石的2倍。微晶白云石、富含黏土的石灰石、鲕粒岩和粗纹理化石石灰石BWI较小，而微晶石灰石、石英质石灰石和粗晶白云石一般较硬，BWI较大。

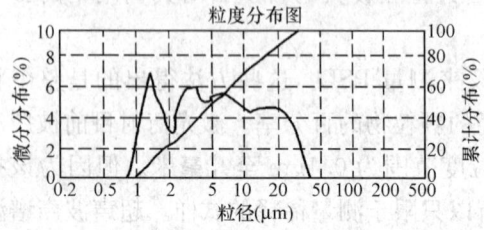

图1-7 某电厂采用激光粒度分析仪进行石灰石浆液

在实际生产中，石灰石BWI的变化会改变PSD，或者说达到规定的细度，BWI的变化将影响到研磨和分级设备的最大出力。在闭路系统中，钢球磨石机的能耗与硬度粒度的关系可用式（1-2）估算

$$W = \left(\frac{11\text{BWI}}{\sqrt{P_{80}}} - \frac{11\text{BWI}}{\sqrt{F_{80}}}\right) \times C_\text{F} \qquad (1-2)$$

式中　$W$——磨制能耗，kWh/t；

$P_{80}$——80%的产品可通过的筛网孔径，$\mu m$；

$F_{80}$——80%的入料可通过的筛网孔径，$\mu m$；

$C_\text{F}$——无量纲修正系数。

修正系数$C_\text{F}$可用于多种不同的钢球磨石机场合。例如，在闭路石灰石浆液制备系统中，当产品粒径很小时，如果$P_{80}$小于$75\mu m$，可用式（1-3）计算修正系数$C_\text{F}$，即

$$C_\text{F} = \frac{P_{80} + 10.3}{1.145 P_{80}} \qquad (1-3)$$

表1-2列出了一些常用的石灰石给料尺寸、成品尺寸和成品80%通过的筛孔尺寸，可根据表中比照查得到$C_\text{F}$。

表1-2　　　　　　　　　典型的石灰石给料和成品粒径的关系

| 给料尺寸 | | | 成品粒径 | | |
|---|---|---|---|---|---|
| 尺寸范围（mm） | $F_{80}$（$\mu m$） | 通过率（%） | 筛孔尺寸（$\mu m$） | 筛孔尺寸（目） | $P_{80}$（$\mu m$） |
| 3～25 | 19 000 | 80 | 74 | 200 | 74 |
| 12～19 | 15 000 | 80 | 44 | 325 | 44 |
| 0～19 | 14 000 | 85 | 44 | 325 | 37 |
| 0～12.7 | 9400 | 90 | 44 | 325 | 31 |
| 0～9.5 | 6400 | 95 | 44 | 325 | 32 |

钢球磨石机、分级设备制造商应用设计计算公式对假定的石灰石研磨系统推算 PSD，重要的设计变量是研磨和分级设备的类型、研磨原料和产生物的 PSD 以及石灰石的硬度。这些变量的相互关系在一定程度上要依赖实验来建立，由于石灰石的特性变化很大，实际经验是非常重要的。图 1-8 及图 1-9 是典型钢球磨石机成品尺寸和出力与可磨指数 BWI 的关系。

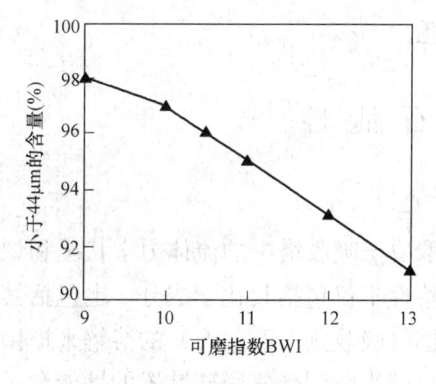

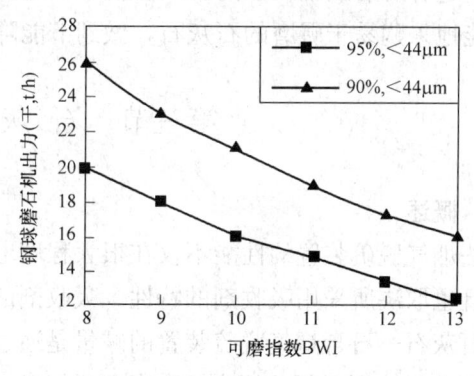

图 1-8 典型钢球磨石机成品尺寸与可磨指数关系

图 1-9 典型钢球磨石机出力与可磨指数关系

### （六）烟气脱硫装置对石灰石的要求

烟气脱硫装置的设计和运行特点可以随石灰石杂质含量变化，因此对石灰石的要求很难提出一个准确的数值。但是，根据烟气脱硫装置几十年积累的运行经验可以提出一些指导性的意见。

（1）纯度的要求。通常，石灰石中 $CaCO_3$ 的质量百分含量应高于 85%，含量太低则会由于杂质较多给运行带来一些问题，造成吸收剂耗量和运输费用增加、石膏纯度下降，对抛弃工艺还将增加固体物废弃费用。虽然少数系统采用的石灰石含量低于 85%，但大多数采用的石灰石 $CaCO_3$ 的含量超过 90%。

（2）$MgCO_3$ 的含量要求。石灰石中 $MgCO_3$ 典型含量范围是 0~5%，$MgCO_3$ 含量较高时，其中有相当部分是相对不溶解的白云石，不溶性白云石带来的后果会超过可溶性镁带来的好处。一般而言，石灰石中的 $MgCO_3$ 会对石灰石反应产生负面效果，$MgCO_3$ 的反应活性及溶解度均比 $CaCO_3$ 低，从而使石灰石总体反应能力下降，因此，烟气脱硫装置使用的石灰石中 $MgCO_3$ 的含量应尽可能低。

（3）酸不溶性物的要求。为了尽可能减少设备磨损，酸不溶性物应保持低于 10%，然而，却也有些烟气脱硫装置成功地采用了惰性物质超过 10% 的石灰石，但多数是采用抛弃法工艺。需要强调的是酸不溶性物中由于 $SiO_2$ 对系统设备管道磨损严重，要求其含量不超过 2%。如果必须采用纯度较低的石灰石，那么提高石灰石的研磨细度，将这些惰性物质完全研细是有益的，在其他条件不变的情况下，提高石灰石的细度将增大脱硫率、降低惰性物质的磨损性。

（4）石灰石细度的要求。石灰石颗粒越细，各种相关反应速率就越高，脱硫效率及石灰石利用率就高，同时由于副产品脱硫石膏中石灰石含量低，有利于提高石膏的品质。但细的石灰石磨的能耗越大，综合考虑粒径对溶解的影响和磨制能耗问题，一般要求石灰石粉细度90%通过325目（44μm）筛。当石灰石中杂质含量较高时，石灰石粉要磨制得更细一些。

（5）石灰石硬度的要求。石灰石越硬，磨成相同细度所需能耗就越大，也即硬度较低的石灰石越容易磨成细粒径的石灰石粉末，这对于烟气脱硫装置是十分有益的，因此电厂应尽可能地采购易于碾磨的石灰石，做到节能降耗。

## 第三节 石灰石活性

### 一、概述

湿法烟气脱硫装置的性能不仅在很大程度上取决于吸收塔中的流体力学状况和烟气成分，而且也取决所采用吸收剂的特性。吸收剂的特性不仅包括其化学成分，也包括其反应活性。石灰石—石膏烟气脱硫装置的碱量是通过固体吸收剂（石灰石）的溶解来提供，石灰石的活性影响到石灰石的溶解速度和溶解度，也就影响到烟气脱硫装置的性能和运行费用。石灰石的反应活性表示石灰石在一种酸性环境中的转化特性，是烟气脱硫装置设计中的一个重要参数。决定石灰石反应活性的是石灰石种类、物化特性和与其反应的酸性环境等。石灰石的物化特性包括纯度、晶体结构、杂质含量、粒度分布、包括内表面（即孔隙率）在内的单位总表面积和颗粒密度。在采用石灰作吸收剂的情况下，其反应活性一般是不成问题的，石灰石的反应活性则要低得多。石灰石反应活性影响吸收剂的溶解速率和溶解度，从而影响到脱硫效率、石灰石利用率和吸收塔pH值之间的相互关系。如果其他因素相同，活性较高的石灰石在保持相同石灰石利用率的情况下，可以达到较高的$SO_2$脱除效率。换句话说，在获得相同脱硫率的情况下，活性高的石灰石利用率效较高。如果要求达到相同的石灰石利用率，反应活性低的石灰石则需要在浆液池中有较长的停留时间，也就是说浆液池的有效体积要大些。石灰石反应活性的另一个重要影响是对商业等级石膏纯度的影响，在获得相同脱硫率的情况下，石灰石反应性高，石灰石利用率也高，石膏中过剩$CaCO_3$含量低，即石膏的纯度高。

对石灰石的活性，目前还没有一个为大家普遍认可的定义，它可以看作是衡量石灰石吸收$SO_2$能力的一个综合指标，石灰石的活性越好，其脱硫性能就越好。为了量化各种不同因素和对给定的石灰石用一种指标来表示其在烟气脱硫装置中所显现出的特性，烟气脱硫装置供应商和一些研究机构研发了各种不同的试验方法来测试吸收剂的反应活性，测试也可用于给石灰石反应性能评级并选取符合条件的石灰石。测试石灰石活性的试验方法主要分为两大类：

（1）在pH值恒定的条件下进行的，通过向石灰石浆液中滴定酸的速度来维持pH值不变，考察石灰石溶解速率（消溶速率）的大小。消溶速率定义为单位时间内被消溶的石灰石的量，消溶率定义为被消溶的石灰石的量占石灰石总量的百分比。单位时间内溶解的石灰石越多，石灰石的消溶速率越大，石灰石的活性也越高。早期的研究者几乎都采用这种方法，在这种试验方法下得出了影响石灰石溶解率的众多内外部因素，如石灰石的品种、颗粒分布、浆液的温度、pH 值、$CO_2$ 分压、反应器的搅拌条件、各种添加剂与离子等因素。

（2）向石灰石浆液中加入酸，得到 pH-t 曲线，并与标准石灰石样的 pH-t 曲线比较来判定石灰石活性的好坏。

### 二、测定石灰石活性的试验方法

（一）在恒定加酸率下测试石灰石的反应活性

这种方法是将具有一定细度、定量的石灰石粉悬浮于定量的蒸馏水中，在恒温不断搅拌的情况下，用一定浓度的稀硫酸以连续固定加酸率的方式进行滴定分析，试验装置如图 1-10 所示。测试期间连续自动记录反应槽中的 pH 值，一旦反应槽中 pH 值达到 4.5 即停止加酸。停止加酸后多余的酸和剩下未反应完的石灰石会继续反应，pH 值会出现回升，可做出 pH 值与滴定时间 $t$ 的关系图。

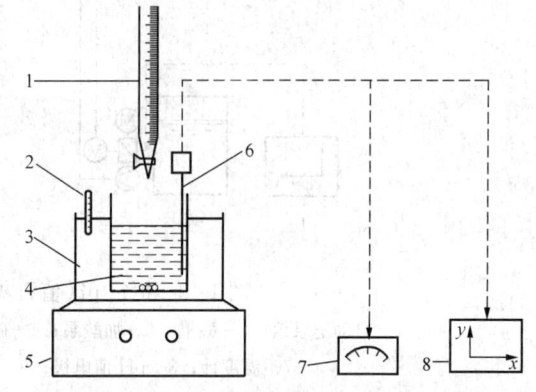

在上述试验条件下，加酸率恒定，反应时间可视为加酸量的直接度量尺寸。试验中消耗的酸，一是与石灰石反应；二是为保持反应槽中溶液的 pH 值。如果忽略后一因素，加入的酸量可理解为反应了的石灰石量的度量单位。在条件相同情况下，为达到预定 pH 值参加反应的石灰石越多，表明该石灰石有很强的中和能力，反应时间也就越长。图 1-11 为石灰石反应性能测试标准 pH-t 曲线，石灰石活性曲线中平台的维持时间越长，表明石灰石中的有效反应成分就越多，就越有利于对烟气 $SO_2$ 的吸收，同时要求不应下降太快，一般要求 30min 时曲线的 pH 不得小于 5.0。需注意的是，测试时应保证石灰石样品的粒径分布，否则得出的结果不具有可比性。图 1-12 是某实验室采用该法进行石灰石反应活性的测试。

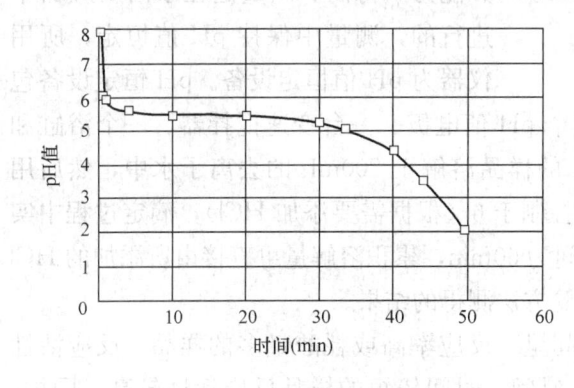

图 1-10 恒定加酸率石灰石活性测定试验装置
1—滴定管；2—温度计；3—水池；4—石灰石悬浮液；
5—磁性搅拌器；6—pH 值电极；7—pH 值显示仪；
8—pH 值记录仪

图 1-11 石灰石反应性能测试标准 pH-t 曲线 　　图 1-12 实验室进行的石灰石反应活性测定

（二）在恒定 pH 值下测试石灰石的反应活性

将一定量的石灰石粉悬浮在一定量的蒸馏水中，在不断搅拌、恒温和恒定 pH 值下，

在自动控制下滴加一定浓度的 $H_2SO_4$ 或 HCl 标准溶液。在试验过程中连续记录滴定时间和加酸量，绘出滴定时间（min）与加酸量（mol 或 mmol）或时间与反应率（%）的关系曲线。试验装置如图 1-13 所示，ASTM 建立的一套测试石灰石溶解钙、镁和中和能力的标准方法（ASTMC：1318-95）就是在恒定 pH 值下进行的。

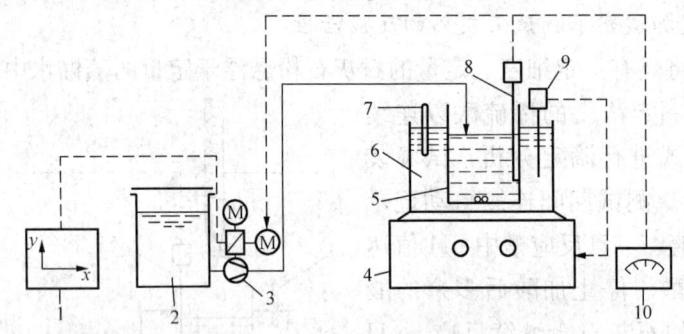

图 1-13 恒定 pH 值石灰石活性测定试验装置
1—自动记录仪；2—酸槽；3—加酸泵；4—磁性搅拌器；5—石灰石悬浮液；6—水池；
7—温度计；8—pH 值电极；9—温度探头；10—pH 值显示器

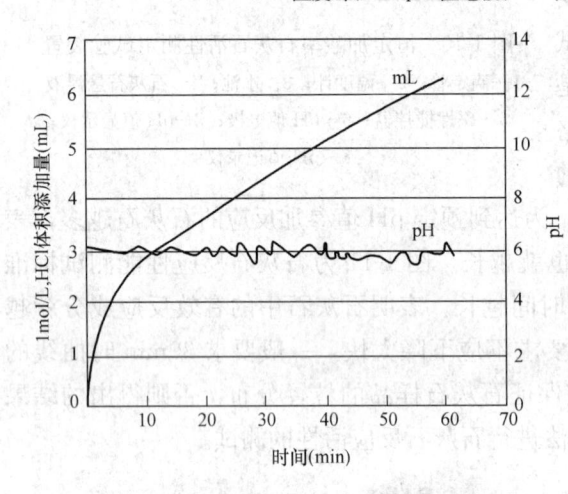

图 1-14 某石灰石样品的反应活性曲线

对于每个石灰石或白云石样品，大约有 0.5kg（粒径约 10mm）磨成粉末并过筛，将试样在 120℃ 的真空烘箱中干燥 24h，筛成大于 200 目、200～250 目、275～325 目，小于 325 目几种试样，其中对 200～250 目试样做反应活性试验，同时也进行粒径对反应活性影响的试验。湿式烟气脱硫装置石灰石的反应活性是通过测量试样在酸性溶液中的溶解速率和能力获得的。测量是在水浴反应器中进行的，测量中保持 pH 值恒定，所用仪器为 pH 值恒定设备。pH 恒定设备包括一台自动滴定仪（用于 pH 值滴定）、一个 pH 值电极、一台变速搅拌器、一个浴缸和数据记录系统。典型实验中，首先将 2.5g 的样品溶解于 200mL 的去离子水中，然后用 1mol/L 的 HCl 溶液进行滴定，pH 值自动控制于 6（根据需要添加 HCl），滴定过程中实验温度保持 50℃ 左右，搅拌机转速持续时间为 60min，累积溶解量可直接由所添加的 HCl 计算出来。图 1-14 是某石灰石样品用本试验方法测得的结果。

对于不同石灰石样品，在同一滴定时间里，反应率高或耗酸量多的样品，反应活性高。也可以比较反应率达到 70% 所需要的时间，时间较短的样品反应活性较高。同样，也可以与标准石灰石样品比较。

还有一种测试方法是上述方法的改进，其特点是试验装置着力模拟吸收塔中的运行工况和化学环境，认为这样测出的值更适合用于脱硫系统的设计。该试验装置反应槽中装盛的是石膏浆液，其化学成分调整到类似吸收塔反应罐的实际工况，向反应罐中鼓入一定量的氧化空气，形成强制氧化工况。在给料器中通过吸收 $SO_2$ 制成亚硫酸，将恒量的亚硫酸送入反应槽中，模拟定量的 $SO_2$ 被吸收进入吸收塔反应罐中。一定浓度的石灰石样品浆液给浆量受反应槽设定 pH 值控制。在强制氧化下吸收剂与亚硫酸反应生成的石膏浆液送至石膏浆罐中，以维持反应槽中浆液一定的体积。试验时使反应槽中浆液 pH 值达到预定值，实测反应槽浆液中未反应的碳酸钙浓度，通过调整石灰石供浆量使 pH 值和 $CaCO_3$ 浓度值稳定。记录反应时间和石灰石供浆量。根据石灰石纯度，石灰石浆浓度和流量，供浆时间以及反应槽的浆液体积计算出在反应时间内反应槽单位体积浆液消耗的 $CaCO_3$ 摩尔数。用该方法可以在一定程度上评价石灰石反应活性，由于试验条件贴近设计运行工况，能较真实地反映石灰石反应活性。但试验重现性差，反应条件很难做到完全相同。

用上述第二种方法实测石灰石反应活性，由于试验条件不同，试验结果的可比性差，特别是石灰石的细度对其反应活性影响很大，因此应尽量使石灰石样品的细度，粒度分布与实际所采用的相近。

（三）石灰石粉反应速率测定方法

2005 年 2 月 14 日，国家发展和改革委员会发布了《烟气湿法脱硫用石灰石粉反应速率的测定》（DL/T 943—2005），并于 2005 年 6 月 1 日实施。该标准规定了烟气湿法脱硫用石灰石粉反应速率的测定方法，介绍如下。

石灰石粉反应速率是指石灰石粉中碳酸盐与酸反应的速率。

1. 实验试剂和原料

标准所用试剂除另有说明外，均为分析纯试剂。所用的水指蒸馏水或具有同等纯度的去离子水，如 0.1mol/L 盐酸（HCl）溶液、0.1mol/L 氯化钙（$CaCl_2$）溶液。

所用原料石灰石粉应通过质量检测部门的检测，确定石灰石粉中碳酸钙（$CaCO_3$）和碳酸镁（$MgCO_3$）的质量百分率。

2. 实验仪器

（1）自动滴定仪，一台，有恒定 pH 滴定模式，分辨率 0.01pH，滴定控制灵敏度 ±0.1pH。

（2）玻璃仪器，500mL 烧杯一个，500mL 量筒一个。

（3）水浴锅，一台，温度误差±1℃。

（4）计时表，一块，误差±1s。

（5）电子天平，一台，感量在 0.001g 以上。

3. 实验方法与步骤

（1）试样的制备。选用的石灰石粉细度为 250 目，筛余 5%。用量筒量取 250mL 0.1mol/L $CaCl_2$ 溶液注入烧杯中，把其放置在水浴中，控制温度 50℃并使其恒温后，用电子天平称取 0.150g 石灰石粉，加入恒温的烧杯中，并插入搅拌器的搅拌浆，速度为 800r/min，连续搅拌 5min。

（2）数据的测定。将 pH 计电极插入石灰石悬浮液中，注意电极不要碰到搅拌浆。自动滴定仪设定 pH 值为 5.5，用 0.1mol/L 盐酸溶液开始滴定，同时计时表开始计时，记

录不同时刻 $t$ 的盐酸溶液消耗量。实验重复 3 次。

4. 结果表示与数据处理

(1) 石灰石粉转化分数的计算。样品中石灰石粉转化分数用式（1-4）计算

$$X(t) = \frac{\frac{1}{2}c_{HCl}V_{HCl}(t)}{\frac{W\omega_{CaCO_3}}{M_r(CaCO_3)} + \frac{W\omega_{MgCO_3}}{M_r(MgCO_3)}} \tag{1-4}$$

式中　$X(t)$——$t$ 时刻，石灰石粉转化分数，取 0.8；

　　　$c_{HCl}$——盐酸的浓度，为 0.1mol/L；

　　　$V_{HCl}(t)$——$t$ 时刻，滴定所消耗的盐酸体积，mL；

　　　$W$——石灰石粉的质量，为 0.150g；

　　　$\omega_{CaCO_3}$——石灰石粉中碳酸钙的质量百分率，为实测值；

　　　$\omega_{MgCO_3}$——石灰石粉中碳酸镁的质量百分率，为实测值；

$M_r(CaCO_3)$——碳酸钙的分子量，为 100；

$M_r(MgCO_3)$——碳酸镁的分子量，为 84.3。

(2) 石灰石粉反应速率的计算。根据式（1-4）计算当石灰石粉转化分数为 0.8 时所需滴定盐酸的体积。测定当石灰石粉转化分数到达 0.8 所需的时间，以此时间作为表征石灰石粉反应速率的指标。

(3) 精密度。在置信概率 95% 条件下，置信界限相对值在 5% 以内，置信界限相对值 $\Delta$ 按式（1-5）计算

$$\Delta = \pm(1.96 \times CV)/\sqrt{n} \tag{1-5}$$

式中　$n$——试样个数，$n \geq 3$；

　　　$CV$——测试变异系数。

从上面的介绍可以看到，该方法实际上是石灰石活性测试的恒定 pH 值方法，即测试石灰石溶解速率的大小，这里以时间来度量。标准虽然规定了石灰石粉反应速率的测定方法，但是没有给出石灰石粉好坏的判定标准，只有相对的意义。

（四）影响石灰石活性的各种因素

1. 石灰石纯度

石灰石的品种不同，活性也不同。石灰石中主要有效成分是 $CaCO_3$，因此石灰石中 $CaCO_3$ 的含量对活性有重要影响，$CaCO_3$ 含量越高，其活性越大。图 1-15 所示是两种石灰石的消溶率，石灰石 A 的 $CaCO_3$ 含量为 94.06%，石灰石 B 的 $CaCO_3$ 含量为 83.93%，可见图中 A 的消溶特性好于 B。

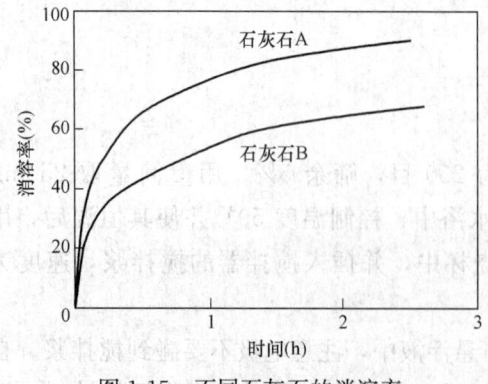

图 1-15　不同石灰石的消溶率

2. 消溶时间

从图 1-15 可以看出，石灰石的消溶率随

消溶时间的延长而增大,对于实际运行的脱硫系统,消溶时间可以用石灰石在消溶设备中的平均停留时间来表示。在反应初期,石灰石的消溶率随消溶时间的延长增加很快,随着反应进行,石灰石的消溶率增加、幅度减小。因此,较长的消溶时间可以使更多的石灰石消溶,对提高石灰石的利用率是有利的。但是,在实际的石灰石浆液制备系统中,过长的消溶时间并非有利。这是因为:一方面,过长的消溶时间并不会进一步显著提高石灰石的消溶率;另一方面,较长的消溶时间必然要求相关反应设备有较大的容积,这不仅增加占地面积和投资成本,而且也将导致消溶单位质量石灰石的能耗增大,从而增加运行成本。同样,过短的消溶时间不能保证消溶反应的充分进行,将导致石灰石的利用率下降,而且由于石膏中会含有未溶解的石灰石颗粒造成石膏品质的恶化。因此,对于某一种石灰石,在一定的消溶条件下,有一个适宜的消溶时间或平均停留时间。

3. 不同地质年代的石灰石

图 1-16 给出了不同的地质年代石灰石的溶解速率,所有石灰石的平均粒径均小于 20μm。从图 1-16 可见,地质年代越久远,其活性越差,反之亦然。石灰石的活性与石灰石的组织结构(如矿石断片、方解石的微晶晶格构造、晶石质胶结物、非化石纹理等)有关,微晶石灰石或微晶灰岩含量高的石灰石活性较低,这是由于这些石灰石包含紧密的结合沉淀物,相连的方解石晶体孔隙很低。经过多次重结晶、结构致密的大理石,在同等组分和粒径分布的条件下,其活性较方解石差。反应活性最好的为鲕粒岩石灰石、含丰富苔藓虫的石灰石和含有微晶晶格的粗纹石灰石。苔藓虫类石灰石的高活性是因为晶格架构中含有大量的微孔。

4. 石灰石粒径

石灰石粒径越小,比表面积越大,液固接触越充分,从而能有效降低液相阻力,石灰石活性就越好,图 1-17 是相同的实验条件下同一种石灰石不同粒径的溶解特性曲线,可充分说明这一点。

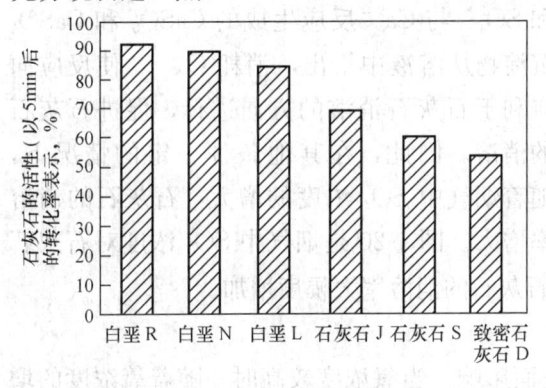

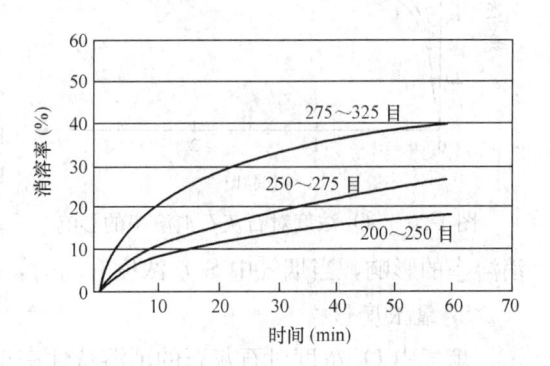

图 1-16 石灰石特性对活性的影响　　图 1-17 石灰石粒径对活性的影响

5. pH 值影响

pH 值不仅影响 $SO_2$ 的吸收和亚硫酸钙的氧化,也影响石灰石溶解,因此对石灰石活性有极重要的影响。根据石灰石溶解反应式和 $SO_2$ 吸收反应式可看出,$H^+$ 扩散对石灰石溶解有重要影响。石灰石浆液 $H^+$ 扩散驱动力与浆液的 pH 值成比例关系,pH 值越低,液相阻力越低，越有利于石灰石的溶解。图 1-18 反映了这一点。

6. 温度影响

根据化学反应动力学的观点，温度升高时，分子运动加强，化学反应速率提高。研究发现石灰石浆液温度升高时石灰石的溶解率提高，且在高 pH 值时作用更明显。图 1-19 是不同温度下石灰石的消溶率随时间的变化关系，可以看出，在相同的消溶时间下，随着消溶温度的增加，石灰石的消溶率增大。因此，提高消溶温度对石灰石的消溶是有利的。实际 FGD 系统中，石灰石的消溶主要在石灰石浆液罐中进行，其温度取决于所加入水的温度。

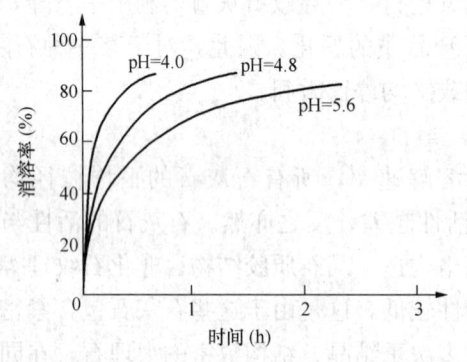

图 1-18　pH 值对石灰石活性的影响 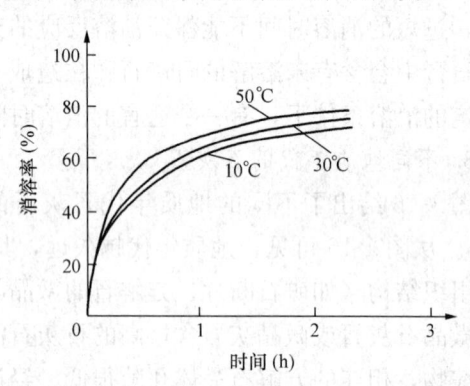　　图 1-19　温度对石灰石活性的影响

7. $SO_2$ 浓度影响

含有 $SO_2$ 的烟气经石灰石浆液洗涤，对石灰石的消溶有正面影响。一方面，$SO_2$ 溶于水可为浆液提供 $H^+$，浆液 pH 值降低，有利于石灰石的消溶。另一方面，$SO_2$ 溶于水后生成的 $HSO_3^-$，可进一步氧化为 $SO_4^{2-}$，$SO_3^{2-}$ 和 $SO_4^{2-}$ 与 $Ca^{2+}$ 反应生成的 $CaSO_3$ 和 $CaSO_4$ 沉淀物从溶液中析出，消耗 $Ca^{2+}$，使反应向有利于石灰石消溶的方向进行，促进石灰石的消溶。因此，在其他条件一定的情况下，随着烟气中 $SO_2$ 浓度的增大，石灰石的消溶率增大。图 1-20 是烟气中 $SO_2$ 浓度对石灰石消溶率的影响，当烟气中 $SO_2$ 浓度升高时，石灰石的消溶率大幅度增加。

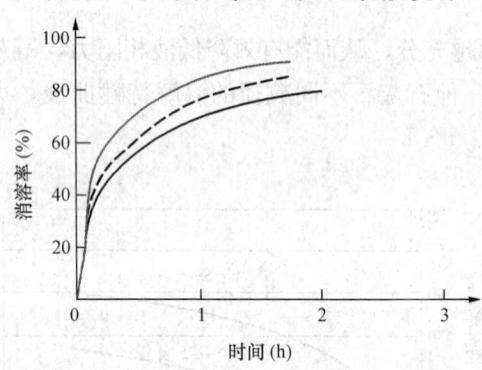

图 1-20　$SO_2$ 浓度对石灰石消溶率的影响

8. 氧浓度影响

烟气中 $O_2$ 浓度对石灰石的消溶特性有正面影响。当氧浓度较高时，随着氧浓度的增大，石灰石消溶率明显增加。这是因为增加氧浓度可以加快 $HSO_3^-$ 向 $SO_4^{2-}$ 的氧化进程，导致浆液中 $H^+$ 浓度增大，pH 值降低，石灰石消溶率增大；同时，由于 $CaSO_4$ 的溶度积比 $CaSO_3$ 小得多，即 $CaSO_4$ 有更小的溶解度。因此，$SO_4^{2-}$ 与 $Ca^{2+}$ 反应生成的 $CaSO_4$ 沉淀物从溶液中析出可以消耗更多的 $Ca^{2+}$，使反应向有利于石灰石消溶的方向进行，促进石灰石的消溶，消溶率增加。图 1-21 是烟气中 $O_2$ 浓度对石灰石消溶率的影响，石灰石消

溶率随着氧浓度的增大而增加。

9. $CO_2$ 浓度影响

pH 值范围在 4.5~5.5 之间时，$CO_2$ 分压增加会促进石灰石的溶解，但在 pH 值较低时效果不明显。一方面，烟气中 $CO_2$ 浓度较高，则气相中 $CO_2$ 分压较大，根据亨利定律，液相中 $CO_2$ 浓度较高，由于 $H_2CO_3$ 是很弱的酸，在液相中电离产生 $H^+$ 浓度略有升高，pH 略有降低，对石灰石消溶起促进作用，但这种促进作用不大；另一方面，由于石灰石消溶过程也产生 $CO_2$，烟气中 $CO_2$ 分压较大，达到溶解平衡时液相中 $CO_2$ 浓度较高，对石灰石的消溶有抑制作用。研究发现 $CO_2$ 分压对石灰石的促溶作用仅在无其他缓冲剂且针对大粒径（>50μm）的颗粒时效果才明显。在火电厂锅炉排烟中 $CO_2$ 浓度的范围内，烟气中 $CO_2$ 浓度对石灰石的消溶率影响很小。图 1-22 是烟气中 $CO_2$ 浓度对石灰石消溶率的影响。随着 $CO_2$ 浓度的增大，石灰石消溶率稍有增加。实际运行中，为保持 $CO_2$ 的分压，需要加强搅拌和曝气。

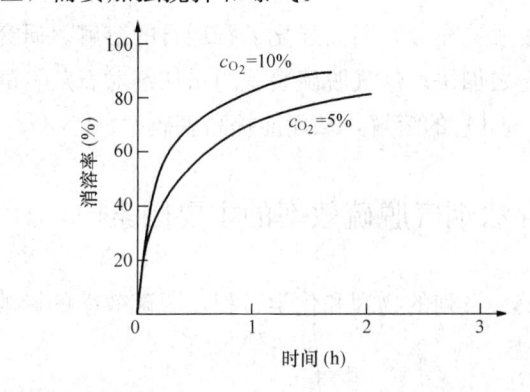

图 1-21 $O_2$ 浓度对石灰石活性的影响　　图 1-22 $CO_2$ 浓度对石灰石活性的影响

10. 浆液中可溶性化合物

研究表明，一些溶解于液相中的化学物质也会影响石灰石溶解速率。这些物质中最重要的是可溶性亚硫酸盐、$Mg^{2+}$、$AlF_x$ 络合物和 $Cl^-$。

在任何一种烟气脱硫装置的循环浆液中都不同程度地存在可溶性亚硫酸盐（包括 $H_2SO_3$、$HSO_3^-$ 和 $SO_3^{2-}$）。亚硫酸盐的一种作用是提供可溶性碱量，即可提高 $SO_2$ 脱除性能；另一种作用是会抑制 $CaCO_3$ 的溶解。在强制氧化系统中，由于鼓入的氧化空气量不足，或鼓气点距液面没有足够深度等原因，浆液中亚硫酸盐含量将增加。当亚硫酸盐相对饱和度较高时，会发生亚硫酸盐严重抑制石灰石溶解（或称致盲）作用。发生亚硫酸盐严重抑制石灰石溶解的现象是：运行 pH 值下降，脱硫效率下降，运行 pH 值出现失去控制，即使在设定的 pH 值下运行，也无法维持所希望的石灰石利用率，浆液中未反应的石灰石浓度增大。

有试验表明，在浆液 pH 值为 5.5、温度 50℃、浆液中可溶性亚硫酸盐浓度为 0.1~10mmol/L 的试验条件下，随着可溶性亚硫酸盐浓度的增加，$CaCO_3$ 溶解速度下降，并引起脱硫效率降低。试验还显示，当可溶性亚硫酸盐浓度为 1mmol/L 时，对 $CaCO_3$ 的溶解速度已显现出有明显的影响，超过 2mmol/L 时，$CaCO_3$ 溶解速度急速下降。

可溶性镁盐也会抑制石灰石的溶解，在这种情况下，随着可溶性镁盐浓度的增加，运行 pH 值下降。在许多脱硫系统设计中，由于可溶性镁盐提高了液相的碱度，所以能提高 FGD 系统的性能。但可溶性镁盐有一最佳浓度，在最佳浓度下，可溶性 $Mg^{2+}$ 提供的碱量较之其对石灰石溶解的抑制作用更为重要。超过最佳浓度继续增加 $Mg^{2+}$ 浓度，脱硫效率不但不会提高，而且产生的抑制作用可能造成脱硫效率下降。

由石灰石带入烟气脱硫装置浆液中的 $Al^{3+}$ 可能致盲石灰石活性，但浆液中的 $Al^{3+}$、$F^-$ 离子可能更多来源于烟气中的 HF 和飞灰中酸可溶性 Al。也就是说，在实际运行中，烟气中飞灰浓度较高是引起石灰石致盲更常见的主要原因。要防止这类原因引起对石灰石活性的致盲，应保持 FGD 系统上游侧除尘设备的正常运行，应该让管理除尘设备的工程技术人员了解，虽然烟气脱硫装置具有除尘能力，但除尘设备投运不正常将给烟气脱硫装置的正常运行带来了严重的影响。

11. 其他

石灰石浆液搅拌强度增加，液固相之间接触更充分，因而强化了石灰石的溶解。研究发现搅拌速率加快，石灰石的溶解速率常数随之加快。烟气脱硫装置的添加剂对石灰石的溶解也有很大影响，如己二酸的添加可促进 $CaCO_3$ 的溶解，从而能提高脱硫率。

## 第四节　影响石灰石—石膏湿法烟气脱硫效率的主要因素

石灰石—石膏湿法烟气脱硫装置工艺涉及一系列的物理和化学过程，脱硫效率的影响因素很多，将其归结为如图 1-23 所示的五大类。

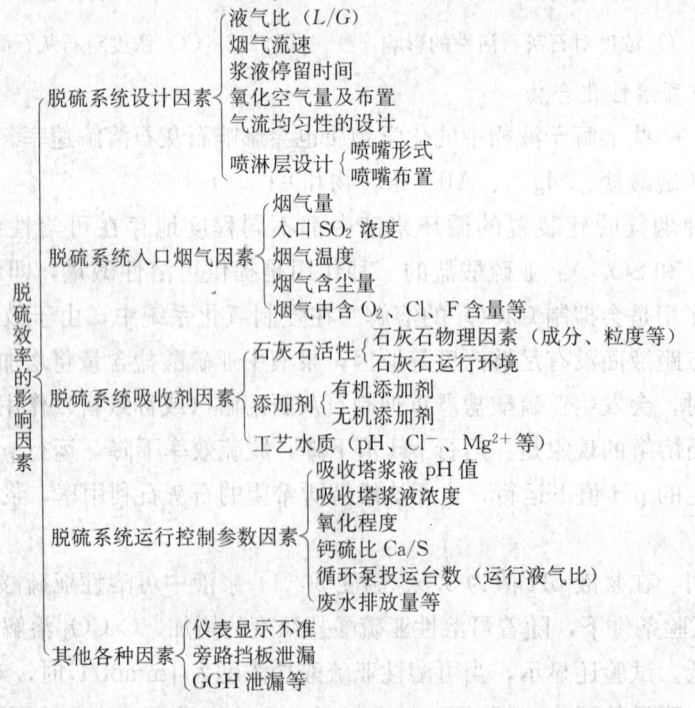

脱硫效率的影响因素
- 脱硫系统设计因素
  - 液气比（L/G）
  - 烟气流速
  - 浆液停留时间
  - 氧化空气量及布置
  - 气流均匀性的设计
  - 喷淋层设计
    - 喷嘴形式
    - 喷嘴布置
- 脱硫系统入口烟气因素
  - 烟气量
  - 入口 $SO_2$ 浓度
  - 烟气温度
  - 烟气含尘量
  - 烟气中含 $O_2$、Cl、F 含量等
- 脱硫系统吸收剂因素
  - 石灰石活性
    - 石灰石物理因素（成分、粒度等）
    - 石灰石运行环境
  - 添加剂
    - 有机添加剂
    - 无机添加剂
  - 工艺水质（pH、$Cl^-$、$Mg^{2+}$ 等）
- 脱硫系统运行控制参数因素
  - 吸收塔浆液 pH 值
  - 吸收塔浆液浓度
  - 氧化程度
  - 钙硫比 Ca/S
  - 循环泵投运台数（运行液气比）
  - 废水排放量等
- 其他各种因素
  - 仪表显示不准
  - 旁路挡板泄漏
  - GGH 泄漏等

图 1-23　影响烟气脱硫装置脱硫效率的 5 类因素

这里，烟气脱硫装置的脱硫效率定义如下

$$\eta_{SO_2} = \frac{C_{SO_2,in} - C_{SO_2,out}}{C_{SO_2,in}} \times 100\% \tag{1-6}$$

式中  $\eta_{SO_2}$——烟气脱硫装置中 $SO_2$ 的脱除率，%；

$C_{SO_2,in}$——折算到标准状态、规定的过量空气系数 $\alpha$ 下烟气脱硫装置进口干烟气中 $SO_2$ 的浓度，$mg/m^3$；

$C_{SO_2,out}$——折算到标准状态、规定的过量空气系数 $\alpha$ 下烟气脱硫装置出口的净烟气中 $SO_2$ 的浓度，$mg/m^3$。

标态下换算成过量空气系数 $\alpha$ 下的浓度按式 (1-7) 计算

$$C_x = C_x^* \times (\alpha^*/\alpha) \tag{1-7}$$

式中  $C_x$——折算后烟气成分的排放浓度，$mg/m^3$；

$C_x^*$——实测烟气成分的排放浓度，$mg/m^3$；

$\alpha^*$——实测的过量空气系数；

$\alpha$——规定的过量空气折算系数，对燃煤锅炉，$\alpha=1.4$（对应 $6.0\%O_2$）；对燃油锅炉，$\alpha=1.2$（对应 $3.5\%O_2$）；对燃气轮机组 $\alpha=3.5$（对应 $15.0\%O_2$）。

$\alpha^*$ 与实测的 $O_2$（%）的关系为

$$\alpha^* = \frac{21}{21-O_2} \tag{1-8}$$

## 一、烟气脱硫装置设计因素

### （一）液气比 ($L/G$)

液气比是指与流经吸收塔单位体积烟气量相对应的浆液喷淋量，通常以洗涤 $1m^3$（标准状态）湿烟气所需的循环浆液升数来表示，单位 $L/m^3$，即

$$L/G = \frac{Q_L}{Q_g} \tag{1-9}$$

式中  $Q_L$——吸收塔循环吸收浆液的体积流量，$L/h$；

$Q_g$——吸收塔出口烟气的体积流量，$m^3/h$。

国际上有些烟气脱硫装置供应商取 $1000m^3$（$1atm$，$298.15K$）作为烟气体积的基数，即用 $L/1000m^3$ 来表示液气比。美国则常用浆液加仑数/1000 实际立方英尺烟气（gal/1000acf）来表示液气比，这里的实际烟气指吸收塔出口的烟气体积流量。

液气比决定酸性气体吸收所需要的吸收表面，它直接影响设备尺寸和操作费用。在其他参数值一定的情况下，提高液气比相当于增大了吸收塔内的喷淋密度，使液气间的接触面积增大，同时也增大了可用于吸收 $SO_2$ 的总碱度，故脱硫效率也将增大。因此要提高吸收塔的脱硫效率，提高液气比是一个重要的技术手段，各种实验和实际结果都证实了这一点，图 1-24 是美国电力研究院的 FGDPRISM 程序的优化计算得出的 $L/G$ 与脱硫效率的关系。当液气比超过一定值后，脱硫率的提高非常缓慢，故液气比有一

图 1-24  $L/G$ 与脱硫效率的关系

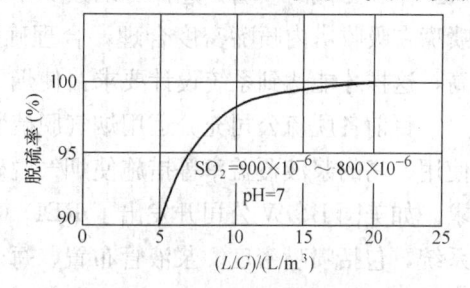

合适范围。在实际工程中，提高液气比将使浆液循环泵的流量增大，从而增加设备的投资和能耗；同时，高液气比还会使吸收塔内压力损失增大，增加风机能耗。

液气比 $L/G$ 是石灰石/石膏湿法 FGD 系统设计和运行的重要参数，对 FGD 系统的技术性能和经济性具有重要的影响，是必须合理选择的一个重要设计参数。

（二）吸收塔内烟气流速

在其他参数恒定的情况下，提高塔内烟气流速可提高气液两相的湍动，降低烟气与液滴间的膜厚度，因而提高了传质效果；又使喷淋液滴的下降速度将相对降低，单位体积内持液量增大，增大了传质面积，可增加脱硫效率。但是烟气流速增加又会使气液接触时间缩短，脱硫效率可能下降。在实际工程中，烟气流速的增加无疑可减少吸收塔的塔径、减少吸收塔的体积，对降低造价有益。然而，烟气流速的增加会使吸收塔内的压力损失增大，增加了增压风机能耗，同时会影响吸收塔除雾器的性能，使净烟气携带石膏浆液滴增加，从而影响烟气脱硫装置的正常运行。

因此，从脱硫效率的角度来讲，吸收塔内烟气流速有一最佳值，高于或低于此气速，脱硫效率都会降低；从能耗来看，也要求烟气流速有一定范围，目前喷淋空塔内烟气流速一般控制在 3.5～4.0m/s。

（三）浆液停留时间

浆液在反应池内停留时间长将有助于浆液中石灰石与 $SO_2$ 完全反应，提高脱硫效率，并能使反应生成物 $CaSO_3$ 有足够的时间完全氧化成 $CaSO_4$，形成粒度均匀、纯度高的优质脱硫石膏。因此设计时应有足够的吸收塔浆液池体积以保证石灰石溶解时间；为 $CaSO_3$ 提供充分的氧化空间和氧化时间，确保良好的氧化效果；也为石膏晶体长大提供充分的停滞时间，确保生成高品质的粗粒状（而非片状和针状）石膏晶体。但过长的浆液停留时间会导致反应池的容积增大、氧化空气量和搅拌机的容量增大，土建和设备费用以及运行成本增加。目前典型设计的浆液循环停留时间 $\tau_c$（浆池容积与循环泵总流量之比）在 3.5～8min，浆液在吸收塔中的停留时间 $\tau_t$（浆池容积与石膏排出泵流量之比）通常不低于 15h。

（四）喷淋层设计

吸收塔是烟气脱硫装置的核心，其中喷淋层喷嘴是关键设备，喷嘴性能和喷嘴布置设计直接影响到湿法烟气脱硫装置性能参数和运行可靠性。因此，喷嘴性能参数的选择和喷嘴在塔内布置必须慎重。当对单个喷嘴性能参数选择时，必须同脱硫工艺计算和喷嘴布置相结合来决定单个喷嘴的流量、喷雾角和喷嘴个数。在满足喷嘴流量条件下，优先选择进口工作压力低的喷嘴，这样可以减少循环泵的能耗。在吸收塔内布置喷嘴过程中，应该使喷嘴在吸收塔内喷嘴密度合理，合理确定喷嘴之间的距离，使喷嘴覆盖率和喷嘴均匀度高，这样才能达到系统设计要求，使烟气脱硫装置达到高脱硫率。

目前各脱硫公司充分运用烟气脱硫装置工具优化喷嘴位置、采用多种型式喷嘴的配合使用、高的浆液覆盖率等措施使烟气脱硫装置到达很高的脱硫效率，来满足各种用户的要求。如美国 B&W 公司开发出了 RDD（Rule Driven Design）计算机软件，对吸收塔喷淋系统，包括喷嘴密度、浆液管布置、每个管子喷嘴数量、喷淋覆盖率等进行计算机设计，最后生成三维的喷淋层模型。同时对吸收塔内喷淋管道支撑系统、吸收塔壳体等也进行优化设计。美国电力试验研究所（EPRI）开发了一种名为 FGD 工艺整体化和模拟模型（FGDPRISM™：Flue Gas Desulfurization Process Integration and Simulation Model）的计算机程序，可用于计算石灰石/富镁石灰烟气脱硫装置工艺系统的物料平衡、预测烟气脱硫装置的运行工艺性能如脱硫率、吸收剂利用率等。

## 二、烟气脱硫装置入口烟气因素

### （一）吸收塔入口烟气量的影响

入口烟气量的变化实质上是液气比 $L/G$ 的变化，当进入烟气脱硫装置的烟气量减少时，其他条件不变，意味着 $L/G$ 的增大，脱硫效率自然增大；烟气量增加时，$L/G$ 减小，脱硫效率也会有所减小。图 1-25 是脱硫效率与烟气量的关系示意。此外，当烟气量超过设计点 $S$ 后，而氧化空气量受氧化风机额定出力所限不能再增加时，脱硫效率将延虚线急剧下降，在这种情况下，对脱硫效率的影响叠加了氧化过程的影响。对于一个已建好的脱硫系统，如果实际烟气量超出设计范围，脱硫效率便难以保证了。

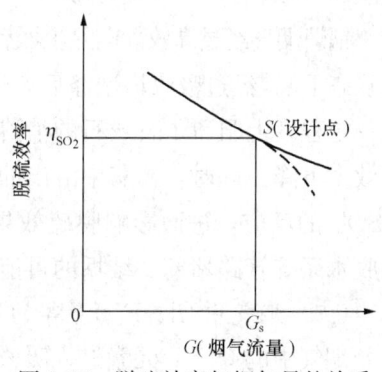

图 1-25 脱硫效率与烟气量的关系

### （二）烟气中 $SO_2$ 浓度的影响

在 Ca/S 摩尔比一定的条件下，当烟气中 $SO_2$ 浓度较低时，根据化学反应动力学，其吸收过程是可逆的，各组分浓度受平衡浓度制约。当烟气中 $SO_2$ 浓度很低时，因为吸收塔出口 $SO_2$ 浓度不会低于其平衡浓度，所以不可能获得很高的脱硫效率。当烟气中 $SO_2$ 浓度适当增加时，有利于 $SO_2$ 通过液浆表面向液浆内部扩散，加快反应速度，脱硫效率随之提高，但随着 $SO_2$ 浓度进一步的增加，受液相吸收能力的限制，脱硫效率将下降，图 1-26 是某吸收塔中脱硫效率与 $SO_2$ 浓度的关系。另外，当 $SO_2$ 浓度增加而氧化空气不足时，将会出现石灰石亚硫酸盐致盲现象，而使脱硫效率大幅度下降以至于脱硫系统不能正常运行。

### （三）吸收塔入口烟气温度的影响

小型试验表明，吸收塔进口烟气温度较低时，脱硫效率增加，如图 1-27 所示。这是

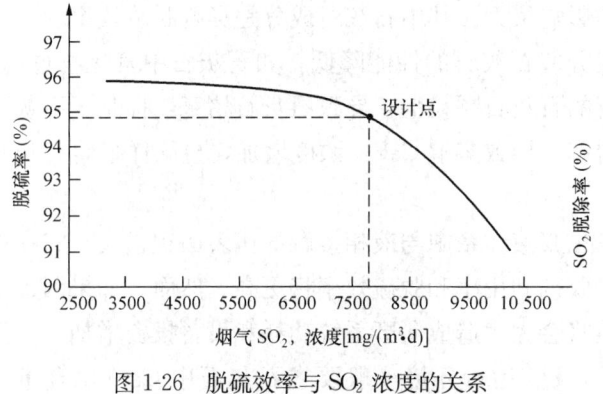

图 1-26 脱硫效率与 $SO_2$ 浓度的关系
逆流喷淋塔（石灰石基）烟气流量 1 760 000 $m^3$/(h·W)（标态）
4 个喷淋层投入运行设计烟气 $SO_2$ 浓度 7600 $mg/(m^3·d)$

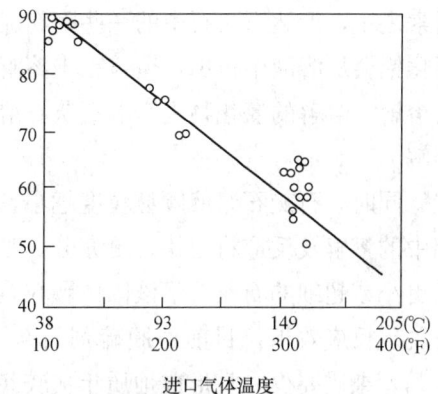

图 1-27 脱硫效率与进口烟气温度关系

因为脱硫反应是放热反应，温度升高不利于脱除 $SO_2$ 化学反应的进行；另外，吸收温度降低时，吸收液面上的 $SO_2$ 的平衡分压也降低，有助于气液传质，实际烟气脱硫装置运行结果也证实了这一点。典型的烟气脱硫装置布置用 GGH 降低烟温，或在进吸收塔前布置预喷水，如 CT-121 工艺等。

（四）烟气含尘浓度的影响

锅炉烟气经过高效静电除尘器后，烟气中飞灰浓度仍然较高，一般在 $100\sim300mg/m^3$（标准状态下）。经过吸收塔洗涤后，烟气中约 75% 的飞灰留在了浆液中。飞灰中的 $F^-$、$Cl^-$ 在一定程度上阻碍了石灰石的消溶，降低了石灰石的消溶速率，导致浆液 pH 值降低，脱硫效率下降。同时，飞灰中溶出的一些重金属如 Hg、Mg、Cd、Zn 等离子会抑制 $Ca^{2+}$ 与 $HSO_3^-$ 的反应，进而影响脱硫效果。此外，飞灰还会降低副产品石膏的白度和纯度，增加脱水系统管路堵塞、结垢的可能性。

（五）烟气中 Cl、F 含量等的影响

烟气中的 Cl、F 元素进入吸收塔浆液，除引起腐蚀外（Cl）还会与浆液中的一些金属离子如 $Al^{3+}$ 等形成络合物，这些络合物会将 $Ca^{2+}$ 或 $CaCO_3$ 颗粒包裹起来，使其化学活性严重降低，参加脱硫反应的 $Ca^{2+}$ 或 $CaCO_3$ 减少，也即惰性物增加，最终导致吸收塔浆液中的碳酸钙过剩，但 pH 值却无法上升的石灰石屏蔽现象。锅炉在给粉机故障或燃烧不稳时将投油枪助燃，以保证锅炉的安全运行。此时有未燃尽的油污将随烟气进入吸收塔内，有时甚至投油后还要停止部分电除尘器运行，这就使大量的油污和粉尘进入吸收塔浆液中，这些物质都将影响石灰石的活性、阻碍脱硫化学反应的进行，使得浆液的 pH 值维持不住，脱硫率也随之下降。因此在锅炉较长时间投油运行时，应根据具体情况减少进入烟气脱硫装置的烟气量或完全走旁路运行，待锅炉停油稳定运行后再恢复烟气脱硫装置的运行。

### 三、吸收剂因素

（一）石灰石

在石灰石—石膏湿法烟气脱硫装置中，吸收剂石灰石的活性直接影响脱硫过程中 $SO_2$ 的溶解、吸收和氧化反应，对脱硫率的影响很大。其中石灰石成分是影响脱硫效率的关键因素之一，天然石灰石中的一些附属成分使石灰石的性能降低，如石灰石中氟化物过高，氟化铝会从溶液中析出，覆盖在未溶解的石灰石颗粒上，导致石灰石堵塞，抑制了石灰石的溶解。溶解的氯化物也影响石灰石溶解，导致溶解 $CaCl_2$ 浓度增加，也同样阻碍石灰石溶解。

同时，石灰石浆液颗粒粒度越小，在浆液体系中与液相接触的比表面积越大，它在液相中的溶解及反应将更快、更充分，吸收剂利用率和脱硫效率将更高。然而，如果因此要求更小或超细的石灰石浆液固体颗粒，将会大大造成研磨系统功耗和设备投资增加。为保证脱硫反应效果，目前对脱硫剂石灰石及其运行环境一般要求石灰石中 $CaCO_3$ 含量≥90%，杂质要少，且形成地质年代较晚，易于碾磨；石灰石粉粒径越小活性越高，综合考虑能耗，一般石灰石粉粒径都在 325 目（44μm）左右。

(二) 添加剂

用于石灰石—石膏湿法烟气脱硫装置的添加剂主要分为有机添加剂和无机添加剂两大类。有机添加剂又称为缓冲添加剂，多为有机酸，如 DBA、苯甲酸、乙酸、甲酸、戊二酸、丁二酸等。理论上任何酸度介于碳酸与亚硫酸之间且其钙盐具有适当溶解度的有机酸都可以作添加剂，理想的有机添加剂应具有适宜的 pH 缓冲作用、挥发性低、价格便宜、无毒等条件。在烟气脱硫装置中，有机添加剂既能提高脱硫率和吸收剂的利用率，还能防垢，从而提高系统运行的可靠性和稳定性，降低运行费用。目前工业上运用最为成功的是 DBA。自从 1981 年工业运用成功以来，在国外已普遍用有机酸作为湿法烟气脱硫装置的添加剂。无机盐添加剂主要包括镁盐、钠盐、铵盐等，如 $MgSO_4$、$MgO$、$Mg(OH)_2$、$NaCl$、$Na_2SO_4$、$NaNO_3$、$(NH_4)_2SO_4$ 等，其中 $MgSO_4$ 用得最多。钠强化脱硫过程与镁强化脱硫过程很类似，所不同的是镁强化是利用亚硫酸镁($MgSO_3$)来提高脱硫率，而钠强化则是靠亚硫酸钠($Na_2SO_3$)。图 1-28 是 DBA 添加剂的试验结果。

从目前工业应用情况来看，在吸收液中添加镁盐或有机酸，既有利于提高脱硫率，又有利于防止结垢，若在脱硫系统设计时就考虑采用添加剂则可最大限度地发挥其优点。

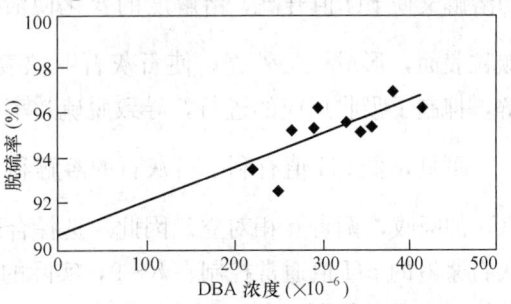

图 1-28 加入 DBA 对脱硫率的影响

目前在国内，脱硫过程中添加剂的研究已有很多，也有在火电厂脱硫系统中付诸工业应用的实例。国外的工业应用较多，美国主要集中于镁盐强化和 DBA 有机酸强化，德国主要采用甲酸和甲酸钠的混合液强化。有机酸与镁盐相比，能够缓冲浆液的 pH 值，而且降低脱硫成本，因此选择有机酸作添加剂更有优势。有机酸添加剂的加入会改变石灰石浆液的物理化学性质，从而影响其脱硫和结垢性能，其研究领域涉及多相复杂体系的传递和热力学性质，包括有机酸强化添加剂的物理化学性质变化、脱硫过程操作参数对其脱硫性能的影响、经济效益评价等，国内有待在这些方面进行进一步的研究和应用实践。

(三) 烟气脱硫装置工艺水水质

烟气脱硫装置工艺水的水质对烟气脱硫装置的运行性能也有一定程度的影响，如工艺水应非酸性，其中的 $Ca^{2+}$、$Cl^-$、$F^-$ 等离子及悬浮物等杂质进入吸收塔后都会对脱硫率不利；GGH、除雾器的冲洗水若不干净将堵塞冲洗喷嘴，最终造成结垢堵塞，这会影响吸收塔气流场的改变，间接地影响脱硫率。为保证脱水机的正常运行和石膏品质，滤布、滤饼的冲洗也同样对水质有一定的要求。

**四、烟气脱硫装置运行控制参数的因素**

(一) 吸收塔浆液 pH 值

浆液 pH 值是石灰石湿法烟气脱硫装置的重要运行参数。浆液 pH 值升高，一方面，由于液相传质系数增大，$SO_2$ 的吸收速率增大；另一方面，由于在 pH 值较高（>6.2）的情况下脱硫产物主要是 $CaSO_3 \cdot \frac{1}{2} H_2O$，其溶解度很低，极易达到饱和而结晶在塔壁和部件表面上，形成很厚的垢层，造成系统严重结垢。浆液pH值低，则$SO_2$的吸收速率减小，但结垢倾向减弱。当pH低于6.0时，$SO_2$的吸收速率下降幅度减缓；当pH值降到4.0以下时，浆液几乎不再吸收$SO_2$。

浆液pH值不仅影响$SO_2$的吸收，而且影响石灰石、$CaSO_3 \cdot \frac{1}{2}H_2O$和$CaSO_4 \cdot 2H_2O$的溶解度，如表1-3所示。随着pH值的升高，$CaSO_3 \cdot \frac{1}{2}H_2O$的溶解度显著下降，$CaSO_4 \cdot 2H_2O$的溶解度增加，但增加的幅度较小。因此，随着$SO_2$的吸收，浆液pH值降低，$CaSO_3 \cdot \frac{1}{2}H_2O$的量增加，并在石灰石颗粒表面形成一层液膜，而液膜内部$CaCO_3$的溶解又使pH值升高，溶解度的变化使液膜中的$CaSO_3 \cdot \frac{1}{2}H_2O$析出并沉积在石灰石颗粒表面，形成一层外壳，使石灰石颗粒表在钝化。钝化的外壳阻碍了石灰石的继续溶解，抑制了吸收反应的进行，导致脱硫效率和石灰石利用率下降。

可见，低pH值有利于石灰石的溶解和$CaSO_3 \cdot \frac{1}{2}H_2O$的氧化，而高pH值则有利于$SO_2$的吸收，两者互相对立。因此，选择合适的pH值对烟气脱硫反应至关重要。新鲜石灰石浆液的pH值通常控制在8~9，实际的吸收塔浆液pH值通常选择在5.0~6.0之间，其控制是通过控制石灰石浆液流量来调整的。在烟气脱硫装置正常运行时，脱硫效率一般随pH值增加而增大，如图1-29所示。

表1-3　　50℃时pH值对$CaSO_3 \cdot \frac{1}{2}H_2O$和$CaSO_4 \cdot 2H_2O$溶解度的影响

| pH | 溶解度（mg/L） | | | pH | 溶解度（mg/L） | | |
| --- | --- | --- | --- | --- | --- | --- | --- |
| | Ca | $CaSO_3 \cdot \frac{1}{2}H_2O$ | $CaSO_4 \cdot 2H_2O$ | | Ca | $CaSO_3 \cdot \frac{1}{2}H_2O$ | $CaSO_4 \cdot 2H_2O$ |
| 7.0 | 675 | 23 | 1320 | 4.0 | 1120 | 1873 | 1072 |
| 6.0 | 680 | 51 | 1340 | 3.5 | 1763 | 4198 | 980 |
| 5.0 | 731 | 302 | 1260 | 3.0 | 3135 | 9375 | 918 |
| 4.5 | 841 | 785 | 1179 | 2.5 | 5873 | 21995 | 873 |

此外，增加浆液循环量，将促进混合液中的$HSO_3^-$氧化成$SO_4^{2-}$，有利于石膏的形成。但是，过高的浆液循环量将导致初投资和运行费用增加。在实际FGD系统运行时可根据接收的烟气量和$SO_2$浓度的具体情况增减吸收塔浆液密度。

随着烟气与脱硫剂反应的进行，吸收塔的浆液密度不断升高，当密度高时，混合浆液中$CaCO_3$、$CaSO_4 \cdot 2H_2O$的浓度趋于饱和，$CaSO_4 \cdot 2H_2O$对$SO_2$的吸收有抑制作用，脱硫率会有所下降；而吸收塔的浆液密度过低时，说明浆液中$CaSO_4 \cdot 2H_2O$的含量较低，$CaCO_3$的相对含量

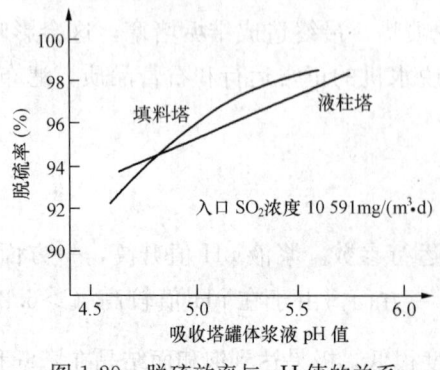

图1-29　脱硫效率与pH值的关系

升高，此时如果排出吸收塔，将导致石膏中 $CaCO_3$ 含量增高，品质降低，而且浪费了脱硫剂石灰石。因此运行中严格控制石膏浆液密度在合适的范围内，将有利于烟气脱硫装置的有效、经济运行。对于石灰石湿法脱硫系统，典型的吸收塔浆液浓度一般在 10%～20%（质量百分比），个别高达 30%（质量百分比），相应的浆液密度在 1060～1127kg/$m^3$，运行人员通过投运/停止真空皮带脱水机的运行来控制。

（二）吸收塔浆液过饱和度

石灰石浆液吸收 $SO_2$ 后生成 $CaSO_3$ 和 $CaSO_4$。石膏结晶速度依赖于石膏的过饱和度，在循环操作中，当超过某一相对饱和度值后，石膏晶体就会在悬浊液内已经存在的石膏晶体上生长。当相对饱和度达到某一更高值时，就会形成晶核，同时，石膏晶体会在其他物质表面上生长，导致吸收塔浆液池表面结垢。此外，晶体还会覆盖那些还未及反应的石灰石颗粒表面，造成石灰石利用率和脱硫效率下降。正常运行的烟气脱硫装置过饱和度一般应控制在 120%～140%。

因为 $CaSO_3$ 和 $CaSO_4$ 溶解度随温度变化不大，所以用降温的办法难以使两者从溶液中结晶出来。因为溶解的盐类在同一盐的晶体上结晶比在异类粒子上结晶要快得多，故在循环母液中添加 $CaSO_4 \cdot 2H_2O$ 作为晶种，使 $CaSO_4$ 过饱和度降低至正常浓度，可以减少因 $CaSO_4$ 而引起的结垢。$CaSO_3$ 晶种的作用较小，通常是在烟气脱硫装置浆液槽中将 $CaSO_3$ 氧化成 $CaSO_4$，从而不致干扰 $CaSO_4 \cdot 2H_2O$ 结晶。

（三）浆液循环量

新鲜的石灰石浆液喷淋下来与烟气接触后，$SO_2$ 等气体与吸收剂的反应并不完全，需要不断地循环反应，以提高石灰石的利用率。在实际运行时，通过启停不同高度的吸收塔循环泵的数量来调整浆液循环量，其实质是增大或减小 $L/G$、增加或减少了浆液与 $SO_2$ 的接触反应时间，从而影响着脱硫效率。

在确保脱硫效率的同时，经济、有效地使用不同的循环泵组合方式。

（四）钙硫比 Ca/S

钙硫比（Ca/S）又称吸收剂耗量比或化学计量比，定义为每脱除 1mol $SO_2$ 所需加入的吸收剂 $CaCO_3$ 的摩尔数。Ca/S 反应单位时间内吸收剂原料的供给量，通常以浆液中吸收剂浓度作为衡量度量。在保持液气比不变的情况下，钙硫比增大，注入吸收塔内吸收剂的量相应增大，引起浆液 pH 值上升，可增大中和反应的速率，增加反应的表面积，使 $SO_2$ 吸收量增加，提高脱硫效率。但是，由于石灰石的溶解度较低，其供给量的增加将会引起石灰石的过饱和和凝聚，最终使反应的表面积减小，脱硫效率降低；同时使石膏中石灰石含量增大、纯度下降，实践也证明了这点。理论上，Ca/S=1，实际上，Ca/S 一般控制在 1.02～1.05 之间。

（五）氧化风量

在石灰石—石膏湿法烟气脱硫装置工艺中有强制氧化和自然氧化之分，被浆液吸收的 $SO_2$ 有少部分在吸收区内被烟气中的氧气氧化，这种氧化称自然氧化，这在早期的湿法烟气脱硫装置上用的较多。强制氧化是向吸收塔的氧化区内喷入空气，促使可溶性亚硫酸盐氧化成硫酸盐，控制结垢，最终生成副产品石膏。强制氧化工艺不论是在脱硫效率还是在系统运行的可靠性等方面均比自然氧化工艺更优越,目前国际上强制氧化工艺的操作可靠性已达99%以上,已成为烟气脱硫装置中的主流。

合理的氧化风量通过石膏中$CaSO_3$的含量来确定,其含量越低,则氧化效果越高,石膏品质越好。保持吸收塔浆液内充足的反应氧量,不但是提高脱硫效率的需要,也是有效防止吸收塔和石膏浆液管路$CaSO_3$垢物形成的关键所在。

(六)废水排放量

原烟气中的HCl、HF和飞灰等都被带入吸收塔浆液中,长期运行后吸收塔浆液的氯离子和飞灰中不断溶出的一些重金属离子浓度会逐渐升高,不断增加的重金属及浆液中过量的沉淀物都会对烟气$SO_2$的去除有负面效应。因此脱硫工艺设计中将一部分石膏旋流站的溢流液通过废水旋流器进入废水箱,由废水泵排入废水处理系统进行处理。在实际脱硫系统运行过程中,增大废水排放量可在一定程度上提高脱硫效果,这在众多的系统中都得到证实。

在烟气脱硫装置实际运行过程中,还有其他许多因素对脱硫率造成影响,如当烟气脱硫装置旁路打开运行时,往往有原烟气直接进入烟囱,使整个机组的脱硫率降低;如有净烟气循环,则烟气脱硫装置的脱硫效率也会有所下降。烟气脱硫装置旁路烟气挡板有泄漏或GGH泄漏大时,自然使整个系统的脱硫率降低。在有的烟气脱硫装置中,CEMS安装在烟气脱硫装置净烟道上,当系统不投运时,CRT上脱硫率显示为100%,反而比投运时高。当然测量仪表故障或不准确时,会使烟气脱硫装置的自动控制发生偏差,从而影响实际的脱硫率,运行中应及时维护检修。

从上面对湿法烟气脱硫装置主要参数的分析可看出,影响吸收塔脱硫效率的因素较多,且这些因素又相互关联,因此,根据具体工程来选定合适的设计和运行参数是每个烟气脱硫装置供应商在工程系统设计初期所必须面对的重要课题。参数选择不当,有的使系统造价和运行成本大大增加,有的使系统将来无法正常运行。因此,电厂用户在工程方案选定时,应结合自身特点,首先通过招标文件向供应商提供真实可靠的基础设计数据,如燃煤含硫量、烟气量、烟气温度、内外部建设条件等,再对供应商所提供的设计参数进行详尽分析,从中筛选出最合适的方案为己所用。在实际的烟气脱硫装置运行过程中,当出现脱硫率下降或不正常时,可对照图1-23检查这些因素,找出根本原因,然后对症下药。运行人员应不断地总结积累经验,使脱硫系统安全、稳定、高效地运行,充分发挥烟气脱硫装置的环保作用,为社会作出贡献。

# 第二章

# 烟气脱硫装置及主要设备

## 第一节 脱硫工艺流程

典型的烟气脱硫装置工艺流程如图 2-1 所示，主要组成有：①烟气系统；②吸收塔系统；③石灰石浆液制备系统；④石膏脱水及储存系统；⑤废水处理系统；⑥公用系统（工艺水、压缩空气、事故浆液罐系统等）；⑦电气系统；⑧热工控制系统（DCS）等。

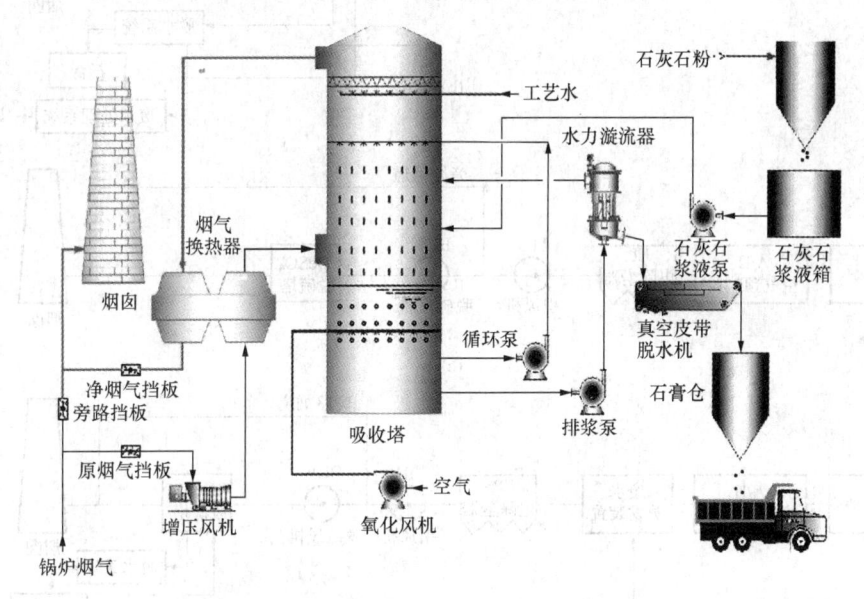

图 2-1 典型的烟气脱硫装置工艺流程图

烟气系统为烟气脱硫装置提供烟气通道，进行烟气脱硫装置的投入和切除，降低进入吸收塔的入口烟气温度、提升净烟气温度，其主要设备包括烟道挡板、烟气换热器及脱硫增压风机等。

吸收塔系统通过石灰石浆液吸收烟气中的 $SO_2$，生成亚硫酸钙，氧化空气将其氧化成最终产品石膏，同时净烟气经除雾器除去带出的小液滴。吸收塔系统的主要设备为循环泵及喷淋层、除雾器、氧化风机、搅拌器等。

石灰石浆液制备系统的主要功能是制备并为吸收塔提供合格的吸收剂浆液，主要设备包括石灰石仓或石灰石粉仓、湿式钢球磨石机、石灰石浆液箱及浆液泵等。

石膏脱水及储存系统将吸收塔内的石膏浆液脱水成含水量小于10%的副产品石膏，并储存和外运。脱水系统的主要设备有石膏水力漩流器、脱水机及附属设备如真空泵、滤

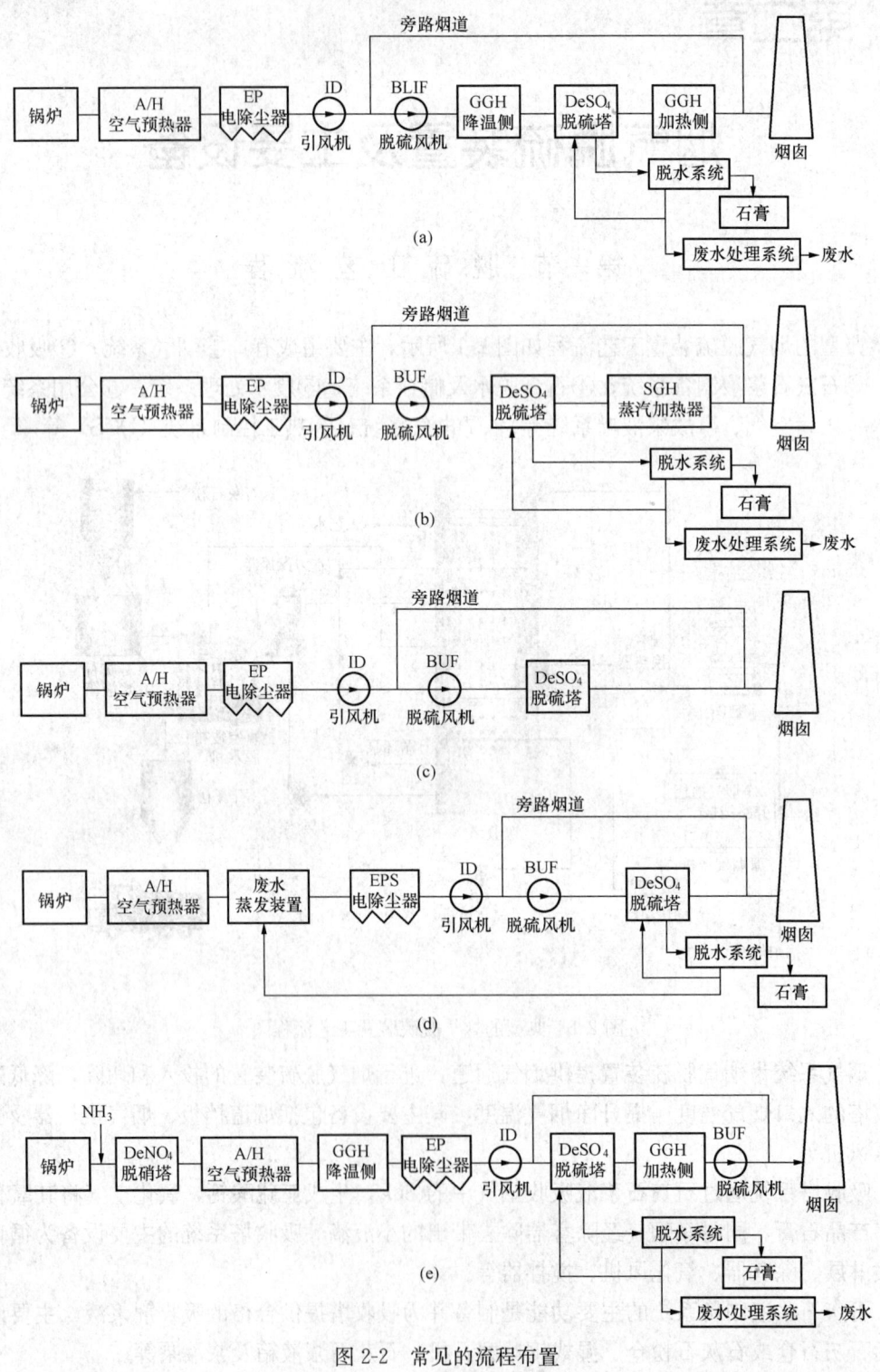

图 2-2 常见的流程布置

液箱、各浆液泵、石膏仓或石膏库等。

废水处理系统处理烟气脱硫装置产生的废水以满足有关污水排放标准，其主要设备有各废水箱（如中和箱、沉降箱、絮凝箱、出水箱、澄清/浓缩池）、各废水泵及污泥泵、废水处理用药储箱、制备箱、计量箱及各加药泵、搅拌器、污泥压滤机等等。

公用系统为烟气脱硫装置提供各类用水、用气/汽，临时储存各种排放浆液、冲洗污水等，其主要设备包括工艺水箱、仪用/杂用空气压缩机、事故浆液箱、各浆液泵和水泵等。

电气系统为烟气脱硫装置提供动力和控制用电，通过热工控制系统DCS控制脱硫系统的启/停操作、运行工况调整、连锁保护、异常情况报警和紧急事故处理。通过在线仪表监测和采集各种运行数据，还可完成经济分析和生产报表等，包括电气设备、控制设备和在线仪表。

是否设置烟气换热器（GGH）、不同类型的GGH以及脱硫增压风机的位置变化组成有不同的烟气脱硫装置流程，图2-2是常见的几种流程布置。

图2-2（a）是最常见的流程布置方式，GGH可以是回转式换热器或管式水媒式GGH。当锅炉排烟温度较低，或为避免GGH降温侧腐蚀问题的困扰，或受布置空间的限制，可以采用图2-2（b）的流程布置，即取消降温侧GGH，脱硫后的烟气采用蒸汽管式再热器加热。这种方式用汽量较大，运行经济性较差，国内在早期的脱硫系统中如广东连州电厂、重庆电厂等少数几套系统中有应用。图2-2（c）是湿烟囱或冷却塔排烟工艺，就投资费用来说是最经济的，美国、德国应用较多，我国也开始应用。图2-2（d）将脱硫废水排入锅炉电除尘器ESP前的烟道上，从而省去了烟气脱硫装置废水处理装置并实现了脱硫系统的零排放，而且这种流程布置降低了进入ESP前的烟气温度，有利于ESP除尘效率的提高，另外由于增大了进入吸收塔烟气的湿度，可以减少烟气脱硫装置的用水量。但是由于废水中的固体物最终将进入ESP收集的飞灰中，可能影响飞灰的综合利用，国内尚未见到这种流程布置。图2-2（e）是日本日立公司在图2-2（a）基础上改进的一种流程布置，将无泄漏型GGH的降温换热器放置在锅炉ESP上游侧，使得进入ESP前的烟气温度降至90～100℃，大大提高了ESP的除尘效率，使最终排放的粉尘浓度在5mg/m³以下。

## 第二节 烟气系统及设备

### 一、烟气系统概述

脱硫烟气系统是锅炉烟风系统的延伸部分，主要由进口烟气挡板（又称原烟气挡板）、出口烟气挡板（又称净烟气挡板）、旁路烟气挡板、挡板密封风机；增压风机（Boost-up Fan，BUF）及其附属设备；烟气再热器及其附属设备；烟道及膨胀节等辅助系统组成，图2-3是某电厂脱硫烟气系统流程。

来自锅炉引风机出口的烟气从原烟气进口挡板门进入，经增压风机送至烟气换热器。在GGH中，烟气（未经处理）与来自吸收塔的洁净烟气进行热交换后被冷却，被冷却的

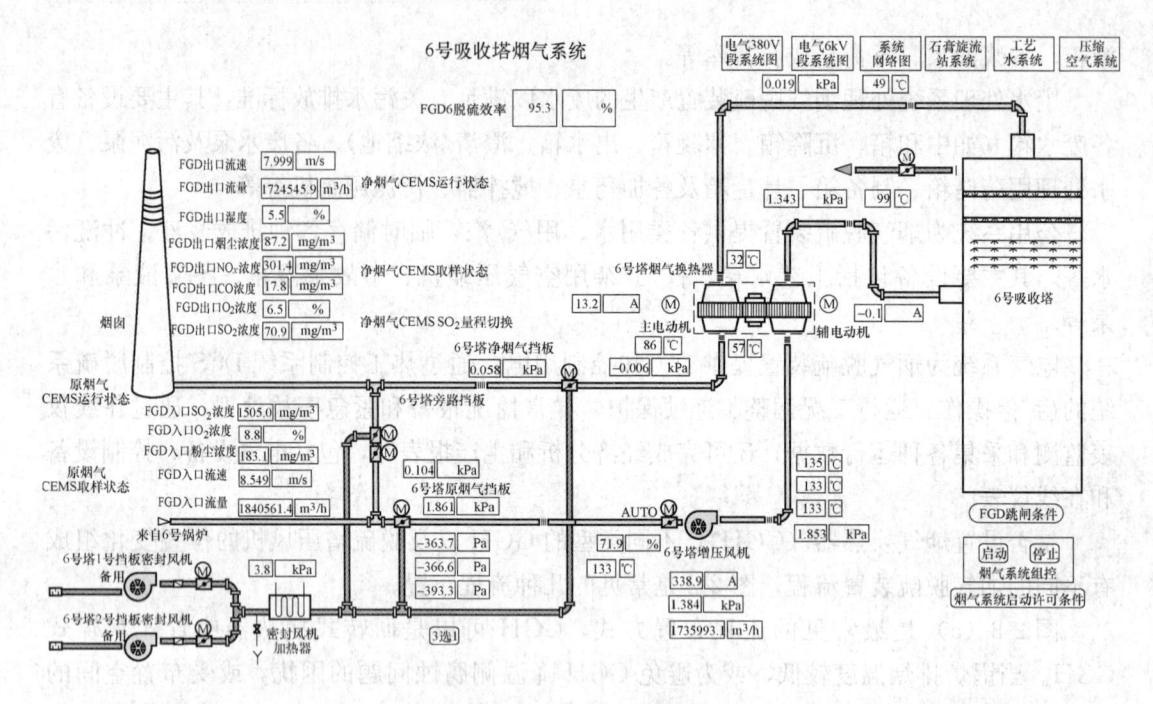

图 2-3 脱硫烟气系统流程

烟气进入吸收塔与喷淋的吸收剂浆液接触反应以除去 $SO_2$。脱硫后的饱和烟气（50℃左右）经除雾器后进入 GGH 的升温侧被加热至 80℃以上，然后经净烟气出口挡板进入烟囱排入大气。

烟气脱硫装置进口挡板设置在增压风机之前的烟道上，出口挡板设置在 GGH 升温侧之后的烟道上，旁路挡板位于旁路烟道上，当烟气脱硫装置运行时进/出口挡板打开，旁路挡板关闭，使原烟气通过增压风机的吸力作用引向烟气脱硫装置；当烟气脱硫装置停运时或锅炉处于事故状态的情况下，进/出口挡板关闭防止原烟气渗入系统，而旁路挡板打开使烟气绕过烟气脱硫装置而通过旁路烟道直接排入烟囱，从而保证了脱硫系统和锅炉机组的安全稳定运行。在一些烟气脱硫装置中不设旁路烟道，这对烟气脱硫装置设备的可靠性提出了很高的要求。

增压风机的布置一般有如图 2-4 所示的 4 种方案，表 2-1 是各位置优缺点的比较。

**方案 a**，如图 2-4（a）所示，增压风机布置在原烟道和换热器之间，该位置烟气温度一般在露点之上，风机工作在热烟气中，其沾污和腐蚀的倾向最小，可不用专门防腐，对增压风机的材料要求最低，此时增压风机相当于锅炉二级引风机。但由于此时的有效体积流量最大，风机的功耗也最大。当使用回转式换热器 GGH 时，原烟气会向净烟气侧泄漏，由于目前脱硫系统中的 GGH 低泄漏风机对其进行空气密封，烟气的泄漏量可以控制在 1% 以内。

**方案 b**，如图 2-4（b）所示，增压风机布置在换热器之后、吸收塔之前，其沾污和腐蚀的倾向性较小，功耗较低，但也必须考虑防腐，且由于其压缩功的存在造成吸收塔入口烟温升高，会降低脱硫效率。

**方案 c**，如图 2-4（c）所示，增压风机布置在吸收塔后换热器前，风机工作在水蒸气

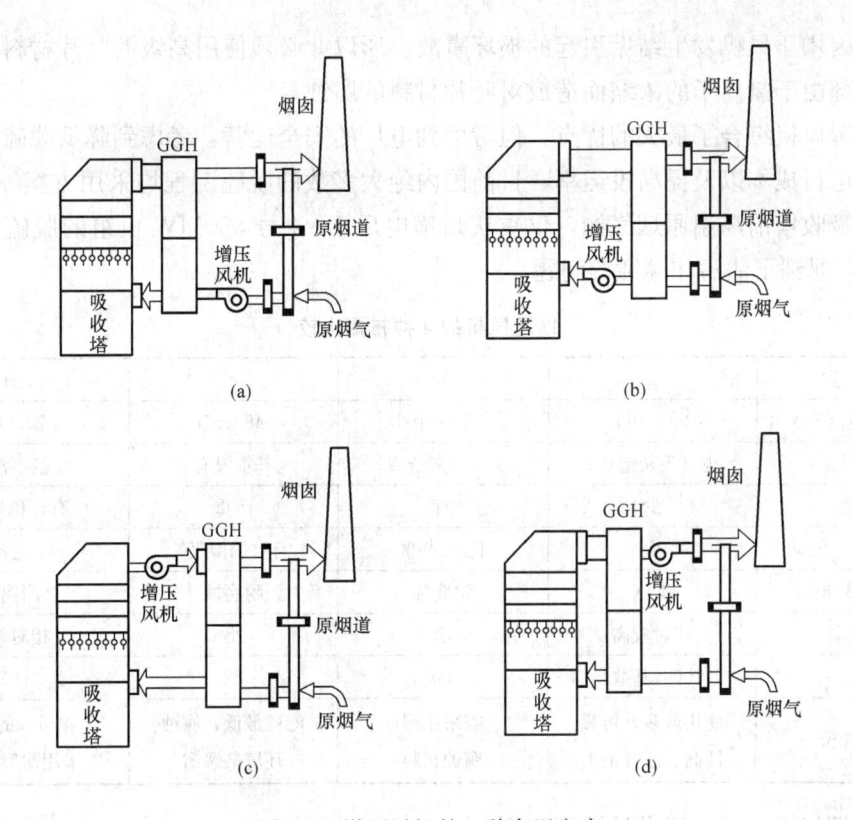

图 2-4 增压风机的 4 种布置方案

饱和的烟气中,此时的增压风机被称为湿风机。但湿风机有着显著的优点,其功率约低10%,其压缩热可将烟气再加热,在使用回转式换热器 GGH 时由净烟气向原烟气侧泄漏不会降低脱硫效率。但是,湿风机要求使用耐腐蚀材料,沾污危险较大,有结垢时会影响出力。当吸收塔内处于负压时,在一定条件下存在衬胶脱落的危险,影响风机的安全运行。

**方案 d**,如图 2-4 (d) 所示,增压风机布置在净烟道换热器后,风机工作在含有少量水蒸气的较为干燥的烟气中。此种风机功耗适中,同样可以利用压缩功,其沾污倾向较湿风机小。缺点是和方案 c 一样要求使用耐腐蚀材料,费用较贵,吸收塔处于负压运行状态。使用回转式换热器 GGH 时,原烟气会向净烟气侧泄漏,采用良好的空气密封,可以减少对脱硫效率的影响。

其中方案 a、c 比较常用。方案 a 最大的优点是常规的风机就可作为增压风机,并且增压风机可以和锅炉引风机合并,这在国内的许多电厂已得到应用。考虑到要将回转式换热器 GGH 的泄漏量减少到最小,并将残余液滴进行预干燥,方案 c 在这方面提供了特殊的优越性。然而虽然湿风机在布置方案上集中了最大的优点,但由于其工作在水蒸气饱和的烟气中,且吸收塔出口的净烟气中含有部分氯化合物(特别是氯化钙)、微量的酸酐($HCl$、$SO_2$、$SO_3$ 和 $HF$),腐蚀、结垢倾向特别严重,增压风机运行的环境非常恶劣。特别是在补装的吸收塔上,当除尘后烟气粉尘含量仍很高时,应注意除雾器可能会很快,严重结垢,这会引起湿风机入口烟气水滴含量增加,造成风机叶片严重结垢。国外已经出现过多起因增压风机发生结垢引起的损坏事故。所以，必须使用高级的叶片材料，以防止在垢层下部由于氯离子的浓缩而造成对叶片材料的腐蚀。

虽然湿风机综合了最大的优点，但考虑到电厂的安全运营，考虑到降低脱硫系统的整体造价、运行成本以及提高投运率，目前国内绝大多数的脱硫工程均采用方案a，即增压风机位于吸收塔前高温原烟气侧，仅重庆珞璜电厂1～4号360MW机组的脱硫系统中采用方案d，遇到了沾污和腐蚀等问题。

表2-1　　　　　　　　　　　增压风机的4种布置比较

| 风机位置 | a | b | c | d |
| --- | --- | --- | --- | --- |
| 烟气温度（℃） | 90～160 | 70～110 | 45～55 | 70～100 |
| 磨损 | 少（飞灰造成） | 少（飞灰造成） | 基本没有 | 基本没有 |
| 腐蚀 | 少 | 有 | 严重 | 有，稍好于b |
| 沾污结垢、振动 | 少 | 比A严重 | 有（因湿气） | 少 |
| 材料要求 | 碳钢 | 耐腐蚀 | 耐腐蚀 | 耐腐蚀 |
| 漏风率 | 相对较高 | 小 | 小 | 相对较高 |
| 能耗（%） | 100（基数） | 90 | 82 | 95 |
| 综合评价 | 使用最多、可靠性高、能耗最大 | 需采用耐腐蚀材料 | 能耗最低，腐蚀环境最恶劣 | 接近a的环境、采用耐腐蚀材料 |

脱硫烟气系统的一般设计原则如下：

(1) 脱硫增压风机的形式、台数、风量和压头按下列要求选择：

1) 吸收塔的脱硫增压风机宜选用轴流式风机，当机组容量为300MW及以下容量时，也可采用高效离心风机。

2) 300MW及以下机组每座吸收塔宜设置一台脱硫增压风机，不设备用。

3) 当多台机组合用一座吸收塔时，应根据技术经济比较后确定风机数量。

4) 对于600～700MW机组，根据技术经济比较，可以设置一台增压风机，也可设置两台增压风机。当设置一台增压风机时应采用动叶可调轴流式风机。对于800MW及以上机组，宜设置两台动叶可调轴流式风机。

5) 脱硫增压风机的风量和压头按下列要求选择：

a) 脱硫增压风机的基本风量按吸收塔的设计工况下的烟气量考虑。脱硫增压风机的风量裕量不低于10%，另加不低于10℃的温度裕量。

b) 脱硫增压风机的基本压头为脱硫装置本身的阻力及脱硫装置进出口的压差之和。进出口压力由主体设计单位负责提供。脱硫增压风机的压头裕量不低于20%。

(2) GGH的设置与选型：

1) 按建设项目环境影响报告书的审批意见确定烟气系统是否装设烟气换热器，在满足环保要求且烟囱和烟道有完善的防腐和排水措施并经技术经济比较合理时可不设烟气换热器。

2) 烟气换热器可以选择回转式换热器或以热媒水为传热介质的管式换热器，当原烟气侧设置降温换热器有困难时,也可采用在净烟气侧装设蒸汽换热器。用于脱硫装置的回转式换热器漏风率应使脱硫装置的脱硫效率达到设计值,一般不大于1%。

3)烟气换热器的受热面均应考虑防腐、防磨、防堵塞,防沾污等措施,与脱硫后的烟气接触的壳体也应考虑防腐,运行中应加强维护管理。

(3)烟气脱硫装置宜设置旁路烟道。脱硫装置进、出口和旁路挡板门(或插板门)应有良好的操作和密封性能。旁路挡板门应动作可靠,能满足脱硫装置故障不引起锅炉跳闸的要求。脱硫装置进口烟道挡板应采用带密封风的挡板,出口和旁路挡板门可以根据技术论证后确定是否设置密封风系统。

(4)对于设有烟气换热器的脱硫装置,至少应从烟气换热器原烟道侧入口弯头最低处至烟囱的烟道采取防腐措施,防腐材料可采用鳞片树脂或衬胶。经环境影响报告书审批批准不装设烟气换热器的脱硫装置,应从距离吸收塔入口至少5m处开始采取防腐措施。防腐烟道的结构设计应满足相应的防腐要求,并保证烟道的振动和变形在允许范围内,避免造成防腐层脱落。烟气换热器下部烟道应装设疏水系统。

(5)脱硫装置原烟气烟道设计温度应采用锅炉最大连续工况(BMCR)下燃用设计燃料时的空预器出口烟气温度并留有一定的裕量。对于新建机组,应保证运行温度超过设计温度50℃,叠加后的温度不超过180℃条件下的长期运行。烟气换热器下游的原烟气烟道和净烟气烟道设计温度应至少考虑30℃超温。

**二、烟气脱硫装置烟气挡板**

为保证烟气脱硫装置的停运不影响机组烟风系统的正常运行,在烟道上分别设置了原烟气挡板门、净烟气挡板门和旁路挡板门。原烟气挡板门设在增压风机之前,在启动烟气脱硫装置时开启,停止烟气脱硫装置时关闭;净烟气挡板门设在净烟道上,在烟气脱硫装置投运时开启,烟气脱硫装置停止时关闭;旁路挡板门设在烟囱之前的净烟道和原烟道之间,在启动烟气脱硫装置时关闭,烟气脱硫装置停止或事故状态时开启。烟气脱硫装置故障时,为了保证锅炉风烟系统的正常运行,3个挡板门设连锁保护。烟气挡板门的作用如下:

(1)在烟气脱硫装置正常运行时,将原烟气切换至烟气脱硫装置。

(2)在烟气脱硫装置故障或停动时,使原烟气走旁路,直接排到烟囱。

如图2-5所示,通常烟气脱硫装置内的挡板门有闸板式、单百叶窗式和双百叶窗式挡板3种类型,闸板门空间要求大,在国内烟气脱硫装置中极少应用。每片挡板设有金属密封元件,以尽可能减少烟气泄漏,驱动装置设在烟道外部,由控制系统控制其开关位置。烟气脱硫装置进出口烟气挡板一般为双百叶窗型,挡板与密封空气系统相连接。当挡板处于关闭位置时,挡板翼由微细钢制衬垫所密封,在挡板内形成一个空间,密封空气从这里进入,形成正压室,防止烟气从挡板一侧泄漏到另一侧。目前许多单百叶窗式挡板叶片中间形成空间,连接密封空气,起到了双百叶窗式挡板的作用。单百叶窗式挡板的叶片布置有平行布置与反向布置两种。

平行布置的叶片开/关时方向一致,其密封性能好,开关时间要比闸板门快,故常用作FGD旁路挡板。旁路挡板的正常开启时间在30~60s,同时设置快开执行机构,快开

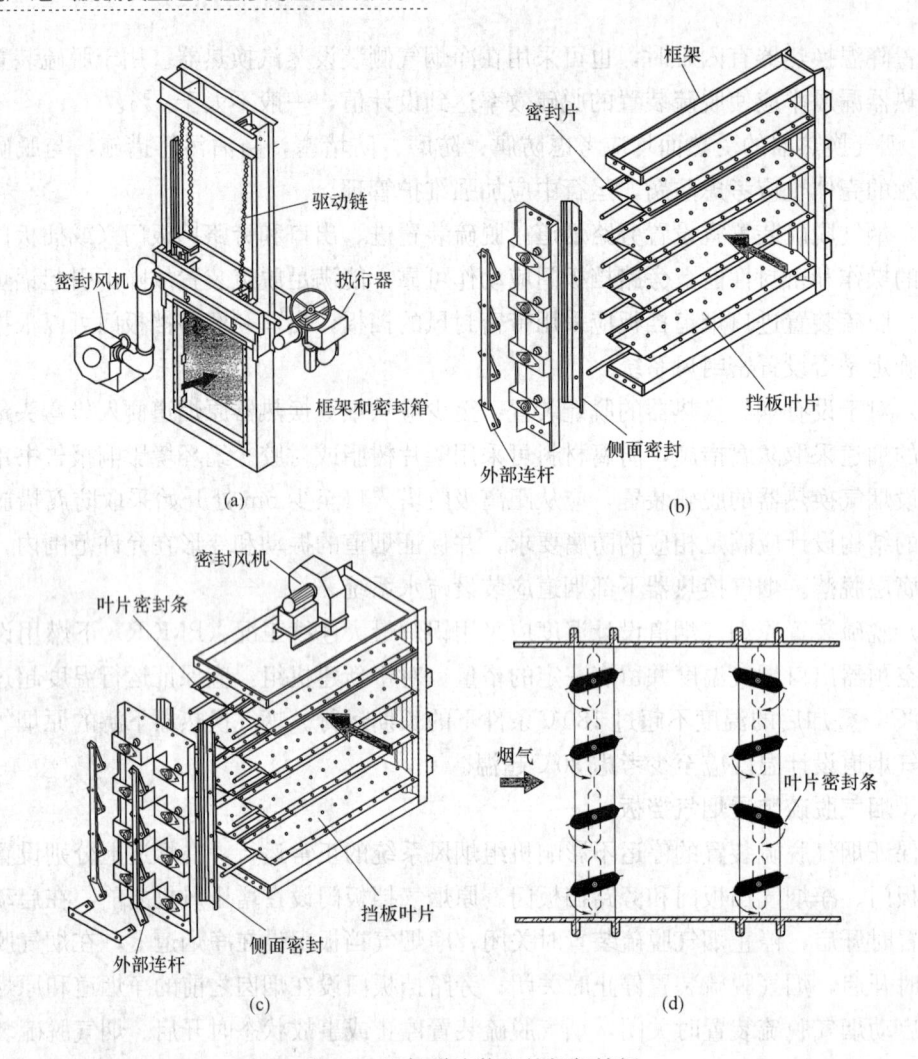

图 2-5 烟气脱硫装置的烟气挡板
(a) 闸板门；(b) 单百叶窗式挡板；(c) 双百叶窗式挡板；(d) 平行叶片挡板和反向叶片挡板

时间各 FGD 系统设计有很大差别，2~25s 间都有，其目的是在 FGD 系统故障时，如增压风机跳闸等，旁路挡板能快速打开，从而不影响锅炉的正常运行。但实践证明，旁路挡板无需快开，关键是能正确动作。某电厂旁路挡板没有快开而正常 50s 左右全开，试验表明这对炉膛负压没有多大影响。

反向布置的叶片开/关时方向相对，它的流量调节性能好，一般用作旁路烟气加热系统中的旁路挡板。对于大型的烟气挡板，其驱动机构可分成独立的 2 个或更多，旁路挡板的一组可以调节。

在烟气温度较高的场合，单百叶窗式挡板门用碳钢制作，根据实际情况也可选择其他材料。每片挡板设有金属密封元件，以尽可能减少烟气泄漏。驱动装置设在烟道外部，由控制系统控制其开关位置。为进一步提高挡板门的密封性，采用双百叶窗式挡板门，除了每层挡板上配备密封元件外，在两层挡板中间还通入密封空气。双百叶窗式挡板门和闸板门应用于严密性要求特别高的场合，但由于闸板门的空间要求大，因而在电厂应用较少。

密封空气系统的作用是当挡板关闭时，使挡板叶片间充满密封气体，阻止烟气由挡板门一侧泄漏到另一侧。密封空气系统包括密封风机、密封风加热器、检测仪表、调节设备及其管路等。一般每套烟气脱硫装置配两台密封风机，2×100％容量，一运一备。密封气压力维持比烟气最高压力至少高500Pa，因此风机必须设计有足够的容量和压头。

烟气脱硫装置入口、出口挡板门的密封空气和旁路挡板的密封空气不同时运行。不同挡板密封风的切换通过装在挡板门上的阀门来实现，一般该门与挡板门为机械连锁。密封空气加热器有电加热和蒸汽加热两种形式。将密封空气温度加热至100℃左右，减少与烟气之间的温差，使挡板门的变形量在正常设计范围内。

### 三、增压风机

由于烟气脱硫装置有一定阻力，必须予以克服。对于老机组加装脱硫装置，若单靠引风机不足克服这些阻力的，一般是在原两台并联运行的引风机的共用烟道后再布置一台风机，即脱硫风机或叫增压风机（BUF）。增压风机的设计及运行应充分考虑烟气脱硫装置正常运行和异常情况下可能发生的最大流量、最高温度和最大压损以及事故情况。大容量吸收塔的增压风机型式有轴流式风机（包括动叶可调轴流式风机、静叶可调轴流式风机）和高效离心风机，图2-6和图2-7是两种风机示意图，增压风机不设备用。

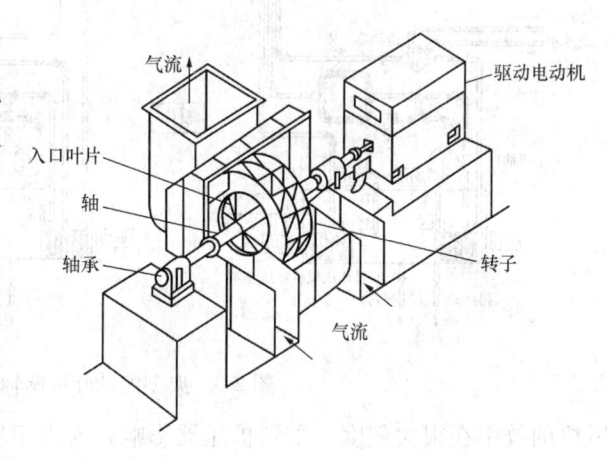

图2-6 典型的离心风机

动叶可调轴流风机在运行中可以依靠液压调节机构来调节叶片的安装角，从而改变风机风压、风量，其工况范围不是一条曲线，而是一个面，风机的等效率运行区宽广，等效曲线与系统阻力线接近平行，所以风机保持高效的范围相当宽，在最高效率区的上下，都有相当大的调节范围。当风机变负荷，尤其是在低负荷运行时，它的调节经济性就充分显示出来了。但动叶可调轴流风机结构复杂，制造费用较高，调节部分易生锈，转动部件多、动叶调节机构复杂而精密且需要另设油站、维护技术要求高和维护费用高，叶片磨损比较严重。即使进行了叶片耐磨处理甚至设计了耐磨鼻，其在相同条件下也远不如离心式和静叶可调轴流风机，风机本体价格很高。图2-8是某电厂烟气脱硫装置典型的动叶可调轴流风机画面。

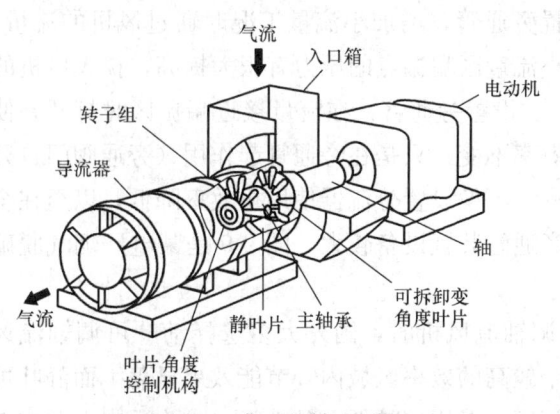

图2-7 典型的轴流风机

静叶可调轴流风机的叶轮主要是使气流沿子午面加速，提高气流的动压，在后面的扩压器中逐步转变为静压，因而这种

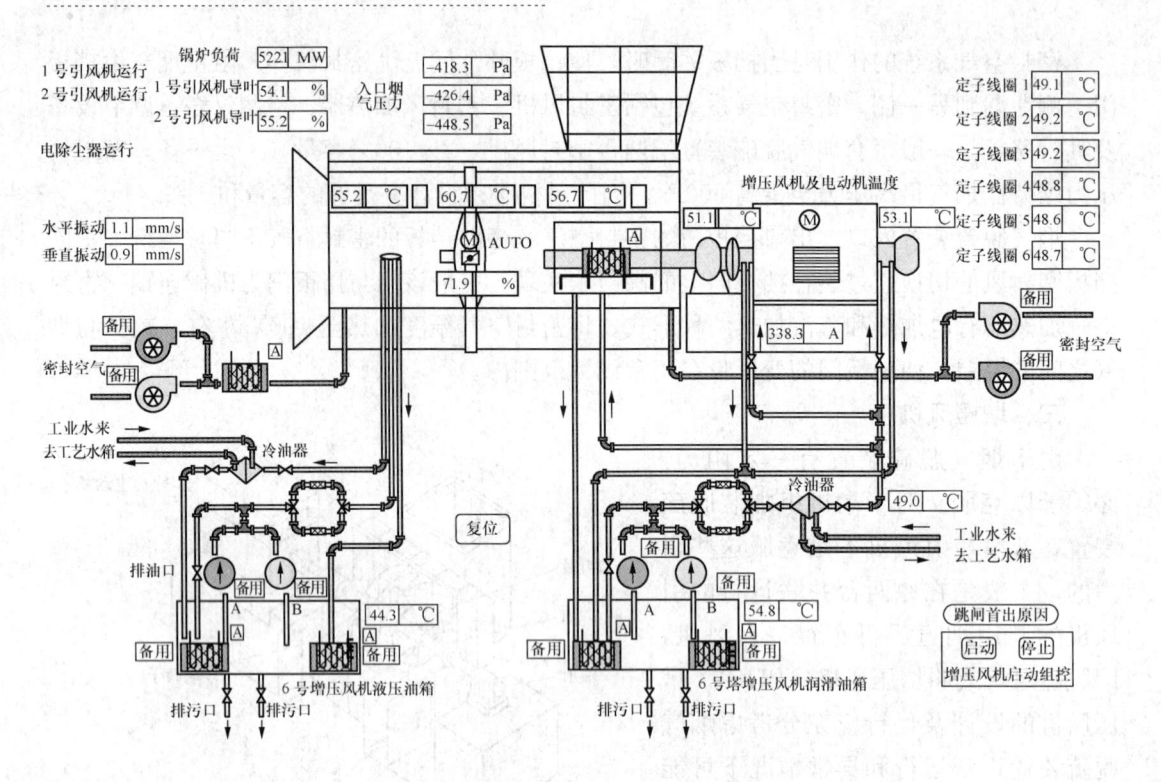

图 2-8 典型的动叶可调轴流风机画面

风机的效率在很大程度上受到扩压器影响,又由于其静叶安装角不可调,必须借助于进口导叶来调节风机流量和压力。其流量系数比离心式高,压力系数比动叶可调轴流高,最高效率低于动叶可调轴流风机和离心式风机。同容量风机,离心风机转子的转动惯量一般为动叶可调式轴流风机转子的5～7倍,而静叶可调轴流风机转子的转动惯量约为动叶可调轴流风机转子的2～3倍,价格也在动叶可调轴流风机和离心风机之间。

静叶可调轴流风机使用的另一个问题是该类风机受性能曲线的喘振线形状的影响：在小流量区成马鞍形来决定,在小流量区运行或在风机起动后调节静叶至运行工况的小流量阶段,风机会发生喘振现象。系统阻力曲线穿过小流量不稳定区域时,国际上一般采用两个措施：一是设置分流器把性能曲线喘振点压力提高到阻力曲线之上,使阻力曲线不通过喘振区；二是在扩压器后至风机进气室设置旁通管,增加小流量工况时通过风机的流量,不使风机进入喘振区。设置分流器可以使小流量区喘振点的压力有很大提高,扩大风机的工况范围,但风机效率会因此而降低3.4%。设置旁通管,在流量接近喘振区时打开,使通过风机的流量增加而脱离喘振区,风机效率不变,只是在旁通管起作用（旁通阀门打开时）时损失与旁通管流量相应的那部分功率,不像设置分流器使风机效率降低,以至在全部运行时间内都要损失功率。缺点是整个旁通管装置设备较大。图 2-9 是某电厂烟气脱硫装置静叶可调轴流风机画面。

在选择动叶可调轴流风机还是静叶可调轴流风机时,国外大多选择动叶可调轴流风机,因为其在调节过程中风机始终位于一个较高的效率区域内,节能效果显著。而静叶可调轴流式风机可以实现现场维修,维修时间短,费用也较低,其功耗也较为适中,并在考

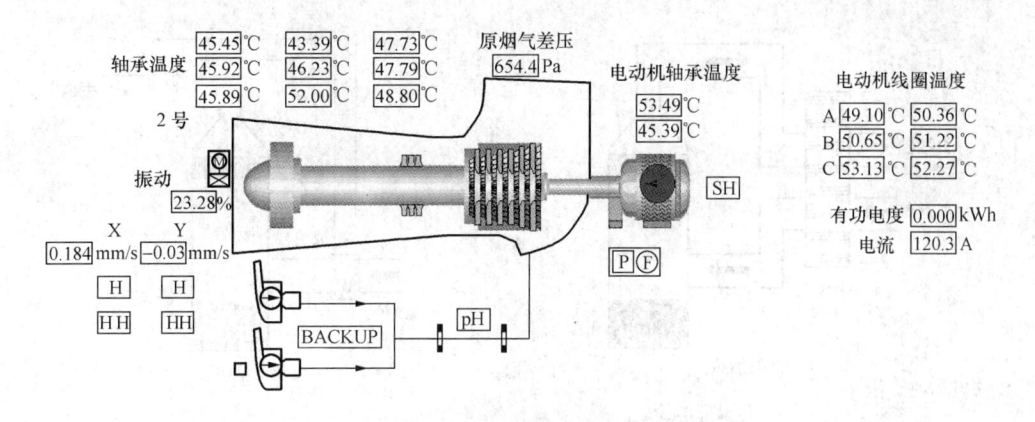

图 2-9 烟气脱硫装置静叶可调轴流风机画面

虑经济性和实用性的基础上，选择静叶可调轴流风机也不失为明智之举。

离心风机压头高、流量大、结构简单、易于维护，但也有一个显著的缺点就是高效区相对较窄，它的等效率曲线与系统阻力曲线是接近垂直的。虽然按引进 TLT 技术设计的离心式风机的最高效率可达到 90%，但由于离心风机性能曲线的特点，其设计（最大）工况在最佳效率点，因此，离心式电站风机运行工况的效率仅 65%～75%，低负荷运行时效率更低，不能满足节能的要求，图 2-10 是 3 种风机的轴功率比较，所以，烟气脱硫装置增压风机一般采用动叶可调轴流式而不推荐用离心式风机，这样可以充分发挥动叶可调轴流风机的调峰性能，提高整个机组的经济性。当然，动叶可调轴流风机的设备价格比离心式风机贵，初投资比较大。

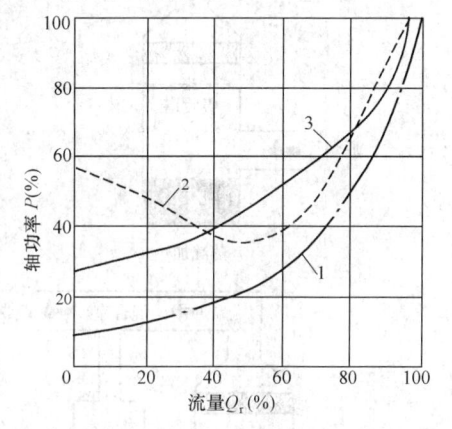

图 2-10 轴流风机与离心风机的轴功率比较
1—动叶可调轴流风机；2—静叶可调轴流风机；3—机翼型离心风机

### 四、烟气再热器

（一）烟气脱硫装置净烟气再加热的方法

吸收塔出口烟气温度在 50℃左右，目前有加热排放和不加热直接排放两种方式。加热可以提高烟气的抬升高度，有利于污染物的扩散、避免烟囱周围降落液滴（被称为烟囱降雨）及减少白烟。我国《火力发电厂烟气脱硫设计技术规程》（DL/T 5196—2004）中规定："烟气系统宜装设烟气换热器，设计工况下脱硫后烟囱入口的烟气温度一般应达到 80℃及以上排放"，但同时也说明："在满足环保要求且烟囱和烟道有完善的防腐和排水措施并经技术经济比较合理时也可不设烟气换热器"。

如图 2-11 所示，烟气脱硫装置净烟气再加热的方法主要有以下几种：

(1) 气—气加热器。即 GGH，它利用烟气脱硫装置上游的热烟气加热下游的净烟气，其原理与锅炉的回转式空预器完全相同。其初投资和运行维护费用都很高，且有腐蚀、堵塞、泄漏等问题，国外早期的烟气脱硫装置上应用较多，但目前已不太用；而国内

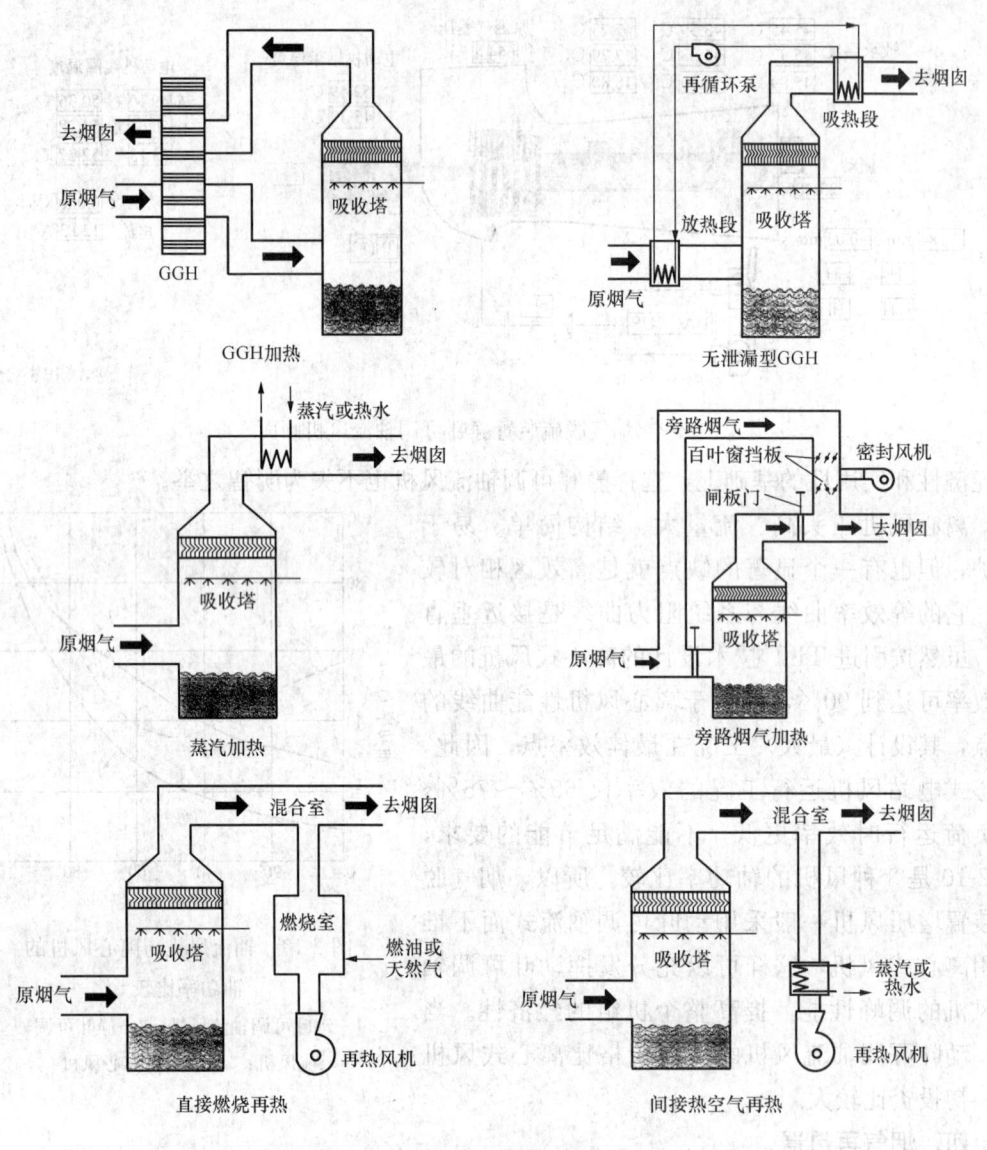

图 2-11 烟气脱硫装置净烟气再热方式示意

大多数烟气脱硫装置中都装设有 GGH。

(2) 水媒式 GGH，也称无泄漏型 GGH（MGGH）。在日本基本上采用这种型式，我国重庆珞璜电厂的烟气脱硫装置也采用此种加热器。该加热器可分为热烟气室和净烟气室两部分，在热烟气室热烟气将部分热量传给循环水，在净烟气室净烟气再将热量吸收。它不存在原烟气泄漏到净烟气内的问题，管道布置可灵活些。

(3) 汽—气加热器。即用热蒸汽加热净烟气，此种加热器属于非蓄热式间接加热工艺，这一工艺流程是利用热蒸汽加热烟气，在管内流动的低压蒸汽将热量传给管外流动的烟气，蒸汽流量根据净烟气加热后的温度来调节。其特点是设计和运行简单，初投资小，在场地受限电厂可用，但能耗大、运行费用很高，也易出现腐蚀、管子附沉积物而影响换热效果的问题。

(4) 热管换热器。管内的水在吸热段蒸发，蒸汽沿管上升至烟气加热区，然后冷凝放热加热低温烟气，如图 2-12 所示，它不需要循环泵，然而多数热管安装都要求入口和出口管接近，并且一个再热系统会用到大量热管，目前在火电厂烟气脱硫装置中应用较少。

(5) 旁路再热。烟气部分脱硫时，未脱硫原热烟气与烟气脱硫装置净烟气混合排放，混合后的烟气温度取决于旁路烟气量和烟气相对温度。假设烟气完全混合，烟气总量中约 1% 的旁路烟气可以提高吸收塔出口烟气温度 0.9℃，再热的程度受到净烟气中液体量的影响，存在水分越多，混合烟气温度越低，因为大部分热量被用于蒸发这些液滴了。旁路再热系统设计简单、安装和运行费用低廉，一个主要的缺陷是旁路中未处理的原烟气降低了烟气脱硫装置总的脱硫率，因此只适用于脱硫率要求不高（<80%）的机组。在美国，当所需平均脱硫率在 70% 左右时大多用烟气旁路再热。此外旁路再热导致烟气混合区域非常严重的腐蚀，需很好的防腐和定期维护。随着环保要求的提高，目前国内已很少使用。

(6) 其他。在美国等有用加热后的热空气或用天然气、油燃烧后与净烟气混合排放的应用，目前已很少，因为无论是用汽或燃料，运行成本都很贵。

不加热的烟气脱硫装置烟气排放有两种：通过冷却塔排放及湿烟囱排放。利用冷却塔循环水余热加热烟气又有两种工艺系统：一种是烟气脱硫装置设置在冷却塔外，脱硫后的烟气引入电厂冷却塔，如图 2-13 所示；另一种是将烟气脱硫装置设置在电厂的冷却塔内，这两种工艺在德国均有成功应用的例子。自 20 世纪 80 年代中期以来，美国设计的大多数烟气脱硫装置已选择湿烟囱运行。近年来，我国有大量的烟气脱硫装置也开始采用湿烟囱。

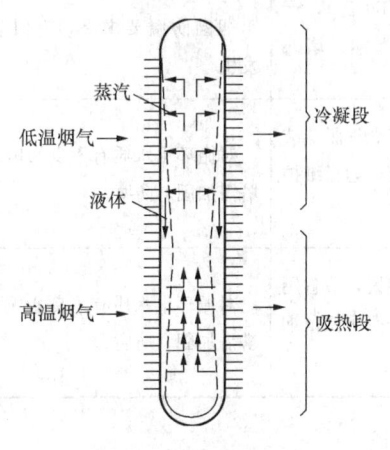

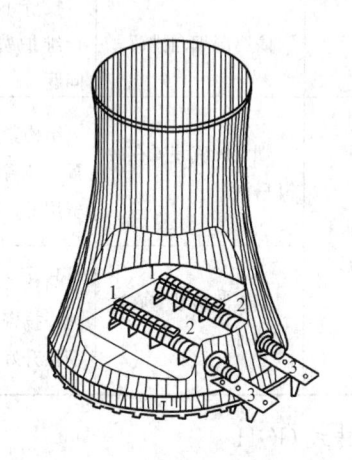

图 2-12　热管热交换器

图 2-13　冷却塔排放烟气
1—除雾器箱体；2—FRP 净烟气管道；3—加固结构

表 2-2 列出了各种烟气脱硫装置烟气排放方式的比较，在选用何种排放方式时，应从技术性能、经济性、环保要求等方面综合考虑。从国外的运行经验来看，湿烟囱和冷却塔排烟是更合理的选择。

表 2-2　　　　　　　　各种烟气脱硫装置烟气排放方式的比较

| 排放方式 | | | 优　点 | 缺　点 |
|---|---|---|---|---|
| 有加热系统 | 利用换热器加热 | GGH | 利用余热,有利于脱硫 | 布置复杂,泄漏影响脱硫率;腐蚀、堵塞,初投资和运行维护费用大 |
| | | 无泄漏型 GGH(MGGH) | 利用余热,有利于脱硫,布置灵活,无烟气泄漏 | 腐蚀、堵塞,初投资和运行维护费用大 |
| | | 热管换热器 | 利用余热,有利于脱硫,无烟气泄漏 | 腐蚀、堵塞,初投资和运行维护费用大 |
| | | 蒸汽加热器 | 初投资低,系统简单,无烟气泄漏 | 腐蚀,消耗蒸汽,运行费用大 |
| | 直接混合加热 | 燃烧烟气与净烟气混合 | 简单方便,无腐蚀、堵塞问题 | 消耗大量能源,只适用于工业锅炉和石化工业的小型烟气脱硫装置中 |
| | | 未脱硫烟气与净烟气混合 | 投资低,运行维护费用少,简单方便,无 GGH 的腐蚀、堵塞 | 总的脱硫率低;混合区烟道腐蚀严重,需很好的防腐措施;适合含硫量低的煤及对脱硫率要求不高的烟气脱硫装置 |
| | | 高温空气与净烟气混合 | 投资低,运行维护费用少,简单方便,无 GGH 的腐蚀、堵塞问题 | 送风量增加,风机电耗增大,影响锅炉效率 |
| 无加热系统 | 烟囱排放 | 烟囱位于吸收塔顶排放 | 投资低,运行维护费用少,简单方便,占地少 | 只适用于工业锅炉和石化工业的小型烟气脱硫装置中 |
| | | 防腐湿烟囱排放 | 投资不高(与 GGH 比),运行维护费用低;无泄漏、堵塞问题 | 烟囱防腐要求高,有时有白烟发生 |
| | 冷却塔排放 | 烟气脱硫装置在冷却塔内 | 结构紧凑,简化了烟气脱硫装置,节省用地,投资、运行维护费用低;烟羽抬升好 | 对循环水水质有不良影响,冷却塔需加固、防腐 |
| | | 烟气脱硫装置在冷却塔外 | 简化了烟气脱硫装置,节省用地,投资、运行维护费用低;烟羽抬升好 | 对循环水水质有不良影响,冷却塔需加固、防腐 |

**(二)回转式 GGH**

回转式 GGH 结构如图 2-14 所示。用它将未脱硫的烟气(110～150℃)去加热已脱硫的烟气,一般加热到 80℃左右,然后排放,以避免低温湿烟气严重腐蚀烟道、烟囱内壁,并可提高烟气抬升高度。其工作原理与电厂中使用的回转式空气预热器原理相同。烟气再热器是湿法脱硫工艺的一项重要设备,由于热端烟气含硫量高,温度高;冷端温度低,含水率大,故一般 GGH 的烟气进出口均需用耐腐蚀材料,如搪玻璃、考登钢等,气流分布板可采用塑料，导热区一般用搪瓷钢。这些部件的制造必须非常仔细，否则很快就会发生腐蚀。

回转式换热器由受热面转子和固定的外壳形成，外壳的顶部和底部把转子的通流部分分隔为两部分，使转子的一边通过未处理热烟气，另一侧以逆流通过脱硫后的净烟气。每当转子转过一圈就完成一个热交换循环。在每一循环中，当换热元件在未处理热烟气侧时，从烟气流中吸取热量，当转到脱硫后净烟气侧时，再把热量放出传给净烟气。回转式烟气再热器的传热元件由波纹板组成，波纹板由厚度 0.5～1.25mm 的钢板制成，并在表面镀工业搪瓷以防止腐蚀。由于 GGH

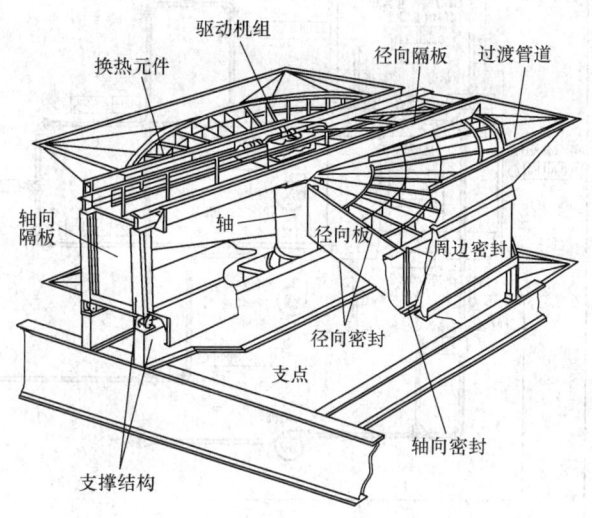

图 2-14 回转式 GGH 的结构

的转动部分与固定部分之间总是存在着一定的间隙，同时由于两侧烟气之间有压差，未处理烟气就会通过这些间隙漏入净烟气侧。采用烟气密封措施，即用净烟气作为密封气体，升压后充当隔离气体，在制造和安装较好的情况下，泄漏量可保证在 0.5%～2%。在烟气脱硫装置中广泛采用该种换热器作为烟气换热器。图 2-15 是某电厂 GGH 系统，GGH 的基本组成如下。

1. 换热元件

换热元件都布置在同一层，运行时有冷端和热端之分。这些换热元件都由碳钢板加工而成并在表面加镀搪瓷。GGH 冷端是未处理烟气出口和处理后净烟气入口，由于吸收塔出口烟气湿度较高，而温度较低，所以更容易被腐蚀。

2. 转子

连在圆形钢制中心筒上的考顿钢板构成转子的基本框架。转子的中心盘与中心筒连为一体，从中心筒延伸到转子外缘的径向隔板分为多个扇区。这些扇区又被分割板和二次径向隔板分割，与垂直于它们的环向隔板加强转子，并支撑换热元件盒，元件盒的支撑钢板被焊接到环向隔板的底部。沿着径向隔板的顶边、底边和外部垂直边上钻孔，以便安装密封片，这同样也适用于二次隔板和径向密封板。转子由 20～30 个周围平直的扇区构成，每个扇形隔仓包含若干个换热元件盒。

3. 转子外壳

转子外壳包围转子构成再热器的一部分，由预加工的钢板制成，内部镀有玻璃鳞片。GGH 外壳组装成八面体结构，其端部由端柱和顶、底部结构的管撑支撑。端柱能够满足 GGH 外壳的不同位移。转子外壳支撑顶部和底部过渡烟道的外侧，这些烟道连接在顶部和底部的基板上。

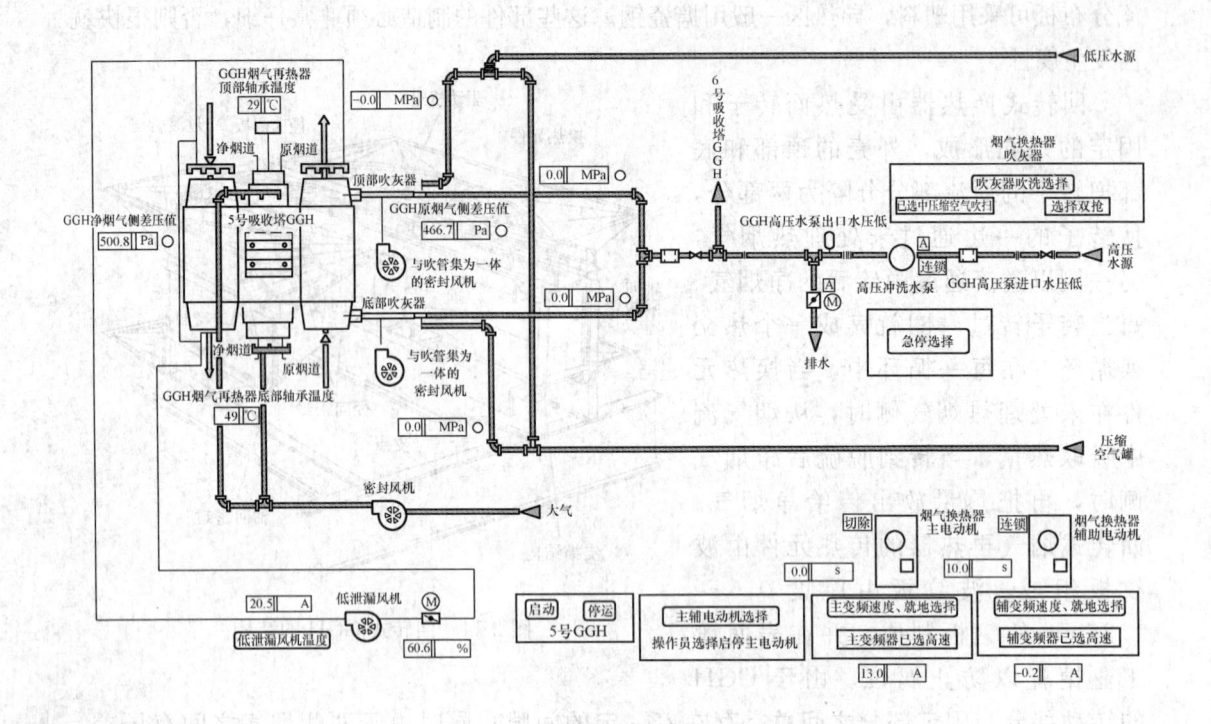

图 2-15 某电厂 GGH 系统

**4. 端柱**

端柱由低碳钢板加工而成,内镀玻璃鳞片。端柱支撑含转子导向轴承的顶部结构。每个端柱都支撑着一个轴向密封板,该板为端柱的一部分并支撑着转子外壳。端柱与底部结构的末端相连,并通过连接到底梁端部的铰链将整个载荷直接传递到底梁和再热器的支撑钢梁上。通过其中一个端柱将清洗风管道连接到轴向密封板底部。

**5. 顶部结构**

顶部结构是一个连接到两个端柱并形成外壳一部分的复合碳钢结构。端柱之间的两个平行构件在底部由被称为扇形支板的平板连接。构成顶部烟道连接第四个面的两块预加工成形板与底部和顶部加强板连接,形成箱形结构。顶部结构上装有顶部扇形密封板,顶部扇形密封板在焊到扇形支板前,悬吊在调节点位置。顶部结构由加强筋固定,长方形的烟道位于顶部结构的端部。此箱形结构将扇支板和扇形板间的空间连接起来,形成烟气低泄漏系统的一部分。顶部结构与烟气低泄漏系统的接触部分已经预留了腐蚀余量,与烟气接触部分进行玻璃鳞片防腐处理。

**6. 底部结构**

底部结构由两根碳钢梁组成,支撑着承受转子重量的底部轴承凳板。底部结构还支撑着端柱、底部扇形板、扇形支板和连接在 GGH 下侧的烟道。底梁的所有荷载通过其两端传递到支持钢架上。过渡烟道位于 GGH 的处理烟气侧和未处理烟气侧,在转子两端导入和导出烟气流。过渡烟道都是碳钢制成,内表面进行玻璃鳞片防腐。过渡烟道直接连接在转子外壳基板和顶部结构上，在膨胀节处截止。

7. 转子驱动装置

转子通过减速箱由电动机驱动，驱动装置直接与转子驱动轴相连。驱动装置通过减速可提供两种驱动方式，即主电动机驱动和备用电动机驱动。两个电动机都与初级斜齿轮箱的安装法兰相连。初级斜齿轮箱通过挠性联轴器与一级蜗轮蜗杆减速箱相连，一级蜗轮蜗杆减速箱直接安在转子轴上的二级蜗轮蜗杆减速箱上。二级蜗轮蜗杆减速箱通过锁紧盘固定在转子轴上，减速箱采用油脂润滑。电动机通过安装在GGH附近的就地控制柜进行变频启动和控制，减少启动电流，也用于水冲洗时电动机低速运行。

8. 转子支撑轴承

转子自由对中，其重量由支持轴承支撑，轴承箱装在底梁上，轴承承受了全部的转动荷载。轴承采用油脂润滑，设有注油孔和油位计。

9. 转子导向轴承

顶部导向轴承位于轴套内，轴套落在转子驱动轴的轴肩上，通过紧锁盘与驱动轴固定。轴承和部分轴套在轴承箱内。轴承凳板由两个焊接在轴承箱两侧的外伸支架焊接构成，用来将轴承箱定位并固定到顶部结构上。焊接在顶梁上的调整螺钉可用来定位转子。轴承采用油脂润滑，润滑油牌号与支持轴承所用的相同。轴承箱上设有注油孔和油位计。

10. 转子密封

转子密封的主要作用是在正常负荷下，使烟气泄漏量最小。密封板最初安装时在冷态下设定，这样，当烟气脱硫装置在100%负荷下运行时，转子密封片就会刚好离开密封表面。运行中，转子的膨胀填补了密封板之间的间隙。对于底部扇形板，运行时转子与密封表面有间隙，扇形板应尽量靠近转子设定，将密封间隙减到最小。由扇形板形成的径向密封路径与这些密封板的边缘和轴向密封板垂直，在处理烟气和未处理烟气间形成一个完整的密封路径。此外，GGH还采用净烟气隔离措施，利用低泄漏风机抽取加热后的净烟气，经加压后再回流到GGH，使净、原烟气两股气流分开。该系统也用于在进入处理烟气侧之前清扫转子中的未处理烟气。隔离烟气通过沿着顶部扇形板中心线上的一系列孔进入，清扫烟气通过底部扇形板一侧的系列孔进入GGH。

11. 径向密封

径向密封的作用是将未处理烟气到处理烟气的泄漏率降到最低。径向密封直接连接在径向隔板和二次径向隔板的顶部和底部边上。这些密封片是由耐弱酸不锈钢加工而成，紧靠顶部和底部扇形板。这些密封片有调节用的开槽，用M12的防腐螺栓、不锈钢方形压板和特氟龙垫片固定在径向隔板工作面上。

12. 轴向密封

轴向密封条和径向密封条一起，用于减小转子和密封板之间的间隙，从而形成未处理烟气侧到处理烟气侧的分隔。轴向密封板安装在径向隔板和二次径向隔板的垂直外缘，其冷态设置应保证转子受载时轴向密封条和轴向密封板之间保持最小的密封间隙。密封板的材料要求与径向密封相同。

### 13. 环向密封

环向密封条安装在转子中心轴和转子外缘的顶部和底部，其主要作用是阻止转子外侧的未处理烟气到处理烟气的旁路气流。环向密封还降低了轴向密封条两侧的压力差，有利于轴向密封。在转子底部外缘，由 6mm 厚的碳钢制造的单根环向密封条焊接在转子外壳基板上，与转子底部外缘构成密封对。在冷态安装时需考虑转子和转子外壳间的径向膨胀差。密封条进行玻璃鳞片防腐。

### 14. 中心筒密封

中心筒密封的主要功能是防止烟气漏到大气中。中心筒密封为带密封空气系统的双密封布置。两端各有一套这样的装置，固定在扇形板上并与中心筒形成密封对。

### 15. 密封风系统

因为烟气具有腐蚀性，所以，不能通过转子中心筒密封和吹灰器墙箱泄漏到大气中。为防止烟气泄漏，采用加压密封空气系统，在 GGH 投运之前就投入使用。在转子中心轴顶部和底部都加密封空气，提高了内部中心筒密封的作用。吹灰器配有独立的密封风机，防止烟气泄漏到大气中。

### 16. 隔离和清扫风系统

隔离和清扫风系统如图 2-16 所示，隔离风系统可在穿越转子冷端的两股对流烟气之间形成一道屏障，称为隔离风。第二股风用来在原烟气侧的转子隔仓转入净烟气侧之前，对它们进行清扫，称为清扫风。隔离风和清扫风是通过低泄漏风机从热的净烟道抽取净烟气加压形成的。

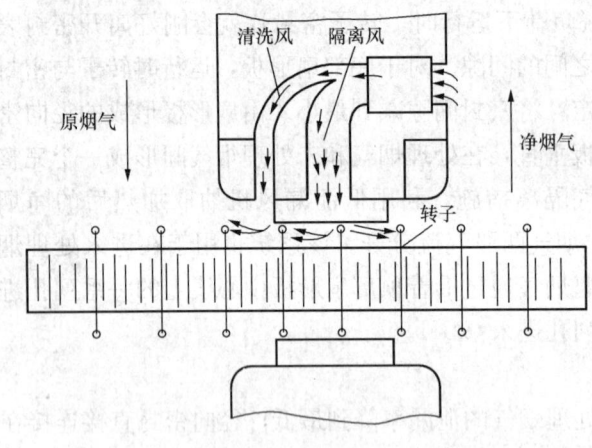

图 2-16 GGH 的低泄漏风系统示意

### 17. 吹灰系统

对 GGH 换热元件进行有效清洁是非常重要的，否则会发生堵灰现象。因此，必须设置吹灰系统。GGH 的吹灰采用压缩空气或蒸汽、高压水冲洗和低压水冲洗三种方式，这三种方式在同一吹枪上实现。在换热器正常工作时，每班进行压缩空气或蒸汽吹灰，当吹灰后 GGH 压降仍高于设定值时，则启动高压冲洗水系统，采用压力高达 10MPa 的高压水进行在线冲洗，由此采用双重吹灰方式来保证吹灰效果。GGH 停运检修时使用低压冲洗水冲洗。当燃用高硫煤时，烟气的酸露点较高，在这种情况下，采用蒸汽吹灰对传热元件及隔栅不利，吹灰蒸汽所带入的水分会加剧酸露对换热件的腐蚀。如果吹灰器行程机构卡涩，蒸汽对局部的冲击也影响元件寿命。同时在检修时，冲洗水也会将凝结在元件上的酸露稀释成稀酸，从而加剧腐蚀。虽然蒸汽吹灰有以上不利情况，但由于蒸汽的压力高，温度高，冲击力强，相对压缩空气而言有更好的吹灰效果。压缩空气虽然水汽含量低，但温度较低，冲击力与蒸气相比也较低，对积灰的清除效果不好。因此吹灰介质采用蒸汽比采用压缩空气更合适。

(三) 水媒式 GGH

水媒式 GGH，即无泄漏型 GGH (MGGH)，主要由烟气降温侧换热器、烟气升温侧换热器、循环水泵、辅助蒸汽加热器及疏水箱、热媒膨胀罐（定压装置）、补水系统、加药系统及吹灰系统等组成。未处理热烟气先进入降温侧换热器，将热量传递给热媒水，热媒水通过强制循环将热量传递给脱硫后净烟气。这种分体水媒式 MGGH，因管内是热媒水，管外是烟气，管内流体的传热系数远高于管外流体，为了强化传热，目前广泛采用高频焊接翅片管，这种翅片管与管子的焊着率高，焊缝强度高，可大批量生产，由于能够强化传热，从而能有效地减小设备体积，降低流动阻力。

降温侧换热器和升温侧再热器都会遇到酸腐蚀问题，国外公司有些采取在换热管表面镀防腐材料，有些采用特殊的塑料作为换热管材料。某电厂的烟气脱硫装置再加热器流程如图 2-17 所示。

换热器的积灰吹扫是保障换热器安全、长期稳定运行的重要因素，一般采用蒸汽吹扫与高压水冲洗相结合的方式。压缩空气因温度和吹扫强度较低而不用作吹灰介质，声波吹灰因为缺乏在这种换热器上的使用经验也使用较少。

(四) 热管式换热器

热管是内部充有适量蒸发液体的真空管，管内保持负压，将管内存有液体的一段加热，处于负压状态下的管内液体将迅速吸热汽化为蒸汽，并在极小的

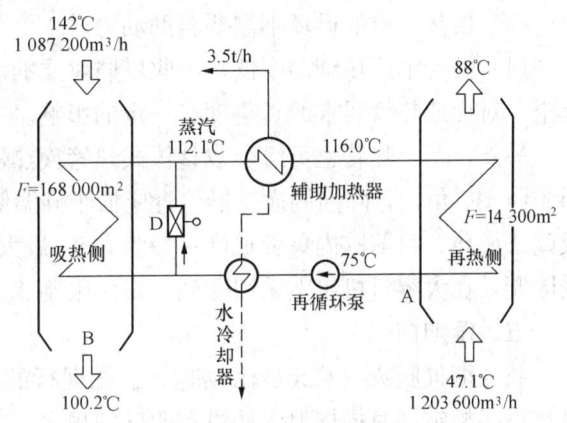

图 2-17 某电厂 MGGH 流程图

压差条件下扩散到管子的另一端，由另一端的管壁向低于蒸汽温度的外界环境放出热量后又凝结为液体，冷凝液借助于重力或其他作用力流回被加热的一端，周而复始，构成一个由相变传热的、能以较小温差传输较大热流的传热器件。

为使管芯和管壁之间的温降最小，管壳要有高的导热率。管壳材料要根据温度范围、工质性能和传热介质等因素来确定。要求密闭管壳不泄漏、寿命长、工质不起反应等。一般先根据热源温度选用合适的工质，再根据工质选用管壳材料，要求充分考虑到工质和壳体材料的相容性。

分体式热管换热器如图 2-18 所示，其降温侧换热器和升温侧再热器被分开，汽、液导管连通两个工作段，形成工质的闭合循环回路。热管换热器的烟气降温侧、升温侧各成组件，带翅片的加热管、冷却管的上、下两端分别连接在上、下联箱上，形成组合冷却热管段、组合加热热管段，汽、液导管与相应联箱连接。

在降温侧换热器中，热管中的工质被加热蒸发，蒸汽在上联箱汇集后，通入升温侧再热器，管内的蒸汽放热后凝结于管内壁，凝结液在重力的作用下汇集于升温侧再热器下联箱，由液导管送回组合加热段下联箱，完成工质的闭合循环。凝结液的循环流动驱动力是

凝结液高位布置造成的液位差，不需要辅助动力。其工作原理要求升温侧再热器的布置必须高于降温侧换热器，并且有一定的高度差（约为8m）来克服工质流动阻力。一般降温侧换热器管子工作壁温为 80～90℃，而常压下沸点为100℃，所以现场抽真空需要使用真空泵，其主要特点及要求如下：

（1）要求进出口烟道有一定的标高差。

（2）单根热管泄漏会造成换热器组件失效。

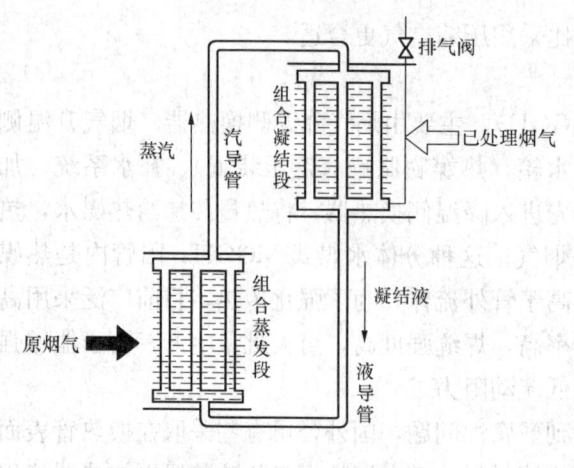

图 2-18 分体式热管换热器

（3）换热工质的循环不需要辅助动力。

（4）因受电厂排烟温度低，吸收塔防腐层的承受温度的限制，需在现场对热管进行抽真空，对形成热管要求的真空度有一定的影响。

另外，单个热管也可组合成整体式热管换热器，整体式热管元件轴线必须与水平面倾斜10°～90°角，且降温侧换热器位置应低于升温侧再热器，才能保证热管元件内部工质形成闭式循环。目前国内单管长度一般为 6m，最大应用长度为 8m，单台换热器处理烟气量受限制，在大容量机组上采用受到一定的限制。

### 五、湿烟囱

我国烟气脱硫技术起步比较晚，且在现行的环保法规中，只对排放烟气中的 $SO_2$ 含量作出了规定，对排烟温度并没有明确的规定。

据德国火力发电厂的统计，热交换器占总投资费用的 7.0%；某电厂 3、4 号脱硫装置在主要设备进口的情况下，2 台国产光管和螺旋肋片管烟气加热器（GGH）占总设备费的 3.5%左右。若取消 GGH，则降低了烟气脱硫装置总压损、增压风机容量和电耗，可大大减少运行和检修费用。根据经验，燃用高硫煤的 GGH 检修、改造费用相当高，同时，GGH 还是造成烟气脱硫装置事故停机的主要设备。在大多数情况下，一套精心设计的湿烟囱烟气脱硫装置的总投资和运行、维护费用较装有 GGH 的烟气脱硫装置要低得多。

目前，许多烟气脱硫装置（特别是德国、日本）都装有 GGH，但自 20 世纪 80 年代中期以来，美国设计的大多数烟气脱硫装置已选择湿烟囱运行。近年来，我国也越来越多地采用湿烟囱工艺。图 2-19 是某电厂湿烟囱情况，可见明显的白烟。

（一）GGH 的功能及省却 GGH 的可行性

GGH 的功能为：①增强污染物的扩散；

图 2-19 脱硫湿烟囱

②降低烟羽的可见度;③避免烟囱降落液滴;④避免洗涤器下游侧设备腐蚀;⑤降低了烟气脱硫装置水耗;⑥废水排放量相对减少。

就目前的烟气脱硫装置工艺技术水平而言,加热烟气对于减少吸收塔下游侧的冷凝物是有效的,但对去除透过除雾器被烟气夹带过来的液滴和汇集在烟道壁上的流体重新被烟气夹带形成的较大液滴作用不大。因此,加热器对于降低其下游侧设备腐蚀的作用有限。实际上,无论是吸收塔上游侧的降温换热器还是下游侧的加热器,其本身的腐蚀就不可避免。随着除雾器(ME)、烟道、烟囱设计的改进和结构材料的发展,从技术和经济的角度来说,省却GGH是可行的。

(二)采用湿烟囱应考虑的问题

1. 影响选择湿烟囱的因素

火电厂选择湿烟囱运行通常是出于投资、运行和维修费用的考虑,在大多数情况下,湿烟囱方案具有最低的总费用。但是,烟气扩散和烟羽的不透明度等其他因素有可能压倒经济方面的考虑。

(1)烟流扩散。当风吹过烟囱时,也像吹过其他任何障碍物一样,会在烟囱的背风侧产生尾迹,尾迹中为低压区。如果烟气排出后,其动量或浮力不足,就会被低压卷吸到尾迹区中,这就是烟流下洗(downwash)。风洞试验表明,为防止烟流下洗,烟囱出口处流速不宜低于该高度处风速的1.5倍,一般宜在20~30m/s,排烟温度在100℃以上。烟流下洗不仅会腐蚀烟囱的组件材料,而且减弱了烟气的扩散,影响周围环境。在低于0℃的气温下还会导致烟囱上结冰。外烟囱的直径过大,会在其下风侧产生较大的低压区,因此,有多个内烟道的烟囱发生烟流下洗的可能性较单烟道烟囱更大。湿烟囱排放的低温烟气抬升小,垂直扩散速度低,出现烟流下洗的可能性更大。

(2)烟羽的黑度。发电厂排放烟气的透明度主要受飞灰颗粒物、液滴和硫酸雾的影响,造成烟气不透明的主要物质是$NO_2$。饱和热烟气离开烟囱后温度下降,形成水雾,这种含有较多水汽或其他结晶物质的白色烟气会降低烟气的黑度,使得测得的黑度不能真实地反映污染情况。湿烟囱排放白色烟流更严重。

(3)冷凝物的形成。烟囱降雨的直接原因是烟气中有水滴,其来源包括:①透过ME夹带过来的液滴,这种液滴直径通常在100~1000μm,少数大于2000μm,其量与ME的性能、清洁状况、烟气流速等因素有关;②饱和烟气顺着烟囱上升时压力下降,绝热膨胀使烟气变冷,形成直径大约为1μm的水滴;③热饱和烟气接触到较冷的烟道和烟囱内壁形成了冷凝物。由于受惯性力的作用,烟气夹带的较大水滴撞到烟道和烟囱壁上,与壁上冷凝液结合,重新被带入烟气,这些重新被带出的液滴直径通常在1000~5000μm之间,其量取决于壁面的特性和烟气流速,粗糙的壁面、较高的烟气流速使夹带量增加。

2. 湿烟囱工艺设计要求

(1)除雾器ME的设计。ME的正确设计和运行对于湿烟囱工艺尤为重要。以逆流喷淋吸收塔为例,最上层喷淋母管与ME端面应有足够的距离;ME端面烟气的分布应尽量均匀;应选用临界速度高、透过的夹带物少(<50mg/m³)、材料坚固、表面光滑的高性能ME;尽可能选择水平烟气流ME;设置冲洗和压差监视装置。

(2) 出口烟道。接触湿烟气的烟道壁、导流板、支撑加固件上会留有液体，因此，烟道的设计应尽量减少水淤积，要有利于冷凝液排往吸收塔或收集池；膨胀节和挡板不能布置在低位点，同时要设计排水设施。为尽量减少烟气夹带液体，甚至不允许烟道内有加固件。

每种材料都有其特有的烟气重新夹带液体的临界速度，如果烟气流速始终低于所用结构材料的临界流速，就可最大限度地减少夹带液体。对大多数出口烟道材料来说，开始明显重新夹带液体的烟气流速是 12～30m/s，对于内表面平整光滑、不连续结构少的烟道，临界流速可取该范围的上限。烟囱入口烟道应避免采用内部加固件，一般主张烟囱入口烟道的宽度等于烟囱半径，这样可以加剧烟气的旋流，有利于液滴沉积到烟囱壁上。

对出口烟道和烟囱的烟气流进行模拟试验有助于确定烟道尺寸、走向、导流板和集液设施的最佳位置，还可预测液体沉积和烟气夹带的情况。

(3) 烟囱内烟道。烟囱结构设计的主要要求是能有效地收集烟气带入的较大液滴和防止烟囱壁上的液体被烟气重新带走，最大限度地减少烟囱排放液体。当烟气进入烟囱时，烟气由水平流急转成垂直流，惯性力使较大的液滴撞向烟囱入口烟道对面的内烟囱壁面上，因此，在此位置上布置集液装置能有效地收集液滴。此外，烟囱的底部应低于烟囱入口烟道的底部，形成一个集液槽，并配以疏水排放管道和防淤塞装置。

美国基于其 20 多年对湿烟囱的研究和实际运行经验，在湿烟囱材料和烟气临界流速方面积累了经验。表 2-3 列出了运用模拟试验测得的几种烟囱材料的烟气临界流速（表中数据有裕量）。如果烟气中的液体量较少或在靠近烟囱入口烟道处能有效地收集水滴，烟气流速可以再高些。实践表明，参考表 2-3 中数据设计的烟囱，确实可以避免排放液体。

表 2-3　　　　　　　　　不同材料内烟道的烟气临界流速

| 材　料 | 内烟囱形状 | 烟气临界流速（m/s） |
| --- | --- | --- |
| 合金、塑料内衬 | — | 21 |
| FRP |  | 18 |
| CXL-2000 内衬 | — | 18 |
| 耐酸砖 | 垂直光滑 | 17 |
| 耐酸砖 | 3.2mm 斜度 | 9 |

以前大多数用耐酸砖砌的内烟囱是圆锥形，现在大部分是等直径圆柱状，后者允许的烟气临界流速高得多。锥形烟囱每层内衬砖之间有一处砖缝要错位，大量的错位缝成了烟气重新夹带液体的源头。减小砖砌锥形内烟囱的斜度，可以允许较高的烟气流速。由于在烟囱上部的壁面上形成了边界层，贴近壁面的烟气流速明显低于主流体的流速，因此，烟囱上部也允许较高的流速。增加烟囱出口烟气流速可以减少烟流下洗和增强扩散，为此，美国的做法是在烟囱出口处装设调节门。

对于有多个内烟道的烟囱，可以使内烟道高出外烟囱 2 倍内烟道直径的高度，这样可以减少烟流下洗。对单烟道的烟囱则无此必要。

若仅有 1 座湿烟囱，则难免要排放高温未处理烟气，甚至有可能接触空预器故障时高达 300℃以上的烟气，为了便于选材和减少今后的维修，可以考虑建干、湿 2 个烟囱。对于增建烟气脱硫装置的电厂，如果在靠近现有烟囱和引风机的地方布置有困难，可以将烟气引至可布置的地方，再建 1 座湿烟囱。为避免出口烟道过长，用原干烟囱排放高温烟气。

### （三）湿烟囱的结构材料

湿烟囱衬里材料的可靠性至关重要，如果湿烟气中腐蚀性液体和颗粒物对烟囱造成损坏以至衬里失效将造成严重后果。对于结构材料不适合湿态运行的现有烟囱必须用合适的材料重新衬覆，或另建湿烟囱。在工艺过程确定后，要根据预测的腐蚀环境并兼顾最大限度地减少烟囱排水来选择材料。

电厂烟囱通常分为干、湿 2 种，湿烟囱又分为：①湿法洗涤后的烟气不加热；②部分烟气加热；③必要时排放高温烟气。湿烟道和湿烟囱的内壁暴露于硫酸、亚硫酸、氯化物和氟化物的冷凝物和固形物等低 pH（往往不超过 2）的环境中，遇到上述②或定期排放旁路烟气的情况，还要遭受高温、高酸性和高浓度氯化物、氟化物，湿烟囱将遭到毁坏。制约湿烟囱材料选择的主要因素是旁路烟气的输送方式，水雾夹带和经济性。例如，排放部分未处理烟气、未处理旁路烟气或启停机期间的旁路烟气的烟道，均不能采用 FRP、有机改性树脂衬复钢板等材料。

在美国，出于费用考虑，耐酸砖成为燃煤电厂砌内烟囱的主要用材。目前流行在混凝土烟囱内表面做钢套，钢套内表面喷涂 1.5mm 乙烯基酯玻璃鳞片树脂，但这种结构仍受运行温度限制。表 2-4 为部分已用或计划用于新建或改建湿烟囱的材料特性。

**表 2-4　　　　　　湿烟囱结构材料特性**

| 特点 | 耐酸砖/胶泥 | 合金 C-276 | 碳钢板/硼硅酸盐玻璃泡沫砖 | 玻璃钢 FRP | 碳钢板/上釉陶瓷砖板 | 增强有机树脂衬 |
|---|---|---|---|---|---|---|
| 烟气部分加热 | 适合 | 适合 | 适合 | 不适合 | 适合 | 不适合 |
| 偶尔 100%旁路 | 适合 | 适合 | 适合 | 不适合 | 适合 | 不适合 |
| 完全不加热运行 | 适合 | 适合 | 适合 | 适合 | 适合 | 适合 |
| 地震活跃区 | 不适合 | 适合 | 适合 | 适合 | 不清楚 | 适合 |
| 改造现有钢制内烟囱 | 不适合 | 适合 | 适合 | 不适合 | 有时适合 | 适合 |
| 烟气临界流速 m/s | 约 18（垂直光滑）约 9（典型） | 约 21 | 约 14 | 约 20 | 约 18 | 14~20 |
| 湿烟囱性能是否得到证实 | 是 | 是 | 是 | 是（有限） | 否 | 否 |
| 是否需要进一步研究 | 不需要 | 不需要 | 不需要 | 需要 | 需要 | 需要 |
| 其他说明 | 需气封内外烟囱夹层并用耐蚀箍加固 | — | 隔热性好、质量小、减少冷凝物 | — | 依据出口烟道应用的经验 | 严格质检 |

就目前技术以及美国 20 多年的经验，湿法烟气脱硫装置省除 GGH 是可行的，而且经济优势十分明显，但必须重视湿烟囱排放对烟流扩散的不利影响，防止烟流下洗和降雨。重视湿烟道、湿烟囱防腐材料的选择。建湿烟囱时，用耐酸砖内烟囱经济实用；用合

金 C-276 复合板，维修工作量少，但价格昂贵；建干/湿双烟囱，有利于材料选择，运行灵活，今后维修工作量也小，但占地大。最终选用何种方案应作综合比较。

## 六、冷却塔排放烟气（烟塔合一）

### （一）烟塔合一技术概述

除湿烟囱外，烟气脱硫装置烟气还可以通过自然通风冷却塔排放，即烟塔合一技术，国外从 20 世纪 70 年代开始研究，以德国的 SHU 公司和比利时的 Hmaon-Sobelco 公司为代表，目前该技术通过不断的试验、研究、分析和改进，已日趋成熟。1977 年德国研究技术部和 Saarbergwergwerke AG 公司联合设计了 Völklingen 电厂，该厂烟塔合一机组于 1982 年 8 月运行，1985 年完成一系列测评，自此烟塔合一技术得到广泛应用，德国新建火电厂中，已广泛地利用冷却塔排放脱硫烟气，成为没有烟囱的电厂，同时部分老机组也完成改造工作。德国 SHU 公司为了降低湿法烟气脱硫装置的投资和节省占地，把脱硫后的烟气通入冷却塔下部与冷却塔中的热气相混合后再排放，节省了烟气再热装置和烟囱的费用。如德国 RWE Wesweiler 电厂在 20 世纪 80 年代中期将 3 套改建的烟气脱硫装置（共 5 个吸收塔）的烟气经 3 个冷却塔排放，原有的烟囱用于排放旁路烟气，少建 1 个湿烟囱，3 套烟气脱硫装置至今运行良好。又如德国东部 Rostock 燃煤电厂 1994 年 9 月投入运行的容量为 500 MW 的机组，其尾部装有脱硫、脱氮装置、静电除尘器等。该电厂就没有烟囱，锅炉排烟直接进入冷却塔，利用塔筒的抽拔力将其送往大气层，冷却塔高 140m、水池直径 100m。迄今全世界已有超过 30 台机组采用该技术，最大单机容量已到达 978MW，1100MW 机组的冷却塔排放正在建设中。当然，对于新建电厂可以预先考虑 FGD 和冷却塔的位置，而改建电厂可能会受位置限制。德国一些电厂通过自然通风冷却塔排放烟气的资料见表 2-5。

表 2-5　德国通过自然通风冷却塔排放烟气的机组

| 序号 | 通过冷却塔排放的电厂 | 燃料 | 容量（MW） | 序号 | 通过冷却塔排放的电厂 | 燃料 | 容量（MW） |
| --- | --- | --- | --- | --- | --- | --- | --- |
| 1 | Neurath | 褐煤 | 2×1100 | 7 | Jänschwalde | 褐煤 | 6×500 |
| 2 | Niederaußem | 褐煤 | 总计 3678 | 8 | Schwarze Pumpe | 褐煤 | 2×800 |
| 3 | Frimmersdorf | 褐煤 | 总计 2400 | 9 | Lippendorf | 褐煤 | 2×936 |
| 4 | Weisweiler | 褐煤 | 总计 2300 | 10 | Völklingen | 烟煤 | 1×300 |
| 5 | Boxberg Block | 褐煤 | 1×900 | 11 | Rostock D | 烟煤 | 1×500 |
| 6 | Boxberg | 褐煤 | 2×500 | 12 | Staudinger 5 | 烟煤 | 1×510 |

利用冷却塔循环水余热加热烟气有两种工艺系统，一种是烟气脱硫装置设置在冷却塔外，脱硫后的烟气引入电厂冷却塔；另一种工艺是将烟气脱硫装置设置在电厂的冷却塔内。此两种工艺在德国均有成功应用的例子。

### （二）冷却塔排烟与烟囱排烟的比较

1. 投资情况

烟囱排放烟气，除了烟囱的基建投资外，还有气热交换器、钢结构、基础和烟道的投资及气热交换器的运行、保养费。用冷却塔排放烟气则不需要这些投资和费用，但由于冷却塔中增加了烟气的排放，烟气中残留的化学成分多为酸性，会腐蚀混凝土及钢筋，因此需要采取更完善的防腐措施,这部分会使冷却塔的投资增加。表2-6为德国某600MW机组在方案论证阶段所作的一个比较数据,可见采用冷却塔排放烟气的经济效益是非常显著的。

表2-6 烟气排放方式费用比较 百万马克

| 项目 | 常规系统 | 外置式冷却塔系统 | 内置式冷却塔系统 |
|---|---|---|---|
| 原烟道部分 | 4.0 | 7.5 | 1.0 |
| 脱硫后净烟道部分 | 4.0 | 9.0 | 12.0 |
| 冷却塔烟道接口开孔 | 0 | 2.0 | 2.0 |
| 脱硫装置建筑物 | 10.0 | 10.0 | 3.0 |
| 烟囱 | 8.0 | 0 | 0 |
| 冷却塔内防腐 | 0 | 8.0 | 8.0 |
| 脱硫装置在冷却塔内特殊布置 | 0 | 0 | 0.5 |
| 烟气加热系统的投资 | 15.0 | 0 | 0 |
| 脱硫装置在冷却塔内特殊安装 | 0 | 0 | 1.5 |
| 安装工期少发电的费用 | 0 | 0 | 1.0 |
| 运行费用的增加（15年） | 5.0 | 0 | 0 |
| 总费用（未计节约用地的费用） | 46.0 | 36.5 | 29.0 |
| 百分比（%） | 159 | 126 | 100 |

2. 扩散效果

尽管大型火电厂传统烟囱（170m以上）比双曲线冷却塔（100m左右）要高,烟囱排放的烟气温度也比冷却塔排出混合气体的温度要高,但在冷却塔中烟气与热气混合后,大量的热气将烟气分散、冲淡,这种混合气流有着巨大的抬升力,能渗入到大气的逆温层中;另外,这种混合气流对风的敏感度比烟囱排出的烟气对风的敏感度要低,不易被风吹散,如图2-20所示。

3. 冷却效率

由于烟气的温度较热气高,混合之后,会增加冷却塔中混合气体的温度,因而也提高了冷却塔的抽风能力,有利于冷却塔冷却效率的提高。烟气与冷却塔的热气混合后排放还具有污染浓度低,适用范围广等优点。

（三）烟塔合一技术在我国的应用

国内首家实施烟塔合一技术的电厂是华能北京热电厂。电厂4台锅炉为德国BABCOCK公司设计制造的830t/h、超高压、W型火焰、液态排渣、带飞灰再燃系统的塔式布置直流煤粉炉。锅炉设计燃用高挥发分、低灰熔点的神府烟煤,4台锅炉于1998年1月～1999年6月先后投产,配有5台汽轮发电机组,

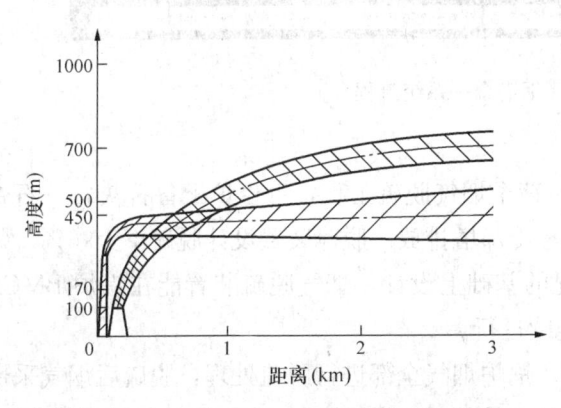

图2-20 冷却塔排烟与烟囱排烟扩散的比较

装机总量为845MW。电厂在为首都输送电力的同时，也向北京市集中提供蒸汽，是北京市重要的电源、热源支撑点。为迎接2008年北京奥运会，更好地适应首都环境保护要求，电厂投入5亿元人民币，建设了全国火电厂最大的可储煤15万t的全封闭储煤棚，同时引进国外先进技术进行国内第一个脱硫烟塔合一工程的建设，这也是亚洲首个烟塔合一工程。

4套烟气脱硫装置分别于2006年10月1日、10月15日、11月28日和12月20日通过168h试运行。2007年4月和8月分别对该塔进行了冬季工况以及夏季工况的热力性能考核试验。烟气脱硫装置设计时，与常规的烟气脱硫装置相比区别不大，均包括烟气系统、$SO_2$吸收系统、石膏脱水系统、吸收剂制备与供应系统、工艺水系统、压缩空气系统等，主要的区别在于没有GGH，仅有进入吸收塔前的烟气降温装置即烟气冷却器。脱硫烟气系统的流程如图2-21所示。

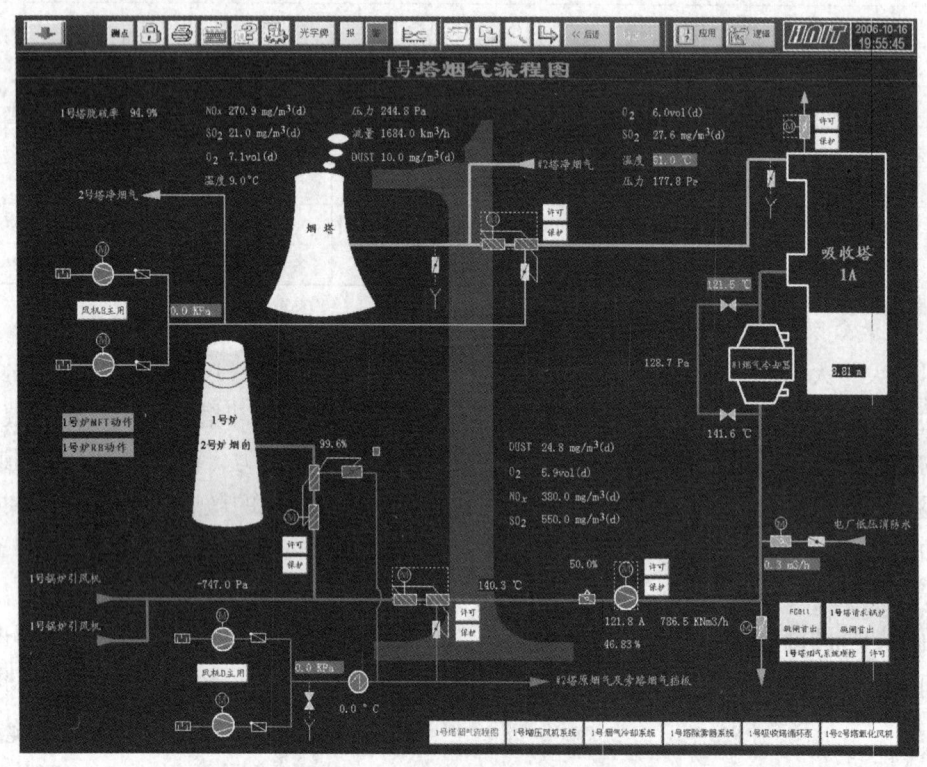

图2-21 电厂烟塔合一系统流程

1. 烟气脱硫装置设计

该电厂一期4×830t/h锅炉的100％负荷全烟气脱硫工程，每台炉配备石灰石-石膏湿法、一炉一塔脱硫装置，脱硫后的烟气经冷却塔排放。脱硫装置设计脱硫率≥96％。每套烟气脱硫装置的出力在锅炉BMCR工况的基础上设计，烟气脱硫装置能在锅炉BMCR工况下进烟温度加10℃裕量条件下安全连续运行。

该工程为国内第一个烟塔合一的工程，锅炉烟气全部进行脱硫处理，脱硫后烟气采用烟塔合一技术排放，取消了传统的烟气烟囱排放，4台锅炉共用1座冷却塔进行烟气排放。

2. 烟气脱硫装置技术特点

该工程采用了烟塔合一技术。烟塔合一技术就是取消火电厂中的烟囱，将脱硫后的锅炉烟气经自然通风冷却塔排放到大气，其工艺流程如图 2-22 所示。烟塔合一技术取消了再热设备和烟囱，减少了工程投资和运行费用。省去烟气再热系统，还可以避免未净化烟气泄漏而造成脱硫效率的下降。同时，研究表明，烟塔合一技术可以大大提高脱硫后烟气的抬升高度，有利于烟气扩散和降低大气污染，为有烟囱限高要求的工程提供了一种更好的烟气排放方式。

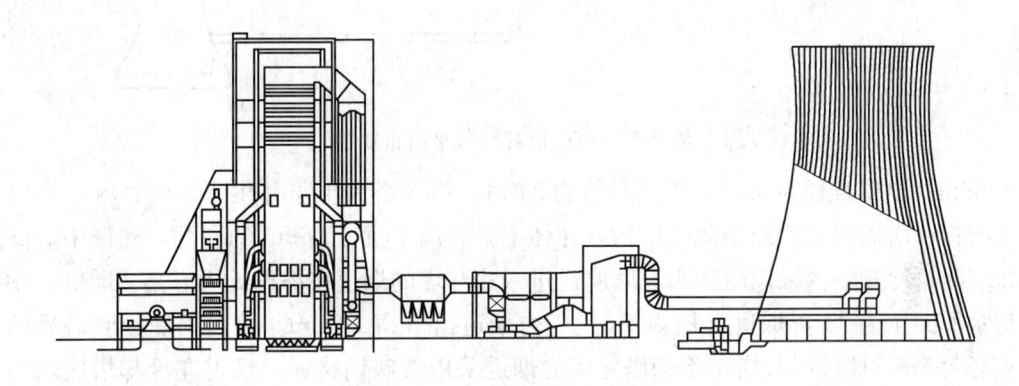

图 2-22 烟塔合一技术工艺流程图

与传统工艺相比，烟塔合一技术具有技术、经济和环境优势，该技术在应用过程中需要注意的关键点如下：

(1) 冷却塔腐蚀。脱硫后的净烟气通过玻璃钢烟道直接进入冷却塔与水蒸气混合后排入大气，烟气中的腐蚀介质（$CO_2$、$SO_2$、$SO_3$、$HCl$ 和 $HF$）与水蒸气接触，凝结的水滴回落到冷却塔，并在冷却塔筒壁形成大的液滴。含有酸性气体的液滴在向下流动过程中，会对冷却塔的壳体产生严重的腐蚀，局部 pH 值可能会达到 1。由于冷却塔内面积大、湿度高、不易维护，因此烟塔合一技术中的冷却塔防腐至关重要。

(2) 烟气脱硫装置的可靠性和可控性。烟塔合一技术均取消了烟气旁路，当锅炉启动、进入吸收塔的烟气超温或脱硫浆液循环泵全部停运时，烟气不可能从旁路绕过吸收塔，而是必须经过吸收塔，通过冷却塔排入大气。此时，为了保证烟气脱硫装置的安全，烟气脱硫装置的可靠性和可控性至关重要，这通常需要烟气脱硫装置控制与电厂主机控制连锁、采用可靠的脱硫设备、设置可控的事故喷淋装置。

3. 烟气脱硫装置设计特点

(1) 冷却塔结构及烟道布置。该工程采用 4 台锅炉共用 1 座冷却塔进行烟气排放，其中 1、2 号机组脱硫后烟气通过 1 根 FRP 管道进入冷却塔，3、4 号机组脱硫后烟气通过另 1 根 FRP 管道进入冷却塔，平面布置见图 2-23。同时，由于工程是在机组相应预留位置安装脱硫装置，电厂烟囱在脱硫装置运行初期予以保留。

冷却塔为加高型，其高度为 120m，进风口高 6.5m，冷却塔底部直径为 70m，喉部直

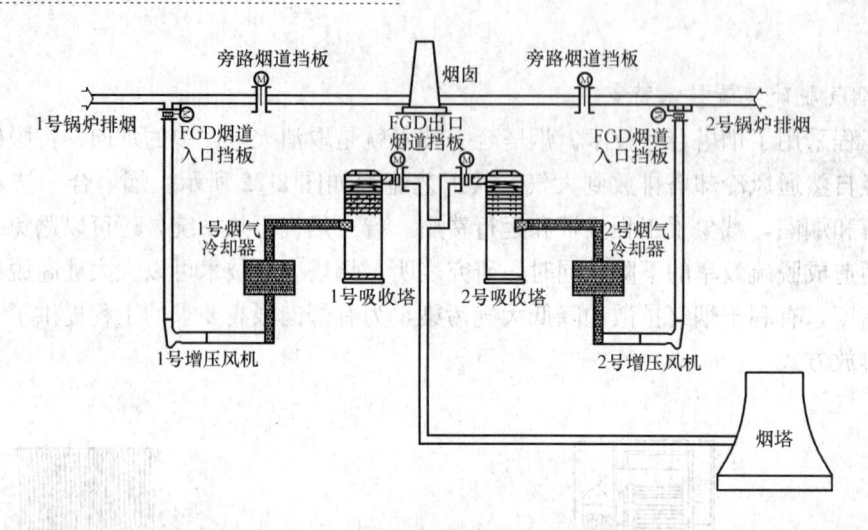

图 2-23 烟气脱硫装置平面布置图

径为 39m，出口直径为 42m，支柱对数为 24 对。冷却塔为单竖井供水，塑料淋水填料搁置式布置，塔筒为双曲线型薄壳结构，壳体上开有两个直径为 9m 的孔洞，孔洞中心高度为 28.8m，冷却塔内采用耐酸水泥防腐。进入冷却塔的烟道在塔壁处中心高 28.8m，中心线与水平夹角为 35°，烟道直径为 7m，塔内烟道出口高 42.8m。每台锅炉吸收塔后的烟道直径为 5m，脱硫吸收塔至冷却塔之间的烟道采用玻璃钢材料，烟道在冷却塔区域布置如图 2-24 所示。

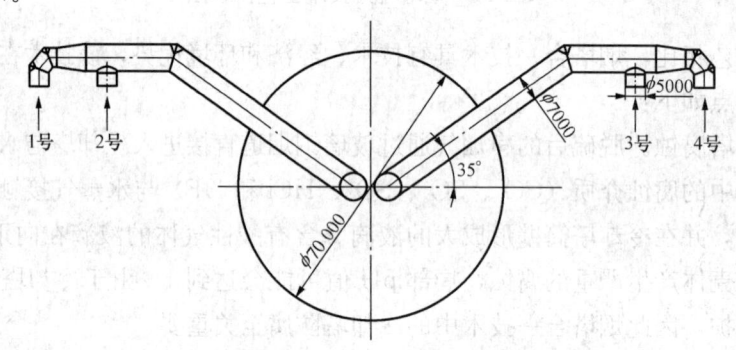

图 2-24 冷却塔进烟道平面布置图

(2) 吸收塔及内部件设计。采用烟塔合一技术，关键是要解决烟气脱硫装置设计的安全性和可靠性。吸收塔作为烟气脱硫装置最关键的设备，如何有效防止事故状况下高温烟气对吸收塔的影响，是系统设计首要解决的问题，吸收塔设计中特别考虑了以下几点：

1) 吸收塔及烟道防腐。吸收塔及烟道防腐如图 2-25 所示，吸收塔壳体由碳钢制作，喷淋层、浆液池内表面、吸收塔出口烟道采用 3mm 厚玻璃鳞片树脂内衬防腐，其余内表面采用 2mm 厚玻璃鳞片树脂内衬防腐。为了保证吸收塔长期安全可靠运行，有效防止烟气温度波动、事故状况下高温烟气对吸收塔的影响，以及抗磨损要求，烟气冷却器至吸收塔烟气进口烟道采用 6mm 厚 C276 合金，增压风机至吸收塔入口之间的烟道、烟气冷却器外壳采用 2mm 厚 1.4529 不锈钢内衬防腐。吸收塔出口烟道挡板后采用玻璃钢烟道，不做防腐处理。

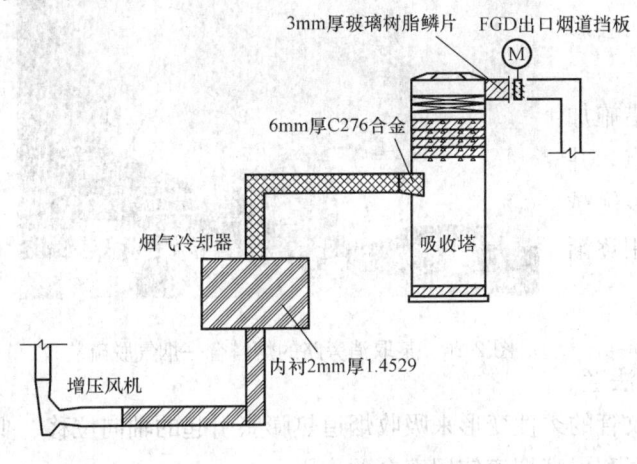

图 2-25 吸收塔及烟道防腐图
（标注：3mm厚玻璃树脂鳞片、FGD出口烟道挡板、6mm厚C276合金、烟气冷却器、吸收塔、内衬2mm厚1.4529、增压风机）

2）烟气事故喷淋系统。为防止烟气脱硫装置运行期间进入吸收塔内的烟气温度过高、浆液泵全部停运等情况出现，在吸收塔入口烟道上设有1路烟气事故喷淋系统和1路除雾冲洗水（上层）。当烟气温度超过140℃时，启动1路事故喷淋和1路除雾器上层冲洗阀进行烟气降温。当烟气温度低于135℃并且吸收塔出口温度低于55℃，自动停止事故喷淋和除雾器上层系统。当烟气温度超过160℃时，或吸收塔出口温度高于65℃，延时5s，停止烟气脱硫装置。当吸收塔浆液泵全部停运时，则启动事故喷淋系统、机组跳闸停运。

3）系统可靠性设计。为了减少烟气脱硫装置带来的机组停运率，保证机组可用率，该工程中的制浆系统、供水系统石膏脱水系统、石膏卸料系统及其相应设备均为一运一备，增压风机、氧化风机、排浆泵、浆液循环泵、搅拌器及监测控制设备等均是选择性能优良、可靠性高的设备。

主要设备电源供应的可靠性，也是系统可靠性设计重点考虑的一个方面。设计中采用分段式供电设计，即DCS、吸收塔搅拌器、工艺水泵等设备的电源接在保安电源的不同保安段上。浆液泵尽管不接在保安电源上，但仍分4段连接，确保至少有1台浆液泵运行。

烟塔合一技术在国内应用的第二个电厂是国华三河电厂，电厂一期工程已安装2×350MW凝汽式汽轮发电机组，1、2号机组分别于1999年12月、2000年4月投产。二期工程安装2台300MW供热机组，该项目是北京2008年奥运会重要的电源支撑点，也是2006年度国家批准开工的首批电站建设项目之一，烟气采用脱硫、脱硝、烟塔合一技术。与华能北京热电厂不同的是：①第一个采用国产化的烟塔合一技术，立足于自主开发设计和建造；②取消了传统的烟囱，是国内第一个没有旁路和烟囱的石灰石—石膏湿法烟气脱硫装置；③取消了增压风机与GGH，引风机与脱硫增压风机合二为一。2007年8月31日，3号机组顺利完成168h试运行，烟气脱硫装置同步投入运行。4号烟气脱硫装置也于2007年11月完成了168h试运行。图2-26是该电厂无旁路的烟塔合一烟气脱硫装置。

烟塔合一技术存在的主要问题有以下几点：

（1）烟气脱硫装置出口净烟气通过冷却塔排放，会升高循环水系统的浓缩倍率，并在循环冷却水系统中留下一定量的污染物，使循环水中的杂质增加，pH降低，加剧系统腐蚀，进而影响到机组安全发电。

（2）锅炉点火或低负荷烧油时，未完全燃烧的油烟可能会对烟气脱硫装置和冷却塔的

(3) 高温烟气直接进入冷却塔，会影响塔内防腐层和塑料构件的寿命。

对于上述问题，应采用适当的措施加以防范。鉴于冷却塔排烟的许多优点，并且可以取消烟囱，在景观上有许多优越性，因此，国内烟塔合一技术的应用逐渐增多。

### 七、烟道膨胀节

膨胀节一般由波纹管、端节、法兰、运输拉杆及其他零件组成。通过波纹管的柔性变形来吸收烟道热膨胀引起的轴向位移、少量的横向、角向位移，并有消音减振和提高烟道使用寿命的作用。

图 2-26 某取消旁路的烟塔合一烟气脱硫装置

脱硫烟道膨胀节根据其材料可分为金属波纹管膨胀节和非金属膨胀节。金属膨胀节一般用于原烟气高温烟道，非金属膨胀节用于净烟气烟道和低温原烟气烟道。非金属烟道膨胀节一般由纤维、钢丝或纤维和钢丝联合增强的氟橡胶制成。金属膨胀节抗腐蚀和抗扭性能差，目前，几乎所有的膨胀节均采用增强的氟橡胶制成，其厚度一般为5mm左右。由于金属膨胀节价格远高于非金属膨胀节，所以烟气脱硫装置中一般采用非金属膨胀节。

表 2-7 列出了几种增强材料制成的氟橡胶膨胀节物化性质，表 2-8 为常用膨胀节名义尺寸及物性。

表 2-7  烟道膨胀节的物化性质

| 性质＼种类 | 纤维增强氟橡胶板 | 丝网增强的氟橡胶板 | 纤维与丝网增强的氟橡胶板 |
| --- | --- | --- | --- |
| 聚合体 | 氟橡胶（如 Viton、Flurel） | 氟橡胶（如 Viton） | 氟橡胶（如 Viton） |
| 增强物 | 聚酯纤维 | 丝网 | 聚酯纤维和丝网 |
| 典型厚度（mm） | 4.8 | 4.8 | 4.8 |
| 典型耐温上限（湿烟气中）（℃） | 205（长期）<br>345（短时） | 205（长期）<br>400（短时） | 205（长期）<br>400（短时） |
| 典型耐温下限（℃） | −40 | −40 | −40 |
| 典型最大压差（kPa） | ±34.5 | ±34.5 | ±34.5 |

表 2-8  常用膨胀节名义尺寸及物性  mm

| | | | | |
| --- | --- | --- | --- | --- |
| 名义连接尺寸 | 150 | 229 | 305 | 406 |
| 名义烟道间隙 | 140 | 216 | 279 | 381 |
| 名义法兰宽度 | 127 | 152 | 178 | 203 |

续表

| 最大轴向压缩量 | 38 | 70 | 89 | 127 |
| --- | --- | --- | --- | --- |
| 最大轴向拉伸量 | 13 | 13 | 25 | 25 |
| 允许最大偏差 | 38 | 70 | 89 | 127 |

氟橡胶具有良好的耐蚀耐磨能力，但氟橡胶会被未反应的 $Ca(OH)_2$ 侵蚀，其在烟气脱硫装置中的寿命受以下因素的影响而缩短：①振幅或相对运行过大，特别是扭曲或摆动；②直接承受挡板后或拐角处气流的冲击；③黏性飞灰或浆液在表面的堆积；④连接螺栓松紧不一，烟气泄漏。

烟道引入点至 GGH 入口及 GGH 出口至吸收塔入口的原烟道部分，采用中温防尘型非金属膨胀节。中温防尘型非金属膨胀节主要由蒙皮、隔热层、不锈钢丝网、框架、挡板、防尘袋 6 个部分组成，膨胀节结构示意见图 2-27。

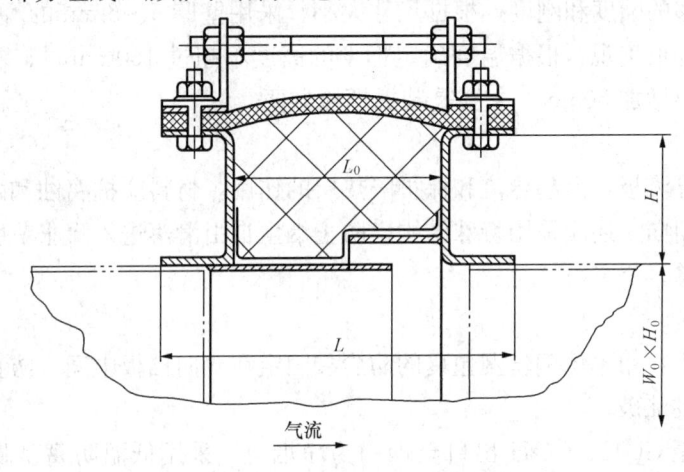

图 2-27 非金属膨胀节结构示意

1. 蒙皮

蒙皮是非金属膨胀节的主要伸缩体，其有效长度决定轴向和径向的最大膨胀量。依次由外向内湿法脱硫采用耐酸碱性能很好的特氟隆或者氟胶布、双面硅胶布、聚四氟乙烯（PTEE）膜和无碱玻璃布等多层复合而成并作防水处理，是一种高强度密封复合材料，其作用是吸收膨胀量，防止漏气和雨水渗透、抗老化，选用材料能适应各种环境的要求，化学稳定性能好，温度范围为 $-40\sim250℃$、耐紫外线、耐臭氧、耐风雪。

由于烟气脱硫装置的烟气中带有一定量的水分，烟气温度较低时，水分便凝结成水，沉积在膨胀节空腔中，即使在非金属蒙皮上设置疏水口，但由于运行时蒙皮的不规则底部形状以及疏水口的数量限制，也无法将沉积水完全排出。酸性的水不仅会腐蚀金属框架的防腐层，而且也不断腐蚀非金属蒙皮。同时酸性的水可能从蒙皮与防腐层的接合面渗漏出来。所以仅通过将蒙皮处螺栓拧紧，也无法保证接合面不渗漏。所以非金属膨胀节的结构和非金属蒙皮内衬材料的选择是否合理将直接影响非金属膨胀节的耐腐蚀性和是否渗漏。

采用不锈钢或合金制造的膨胀节无法吸收各个方向的膨胀，且造价昂贵。

2. 隔热层

隔热层兼顾非金属膨胀节的隔热和气密性的双重作用，是用陶瓷纤维布包裹的硅酸铝纤维毡，其厚度采用大于框架高度 20mm 的棉毡在框架内层压紧，密度达到 120kg/m³，并用扒钉固定在挡板上，防止安装后下坠，影响使用效果，目的是防止高温气体窜至蒙皮、加速蒙皮老化、甚至炭化，如膨胀节承受压力是负压，还要增加用 20 目不锈钢丝网包裹，具有良好的延伸型和抗拉强度，也阻止膨胀节中隔热材料向外散失。

3. 不锈钢丝网

在非金属膨胀节中起加强保护作用，膨胀节处正压时，不锈钢丝网放在蒙皮外，保护蒙皮外表不受损，采用向下折压在蒙皮下，膨胀节处负压时衬在蒙皮下，向下折压在压条下。增压风机进口处负压状态，出口处正压状态。

4. 框架

应保证有足够的强度和刚度，根据尺寸大小、采用壁厚 5~6mm 的 Q235A 整体冲压制成，焊缝少、外形美观，根据温度确定框架的高度不超过 150mm，如果连接方式为法兰，框架高度还要增加 50mm，主要是装拆螺栓方便。

5. 挡板

挡板为双向导流板，是起导流和保护隔热层的作用，材料应抗腐蚀和耐磨，如膨胀节介质方向向上或斜向上还应采用特殊结构，防止烟尘自由滑落进入膨胀节腔内，挡板不应影响膨胀节的位移。

6. 防尘袋

在双向挡板中，用不锈钢丝网包裹的防尘袋固定在双向挡板中间，防止灰尘积在膨胀节腔内，导致蒙皮涨破。

吸收塔出口至 GGH、GGH 出口至烟囱为净烟道，采用低温防腐型膨胀节。低温防腐型膨胀节由不锈钢丝网、蒙皮、防腐层、框架、疏水孔五部分组成，最外层为不锈钢丝网，起到加强保护作用。蒙皮由氟橡胶、聚四氟乙烯与玻璃纤维等多层复合成一种高强度密封复合材料。防腐层是采用 2mm 以上特殊防腐材料，防止冷凝酸腐蚀。疏水孔设在水平管段的膨胀节的底部中心线处，将冷凝酸液排出，口径不大于 100mm，过大影响膨胀，材质均为合金钢或不锈钢材料。由于净烟道的烟气湿度大、温度低，结露形成的冷凝物具有很强的腐蚀性，低溶度的酸液在温度为 40~80℃ 时，对结构材料腐蚀性特别强，膨胀节内侧必须做特殊防腐处理，通常是涂鳞片胶泥（涂料）。

烟气脱硫装置中较少使用的金属波纹管膨胀节按波纹管的位移形式，可分为轴向型、横向型、角向型及压力平衡型波纹管式。

膨胀节由多层材料组成，净烟道处的膨胀节要考虑防腐要求，波纹节应全部是合金材料，至少是耐酸耐热镍基合金钢，烟道膨胀节必须保温。原烟道膨胀节的波纹节可采用 316L 金属型，以降低造价。保护板是防止灰尘沉积在膨胀节波节处。膨胀节能承受系统最大设计正压/负压再加上 1kPa 余量的压力。接触湿烟气并位于水平烟道段的膨胀节应通过膨胀节框架排水，排水孔最小为 DN150，并且位于水平烟道段的中心线上。排水配件应能满足运行环境要求，由 FRP、合金材料制作（至少是镍基合金钢），排水应返回到烟气脱硫装置区域的排水抗。

烟道上的膨胀节采用焊接或螺栓法兰连接,布置应能确保膨胀节可以更换。法兰连接膨胀节框架应有同样的螺孔间距,间距不超过100mm。膨胀节框架将以相同半径波节连续布置,不允许使用铸模波节膨胀节。框架深度最小是200mm,而且最小要留80mm的余地以便于拆换膨胀节。膨胀节与烟道间应有100%气密性。膨胀节的外法兰应密封焊在烟道上,要注意不锈钢与普通钢的焊接(即使提供了内衬),以便将腐蚀减至最小。

## 第三节 吸收塔系统及设备

### 一、吸收系统组成

吸收塔是湿法烟气脱硫装置的核心,其参数设计取决于脱硫效率。在设计时有5个方面应予以特别注意:①烟气脱硫装置所必须满足的要求;②部件的功能;③目标;④物理、化学条件;⑤实际操作。

吸收塔主要由循环泵及喷淋层、除雾器及其冲洗水系统、氧化空气系统、浆液搅拌系统4部分组成。不同的塔型、不同的脱硫公司各有不同的特点,每个部分具有相应的功能,对整个系统的稳定运行起到重要的作用,如表2-9所示。

表2-9　　　　　　　　吸收塔的主要部件

| 序号 | 部件 | 功能 | 优化目标 | 理论背景 | 实际操作 |
|---|---|---|---|---|---|
| 1 | 吸收区域喷淋层及喷嘴 | (1) 吸收剂分布;<br>(2) 液滴的形成;<br>(3) 液滴的分布 | (1) 降低压力损失;<br>(2) 优化传质过程;<br>(3) 优化液滴粒径;<br>(4) 优化喷淋均匀性 | (1) 喷嘴压力;<br>(2) 动量;<br>(3) 湍流;<br>(4) 喷嘴形式、几何形状;<br>(5) 模化计算 | (1) 喷嘴几何形状;<br>(2) 可调喷嘴形式;<br>(3) 缩小直径 |
| 2 | 除雾器 | 除去浆液液滴 | (1) 减低阻力;<br>(2) 简化结构 | (1) 烟气流速;<br>(2) 阻力;<br>(3) 除雾效果 | (1) 烟气出口流场;<br>(2) 进一步开发 |
| 3 | 浆液池 | (1) 氧化;<br>(2) 结晶 | (1) 石灰石利用率;<br>(2) 石膏晶体成长 | (1) 密度差别;<br>(2) 混合与$CO_2$驱逐 | (1) 浆液池分区结构;<br>(2) 氧化空气从湍流混合区送入 |
| 4 | 搅拌系统 | (1) 避免固体在浆液池底沉积;<br>(2) 石灰石浆液分布 | (1) 采用或不采用机械搅拌装置保持固体物质悬浮;<br>(2) 烟气脱硫装置停运时的能耗 | 脉冲动力 | (1) 脉冲搅拌;<br>(2) 机械搅拌器 |

吸收塔的主要作用是吸收烟气中的$SO_2$并生产石膏晶体,图2-28和图2-29是某电厂喷淋塔的2个CRT上操作画面,其流程为:来自GGH的烟气自吸收塔侧面进入塔内,

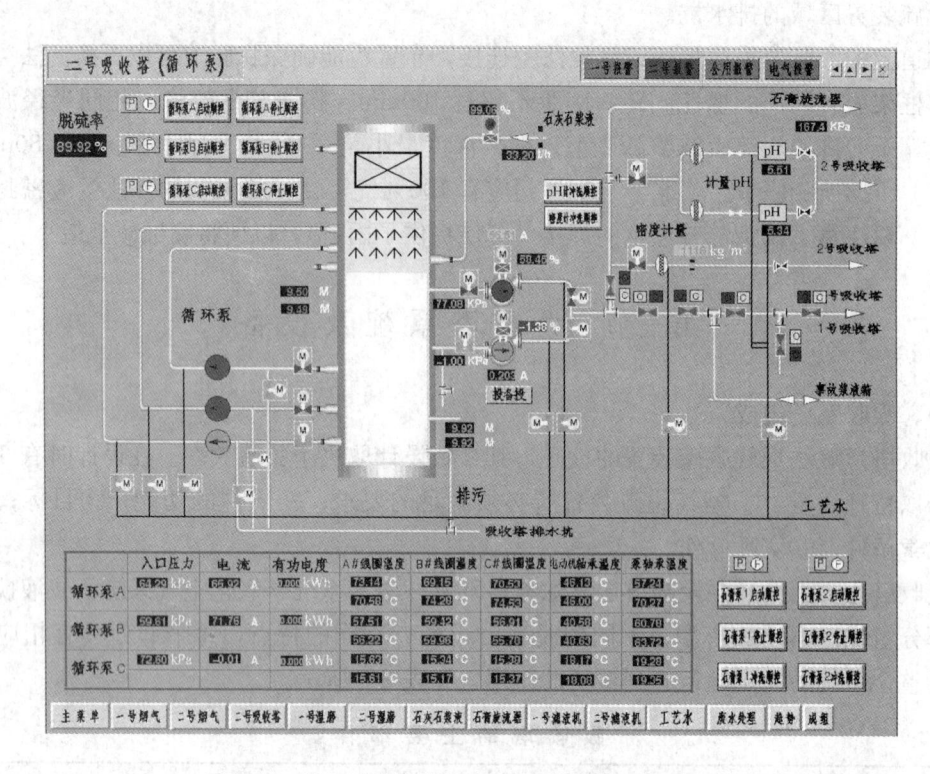

图 2-28 某电厂喷淋塔的 CRT 上操作画面之循环泵

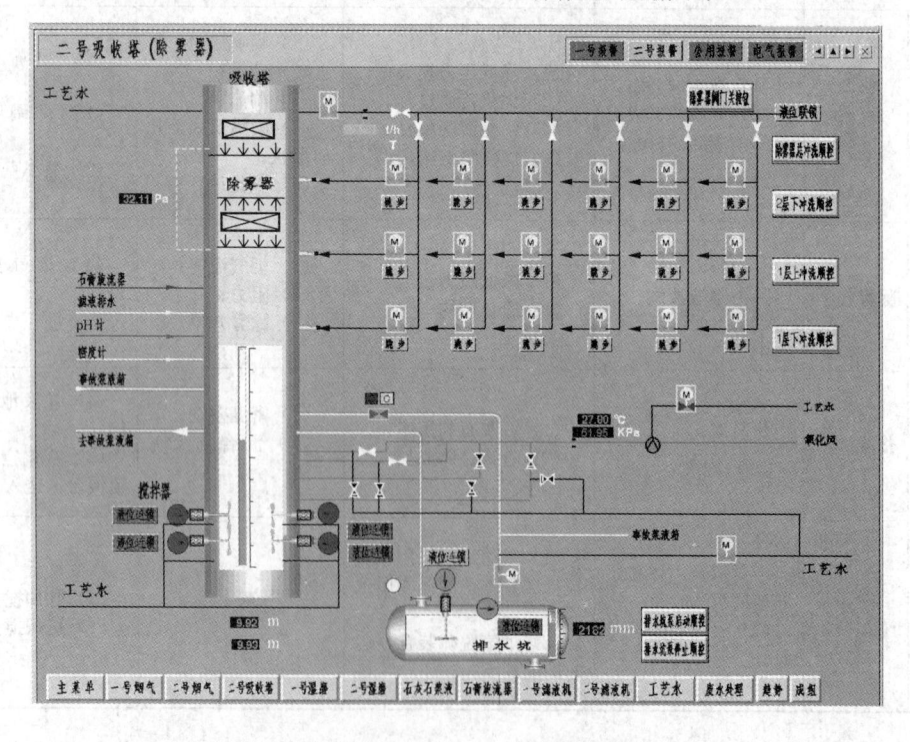

图 2-29 某电厂喷淋塔的 CRT 上操作画面之除雾器

烟气从下往上流经吸收塔时，与来自 3 台吸收塔循环泵喷淋的浆液接触反应，浆液含有 10%～20% 的固体颗粒（不同的厂家有各自的数值），主要是由石灰石、石膏及其他惰性固体物质组成。浆液将烟气冷却至约 50℃，同时吸收烟气中的 $SO_2$，与石灰石发生反应生成亚硫酸钙。反应产物被收集在吸收塔底部浆液池，浆液池为石灰石提供充分的溶解时间以保证低的 Ca/S 比，同时保证为喷淋过程中物理溶解于浆液中的酸性物质在浆池内与溶解态石灰石的反应提供充分的反应时间，由此确保高的脱硫效率。在浆液池底部设有氧化空气管，通入空气对浆液进行曝气，氧化空气分布均匀，则氧化效果好。浆液池为亚硫酸钙提供充分的氧化空间和氧化时间，确保良好的氧化效果，也为石膏晶体长大提供充分的停滞时间，确保生成高品质的粗粒状（而非片状和针状）石膏晶体。为了降低氧化空气进塔的温度，并使氧化空气增湿，避免氧化空气出口处浆液与高温、干燥的氧化空气接触后，浆液由于快速干燥而导致结晶出现的结垢现象，氧化空气在入塔前进行喷水冷却，使之降温，并达到饱和。浆液由氧化风机鼓入的空气氧化成石膏 $CaSO_4 \cdot 2H_2O$。吸收塔内浆液被机械搅拌器或脉冲悬浮泵适当地搅拌，使石膏晶体悬浮。最后生成的石膏晶体被石膏浆液排出泵打至石膏水力旋流器去脱水或到事故浆液罐中暂时储存。经净化后的烟气通过二级除雾器除去液滴后进入 GGH 升温，最后排入烟囱。为保证除雾器的清洁设有 3 层冲洗水。

在石膏浆液排出泵管路上设有 pH 计和密度计以在线监测吸收塔内浆液运行参数，另外塔内有液位计。各种临时的水或浆液被收集在塔附近的地坑中打回吸收塔内或事故浆液箱中。

吸收塔系统的一般设计原则如下：

（1）吸收塔的数量应根据锅炉容量、吸收塔的容量和可靠性等确定。300MW 及以上机组宜一炉配一塔，200MW 及以下机组可以两炉配一塔。

（2）吸收塔应装设除雾器，在正常运行工况下除雾器出口烟气中的雾滴浓度应不大于 $75mg/m^3$（干基，标态）。除雾器应设置水冲洗装置。

（3）当采用喷淋吸收塔时，吸收塔浆液循环泵宜按照单元制设置，每台循环泵对应一层喷嘴。吸收塔浆液循环泵按照单元制设置时，宜设仓库备用泵叶轮一套；按照母管制设置（多台循环泵出口浆液汇合后再分配至各层喷嘴）时，宜现场安装一台备用泵。循环浆液泵入口宜装设滤网等防止固体物吸入的措施。

（4）吸收塔浆液循环泵的数量应能很好地适应锅炉部分负荷运行工况，在吸收塔低负荷运行条件下有良好的经济性。

（5）氧化风机采用罗茨风机，也可采用离心风机。每座吸收塔应设置 2 台全容量或 3 台 50% 容量的氧化风机，其中 1 台备用；或每 2 座吸收塔设置 3 台全容量的氧化风机，2 台运行，1 台备用。

（6）脱硫装置应设置事故浆池或事故浆液箱，其数量应结合各吸收塔脱硫工艺的方式、距离及布置等因素综合考虑确定。当布置条件合适且采用相同的湿法工艺系统时，宜全厂合用一套。事故浆池的容量应根据技术论证运行可行性后确定。当设有石膏浆液抛弃系统时，事故浆池的容量也可按照不小于 $500m^3$ 设置。

(7) 所有储存悬浮浆液的箱罐应有防腐措施并装设搅拌装置。

(8) 吸收塔外应设置供检修维护的平台和扶梯，平台设计荷载不小于$4000N/m^2$，平台宽度不小于1.2m，塔内不设置固定式的检修平台。

(9) 装在吸收塔内的除雾器应考虑检修维护措施，除雾器支撑梁的设计荷载不小于$1000N/m^2$。

(10) 吸收塔内与喷嘴相连的浆液管道应考虑检修维护措施，每根管道的顶部应有屋脊性支撑结构以便检修时在喷淋管上部铺设临时平台，强度设计应考虑不小于$500N/m^2$的检修荷载。

(11) 吸收塔宜采用钢结构，内部结构应根据烟气流动和防磨、防腐技术要求进行设计，吸收塔内壁采用衬胶或衬树脂鳞片或衬高镍合金板。在吸收塔底板和浆液可能冲刷的位置，应采取防冲刷措施。

(12) 结合脱硫工艺布置要求，必要时吸收塔可设置电梯，布置条件允许时，可以2台吸收塔和脱硫控制室合用1台电梯。

## 二、吸收塔

湿法烟气脱硫装置吸收塔有许多种，主要有填料塔、鼓泡塔、液柱塔、喷淋塔等，各脱硫公司技术上的主要区别也就在塔内。

1. 填料塔

填料塔是早期的石灰石—石膏法中较为典型的一种塔型，它是在吸收塔内设置一般为格栅型的填料，脱硫剂通过分配管分配到头部朝上的各个管口，从管口流出的脱硫剂落到塔内填料上形成液膜。绝大部分的传质过程就是通过烟气与湿液膜接触在液膜上形成的。通常塔内设置2~3层填料，每层高度一般为2~4m，在有液滴的脱硫塔内液滴的停留时间一般为10s。该塔的缺点是运行参数控制不当、pH值波动较大或氧化不充分时填料容易结垢、堵塞，处理起来比较困难，而且运行维护的工作量和费用也大。随着喷淋喷嘴技术的不断发展，这种塔型近几年已不大采用。

某电厂一期2×360MW机组上采用了单回路、顺流、格栅填料塔（Vertical Co-current Grid Packed Tower），如图2-30所示，2套烟气脱硫装置分别于1992年10月和1993年5月投入商业运行。塔高为30.7m，塔身段面为11.2×7.2m，在标高21.7m处安装低压涌泉喷嘴，塔内布置两层规则填料，每层4m，塔内喷浆管和喷嘴及格栅如图2-31所示。与其他反应塔一样，在底部设有氧化空气喷嘴和搅拌器等，多年的运行实践表明格栅填料结垢、堵塞问题是较严重的。

2. 鼓泡塔（JBR）

该塔的原理就是烟气直接进入吸收塔的浆液池中，烟气与浆液混合，产生大量气泡，在混合和翻腾的过程中烟气中的$SO_2$被浆液吸收。该塔结构简单，塔的高度相对较低，但阻力大。CT-121FGD技术就是该种塔型。

1971年，日本千代田公司开发了第一代烟气脱硫工艺——CT-101工艺，它以含铁催化剂的稀硫酸作吸收剂、副产物为石膏。目前，该装置在日本已有十余套在运行。1976年，在CT-101基础上，千代田公司又开发了第二代烟气脱硫装置CT-121，这项技术将

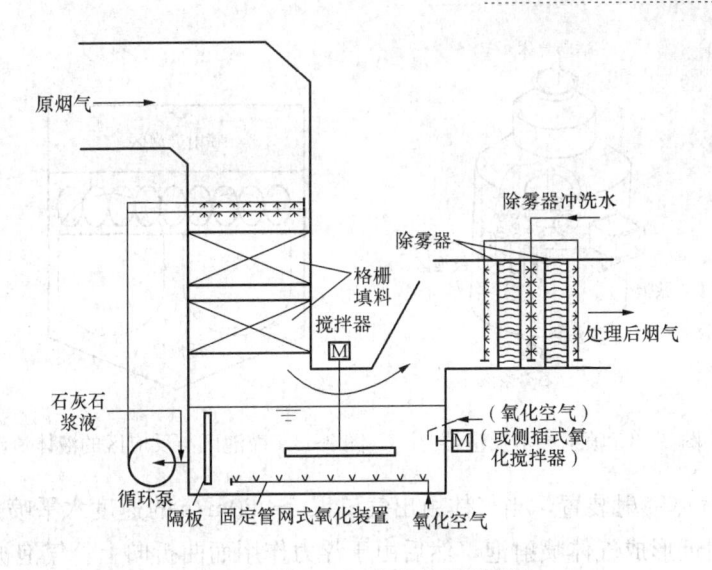

图 2-30 某电厂一期的格栅填料塔

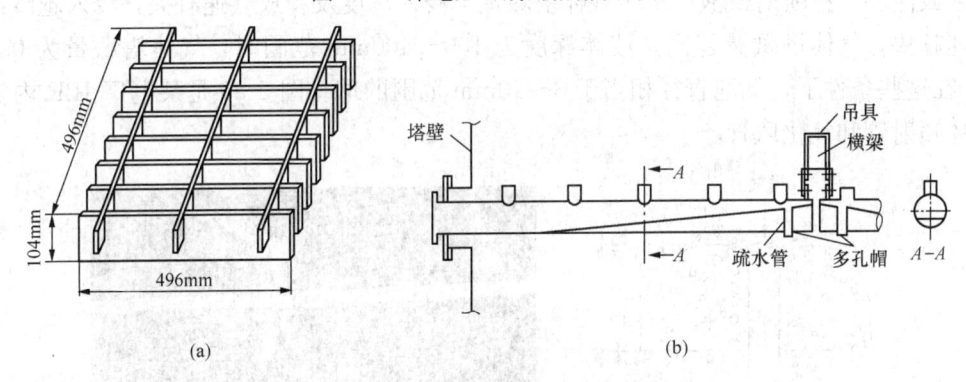

图 2-31 填料塔内喷浆管和喷嘴及格栅结构
(a) 格栅；(b) 喷浆管和喷嘴

$SO_2$ 的吸收、氧化、中和、结晶和除尘等几个工艺过程合并在一个吸收塔内完成，这个吸收塔反应器即是此工艺的核心，叫喷射式鼓泡反应器（Jet Bubbling Reactor，JBR，简称鼓泡塔）。

JBR 改变了 CT-101 工艺中吸收塔的方式，使吸收剂成为连续相而吸收质成为分散相，从而大大降低了传质阻力，加快了反应速度，增大了设备的处理能力。整个装置系统简单，占地面积小，投资省，运转费用低。

千代田公司早年研究、开发 JBR 技术是将烟气通过气体分布装置 JBR 内吸收液中形成气泡层进行脱硫反应，见图 2-32。

在反应区（包含液相主要部分），由于空气鼓泡与机械搅拌（有的 JBR 反应器安装有机械作用），使空气与液体充分混合。由于有悬浮的石膏晶种和足够的停留时间，可使石膏晶粒长至需要的大小。

图 2-33 表示出喷射鼓泡区与反应区的液体流动情况，气泡在喷射鼓泡区引起的液体环流代替了泵（通常石灰/石灰石法用泵使液体在塔外循环）的作用。

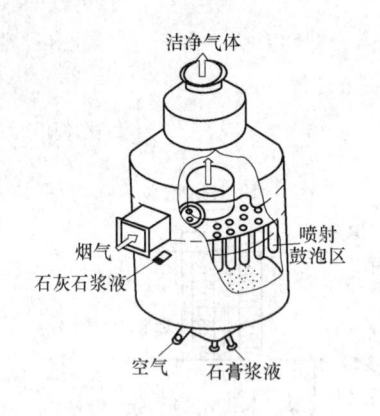

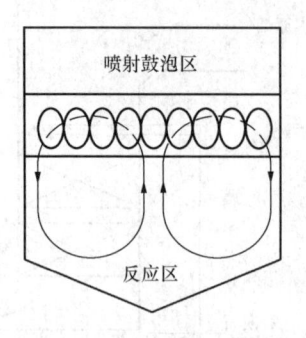

图 2-32 喷射鼓泡反应器　　图 2-33 鼓泡区与反应区的液体流动

图 2-34 是气体喷射装置，当气体由出气口以 5~20m/s 的速度水平喷射至液体中时，在出气口水平附近形成气体喷射泡，然后由于浮力作用而曲折向上。气泡被急剧分散，形成喷射鼓泡层。在喷射鼓泡层中，气体塔藏量与浸入深度及释放气速有关，浸入越浅或释放气速越快，气体塔藏量越高。液体深度为 100~400mm 范围时，气体塔藏量为 0.5~0.7，在这些条件下，气泡直径相当于 3~20mm 范围的球。图 2-35 是某电厂 JBR 内实际的气体喷射管和氧化风管。

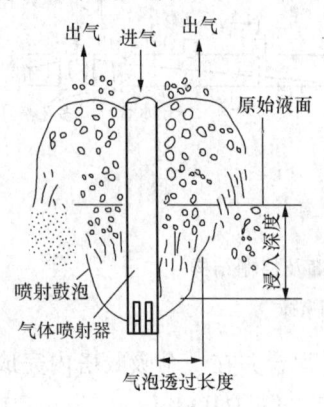

图 2-34 气体喷射装置　　图 2-35 某电厂实际气体喷射管和氧化风管

在美国电力研究院（EPRI）的资助下，1978 年 8 月~1979 年 6 月，千代田公司在美国佛罗里达州 Sneads 海湾电力公司的斯考兹（Scholz）电厂建设了第一个配套 23MW 机组的 CT-121 工艺的示范装置，取得了工业装置运行的经验，开始较大范围的推广。到目前为止，已有 30 多套 CT-121 烟气脱硫装置在运行，其最大的机组容量为 1000MW，1998 年在日本东北电力公司原町电厂投运，处理烟气量 2 895 000m³/h（标态），设计 $SO_2$ 浓度 $880×10^{-6}$，脱硫率 92%，副产品用于制作石膏板和水泥。

某电厂 CT-121 烟气脱硫装置流程如图 2-36 所示，来自锅炉 2 台引风机出口的全部烟气分两路：一路是 100% 容量的 FGD 旁路烟道，直通烟囱，设有一个旁路烟气挡板；另一路则通过原烟气进口挡板进入，经一台动叶可调轴流式风机送至 GGH。经 GGH 降温后的烟气从上向下顺流进入烟气冷却烟道区域，在此区域布置有 2 层喷淋层和 1 层紧急喷水装置。烟气被冷却到饱和状态，之后进入由上隔板和下隔板形成的封闭的吸收塔入口烟室。装在入口烟室下隔板的喷射管将烟气导入吸收塔鼓泡区（泡沫区），在鼓泡区域发生 $SO_2$ 的吸收、亚硫酸盐的氧化、石膏结晶等所有反应。发生上述一系列反应后，烟气通过上升管流入位于入口烟室上方的出口烟室，然后分 2 路流出吸收塔。经烟道上的两级立式除雾器后进入 GGH 的升温侧被加热至 80℃ 以上，然后从净烟气出口挡板进入烟囱排入大气。

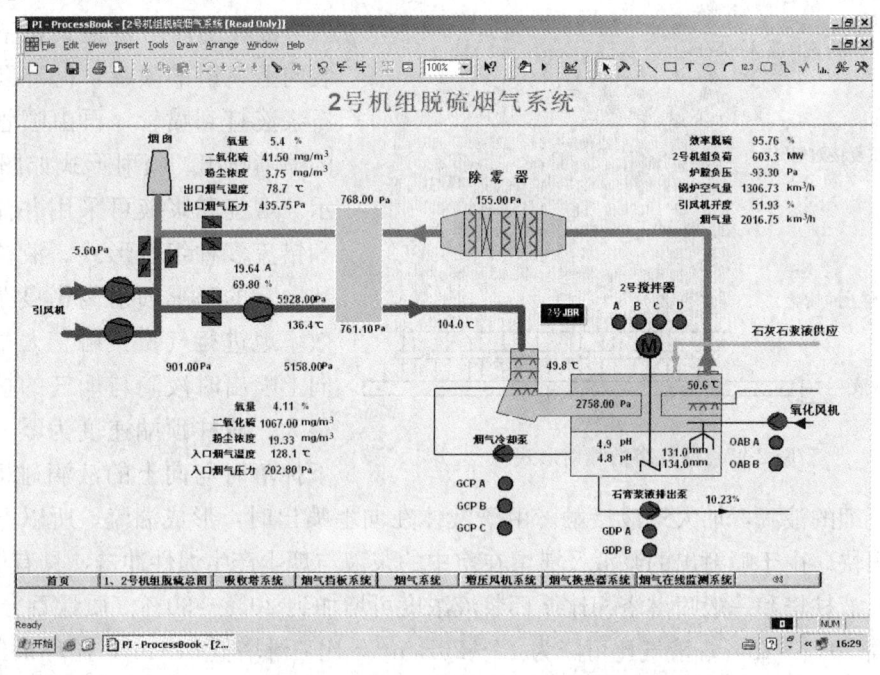

图 2-36　某电厂 CT-121 FGD 烟气脱硫装置流程

鼓泡塔的实际应用表明它有以下几个显著特点：

（1）当入口烟气量和烟气中 $SO_2$ 含量发生变化时，鼓泡塔除了通过调节浆液 pH 值外，还可调节液位高度即喷射管的浸没深度来满足脱硫效率。液位可控，以适应不同的煤种，同时也能较好地适应机组负荷的变化。

（2）生成的石膏晶体颗粒大，平均粒径可达 $70\mu m$，易于脱水，使石膏的品质较好。

（3）烟气在液体中鼓泡时有类似水膜除尘的效果，因此鼓泡塔对烟气除尘的效果更好，论证试验表明，对大于 $2\mu m$ 的粉尘可除去 99%，对 $0.6\sim 1\mu m$ 的粉尘除尘效率明显下降，对 $0.6\mu m$ 以下的粉尘则没有效果。

（4）鼓泡塔省略了浆液循环泵和喷淋层，将氧化区和脱硫反应区整合在一起，且将除雾器布置在出口烟道，使塔的高度降低，但鼓泡塔单塔的直径大，占地面积较大。

（5）鼓泡塔内部结构较复杂，使安装难度和维护量大。由于结构复杂且烟气要通过浆液层，使系统阻力大，增压风机的功率也比喷淋塔的大，尽管省去了循环泵，但设有烟气冷却泵，若要提高烟气脱硫效率，必须提高塔内的鼓泡区液面高度，而增加 1mm 的液面高度就意味着增加 1mm 石膏浆液的烟气压降。因此 JBR 系统总的电耗要比喷淋塔大。

(6) 鼓泡塔内部烟气的喷射管采用 PVC 管，上升管和氧化空气管、隔板及冲洗水管等均为玻璃钢 FRP 材料，对温度要求高，要求进入鼓泡塔的烟气不能超过 65℃，在进入吸收塔之前烟气进行降温，使烟气系统复杂。如采用合金，则价格昂贵。

(7) 鼓泡塔出口烟气携带的液滴含量高，对尾部烟道、GGH 的运行不利。当采用湿烟囱排放时，有时会出现较严重的石膏雨。

### 3. 液柱塔

液柱洗涤塔是在氧化槽上部安装向上喷射的喷嘴，循环泵将石灰石浆液打到喷管，再由喷管上安装的喷嘴喷出。喷射形式如图 2-37 所示。烟气和浆液可采用并流、对流和错流多种组合形式。液柱吸收塔从向上的喷嘴喷射高密度浆液，高效率地进行气液接触。大量的液滴向上喷出时液滴与烟气的接触面积很大。液柱顶端速度为零，液滴向下掉落时与向上的液滴碰撞，形成

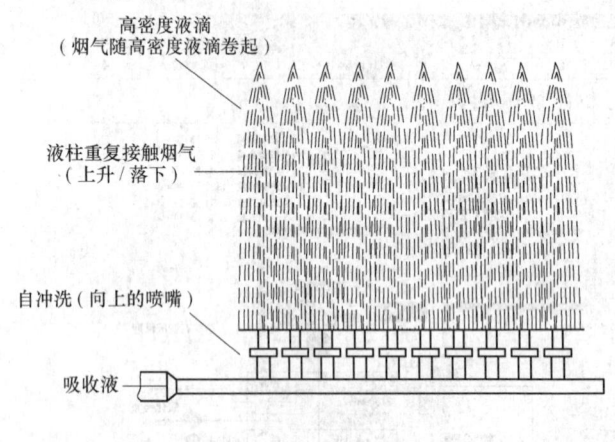

图 2-37 液柱塔的喷射形式

很密的更细的液滴，加大气液接触。由于液体在向上喷出时，形成湍流，所以 $SO_2$ 的吸收速度很快。由于喷射出的浆液及滞留在空中的浆液与烟尘产生惯性冲击，具有极高的除尘性能。液柱塔和一般喷淋塔相比循环浆液浓度可增加到 20%～30%（质量百分比），比喷淋塔高 10%～15%；液气比可降为 15～25L/m³，比喷淋塔低 5L/m³；循环泵出口压力 0.012～0.2MPa，喷淋塔高 25～30m，喷嘴直径大，不会发生堵塞问题，喷嘴数目一般保持每平方米有 2 根喷管和 4 个喷嘴。

某电厂二期的 2×360MW 机组脱硫采用了日本三菱公司的双接触、顺/逆流、组合型液柱塔（Double Contact Flow Scrubber，DCFS），如图 2-38 所示，分别于 1999 年 3 月、7 月投入运行。

液柱塔的主要特征是结构简单，气液接触面积大，不仅能保证高的脱硫效率，而且避免了填料所带来的堵塞弊病。特别是燃高硫煤的机组采用并流、对流的液柱塔可获得高的脱硫效率，同时有极高的除尘效果。吸收塔可成方型，便于布置喷浆管，与吸收塔防腐内衬的施工和维修。但该种塔型在液柱高度降低及喷嘴堵塞时对脱硫效率的影响很大。我国清华大学也成功自主地开发了液柱塔技术。

### 4. 喷淋塔

喷淋塔是在吸收塔内上部布置几层喷嘴，脱硫剂通过喷嘴喷出形成液雾，通过液滴与烟气的充分接触，来完成传质过程净化烟气，根据燃煤含硫量、脱硫效率等，一般在脱硫塔内布置几层喷嘴，每层之间一般 2m 左右。喷嘴形式和喷淋压力对液滴直径有明显的影响。减少液滴直径，可以增加传质表面积，延长液滴在塔内的停留时间，两者对脱硫效率均起积极作用。液滴在塔内的停留时间与液滴直径、喷嘴出口速度和烟气流动方向有关。

逆流喷淋塔是比较常用的湿法脱硫吸收塔，烟气从吸收塔的下部进入吸收塔，脱硫剂通过上部的喷嘴喷淋成雾滴，烟气逆向与雾滴接触，塔内烟气流速一般为 3.0～4.0m/s，可以使大部分液滴保持在悬浮状态，大液滴一般停留时间为 1～10s，小液滴在一定条件下处于悬浮状态，在吸收塔出口一般设置两级除雾器，以除去烟气中携带的雾滴。世界各国开发出了许多各有特色的喷淋层及喷嘴形式和布置的喷淋塔，如美国 B&W 公司的合金托盘塔、美国 DUCON 公司的文丘里棒塔、日本川崎内隔板塔、德国

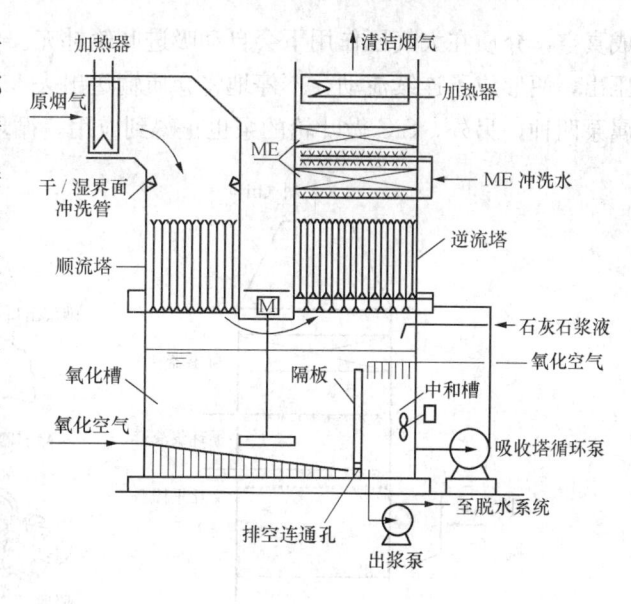

图 2-38　某电厂二期液柱塔

诺尔优化双循环塔以及我国的旋汇耦合吸收塔等，图 2-39～图 2-44 是部分典型的喷淋塔。主要吸收塔的特点比较如表 2-10 所示，目前各种塔都可以达到很高的脱硫率。

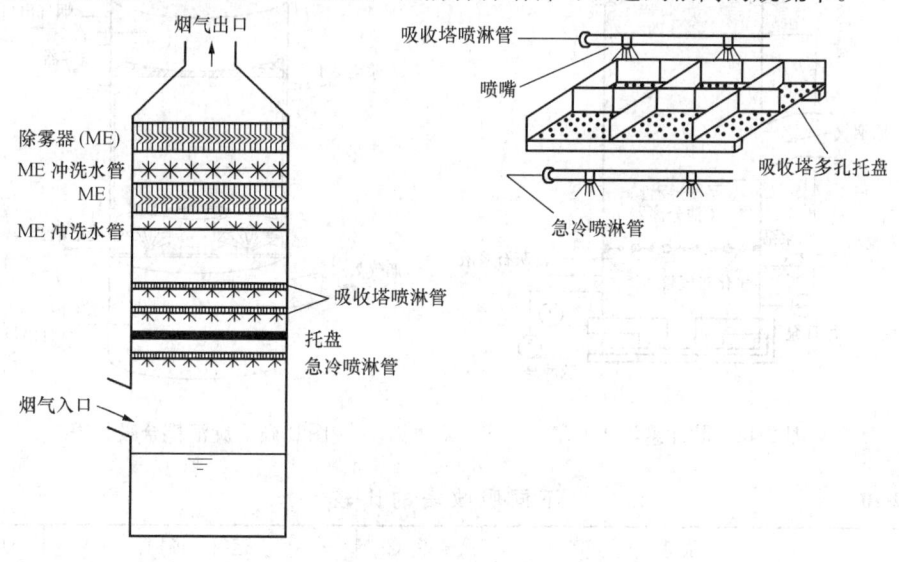

图 2-39　合金托盘吸收塔

### 三、循环泵

1. 浆液循环泵作用和特点

浆液循环泵是用来将吸收塔浆池浆液和加入的石灰石浆液循环不断地送到吸收塔喷淋层，在一定压力下通过喷嘴充分雾化与烟气反应。烟气脱硫装置中常用的浆液循环泵是卧式离心泵，其工作原理是：当叶轮被电动机带动旋转时，充满于叶片之间的介质随同叶轮一起转动，在离心力的作用下，介质从叶片间的横道甩出。而介质外流造成叶轮入口处形

成真空,介质在大气压作用下会自动吸进叶轮补充。由于离心泵不停地工作,将介质吸进压出,便形成了连续流动,不停地将介质输送出去。目前循环泵主要分为衬胶泵和防腐金属泵两种,另外,SiC做叶轮的泵也正得到应用。循环泵有如下特点:

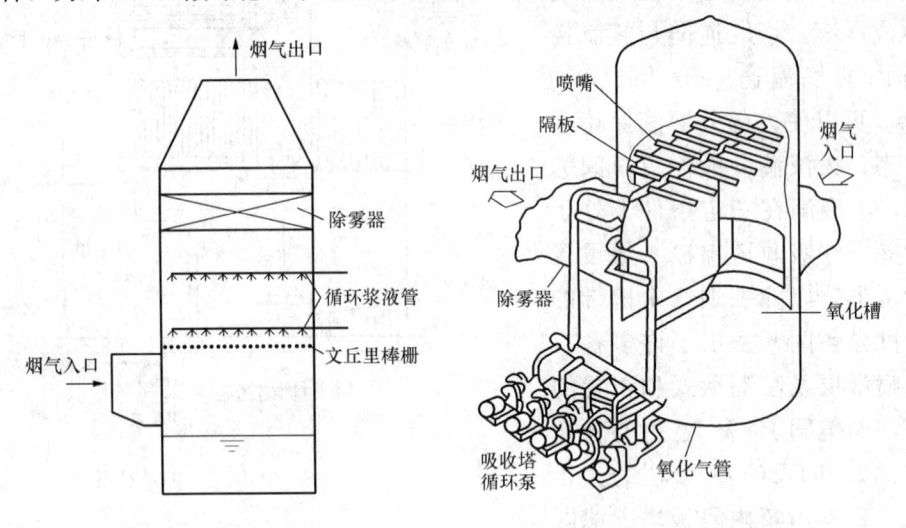

图 2-40　文丘里棒吸收塔

图 2-41　内隔板吸收塔

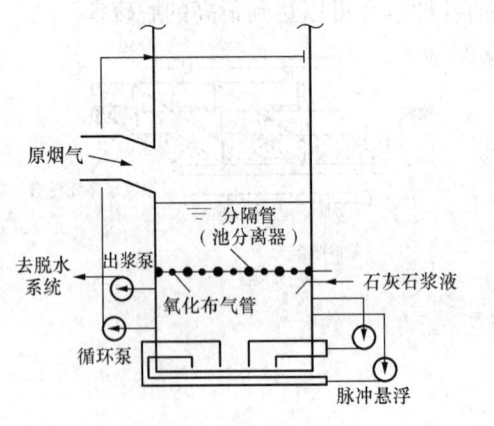

图 2-42　脉冲悬浮吸收塔

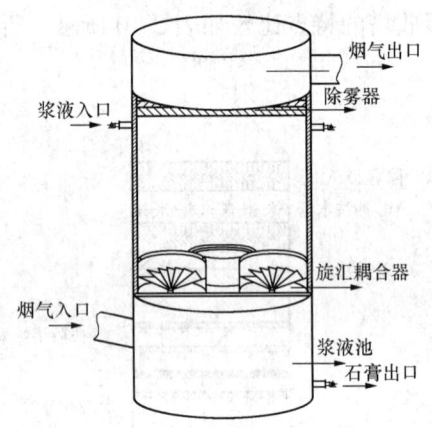

图 2-43　旋汇耦合吸收塔

表 2-10　不同吸收塔的比较

| 项目 | 原理 | 脱硫率(%) | 运行、维护 | 自控水平 |
| --- | --- | --- | --- | --- |
| 填料塔 | 吸收剂浆液在吸收塔内沿格栅填料表面下流,形成液膜与烟气接触去除$SO_2$ | >90 | 格栅易结垢、堵塞,系统阻力较大,需经常清洗除垢 | 高 |
| 鼓泡塔 | 吸收剂浆液以液层形式存在,而烟气以气泡形式通过,吸收并去除$SO_2$ | >90 | 系统阻力较大,无喷嘴堵塞、结垢问题 | 高 |
| 液柱塔 | 吸收剂浆液由布置塔内的喷嘴垂直向上喷射,形成液柱并在上部散开落下,在高效气液接触中吸收去除$SO_2$ | >90 | 能有效防止喷嘴堵塞、结垢问题 | 高 |

续表

| 项目 | 原 理 | 脱硫率（%） | 运行、维护 | 自控水平 |
|---|---|---|---|---|
| 喷淋塔 | 吸收剂浆液在吸收塔内经喷嘴雾化，在与烟气接触过程中，吸收并去除$SO_2$ | >90 | 喷嘴易磨损、堵塞和易损坏，需要定期检修更换 | 高 |
| 合金托盘塔 | 吸收剂浆液经喷嘴雾化，在合金托盘上与烟气中$SO_2$均匀反应 | >90 | 托盘系统阻力较大 | 高 |

（1）泵头防腐耐磨。浆液循环泵输送的浆体含有浓度为10%～20%（质量百分比）石灰石、石膏和固体灰粒，pH值为4～6的腐蚀介质，以及浆液中含有氯离子，所以对泵的要求非常苛刻，选用的材料要求耐磨耐腐蚀。理论上氯离子的含量可高达$80\,000\times10^{-6}$，在某些情况下会更高些。如此高含量的氯化物在pH值较低的介质环境中会导致金属合金的严重腐蚀和点蚀。当要求取消（若可能的话）或极少量引入填料水时，这种情况会进一步恶化。当要求减少或取消填料水时，必须采用可靠的机械密封，这又要求泵厂家必须为这种密封提供相应的安装使用条件，如稳定的压力、流动条件、最小的轴偏差和振动。

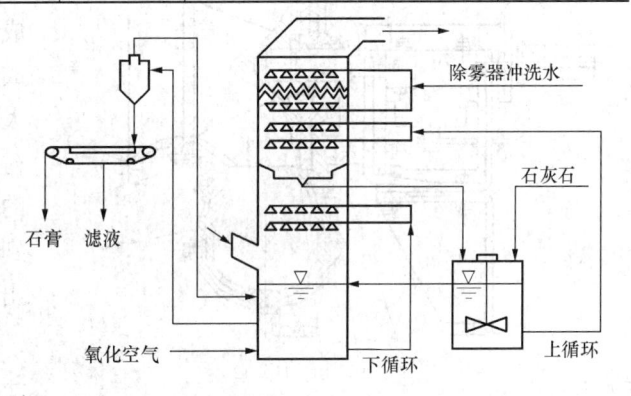

图2-44 诺尔优化双循环FGD工艺系统

（2）低压头、大流量。在目前的制造能力下，循环浆泵的流量已达到$12\,000\text{m}^3/\text{h}$、扬程16～30m，以适应停机及非高峰供电情况下的非正常运行的要求。泵的水力性能必须充分有效，其流量扬程特性必须适应并联运行。尽管泵的进口压力较高，可以充分地满足泵必需汽蚀余量的要求，但是，为保证石灰石浆液完全被氧化成硫酸盐，还必须考虑到部分空气或氧气可能引入到循环泵内，当夹杂在浆体中的空气超过3%（体积百分比）时，就会降低泵的流量——扬程性能。在室温下饱含空气的水，其有效汽化压力高于正常水的汽化压力，所以会影响泵的汽蚀余量。有时，从吸收塔壁面上结垢脱落下来的石膏碎片，会严重损坏泵的衬里或者堵塞泵的吸入管路，干扰泵内浆体的流动，并降低装置汽蚀余量。

（3）性能可靠、连续运行。泵必须经久耐用，能在规定的工况条件下每天24h连续运转，并能至少连续无故障运行24 000h。轴和轴承组件的尺寸必须足够大以适应工况变化的要求，并能有效防护、防止浆体或其他杂质侵入。因为在目前采用的泵送系统中，很少有备用泵，所以，在循环泵选型时，可靠性是关键因素。另外，如果泵需要维修时，泵的结构设计必须保证易于拆卸和重新装配。

2．衬胶泵

（1）结构。图2-45所示为典型的脱硫循环浆泵。单级、悬臂、端吸离心式，双泵壳带橡胶衬里，垂直中开的球铁泵壳，由螺栓将其左右两半连接，同时也将管路与进、出口连接。在进出口处采用调节伸缩式接头，以减轻管路供给泵进出口的压力。采用后拆式结构，可以在不拆卸进出口管路的前提下完成对叶轮、轴封、轴承等零部件的检修与更换。

(2) 橡胶衬里。橡胶是 FGD 用泵的理想衬里材料，因为它具有良好的耐磨、耐腐蚀性，还能有效地减轻水力冲击引起的噪声。橡胶衬里泵在欧洲已经成为 FGD 装置中的首选泵，并逐渐成为工业标准。在已建 FGD 装置中，大多数采用橡胶衬里泵。每一半泵壳均衬有易于更换的、内装螺栓的、组合式的橡胶衬里。良好的设计使全部衬里达到 100% 的坚固程度，使衬里在泵体内出现真空时而不凹陷。

脱硫工艺浆液中各种化学物对橡胶一般不起作用，而金属衬里和所有的金属材料泵当处理的氯化物超过 $20\,000\times10^{-6}$ 和酸度 $pH<2$（在 70℃ 时）时，就会受到严重的腐蚀。

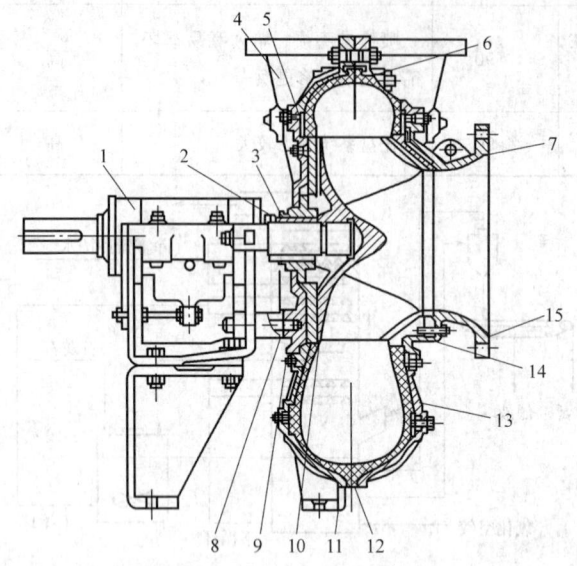

图 2-45 衬胶泵结构示意
1—托架；2—叶轮拆卸环；3—轴套；4—后护板；5—护套密封垫；6—前护套；7—吸入盖；8—接合板；9—机械密封；10—叶轮；11—泵体；12—后护套；13—泵盖；14—前护板；15—进口密封垫

(3) 金属叶轮和前护板。叶轮通过螺纹与轴连接，螺纹方向与泵转向相反，从而使其在运转时始终紧固在轴上，这一上紧力形成了一种压力，从叶轮经轴套传到轴承端盖上。对于叶轮直径大于 26in（660.4mm）的泵，若已知产生的扭矩大小，较好的办法是装置拆卸环。这种拆卸环是一种可以调节的装置，可以用来释放上述压力，便于叶轮的拆卸。

目前，叶轮和前护板大多数采用金属材料制成，原因是吸收塔内壁剥落的结垢碎片及其他异物容易划破橡胶叶轮，而采用金属护板则是防止在汽蚀状态下对橡胶的破坏。金属材料的优越性是可以通过叶轮和前护板几何形状的改变进行泵水力效率的最优化设计。通常情况尽量采用较大直径的叶轮，目的是使泵的转速最低，从而提高磨损寿命，降低由于汽蚀而引起的损坏。

(4) 无冲洗机械密封。目前较先进的循环泵都采用机械密封，运行中不需要冲洗水。其结构上采用整体集装式，动静环采用整体碳化硅，这种密封采用较大的密封腔，以使浆体能充分冲洗并冷却碳化硅密封面。主要结构件采用低碳或超低碳不锈钢，所有辅助密封均采用 TEFLON 材料。目前，密封寿命平均在 20 000h 或更多些。

(5) 轴承组件。循环泵采用重型轴和轴承组件，安装于筒式拖架中。采用圆柱滚子轴承以承受水力径向力和叶轮的重量，双列圆锥滚子轴承用于承受水力推力。根据轴承的尺寸和寿命要求，以最大程度地减少因热不均匀而引起的轴偏移来布置这些轴承，以求最佳设计效果，通常循环泵轴承的设计寿命为 100 000h。

### 3. 防腐金属泵

防腐金属泵的结构与普通泥浆泵相同，只是介质接触部分的选材不同。一般选材为：泵壳质 2605N，叶轮材质 Cr30A，机械密封动/静环材料为 SiC，颈套、轴承套采用全合金，轴为 45 号钢。其造价比衬胶泵高 10%~30%。

### 4. 调速器及电动机部分

每台吸收塔的循环浆泵流量相同、压头不同。为达到此要求，一般采取改变叶轮大小方式，也可在泵头相同情况下，通过调速器改变转速方式实现。通过改变叶轮大小来改变压头，使泵体及叶轮的互换性问题得不到解决，作为易损部分的叶轮等备品量大。因为调速器不易损坏，即使故障也容易修复。所以，通过选择不同调速器改变传递转速，达到产生不同压头的要求。循环浆泵的驱动电动机为 6kV 高压电动机。

循环浆泵一般单独布置在泵房内，如图 2-46 所示，新鲜的石灰石浆液直接补充至泵进口管道，与吸收塔内的石膏浆液混合，通过循环泵将混合浆液输送到喷淋层。为防止塔内沉淀物吸入泵体造成泵的堵塞、损坏及吸收塔喷嘴的堵塞，循环泵及 2 台石膏排出泵前都装有网格状不锈钢滤网（塔内）。有的 FGD 在循环泵前管道上装有滤网，其滤网是设在吸收塔外面、泵入口控制门后，这样检修方便，应该说这种布置更好。

图 2-46 吸收塔循环泵布置

单台循环泵故障时，烟气脱硫装置可正常运行，若所有泵均停运，FGD 系统将保护动作，系统停运，烟气走旁路。

## 四、喷淋层和喷嘴

### 1. 吸收塔喷淋管道的布置（以喷淋空塔为例）

喷淋管道是用于把浆液均匀分布到各喷嘴，形成最佳雾化效果。材质一般用玻璃钢管（FRP）或碳钢衬胶。喷淋管道的布置应使喷出的液滴完全、均匀地覆盖吸收塔整个截面，而且尽可能减少沿塔壁流淌的浆液量和降低喷射浆液对塔壁、喷淋母管和支撑件的直接冲刷磨损。在吸收塔外，喷淋管道与循环浆液管道采用法兰连接。

对于石灰石基烟气脱硫装置工艺，根据入口 $SO_2$ 浓度、脱硫率等的不同，喷淋空塔典型设计喷淋层数为 3~6 层，喷淋覆盖率是设计喷嘴布置时的一个重要考虑因素，其定义为

$$\text{喷淋覆盖率} = \frac{N_p \times A_p}{A_t} \times 100\% \quad (2-1)$$

式中 $N_p$——每层喷淋层喷嘴数量；

$A_p$——单个喷嘴在其出口一定距离 H 处的喷淋面积，$m^2$；

$A_t$——H 处吸收塔的截面积，$m^2$。

典型的喷淋覆盖率是以喷嘴下 1m 处来计算的，一般在 200%～300%之间。目前为达到高的喷淋覆盖率，吸收塔内各层喷嘴是交错布置的，如图 2-47 所示，通常每层布置一个喷淋管网，装有足够多的喷嘴，每层间距离在 2m 左右。最下层喷淋管网距入口烟道顶部的高度一般是 2～3m。这样可以使喷出的浆液有效地接触进入塔内的烟气，并能避免过多的浆液带进入口烟道。最上层的喷淋管网与除雾器底部至少应有 2m 的距离。

喷淋层数和喷淋层的间距是影响吸收区高度的主要因素，吸收区的高度一般是指吸收塔烟气入口中心线到最上层喷淋层之间的距离，以下因素决定吸收塔直径和吸收塔高度：烟气量和 $SO_2$ 浓度、脱硫效率、吸收循环浆液量、烟气入口流向（顺流或逆流）及入口形式、喷淋层数和喷淋覆盖叠加面积以及吸收剂反应活性等。

近年来开发研究了一种对插喷淋层技术，即每层布置两组喷淋管网，将母管置于塔外，喷淋支管相互平行、交替、成梳状地插入塔内。

图 2-47 交错布置的喷淋层

其特点是：对插布置的每组喷淋管网的覆盖率为 100%，每层的喷嘴数增加了一倍，增大了液滴密度，减少了塔内烟气短路的可能性，使气/液分布更均匀；降低了塔高，如 4 层减至 2 层，塔高至少可以降低 3m；与分层布置相比，造成的压损增加很少；可以降低喷淋泵的压头。现场全规模商业运行装置的试验数据证明，这种布置方式不影响脱硫效率。

通常将喷嘴固定在喷嘴座上的方法主要有螺纹连接、法兰连接、黏结连接。

(1) 螺纹连接。螺纹连接通常用在除雾器冲洗、石膏饼冲洗和烟气事故冷却等小喷嘴上，也用在较大的吸收塔循环浆液喷嘴上。采用螺纹连接时，通常喷嘴上是公螺纹，喷嘴座是母螺纹。

(2) 法兰连接。法兰连接是采用螺栓将喷嘴和喷嘴座上的法兰连接起来，它是吸收塔循环浆液喷嘴较常用的连接方法。通常，每对法兰用 4 个螺栓连接。由于吸收塔内的腐蚀环境，所以需要采用镍基合金螺栓、垫圈和螺母。

许多烟气脱硫装置供货商采用法兰连接吸收塔循环浆液喷嘴。这种连接方式有几个问题，首先，一个大容量烟气脱硫装置可能有 1000 多个喷嘴，连接这些喷嘴就需要 4000 多个合金钢螺栓。除了这些螺栓造成的成本增加外，大量的小部件很容易在喷嘴安装过程中掉落，这些掉落物会造成系统堵塞、损坏循环泵和石膏排出泵以及循环浆液喷嘴。其次，如果喷嘴在安装时螺栓上得过紧可能会损坏陶瓷喷嘴，这常常是喷嘴损坏的最常见的原因。如果喷嘴的螺栓上紧不均匀，会出现法兰结合面泄漏，这种研磨性很强、高速喷射的泄漏浆液，不仅会很快磨损法兰面，而且可能冲刷损坏附近的设备，这种泄漏在运行前是很难查出来的。最后，即使采用合金钢螺栓，使用时间较长后也很难拆卸，松动锈死的螺母也是喷嘴损坏常见的原因。

(3) 黏结固定。以前不采用黏结方式将喷嘴永久固定在喷淋管上，是因为这种连接方式使更换喷嘴很困难。但是，近年通过喷嘴材料和设计的改进，喷嘴已很少需要更换。国内外已有许多电厂的烟气脱硫装置吸收塔成功地采用了黏结方式，虽然更换喷嘴有些麻烦，需要从喷管与喷嘴的黏合面据开喷嘴，打磨平喷管的外缠绕黏合层，再重新黏结新喷嘴，但黏结固定的总造价远远低于其他几种方法。黏结材料可采用添加了耐磨填料的乙烯基酯鳞片树脂，并用玻璃纤维布增强。黏结方式是将喷管摆放水平，使喷管和喷嘴入口管内径对齐，调整喷嘴使喷嘴口上沿保持水平，然后用树脂胶泥和玻纤布在管外缠绕黏结。

2. 喷嘴及其分类

在烟气脱硫装置中，吸收塔喷嘴是将循环泵供上来的浆液雾化成细小的液滴，在烟气反应区形成雾柱，以提高气液传质面积，最大限度捕捉 $SO_2$；吸收塔入口烟道干湿界面通常装有冲洗喷嘴，用来清除该处出现的沉积物；除雾器冲洗喷嘴用来冲洗除雾器板片；石膏冲洗嘴用来冲洗石膏滤饼中可溶性物（主要是氯化物）；有时也在吸收塔入口烟道安装喷嘴来冷却进入吸收塔的烟气。喷嘴的形式和材料的选择取决于其在烟气脱硫装置中的位置和流体特性。

吸收塔喷嘴是塔内的关键设备之一，喷嘴是有一个方向朝下或上下两个方向的喷淋锥体，由碳化硅脆性材料烧制而成，耐磨性好，抗化学性极佳，使用寿命可达 20~25 年。

在湿法脱硫工艺中，一般采用压力式雾化喷嘴。压力式喷嘴由液体切向入口、液体旋转室、喷嘴孔组成，如图 2-48 所示。喷嘴结构、工作压力和流量影响喷出液滴的大小，烟气脱硫装置应用中典型的液滴尺寸在 1500~3000μm 之间。较小的液滴会产生较高的每单位体积循环浆液的洗涤效率，有利于提高脱

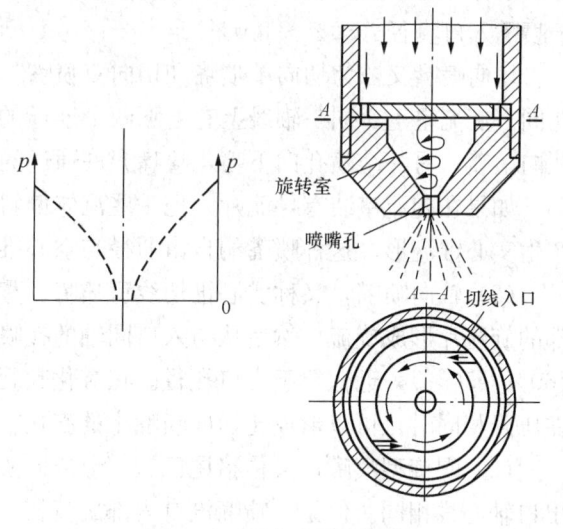

图 2-48 压力式雾化喷嘴

硫剂的利用率和脱硫效率，液滴大小的下限主要由雾滴夹带限制。在逆流喷淋塔内 3~4m/s 的典型气速下，小于 500μm 的液滴会被烟气携带上行，进入除雾器。如果比例过大的液滴带入除雾器，除雾器就不能正常工作，导致过多的液滴进入出口烟道和烟囱。典型烟气脱硫装置中，直径小于 500μm 的液滴数量应不超过总量的 5%。喷嘴制造商可提供具体喷嘴的详细液滴尺寸分布数据。一般来说，在同样压力下小喷嘴产生的液滴尺寸较小。但是，喷嘴必须足够大以使得浆液中的颗粒杂质能够通得过。喷嘴布置还必须足够靠近，这样重叠的喷淋面才能消除漏洞，否则烟气会通过漏洞，不与液滴接触。在实际应用中，脱硫喷嘴雾化液滴的大小，既要满足吸收传质面积的要求，又要使烟气携带液滴量降至于最低水平。喷嘴有各种分类和不同型式，如切向、轴向；空心锥、实心锥、螺旋型（猪尾

巴型)、双向喷嘴等，图 2-49 是烟气脱硫装置常用的几种喷嘴的形式和流形示意图。

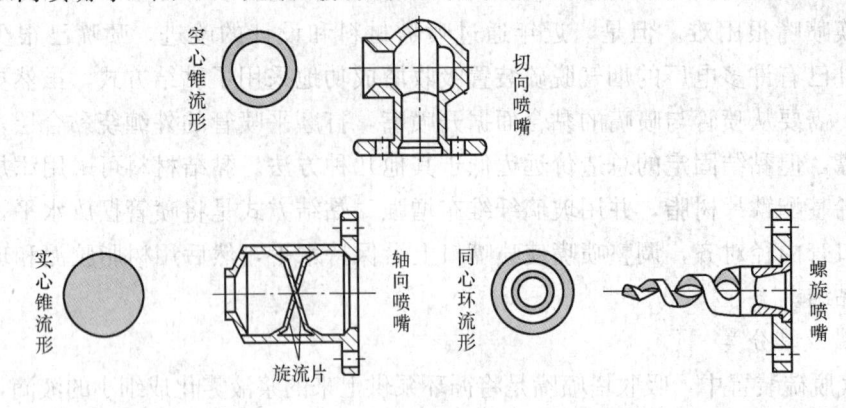

图 2-49 常用喷嘴形式

（1）切向喷嘴，又称空心锥切线型喷嘴。通常把流体雾化成空心锥流形，其喷出的液体在喷嘴的下游形成圆环状的图形，采用这种喷嘴，循环吸收浆液从切线方向进入喷嘴的旋流室，然后从与入口方向成直角的喷孔喷出，产生的水雾形状为中空锥形，可以产生较宽的水雾外缘，旋流室内部没有部件，自由通径（能够通过喷嘴的最大颗粒直径）近似等于喷嘴入口直径（80%～100%）。

切向喷嘴又分为切向单喷嘴和切向双喷嘴，上面提到的是切向单喷嘴，切向双喷嘴是在同一旋流室上，同一轴线上有上下两个连通的喷出口（双空心锥切线型喷嘴）。一个喷孔向上喷，另一个喷孔向下喷，喷嘴允许通过的颗粒尺寸为喷孔尺寸的 80%～100%。

如果在旋流室装有导流片，把一些流体偏斜到空心锥流场的中心，那么切向喷嘴可以产生实心锥流形。这种喷嘴的自由通径与空心锥切向喷嘴相等，但是雾化粒径较大。

（2）轴向喷嘴，又称实心锥切线型喷嘴。雾化流型为实心锥流形。浆液通过旋流室内部的旋流片形成旋流，然后从与入口同轴的孔喷出。自由通径通常比喷嘴入口直径小得多（60%～70%），近似等于出口孔径。在雾化粒径相同的情况下，轴向喷嘴需要的压降小。在压降相同时，可以形成比切向喷嘴小的雾化粒径。

（3）螺旋型喷嘴，又称猪尾巴型，形成同心环状流形。与轴向喷嘴相同，流体入口和出口轴心线相同。但是，喷嘴没有内部旋流器。喷嘴由一个直径逐渐减小的螺旋体形成，螺旋喷嘴把流体切成两个或者几个同心圆环。在有些螺旋喷嘴中，圆环非常靠近，基本形成实心锥流形。出口直径等于自由通径，通常小于喷嘴的入口直径。螺旋喷嘴雾化粒径分布接近于空心锥切向喷嘴，但压降较低。在相同的压力下，螺旋喷嘴比轴向喷嘴流量大，但是螺旋喷嘴较脆弱，容易在吸收塔维修过程中损坏。螺旋型喷嘴可以在较低的压力下提供较强的吸收效率，被普遍采用。

在螺旋型喷嘴中，还有一种大通道螺旋型喷嘴，这种喷嘴是通过增大螺旋体之间的距离后设计出来的，允许通过的固体颗粒直径与喷孔直径相同，最大达 38mm。

**五、除雾器（Mist Eliminator）及其冲洗水系统**

在烟气离开吸收塔前，会通过一个两级除雾器。除雾器用于分离烟气携带的液滴，包括一级安装在下部的粗除雾器和二级安装在上部的细除雾器，彼此平行的除雾器元件为波状外形。第一级除雾器是一个大液滴分离器,叶片间隙较大,用来分离上升烟气所携带的较大液滴。上方的第二级除雾器是一个细液滴分离器,叶片距离较小,用来分离上升烟气中的微小浆液液滴和除雾器冲洗水滴。烟气流经除雾器时,液滴由于惯性作用,留在叶片上。由于被滞留的液滴也含有固态物,主要成分为石膏,因此存在在除雾器元件上结垢堵塞的危险,不利于烟气流经吸收塔,会影响塔内压降和烟气流向分布,因此需定期进行在线清洗。为此,设置了定期运行的清洁设备,包括喷嘴系统,冲洗介质为工艺水,可由工艺水泵或单独设置的除雾器冲洗水泵提供。一级除雾器的上、下面和二级除雾器的下面设有冲洗喷嘴,正常运行时下层除雾器的底面和顶面、上层除雾器的底面自动按程序轮流清洗各区域。除雾器每层冲洗可根据烟气负荷、吸收塔的液位高低自动调节冲洗的频率,冲洗水同时也补充了吸收塔因蒸发及排浆所造成的水分损失。除雾器也可设计成安放在吸收塔出口的水平烟道上,称水平流除雾器,这可降低吸收塔的高度,利于烟道的布置,日本脱硫公司大多采用这种形式。

除雾器是烟气脱硫装置中的关键设备,其性能直接影响到湿法烟气脱硫装置能否连续可靠运行。除雾器故障不仅会造成烟气脱硫装置的停运,甚至可能导致整个机组(系统)停机。因此,科学合理地设计、使用除雾器对保证湿法烟气脱硫装置的正常运行有着非常重要的意义。

(一)除雾器基本工作原理

当带有液滴的烟气进入除雾器通道时,由于流线的偏折,在惯性力的作用下实现气液分离,部分液滴撞击在除雾器叶片上被捕集下来,如图 2-50 所示。

除雾器的捕集效率随气流速度的增加而增加,这是由于流速高,作用于液滴上的惯性力大,有利于气液的分离。但是,流速的增加将造成系统阻力增加,使得能耗增加。同时,流速的增加有一定的限度,流速过高会造成二次带水,从而降低除雾效率。通常将通过除雾器断面的最高且又不致二次带水时的烟气流速定义为临界气流速度,该速度与除雾器结构、系统带水负荷、气流方向、除雾器布置方式等因素有关。计算临界气流速度的经验公式很多,其中较为简单实用的公式为

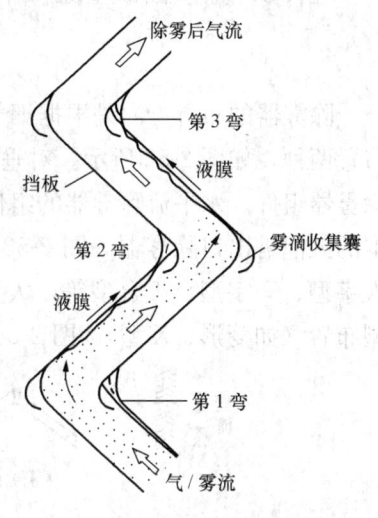

图 2-50 折流板除雾器原理示意

$$U_{gk} = K_c \sqrt{(\rho_w - \rho_g)/\rho_g} \tag{2-2}$$

式中 $U_{gk}$——除雾器断面最优临界流速,m/s;

$K_c$——系数,由除雾器结构确定,通常取 0.107~0.305;

$\rho_w$——为液体密度,kg/m³;

$\rho_g$——烟气密度,kg/m³。

(二)除雾器组成

除雾器通常由除雾器本体及冲洗系统 2 部分组成,如图 2-51 所示。

除雾器本体由除雾器叶片、卡具、夹具、支架等按一定的结构形成组装而成。其作用

是捕集烟气中的液滴及少量的粉尘，减少烟气带水，防止风机振动。

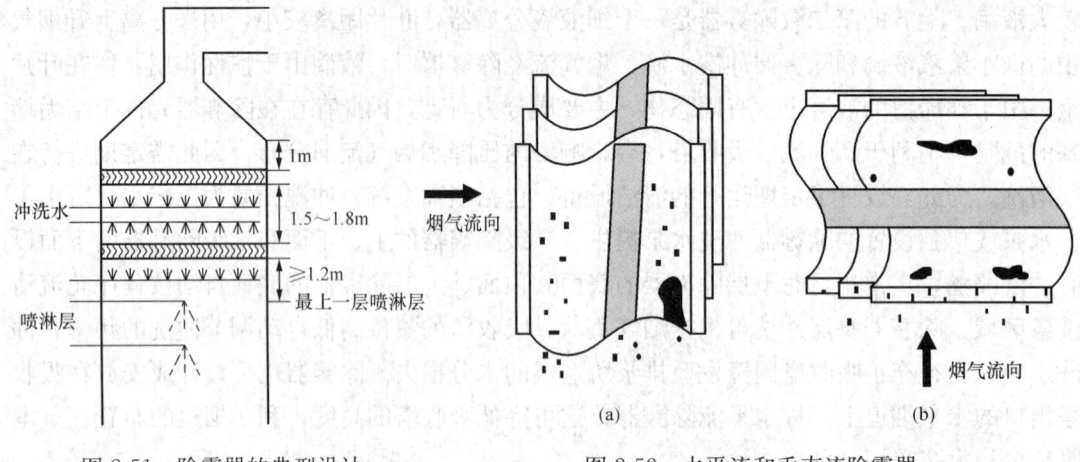

图 2-51 除雾器的典型设计

图 2-52 水平流和垂直流除雾器
(a) 烟气水平流；(b) 烟气垂直流

除雾器的布置方向是根据烟气流过除雾器截面的方向来定义的，分为垂直布置和水平布置两种，如图 2-52 所示。对垂直除雾器，除雾器的组件水平放置，烟气垂直向上流过除雾器组件。水平流除雾器的组件是垂直放置的，烟气沿水平方向流过除雾器组件，如日本的鼓泡塔出口除雾器。图 2-53 所示为垂直流除雾器的几种布置形式，通常有水平型、人字型、V 字型、组合型等，大型脱硫吸收塔中多采用人字型布置、V 字型布置或组合型布置（如菱形、X 型）。图 2-54 和图 2-55 所示是现场两种典型的除雾器。

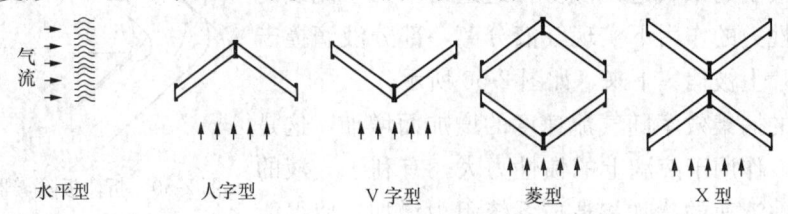

图 2-53 除雾器布置形式

图 2-54 平板式除雾器

图 2-55 人字型除雾器

除雾器叶片是组成除雾器的最基本、最重要的元件，其性能的优劣对整个除雾系统的运行有着至关重要的影响。除雾器叶片通常由高分子材料（如聚丙烯、FRP 等）或不锈钢（如 317L）两大类材料制作而成。除雾器叶片种类繁多，如图 2-56 所示，按几何形状可分为折线型（a、d）和流线型（b、c），按结构特征可分为 2 通道叶片和 3 通道叶片。

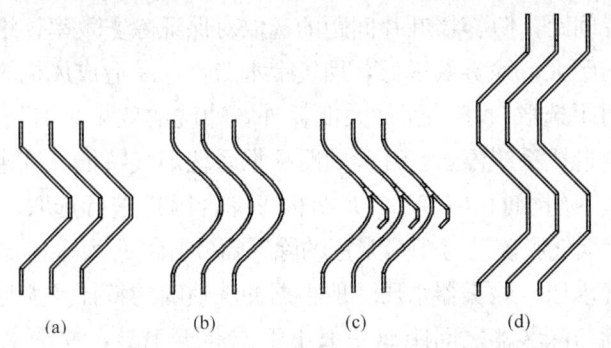

图 2-56 几种结构形式的除雾器叶片

以上各类结构的除雾器叶片各具特点。a 型叶片结构简单，加工制作方便，易冲洗，适用于各种材质；b、c 型叶片临界流速较高，易清洗，目前在大型脱硫设备中使用较多；d 型叶片除雾效率高，但清洗困难，使用场合受限制。

除雾器冲洗系统主要由冲洗喷嘴、冲洗泵、管路、阀门、压力仪表及电气控制部分组成。其作用是定期冲洗由除雾器叶片捕集的液滴、粉尘，保持叶片表面清洁（有些情况下起保持叶片表面潮湿的作用），防止叶片结垢和堵塞，维持系统正常运行。

由于单面冲洗布置形式在一般情况下无法对除雾器叶片表面进行全面有效地清洗；特定条件下可在最后一级除雾器上采用单面冲洗的布置方式，但根据国内外脱硫除雾器的运行经验，采用单面冲洗布置有可能存在隐患。因此，除雾器应尽可能采用双面冲洗的布置形式。

除雾器喷嘴是除雾器冲洗系统中最重要的执行部件。国内外除雾器冲洗嘴一般均采用的是实心锥喷嘴。考核喷嘴性能的重要指标是喷嘴的扩散角与喷射断面上水量分布的均匀程度。冲洗喷嘴的扩散角越大，喷射覆盖面积相对就越大，但其执行无效冲洗的比例也随之增加。喷嘴的扩散角越小，覆盖整个除雾器断面所需的喷嘴数量就越多。喷嘴扩散角的大小主要取决于喷嘴的结构，与喷射压力也有一定的关系，在一定条件下压力升高，扩散角加大。喷嘴扩散通常设定为 $75°\sim 90°$。

（三）除雾器主要性能和设计参数

（1）除雾效率。除雾效率指除雾器在单位时间内捕集到的液滴质量与进入除雾器液滴质量的比值，是考核除雾器性能的关键指标。影响除雾效率的因素很多，主要包括烟气流速、通过除雾器断面气流分布的均匀性、叶片结构、叶片之间的距离及除雾器布置形式等。

（2）系统压力降。系统压降指烟气通过除雾器通道时所产生的压力损失，系统压力降越大，能耗就越高，其大小主要与烟气流速、叶片结构、叶片间距及烟气带水负荷等因素有关。当除雾器叶片上结垢严重时系统压力降会明显提高，所以通过监测压力降的变化有助于把握系统的运行状态，及时发现问题，并进行处理。

（3）烟气流速。通过除雾器断面的烟气流速过高或过低都不利于除雾器的正常运行，烟气流速过高易造成烟气二次带水，从而降低除雾效率，同时流速高系统阻力大，能耗高。通过除雾器断面的流速过低,不利于气液分离,同样不利于提高除雾效率。此外,设计的流速低,吸收塔断面尺寸就会加大,投资也随之增加。设计烟气流速应接近于临界流速。根据不同除雾器叶片结构及布置形式,设计流速一般选定为 3.5~5.5m/s。

(4) 除雾器叶片间距。除雾器叶片间距的选取对保证除雾效率,维持除雾系统稳定运行至关重要。叶片间距大,除雾效率低,烟气带水严重,易造成风机故障,导致整个系统非正常停运。叶片间距选取过小,除加大能耗外,冲洗的效果也有所下降,叶片上易结垢、堵塞,最终也会造成系统停运。叶片间距根据系统烟气特征(流速、$SO_2$ 含量、带水负荷、粉尘浓度等)、吸收剂利用率、叶片结构等综合因素进行选取。叶片间距一般设计在 20~95mm。目前烟气脱硫装置中最常用的除雾器叶片间距大多在 30~50mm。

(5) 除雾器冲洗水压。除雾器水压一般根据冲洗喷嘴的特征及喷嘴与除雾器之间的距离等因素确定(喷嘴与除雾器之间距离一般小于或等于 1m),冲洗水压低时,冲洗效果差,冲洗水压过高则易增加烟气带水,同时降低叶片使用寿命。

一般情况下,每级除雾器正面(正对气流方向)与背面的冲洗压力都不相同,第 1 级除雾器的冲洗水压高于第 2 级除雾器,除雾器正面的水压应控制在 $2.5 \times 10^5$Pa 以内,除雾器背面的冲洗水压应大于 $1.0 \times 10^5$Pa,具体的数值需根据工程的实际情况确定。

(6) 除雾器冲洗水量。选择除雾器冲洗水量时,除了需满足除雾器自身的要求外,还需考虑系统水平衡的要求,有些条件下需采用大水量短时间冲洗,有时则采用小水量长时间冲洗,具体冲洗水量需由工况条件确定,一般情况下除雾器断面上瞬时冲洗耗水量约为 1~4m³/(m²·h)。

(7) 冲洗覆盖率。冲洗覆盖率是指冲洗水对除雾器断面的覆盖程度,可用式(2-3)计算

$$冲洗覆盖率 = \frac{n\pi h^2 \tan^2(\alpha/2)}{A} \times 100(\%) \tag{2-3}$$

式中 $n$——喷嘴数;
$\alpha$——喷射扩散角;
$A$——为除雾器有效通流面积,$m^2$;
$h$——冲洗喷嘴距除雾器表面的垂直距离,m。

根据不同工况条件,冲洗覆盖率一般可以选为 100%~300%。

(8) 除雾器冲洗周期。冲洗周期是指除雾器每次冲洗的时间间隔。因为除雾器冲洗期间会导致烟气带水量加大(一般为不冲洗时的 3~5 倍),所以冲洗不宜过于频繁,但也不能间隔太长,否则易产生结垢现象,除雾器的冲洗周期主要根据吸收塔液位及除雾器差压来确定,一般以不超过 2h 为宜。

## 六、氧化系统

脱硫氧化风机以前都用罗茨风机,但由于罗茨风机的噪声大及备品备件比较多,维修率过高,因此现在许多烟气脱硫装置都采用多级离心鼓风机来替代。

罗茨风机是一种旋转活塞容积式气体压缩机,机壳与两墙板围成一整体气缸,气缸机壳上有进气口和出气口,一对彼此以一定间隙相互啮合的叶轮通过同步齿轮转动作等速反

向旋转,借助两叶轮的啮合,使进气口与出气口隔开,在旋转中将气缸容积的气体从进气口推移到出气口。如图2-57所示,靠安装在机壳1上的两根平行轴5上的两个8字型的转子2及6对气体的作用而抽送气体。转子由装在轴末端的一对齿轮带动反向旋转。当转子旋转时,空腔7从进风管8吸入气体,在空腔4的气体被排出风管,而空腔9内的气体则被围困在转子与机壳之间随着转子的旋转向出风管移动。当气体排到出风管内时,压力突然增高,增加的大小取决于出风管的阻力的情况。只要转子在转动,总有一定体积的气体排到出风口,也有一定体积的气体被吸入。图2-58是现场罗茨氧化风机。

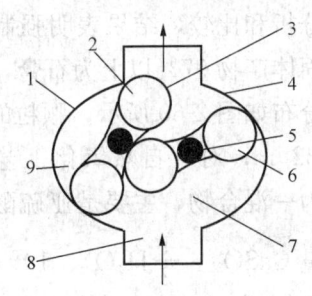

图 2-57 罗茨风机工作原理图

图 2-58 罗茨风机

氧化风机一般1用1备或2运1备,图2-59所示是典型的设计,为防止压缩后空气温度过高而使塔内氧化喷口处浆液结垢堵塞,在空气进入浆池前的氧化风母管上设有工艺水喷水减温,使氧化风温在70℃以下。

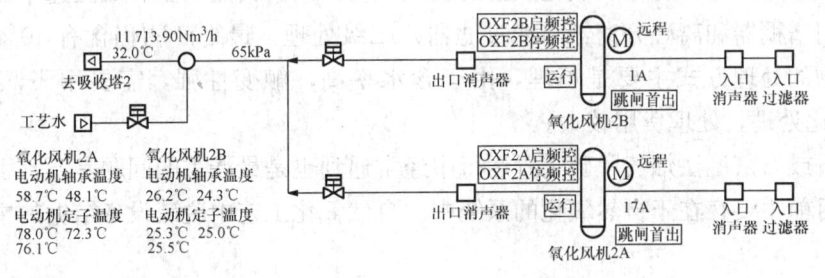

图 2-59 氧化风机的布置

(一)强制氧化和自然氧化工艺

在湿法石灰石—石膏脱硫工艺中有强制氧化和自然氧化之分,被浆液吸收的 $SO_2$ 有少部分在吸收区内被烟气中的氧气氧化,这种氧化称自然氧化。强制氧化是向罐体的氧化区内喷入空气,促使可溶性亚硫酸盐氧化成硫酸盐,控制结垢,最终生成石膏。

强制氧化工艺不论是在脱硫效率还是在系统运行的可靠性等方面均比自然氧化工艺更优越,见表2-11。

表 2-11　　　　　　　　强制氧化和自然氧化的比较

| 方式 | 副产品 | 副产品晶体尺寸 | 用途 | 脱水 | 运行可靠性 | 应用国家 |
|---|---|---|---|---|---|---|
| 强制氧化 | 石膏,90%;水,10% | 10～100μm | 熟生膏、水泥、墙板 | 容易,水力旋流器+过滤器或离心机 | ≥99% | 日本欧洲 |

续表

| 方式 | 副产品 | 副产品晶体尺寸 | 用途 | 脱水 | 运行可靠性 | 应用国家 |
|---|---|---|---|---|---|---|
| 自然氧化 | 硫酸钙、亚硫酸钙，50%～60%；水，50%～40% | 1～5μm | 填埋 | 不容易，沉降槽+过滤器 | 95%～99%，存在结垢的问题 | 美国 |

对强制氧化和自然氧化脱硫产物进行分析和比较，结果表明强制氧化工艺的固体产物97%以上为石膏，其颗粒粒径分布如图2-60所示，颗粒的名义直径为32μm；对于自然氧化工艺的固体产物为一混合物，主要是亚硫酸氢钙（含少量 $CaSO_3 \cdot \frac{1}{2}H_2O$）、10%以下的石膏，其颗粒粒径分布如图2-60所示，颗粒的名义直径为2.1μm。由于强制氧化工艺的脱硫产物石膏有较大的晶体，沉淀速率快，脱水容易，一般经旋液分离和离心分离（或过滤）二级处理能得到含水率为10%以下的固体产物。对自然氧化工艺的脱硫产物，因为其晶体小、沉淀速率慢、脱水困难，需要用增稠器和离心分离器（或过滤器）二级处理，最终产物仍含有40%～50%的水。该产物的处理方式主要是填埋，由于含水率高，触变性强，需要用飞灰和生石灰（CaO）固化处理，处理费用较大。

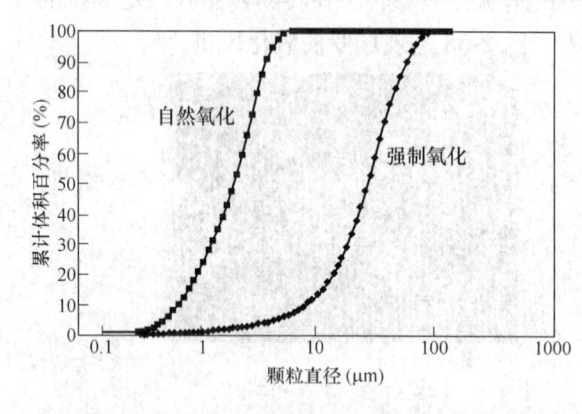

图2-60 强制氧化和自然氧化产物的颗粒粒径分布的比较

石灰石或石灰湿法烟气脱硫装置运行中经常遇到也是最严重的问题是石膏引起的结垢和堵塞，目前主要存在于自然氧化的系统中。自然氧化工艺中脱硫设备结垢的主要原因有以下3点：

(1) 在较高pH值（石灰系统pH>8.0，石灰石系统pH>6.2）下，反应生成 $CaSO_3 \cdot \frac{1}{2}H_2O$，它在水中的溶解度只有0.0043g（100g$H_2O$中，18℃），极易达到过饱和而结晶在塔壁和部件表面上，随着晶核长大，形成很厚的垢层，很快就会造成设备堵塞而无法运行下去。这种垢物呈叶状，柔软，形状易变，称为软垢。软垢易被人工清除，也可通过降低溶液pH值使之溶解，因为它的溶解度随pH值降低而明显升高。

(2) 在石灰系统中，较高pH值下烟气中$CO_2$的再碳酸化，生成$CaCO_3$沉积物。一般烟气中，$CO_2$的浓度达10%以上，是$SO_2$浓度的50～100倍。美国EPA和TVA的试验证明，当进口浆液的pH≥9时，$CO_2$的再碳酸化作用是显著的。所以，无论从生成软垢的角度还是从$CO_2$的再碳酸化作用讲，石灰系统浆液的进口pH≥9.0时，一定会结垢。石灰石系统不存在$CO_2$再碳酸化问题。

(3) 脱硫塔中部分$SO_3^{2-}$和$HSO_3^-$被烟气中剩余的$O_2$氧化为$SO_4^{2-}$，最终生成$CaSO_4 \cdot 2H_2O$沉淀。$CaSO_4 \cdot 2H_2O$的溶解度较小（0.223g，在100g$H_2O$中，0℃），易

从溶液中结晶出来，在塔壁和部件表面上形成很难处理的硬垢。这种硬垢不能用降低pH值的方法溶解掉，必须用机械方法清除。

自然氧化工艺中预防结垢和堵塞的方法主要有工艺控制技术和使用阻氧剂。工艺控制技术除上述严格控制浆液的pH值外，还可以采用如下措施：

1) 采用大的 $L/G$ 比。

2) 添加亚硫酸钙和硫酸钙晶种。这些晶种不但能增进产物的沉淀速率，而且能作为产物优先沉淀的寄生点，避免了在塔内构件表面结垢。

3) 优化脱硫吸收塔的设计，尽可能地减少塔内构件，如开式喷雾塔。吸收浆液中添加的阻氧剂主要有元素S、EDTA（乙二胺四乙酸）和它们的混合物等，这种方法叫抑制氧化法，它将亚硫酸钙的氧化水平控制在15%以下，使浆液$SO_4^{2-}$浓度远低于饱和浓度，生成的少量硫酸钙与亚硫酸钙一起沉淀，可防止石膏结垢。

美国早期的湿法烟气脱硫装置主要是自然氧化的石灰—石灰石湿法烟气脱硫装置，从20世纪70年代开始遇到了石膏结垢问题，严重危及第一代烟气脱硫装置的可靠性。喷嘴、管道的堵塞是操作中的难题。早期采用的抑制氧化添加剂是硫代硫酸盐$S_2O_3^{2-}$，它是自由基接收体，可消耗自由基，阻止$SO_3^{2-}$的氧化。后来试验发现$S_2O_3^{2-}$可通过在浆液中直接添加元素S转化产生

$$S+SO_3^{2-} \longrightarrow S_2O_3^{2-}$$

元素S以乳化硫的形式加入，较$S_2O_3^{2-}$便宜得多，因此不再采用添加$S_2O_3^{2-}$的方法。所需乳化硫的数量主要取决于自然氧化程度，自然氧化又取决于锅炉运行工况，主要为过剩空气量。美国电厂脱硫抑制氧化系统浆液$S_2O_3^{2-}$浓度为$4000\times10^{-6}\sim100\times10^{-6}$，典型值为$1000\times10^{-6}$。硫乳一般加到石灰石浆液槽中，因为石灰石湿磨通常利用脱水系统返回的含$S_2O_3^{2-}$的澄清水，可促进S的转化。其他影响转化率的因素有停留时间、硫乳粒径、温度和搅拌强度等，据报道，在美国烟气脱硫装置中S的最大转化率可达50%。

抑制氧化可降低浆液石膏相对饱和度，当相对饱和度低于0.5时，可大大减少结垢的发生，也就减少除雾器、泵吸入口和喷嘴的人工清洗次数，减少因结垢积累脱落引起吸收塔内衬和内部构件损坏的可能性，从而减少了系统维护费用。抑制氧化还降低了浆液硫酸钙的浓度，使钙离子浓度降低，$CaCO_3$相对饱和度减少，石灰石利用率提高。此外，抑制氧化生成的亚硫酸钙晶体粒径大，形成单个晶体的倾向较晶体凝聚明显，晶体很少有硫酸钙成分，改善了脱水性能。

1989年在按自然氧化方式设计的美国LEGS发电厂烟气脱硫装置中（休斯敦照明电力公司，1560MW，含硫1%褐煤）进行了添加乳化硫产生硫代硫酸盐的试验评估。在添加硫代硫酸盐之前，亚硫酸钙的氧化水平在25%~35%，由燃料含硫量决定。LEGS遇到了石膏大量结垢的问题，有一台装置在工作6周后打开检查发现，除雾器堵塞了50%~60%，大量的喷嘴严重结垢。除雾器结垢导致液体和浆液夹带到蒸汽再热盘管，在热交换器表面产生结垢，对再热盘管的损坏是大范围的，需要更换热交换器的全部管束。硫（硫代硫酸盐）的添加使系统运行有了明显的改善。除雾器系统结垢减少，喷嘴堵塞减少，吸收塔清洗维护要求降低。

有些因素会干扰抑制氧化作用，导致氧化率高于15%。这些因素为：①锅炉低负荷运行，可使过剩空气量增大，促进自然氧化；②浆液浓度过高会提高氧化反应速率；③浆液中过渡金属（如铁、锰等）浓度高会对氧化起催化作用；④pH值低（<5.2）会减弱抑制作用。

抑制氧化的一些缺点为：①$S_2O_3^{2-}$对有些不锈钢及有机材料有腐蚀作用，主要取决于浆液pH值、$Cl^-$、$S_2O_3^{2-}$的浓度；②在吸收塔和浓缩池浆液中可能会产生有毒的硫化氢；③氧化率低于5%时，形成的$CaSO_3$晶体较典型晶体粒径更大，沉淀过快，可能会加重脱水系统某些机械的负荷；④由于不存在保护性垢层，磨损会引起弹性内衬的损坏。

目前国际上强制氧化工艺的操作可靠性已达99%以上，已成为烟气脱硫装置中的主流。自然氧化的可靠性虽然已得到改善，但仍然只有95%～99%，主要问题仍是石膏结垢。目前，在自然氧化工艺的主要应用国——美国，也有改自然氧化为强制氧化的趋势。因为即使是作为土地回填，在质量上，石膏也要比亚硫酸钙渣泥好。1990年空气洁净法修正案颁布后，几乎所有新建湿法石灰系统都采用强制氧化方式。在德国和日本，大多数烟气脱硫装置采用强制氧化工艺生产可以利用的产品石膏。根据Dhargalkar和Tsnui（1990年）对于一个典型的燃用3.5%含硫量的煤的500MW的锅炉烟气脱硫进行经济效益分析表明，因石膏出售和废渣处理量的减少每年可节省约200万美元。

（二）2种主要的强制氧化方法

强制氧化装置的性能受多种因素影响，如装置类型和布置、自然氧化率、罐体形状和几何尺寸、鼓气点的浸没深度、气泡的最终平均直径和在氧化区的滞留时间、氧化装置的功率、浆液中的溶解物质、氧化区浆液的流动形态以及浆液的pH值、温度、黏度和固体含量等。因空气导入和分散方式不同有多种强制氧化装置，如喷气混合器/曝气器式（jet-mixer/aerators）、径向叶轮下方喷射式（sparging beneath radial impellers，RIS）、多孔板式（perforated plates）、多孔喷射器式（porous diffusers）、旋转式空气喷射器/叶轮臂式（arm rotary air sparger/impeller arms，ARS）、管网喷射式（sparge grids）又称固定式空气喷射器（fixed air sparger，FAS）、搅拌器和空气喷枪组合式（agitator air lance assemblies，ALS），其中固定式空气喷射器FAS、搅拌器和空气喷枪组合式ALS这两种应用较为普遍。

1. 固定式空气喷射器FAS

FAS是在氧化区底部的断面上均布若干根氧化空气母管，母管上有众多分支管。喷气喷嘴均布于整个断面上（3.5个/$m^2$左右），通过固定管网将氧化空气分散鼓入氧化区。它有3种布置方式，其中2种是将搅拌器布置在管网上方，如图3-61（a）、（b）所示，而更合理、应用更多的是将搅拌器（或泵）布置在管网的下方，如图3-61（c）所示。

图2-61（a）、（b）所示布置方式的特点是罐体液位低（5～6m），因此，吸收塔较低，总高10～20m，降低了吸收塔循环泵的压头、减少能耗和节省输浆管道。

这两种布置方式的缺点是：

（1）搅拌器是为悬浮浆液而设计的，其形成的浆液流速和流动形态不利于降低气泡的流速（应低于7cm/s）和延长滞留时间，使得氧化空气利用率仅为15%左右。

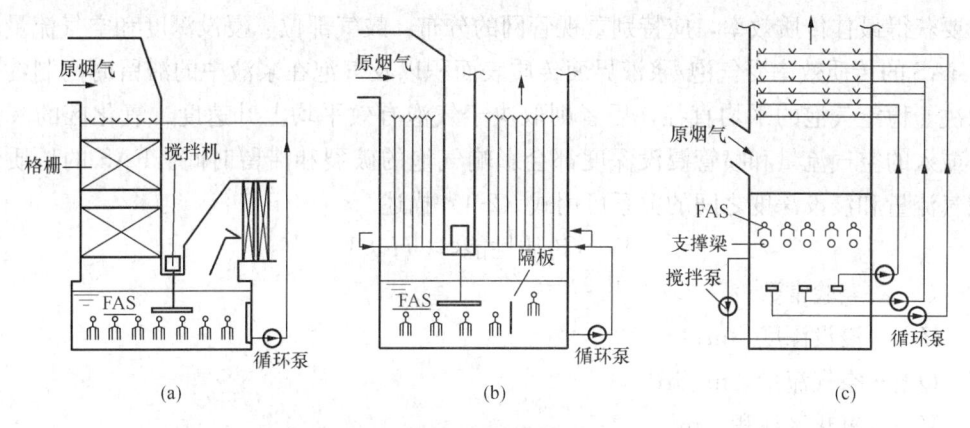

图 2-61　FAS 装置的 3 种布置方式

（2）鼓入足量空气和防止气泡被循环泵吸入的矛盾不好协调。当循环泵吸入气泡超过 3%（体积）时，泵的效率、扬程、流量陡降，使得液气比下降，泵的气蚀加剧；当调节氧化空气流量以减少循环泵吸入空气时，则氧化率下降，浆液中可溶性亚硫酸盐的浓度增大，导致脱硫效率、石灰石利用率和石膏纯度下降，严重时使得石膏脱水困难。正常情况下强制氧化率应接近 100%，其值每下降 1.4%，石灰石利用率、石膏纯度分别下降 1.7% 和 1%。

图 2-61（c）所示布置方式是将罐体液位加深，罐体的上部为氧化区，管网固定在支撑梁上，梁以下为中和区，侧面斜插式搅拌器或搅拌泵承担悬浮浆液的作用，目前应用较多。该布置方式将搅拌器和 FAS 的功能分开，减少了相互之间的影响。尽管目前尚无有效方法来协调搅拌器和 FAS 的设计，但当 FAS 布置在远离搅拌器的上方、氧化风机输入功率远大于搅拌器输入功率时，搅拌器对氧化空气流动造成的影响可以忽略，这样就基本解决了图 2-61（a）、（b）所示布置方式存在的两个问题。该布置方式的缺点是随着罐体液位大幅度增加，吸收区与罐体总高度达 30～40m，需增大循环泵的压头和管道用量。

这三种布置方式的强制氧化装置性能比较见表 2-12（其中 D、E 分别为某两个电厂的运行数据），由表 2-12 数据可看出：图 2-61（a）、（b）所示布置方式的氧/硫比是图 2-61（c）所示布置方式的 2.3～2.8 倍，单位能耗是后者的 1.8～2 倍。

表 2-12　　　　　　　　　　强制氧化装置的性能比较

| 项　目 | FAS | | | ALS | |
| --- | --- | --- | --- | --- | --- |
| | a | b | c | D | E |
| 罐体液位（m） | 4.9 | 5.2 | 24.4 | 15.0 | 14.0 |
| 浸没深度（m） | 4.6 | 4.9 | 6 | 4.6 | 4.3 |
| 氧化空气流量($m^3/h$)/压头(mbar) | 50 184/690 | 34 440/685 | 18 100/2090 | 15 315/700 | 2300/1013 |
| 氧硫摩尔比* | 5.6 | 4.6 | 2.0 | 1.6 | 1.4 |
| 氧化风机轴功率（kW） | 1295 | 936.4 | 635 | 470 | 64.8 |
| 单台氧化搅拌器轴功率(kW)/台数 | — | — | — | 47/4 | 20.9/2 |
| 总能耗（kW） | 1295 | 936.4 | 635 | 658 | 106.6 |
| 单位总能耗**（kW/kmol） | 7.7 | 6.7 | 3.8 | 3.6 | 3.4 |

\* 强制氧化空气中的氧（$O_2$）与烟气中脱除的 $SO_2$ 摩尔数之比。

\*\* 总能耗（kW）与烟气中脱除的 $SO_2$ 量（kmol）之比。

要获得最佳传质效率,应特别重视管网的分布、鼓气部位、浸没深度和空气流量的确定。FAS的传质效率受气泡/浆液界面传质表面积以及气泡在浆液中的滞留时间制约,前者取决于稳定气泡的平均直径,后者则取决于气泡有效平均上升速度。氧化区的液流形态、鼓入的空气流量和喷管浸没深度都会影响气泡的破裂和滞留时间。FAS的传质性能与空气流量和浸没深度之间的关系可用式(2-4)描述

$$FAS传质性能 \propto CHQ/V \tag{2-4}$$

式中 $C$——经验常数;

$H$——浸没深度,m;

$Q$——空气流量,$m^3/h$;

$V$——氧化区体积,$m^3$。

为保证FAS的氧化性能,一般FAS喷嘴最小浸没深度应大于或等于3m;气泡速度(是空气流量、氧化区的截面积、浆液温度、全压和浸没深度等的函数)应小于7cm/s;最小氧化空气流量是最大流量的30%。

### 2. 搅拌器和空气喷枪组合式ALS

ALS强制氧化装置及结构如图2-62所示。氧化搅拌器产生的高速液流使鼓入的氧化空气分裂成细小的气泡,并散布至氧化区的各处。由于ALS产生的气泡较小,由搅拌产生的水平运动的液流增加了气泡的滞留时间,因此,ALS较之FAS降低了对浸没深度的依赖性。

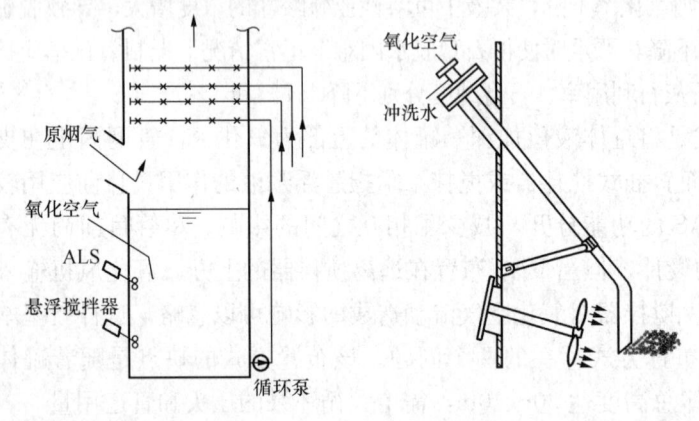

图2-62 ALS布置方式和结构图

由于ALS喷气管口径较FAS大得多,其氧化空气流量可无限调低而不用担心喷气管被堵。为保证ALS的传质性能,氧化空气流量和搅拌器的分散性能应匹配。若氧化空气流量太大且超过液流分散能力时会导致大量气泡涌出,出现泛气现象,严重时搅拌器叶片吸入侧也汇集大量气泡,使得叶片输送流量下降。

ALS的传质性能正比于氧化空气流量和搅拌器输出功率,可表述如下

$$ALS传质性能 \propto (P/V)^a \cdot (V_{SG})^b \tag{2-5}$$

式中 $P$——搅拌器的输出功率,W;

$V_{SG}$——空气表面流速,cm/s;

$a$、$b$——经验常数。

### 3. FAS与ALS的比较

对FAS和ALS这2种强制氧化方法作了几方面的对比研究:①设计和运行的限制;②投资费用;③维修工作量;④传质效率;⑤能耗。并着重对传质效率和能耗进行了分

析，比较结果见表 2-13。表 2-14 列出了两种强制氧化装置现场实测的能耗，为便于比较，将数据换算到两种脱硫装置吸收塔设计常数基本相同时的值。可见，由于烟气脱硫装置设计受许多因素影响，加之设计和运行参数的不同，就目前掌握的方法和数据尚难准确地预测、估算和比较这两种方法的利弊，但可以得出一些公认的结论。

表 2-13　　　　　　　　　FAS、ALS 的性能比较

| 序号 | 项目 | FAS | ALS | 序号 | 项目 | FAS | ALS |
|---|---|---|---|---|---|---|---|
| 1 | 空气流量 | 大 | 小 | 5 | 搅拌器功率 | 小 | 大 |
| 2 | 空气压力 | 小 | 大 | 6 | 电气、控制设备 | 可少 | 可多 |
| 3 | 压缩鼓风机功率 | 大 | 小 | 7 | 系统可调低容量（%） | ≤30 | 100 |
| 4 | 搅拌器数量 | 可少 | 可多 | 8 | 浆液液位/罐体直径 | >0.5 | >0.25 |

表 2-14　　　　　　　　　FAS、ALS 的能耗比较

| 序号 | 项目 | 实测值 | | 换算值 | |
|---|---|---|---|---|---|
| | | FAS | ALS | FAS | ALS |
| 1 | 反应罐体积（$m^3$） | 3172 | 650 | 735 | 735 |
| 2 | 氧化吸收的氧量（kg/h） | 1159 | 1607 | 1220 | 1220 |
| 3 | 喷射处空气压缩机功率（kW） | 326 | 212 | 317 | 243 |
| 4 | 分散能耗（kW） | 41 | 192 | 49 | 106 |
| 5 | 单位喷射能耗 $E_i$（kJ/g） | 1.01 | 0.47 | 0.94 | 0.72 |
| 6 | 单位分散能耗 $E_d$（kJ/g） | 0.13 | 0.43 | 0.14 | 0.31 |
| 7 | 强制氧化系统总能耗 $E_t$（kJ/g） | 1.14 | 0.90 | 1.08 | 1.03 |

注　$E_t = E_i + E_d$。

在气泡表面速度一定时，ALS 的传质效率超过 FAS，并认为液位是影响 FAS 传质性能的重要因素。

就能耗而言，很多分析比较显示，ALS 的能耗低于 FAS，但在一些特殊情况下，如高硫负荷和浸没深度超过 4m 时，正确设计的 FAS 能耗低于 ALS。

从投资费用出发，对于容许有较大浸没深度的高硫 FGD 来说，宜选择 FAS；对氧化空气流量较低的低硫项目，则 ALS 更为合适。FAS 需要的机械支撑构件较 ALS 多，特别是当罐体直径增大时系统变得复杂，检修困难（管网悬在罐体上部）。

由于 ALS 的氧化风机容许 100% 的调节容量，可以采用较小的氧化风机单机或多机并联运行，充分发挥其可调低容量的特点。因此，ALS 具有提高系统设计和运行灵活性的优点，能很快适应电厂负荷、煤种变化。

4. 结论

（1）尽管管网布置于罐体底部的 FAS 可大幅度降低罐体高度，但易受搅拌器和循环泵的影响，进而影响 FAS 的性能和循环泵、排浆泵的正常运行，维修工作量大，因此要谨慎选用。

（2）当气泡表面速度一定时，ALS 的传质效率明显优于 FAS。在一般情况下，特别是在浸没深度小于 4m 时，ALS 的能耗高于 FAS。但随着浸没深度的增加，也有 FAS 的能耗低于 ALS 的实例。

（3）ALS 具有提高系统设计和运行灵活性的优点，能很快适应工况的变化。

上述两种常见的强制氧化装置只要设计正确可以满足烟气脱硫装置的运行要求，对于高硫、带基本负荷的烟气脱硫装置，选择 FAS 可能是最经济的方案，而 ALS 最适合在较宽的可调容量范围内降低能耗。

**七、搅拌系统**

吸收塔浆液搅拌系统分机械搅拌器和脉冲悬浮搅拌系统两类，分别如图 2-63 和图 2-64 所示，图 2-65 所示是现场设备；脉冲悬浮系统是德国 LLB 公司的技术专利，在浆液池上安装一个或多个抽吸管抽取浆液进行循环，向浆池底部喷射。浆液搅拌系统的主要作用有以下几点：

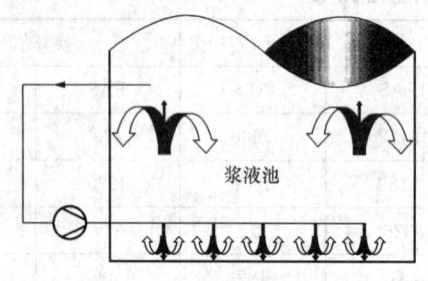

图 2-63 脉冲悬浮搅拌系统　　　图 2-64 机械搅拌系统

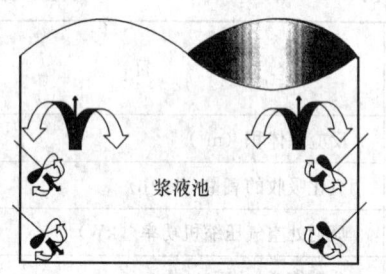

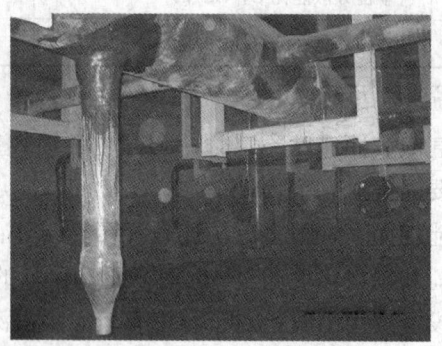

图 2-65 吸收塔内机械搅拌器和脉冲悬浮搅拌系统

（1）使浆液中的固体颗粒保持悬浮状态，不致沉积在箱、罐等容器的底部。

（2）使浆液相对均匀地输送到下一个工艺步骤，如石膏排出泵将吸收塔浆液均匀地打到脱水系统。

（3）可和氧化空气系统结合起来，使氧化反应更充分。

（4）设计良好的搅拌系统可促进石膏晶体的长大和非针状化，有利于石膏浆液的脱水。

（5）可以促进石灰石的溶解。机械搅拌器的安装可分为顶进式（立式）和侧进式（卧式）两种，在吸收塔内都有应用，分别如图 2-66 和图 2-67 所示；对小型的箱、浆液池如石灰石浆罐、滤液水罐等一般用顶进式。为避免浆液池底部发生固体物质沉淀，需沿侧壁布置多台机械搅拌器，有时需机械搅拌器分多层布置。

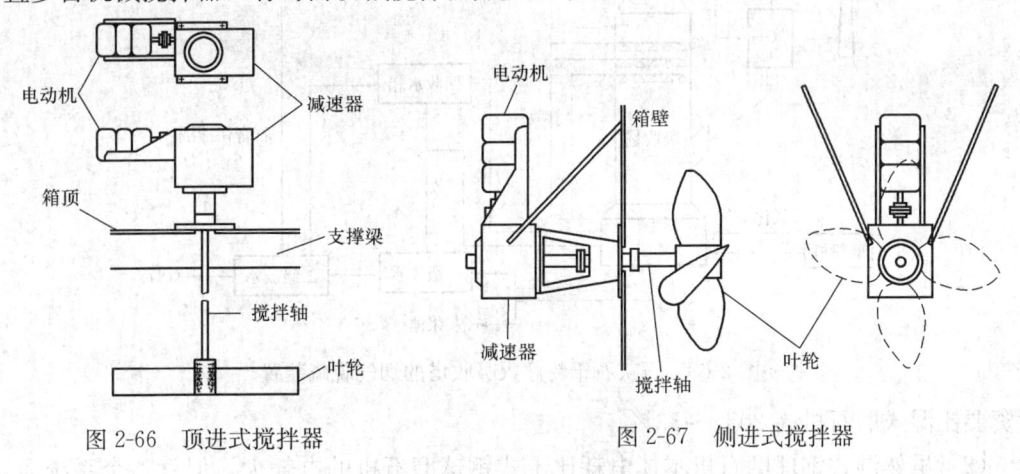

图 2-66　顶进式搅拌器

图 2-67　侧进式搅拌器

## 第四节　石灰石浆液制备系统及主要设备

### 一、概述

石灰石浆液制备系统的主要功能是制备合格的吸收剂浆液，并根据吸收塔系统的需要由石灰石浆液泵直接打入吸收塔内或打到循环泵入口管道中，与塔内浆液经喷嘴充分雾化而吸收烟气中的 $SO_2$，达到脱硫的目的。电厂烟气脱硫装置的石灰石制浆通常有以下三种方案：

（1）由市场直接购买粒度符合要求的石灰石粉，运至电厂储粉仓存储，加水搅拌制成石灰石浆液。

（2）新建一座干式制粉站。电厂在石灰石矿点附近或厂内空地处自设制粉站，将购买的块状石灰石经干式磨石机磨制成石灰石粉，送至储粉仓存储，加水搅拌制成石灰石浆液，再用泵送至吸收塔作为吸收剂。如某电厂 2×360MW 机组的 2 套烟气脱硫装置的吸收剂就采用这种方案，电厂在距矿山 2km 处建一座制粉站依山采矿，用卡车将石块运至制粉站制粉，电厂距制粉站 3.5km。

（3）厂内湿式磨石机方案。美国和德国等脱硫公司采用石灰石作脱硫吸收剂，趋向于外购石灰石块，在厂内湿式磨石机制浆的方法。与干式相比，省去了如高温风机、电除尘器、旋风分离器等附属设备。湿式钢球磨石机直接将一定粒度的石灰石块制成浆液，经水力旋流器分离后，合格的浆液送去配浆，不合格的返回再磨。

另外，国外有些烟气脱硫装置不设单独的制浆罐，而是直接将干粉注入吸收塔，如图 2-68 所示。这种装置对石灰石粉的粒度要求较高，要用超细的石灰石粉，国内尚未有应用。

对于干式磨石机制浆和湿式磨石机制浆两者比较如下：

（1）干式磨石机制粉制浆和湿式磨石机制浆方案在石灰石块入磨石机之前的工序基本相同，从入磨石机后到制成浆液，湿式磨石机所用的辅助设备要比干式磨石机少得多，因而投资较低，占地面积小，发生故障的可能性也大为减小。一般干式磨石机制浆方案的初

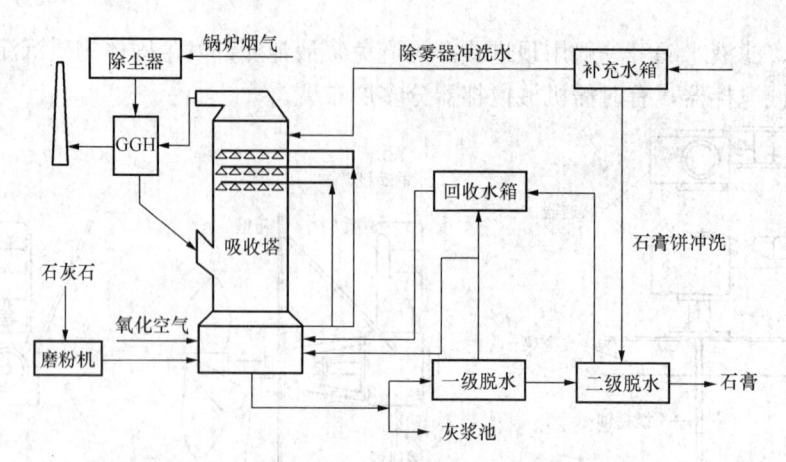

图 2-68 石灰石干粉注入吸收塔的烟气脱硫装置

投资要比湿式磨石机高 20%～33%。

（2）虽然湿式钢球磨石机本体电耗比干式钢球磨石机的电耗大，但就整个系统而言，电耗还是低，因而其运行费用大约要低 10%～15%。

（3）湿式磨石机石灰石粉量和粒径的调节更方便。干式磨石机主要通过调整钢球磨石机的运行参数来调节粉量和粒径，而湿式磨石机还可通过调整出口水力旋流器的性能参数来达到目的。

（4）干式磨石机制浆系统需注意扬尘造成的环境污染和噪声污染，而湿式磨石机需防因泄漏外流的浆液造成厂区的环境污染问题。

吸收剂制备系统的选择应综合考虑吸收剂来源、投资、运行成本及运输条件等进行综合技术经济比较后确定。直接外购合格的石灰石粉最省事，烟气脱硫装置占地面积最小，节省初投资。但电厂用粉受外界条件的制约，必须签订合同，以确保可靠供粉。随着环保要求的提高和对烟气脱硫装置可用率的高要求及将来可能的取消旁路烟道的限制，直接外购石灰石粉可使烟气脱硫装置更简单，从而大大提高烟气脱硫装置的可用率。在资源落实、价格合理时，应优先采用直接购买石灰石粉方案；当条件许可且方案合理时，可由电厂自建湿式磨石机吸收剂制备系统。当必须新建石灰石加工粉厂时，应优先考虑区域性协作即集中建厂，且应根据投资及管理方式、加工工艺、厂址位置、运输条件等因素进行综合技术经济论证。

石灰石浆液制备系统的一般设计原则如下：

（1）300MW 及以上机组厂内吸收剂浆液制备系统宜每两台机组合用一套。当规划容量明确时，也可多炉合用一套。对于一台机组脱硫的吸收剂浆液制备系统宜配置一台磨石机，并相应增大石灰石浆液箱容量。200MW 及以下机组吸收剂浆液制备系统宜全厂合用。

（2）当采用石灰石块进厂方式时，根据原料供应和厂内布置等条件，可以不设石灰石破碎机，也可设石灰石破碎机。

（3）当两台机组合用一套吸收剂浆液制备系统时，每套系统宜设置两台石灰石湿式钢球磨石机及石灰石浆液旋流分离器，单台设备出力按设计工况下石灰石消耗量的 100%选择，且不小于 50%校核工况下的石灰石消耗量。对于多炉合用一套吸收剂浆液制备系统时，宜设置 $n+1$ 台石灰石湿式钢球磨石机及石灰石浆液旋流分离器，$n$ 台运行一台备用。多台大型机组石灰石制备可考虑单台出力较大，石灰石粉质量优良的立式钢球磨石机，但要考虑综合技术经济投资情况。

（4）每套干式磨石机吸收剂制备系统的容量宜不小于150％的设计工况下石灰石消耗量，且不小于校核工况下的石灰石消耗量。磨石机的台数和容量经综合技术经济比较后确定。

（5）湿式钢球磨石机浆液制备系统的石灰石浆液箱容量宜不小于设计工况下 6~10h 的石灰石浆液耗量，干式磨石机浆液制备系统的石灰石浆液箱容量宜不小于设计工况下 4h 的石灰石浆液耗量。

（6）每座吸收塔应设置两台石灰石浆液泵，一台运行，另一台备用。

（7）石灰石仓或石灰石粉仓的容量应根据市场运输情况和运输条件确定，一般不小于设计工况下 3 天的石灰石耗量。

（8）吸收剂的制备储运系统应有防止二次扬尘等污染的措施。

（9）浆液管道设计时应充分考虑工作介质对管道系统的腐蚀与磨损，一般应选用衬胶、衬塑管道或玻璃钢管道。管道内介质流速的选择既要考虑避免浆液沉淀，同时又要考虑管道的磨损和压力损失尽可能小。

（10）浆液管道上的阀门宜选用蝶阀，尽量少采用调节阀。阀门的通流直径宜与管道一致。

（11）浆液管道上应有排空和停运自动冲洗的措施。

## 二、石灰石粉制浆系统

石灰石粉制浆系统主要包括以下几类：

（1）石灰石浆液罐及搅拌器。

（2）石灰石浆液泵。

（3）石灰石粉仓及除尘器。

（4）石灰石粉给料机及可能有的计量装置。

（5）流化风系统等。

流化风系统一般由流化风机、油水分离器、加热器、流化风板及相应的管道、阀门组成。图 2-69 所示是某烟气脱硫装置石灰石粉制浆系统流程。

由卡车运来的石灰石粉（外购或自制）利用压缩空气，通过上粉管气力输送到石灰石仓中，石灰石粉仓设有料位指示器防止满仓或空仓，粉仓顶还设有布袋除粉器，并开有防爆门。为防止底部石灰石粉搭桥，在仓底四周还注入流化空气，使石灰石粉呈流态化，均匀地下到给料机，再由旋转给料机送到石灰石浆液罐，在罐中与工艺水进行混合搅拌，直至达到所需的浓度，典型的浆液浓度是 25％~30％（质量百分比），对应的石灰石浆液密度大致在 1190~1250kg/m³。石灰石浆液经由石灰石浆液泵输送至吸收塔，有的是送至循环泵的入口，有的直接进入吸收塔，再由循环泵打上喷淋层。在石灰石浆液泵出口管道上设有密度计和流量控制阀来控制石灰石浆液的流量，控制阀有调节阀和全开全关的电动门或气动门两种。石灰石浆液罐设有一台顶进式搅拌器或脉冲悬浮搅拌系统，以保证浆液浓度均匀和不发生沉淀。在一些石灰石浆液制备系统的设计中，将给粉机设为连续可调并带有计量装置，实践表明这不必要，因为浆液制备控制的关键是浆液密度。

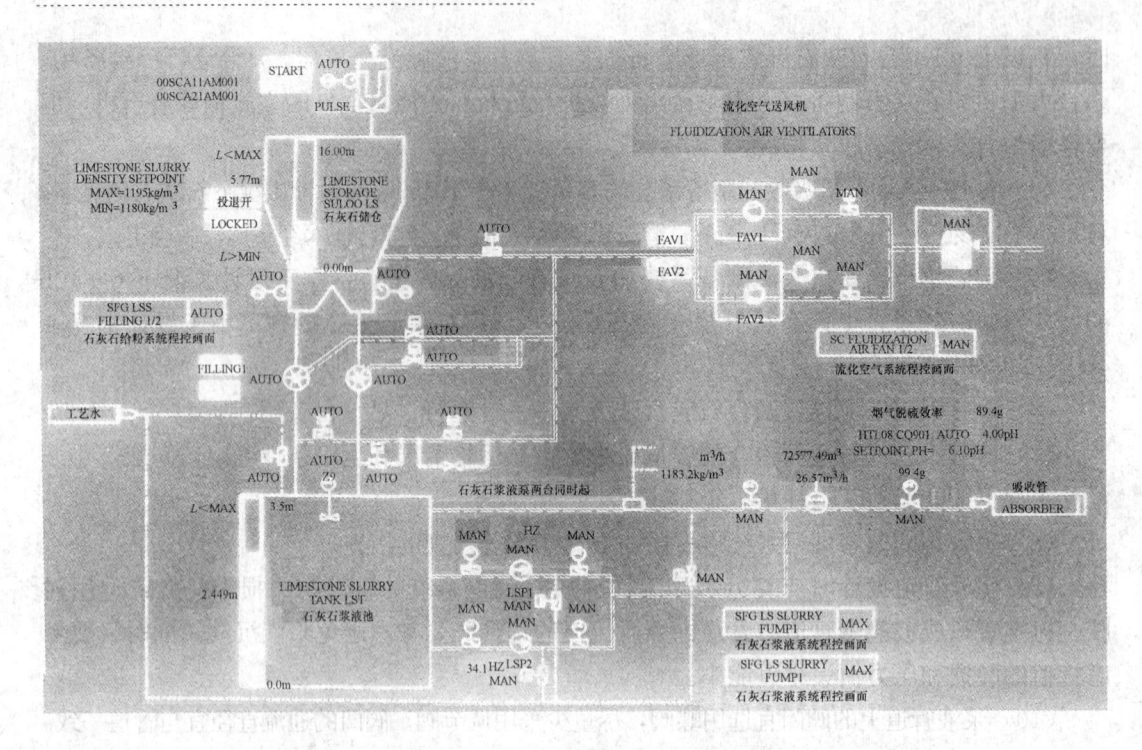

图 2-69 石灰石粉制浆系统流程

**三、干式磨石机制粉系统**

图 2-70 所示是某电厂干式磨石机制粉系统工艺流程图。外购粒径 20mm 的石灰石块，置于石灰石堆场，然后用石灰石装载车运送到石灰石制粉卸料斗，经皮带输送机、电磁除铁器、斗式提升机至石灰石块仓储存。石灰石块仓下设置称重给料机，通过变频电式机实现对给料量的控制。石灰石块料由称重给料机送入石灰石辊式立式磨石机，立式磨石机顶部自带分离器，通过调节风环阀，可改变产品细度，并可使得磨内料床负荷均匀、稳定。粉料出磨石机后，随排风机气流进入袋式收尘器中进行收集，再经水平及垂直输送设备进入石灰石粉仓内储存。若为卧式钢球磨石机，粉料出磨石机后，先经过高效选粉机进行分选，该选粉机具有一个由变频电动机带动、垂直转动的转子，通过调节该转子的转速以及选粉机的通风量，对成品的细度进行调节。分选后的粗料通过螺旋输送机送回磨石机入口再磨，细度符合要求的粉料则随排风机气流进入袋式收尘器中进行收集，再经水平及垂直输送设备进入石灰石粉仓内储存用以制浆。图 2-71 所示是某电厂干式磨石机制粉车间总貌，图 2-72 所示是现场干式磨石机实物。

辅助工艺系统主要由烘干、除尘、冷却水、冲洗水、仪用及杂用压缩空气、通风和空调、取样、检修起吊等设备/设施构成，这些设备和设施与主工艺设备一起，构成了一套完整的制粉系统，确保制粉车间的安全文明生产。此外，如果入磨石机物料表面水分大于 1.5% 时，将影响磨石机的产量，在系统中还应设烘干装置。通常，烘干采用蒸汽热风系统，当入磨石机物料水分小于 1.5% 时，不用投入烘干，当入磨石机物料水分大于 1.5% 时，则投入使用。

干式磨石机制粉系统中，主要设备是磨石机。某电厂选用了德国 MPS180A 立式旋转

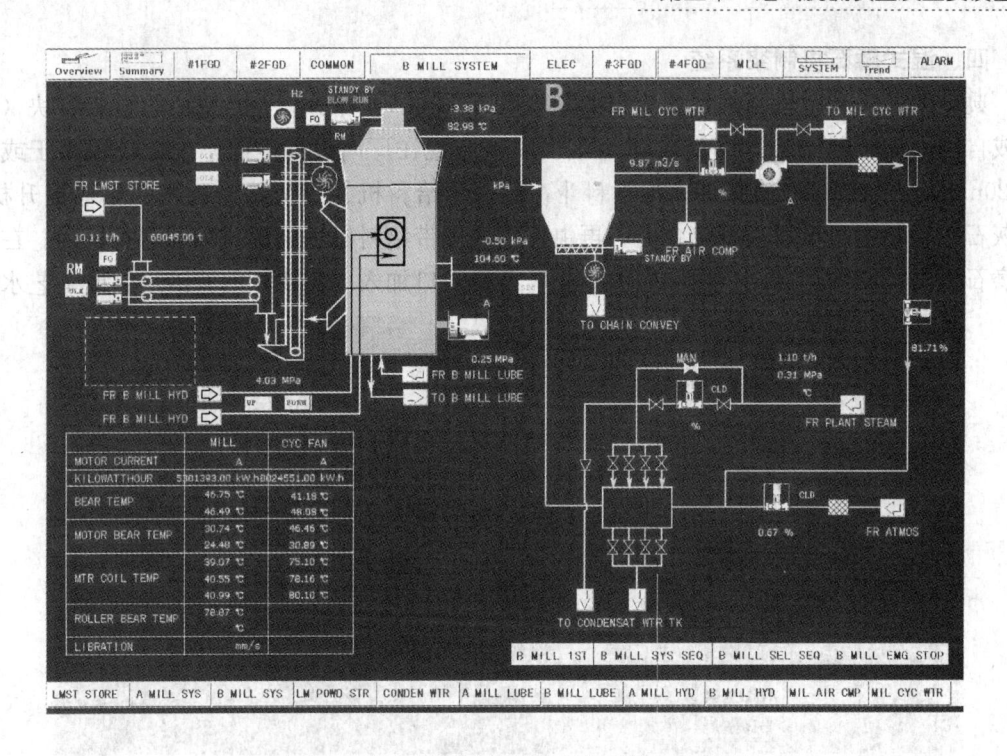

图 2-70 某电厂干式磨石机制粉系统工艺流程

磨石机，立式旋转磨石机的特点是石料经磨槽与磨辊的碾压成粉，在磨石机出口带有旋转分离器，调节转子的速度可得到不同料径的石粉。立式旋转磨石机性能稳定，运行周期长，连续运行可达 3000h，具有调节粉量和粒径的功能，粉的细度可达 325 目，过筛率 95%，电耗小，但价格昂贵。我国已经引进德国技术，制造了 HRM 型立式磨石机，投运的已有 150 多台，较多应用在水泥行业。

图 2-71 某电厂干式磨石机制粉车间　　图 2-72 某电厂干式磨石机

干式磨石机制粉系统可独立设置在电厂外面，厂外建站的优点是电厂少占地，可以利用矿区贫瘠的地域建站，避免了制粉中扬尘及设备噪声对厂区的影响；但是，电厂需另设一套生产管理机构和运行值班人员，从而使投资和运行费用有所增加，对大机组烟气脱硫比较适用。

### 四、湿式磨石机制浆系统

典型的湿式磨石机制浆系统流程如图 2-73 和图 2-74 所示。一定粒径的石灰石块（外购或自制，如某电厂 2×300MW 机组烟气脱硫装置在厂内设置破碎系统，粒径小于或等于 20mm）由自卸卡车直接卸入地下料斗，经振动给料机、石灰石输送机、斗式提升机、石灰石布料装置送至石灰石储仓内，再由称重式皮带给料机送到湿式钢球磨石机内。在钢球磨石机内被钢球砸击、挤压和碾磨，在磨石机入口加入一定比例的滤液水（或工艺水），

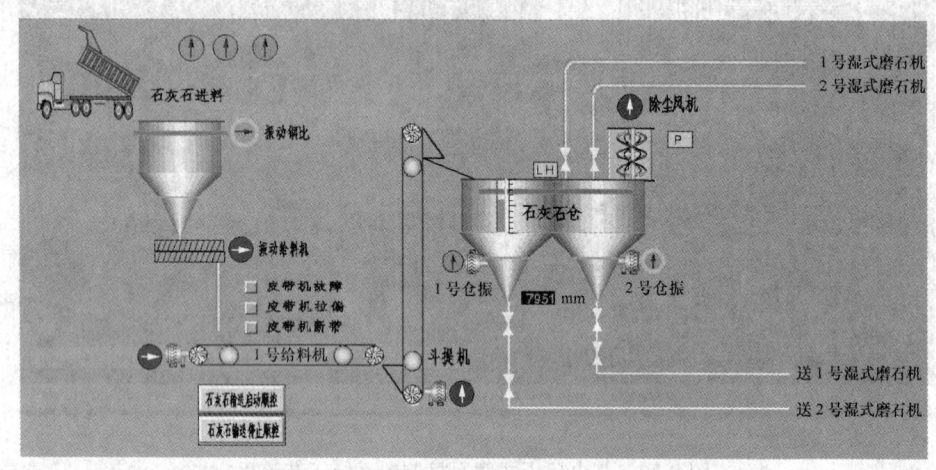

图 2-73 石灰石块输送和储存系统流程

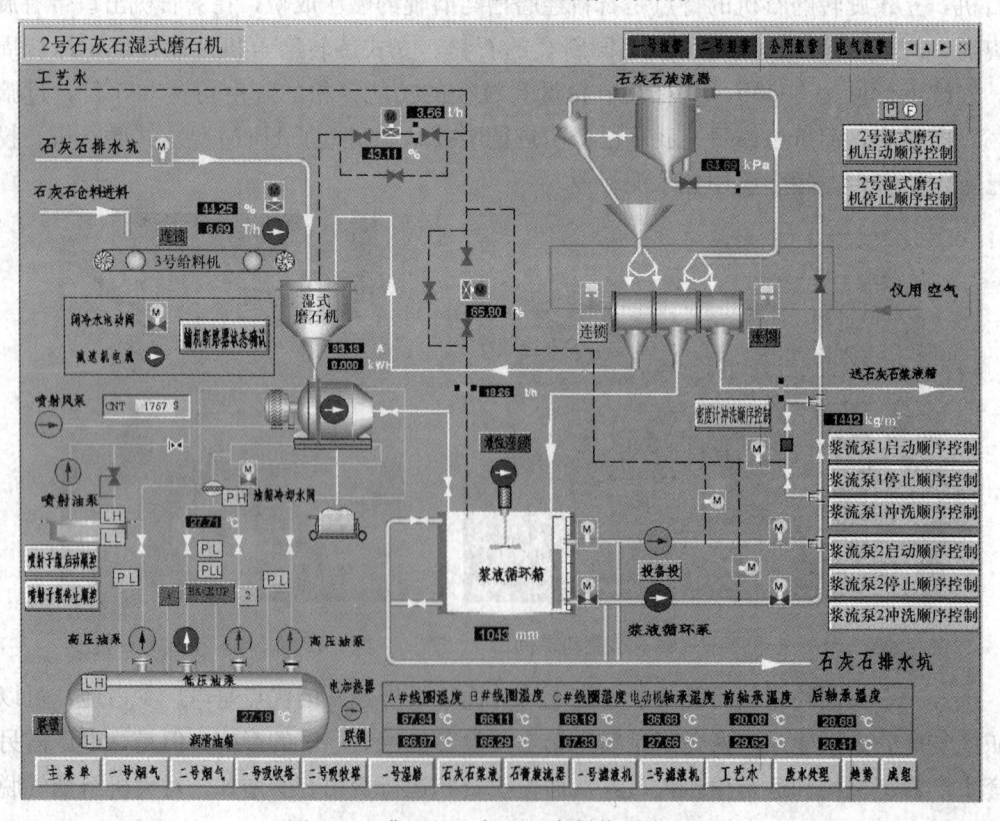

图 2-74 典型的石灰石湿磨制浆系统流程

汇同石灰石旋流器的底流流经磨石机筒体，将碾磨后的细小石灰石颗粒带出筒体进入再循环箱，而石灰石中的杂物则被磨石机出口的环形滤网滤出，进入置于外部的杂物箱。进入再循环箱的石灰石浆液被再循环泵打入石灰石浆液旋流站进行分离，浆液中的大颗粒被分离到旋流器的底部，并被底流带回到磨石机入口重新碾磨。满足粒度要求、含固率25%～30%（质量百分比）的石灰石浆液溢流储存于石灰石浆液箱中，然后经石灰石浆液泵送至烟气脱硫装置的吸收塔中。为保证系统物料平衡、浆液浓度和细度合格，旋流系统设有再循环管道及浓度、液位、细度调节阀门。系统还设有冲洗水用于设备停止或切换时冲洗泵、管路和旋流器。根据不同设计要求，水力旋流器可分为一级或两级。为使石灰石浆液混合均匀、防止沉淀，在石灰石浆液箱和石灰石浆液循环箱内装设浆液搅拌器。

前述钢球磨石机是卧式的，目前应用于我国的大部分电厂。此外，还有立式湿式磨石式制浆系统，如图2-75所示。立式钢球磨石机也叫作塔式磨石机或者搅拌钢球磨石机，是一种相对较新的磨制方式。这种钢球磨石机的主要优点是：设计简单，基础制作简单，易安装，可节省安装时间50%～70%；占地较少；电耗低，比卧式钢球磨石机节能30%～40%；噪声低；控制简单。卧式钢球磨石机可以碾磨高达50mm的颗粒，而立式钢球磨石机只能碾磨相对较小的颗粒，石灰石必须预先破碎到直径小于6mm的颗粒，用于石灰消化，生石灰的直径应小于16mm。如果购买不到规定尺寸的吸收剂，则必须在钢球磨石机前安装一个破碎机。可以安装容量较大的破碎机，减少破碎机运行时间（如每天工作8h），将破碎的吸收剂储存起来供给钢球磨石机。然而，比较经济的做法是使破碎系统与磨制系统相匹配，同时运行。

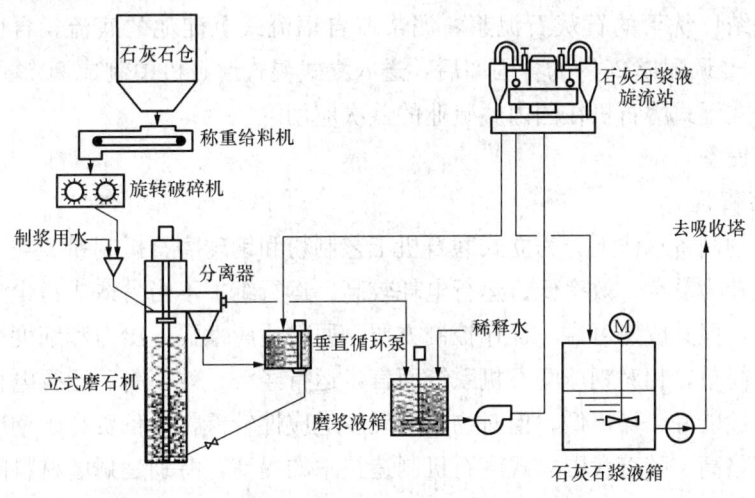

图2-75 石灰石立式湿式磨石机制浆系统流程图

由图2-75可知立式钢球磨石机比卧式钢球磨石机轻得多，因为它的外壳是静止的，内部的螺旋搅拌器以28～85r/min的转速旋转，直径较大的钢球磨石机以较低的转速运行。螺旋搅拌器的旋转将钢球磨石机中心的钢球从底部提升到顶部，然后慢慢地从外壳的周围落入钢球磨石机的底部。螺杆从顶部插入钢球磨石机中，螺杆在磨制介质中的部分无支撑轴承。

石灰石或者生石灰从钢球磨石机的顶部加入，溢流口也靠近钢球磨石机顶部。钢球磨石机循环泵的设计应使钢球磨石机内部浆液向上的流速为一最佳值，从而能将细颗粒带离钢球磨石机，而大颗粒留在钢球磨石机中。钢球磨石机顶部的分离器把磨石机顶部浆液中粗颗粒分离出来，带有粗颗粒的浆液通过钢球磨石机循环泵返回到磨石机的底部。用来磨制石灰石的立式钢球磨石机通常采用旋流器，它类似于闭路循环卧式钢球磨石机系统中的旋流器。立式钢球磨石机的消化系统不需要旋流器，但是需要钢球磨石机循环泵和分离器。

运行的磨制设备需要消耗一定的能量，其中主要能量用在破碎吸收剂上，但在磨制过程中产生的热和噪声仍会浪费很大的能量。立式钢球磨石机产生的热和噪声较小，所以消耗能量较低。磨制同样细度的石灰石浆液，立式钢球磨石机（包括破碎系统）耗能是卧式钢球磨石机的70%。磨制得越细，立式钢球磨石机节能越大。

通过合理的设计和选择材料可以降低磨石机内部的磨损。钢球磨石机内表面上有几个竖直的保护条，磨制介质和石灰石堆积在其表面，可以起到防磨作用。螺旋搅拌器的防磨部件的使用寿命通常为12~18个月。保护条的使用寿命通常为螺旋体防磨部件的一半。

立式钢球磨石机采用的钢球比卧式钢球磨石机的小，最大2.5cm，钢球的磨损率约为卧式钢球磨石机的1/2。与采用卧式钢球磨石机的情况相同，当驱动电动机电流降低时，需要加入钢球。在磨制石灰石时，碾磨介质的深度通常为1.8~2.4m，在进行生石灰消化时，碾磨介质的深度通常为1.2~1.5m。在某电厂2号350MW机组的烟气脱硫装置中，吸收剂采用烧结厂洗下的石灰石泥浆，泥浆取自辐流式沉淀池的底流，含固率约35%，粒径约2mm，经调配成20%的含固率后，送入立式湿式磨石机中制成90%通过325目的浆液，这是立式湿式磨石机在国内脱硫业的首次应用。

### 五、主要设备

1. 立式磨石机

石灰石粉的制备总体上分为立式磨石机工艺制粉和钢球磨石机制粉2类。干式钢球磨石机制粉系统较为复杂、效率低、运行电耗较高，运行维护不当易造成粉尘泄漏，粉尘及噪声污染严重，但其成熟可靠，操作控制方便，原料适应性强，出力和细度稳定。辊式立式磨石机较为简单，相对钢球磨石机系统而言，运行经济、效率高、运行电耗较低、烘干能力大、密封性能好、噪声低，但对物料的硬度适应性较差，设备费高于钢球磨石机工艺方案，总投资略高。随着我国立式磨石机制造技术的提高，特别是耐磨材料的改和控制技术的升级，提高了立式磨石机运行的可靠性，目前越来越多的脱硫石灰石粉厂已开始采用国产立式磨石机工艺方案，下面介绍应用较多的HRM型立式磨石机设备。

立式磨石机主要是由电动机通过立式减速机带动磨盘转动，湿物料从进料口落在磨盘中央，同时热风从进风口进入磨石机内，在离心力的作用下，物料向磨盘边缘移动。经过磨盘上的环形槽时受到磨辊的碾压而粉碎，粉碎后的物料在磨盘边缘被风环处高速气流带起，在上风环的导向作用下，较大大颗粒直接落到磨盘上重新粉磨，气流中的物料经过分离器时，在旋转转子的作用下，粗粉落到磨盘重新粉磨，合格细粉随气流一起出磨石机，在收尘装置中收集，即为产品。含有水分的物料在悬浮状态下与热气体充分接触，瞬间被烘干，达到所要求的产品水分。图 2-76 是 HRM 型立式磨石机主要结构示意图，它由碾磨装置（磨辊、磨盘）、传动装置（立式减速机、电动机）、分离器、加压装置、壳体等部分组成。

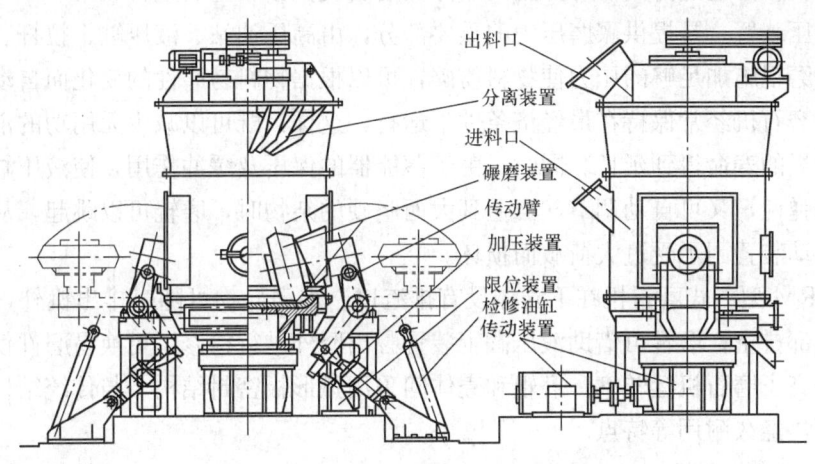

图 2-76 HRM 型立式磨主要结构示意

（1）碾磨装置。磨盘和磨辊是重要的研磨部件，它的形状设计必须使粉磨的物料在磨盘上形成厚度均匀稳定的料床，因此合理的磨盘形状配以相适应的磨辊，对于稳定料层、提高粉磨效率、减少研磨消耗有着极为重要的作用。磨盘由盘座、衬板、挡料环等组成，它固定在立式减速机的出轴上，磨盘上有环形槽，即为粉磨物料的碾压槽。采用盘形的磨盘形状和轮胎形辊套，辊套为对称结构，在磨损到一定程度后可翻面再使用，延长了其使用寿命。磨辊是采用一对调心滚子轴承，设计时对轴承作等寿命计算，轴承密封腔延伸到机壳外，不与含尘气体接触，所以只用简单的填料密封就能使磨辊轴承不进灰。磨辊设计为斜面安装，楔形环压紧，更换辊套十分方便。

（2）传动装置。由主电动机、联轴器、减速机三部分组成，安装在磨石机下部，既要带动磨盘传动，还要承受磨盘、物料、磨辊的重量以及加压装置施加的碾磨压力，是立式磨石机中最重要的部件之一。立式磨石机的减速机采用圆锥齿轮与行星齿轮联合传动形式，一对直角传动的圆锥齿轮与一套输入轴为垂直向上的行星传动，通过弹性联轴器连接起来。太阳轮用球头支承在止推块上，行星架的轴向支承由一组圆形可倾瓦推力轴承来承受。这两个自由度使内齿圈及三个行星轮受力均匀。内齿圈刚性地固定在箱体上，圆筒状的箱体为轴向推力轴承提供了理想的支承形式。另外，圆筒状的箱体的内外壁都配置了对称的加强筋，使箱体具有很好的刚性。圆锥齿轮采用螺旋齿，太阳轮、行星轮为渐开线直齿，这些齿轮采用高强度合金钢制造。齿轮经表面渗碳磨齿，具有较高的精度。减速机的所有支承轴承采用滚动轴承，轴向推力轴承为可倾瓦推力轴承，它承受立式磨石机的垂直轴向力。工作时轴瓦浸泡在油池中，并经过环形喷嘴不断提供新鲜润滑油，使油池始终保持一定的液面高度。润滑系统采用独立的油站，并有油压、油温的自动保护系统，使全套装置工作安全可靠。

(3) 分离器。是保证产品细度的重要部件，它由可调速的传动装置、转子、壳体、出风口等组成，与选粉机的工作原理类似。分离器设计成机械传动、转速可调，通过锥形转子高速回转，叶片与粗颗粒撞击，给物料以较大的圆周速度，产生较大的离心力，使其进行分离，细颗粒可通过分离器叶片之间间隙出磨石机，由收尘器进行收集。

(4) 加压装置。是提供碾磨压力的重要部分，由高压油站、液压缸、拉杆、蓄能器等组成，能向磨辊施加足够的压力使物料粉碎，可以根据物料易磨性的变化而自动地调整压力，因而使磨石机经常保持在最经济条件下运行，这样，既可以减少无用功的消耗，又能使辊套、衬板的寿命得到延长。同时，由于蓄能器的保压及缓冲作用，使液压缸施加压力具有较大的弹性，又可自动调节，当遇到大而坚硬的杂物时，磨辊可以跳起，从而避免粉磨部件及传动装置因承受过大荷载而损坏。

(5) HRM型立式磨石机在下壳体设有排渣口，难磨异物可随时排出机外，停机后剩余物也可全部排空；磨辊可借助液压翻辊装置翻出磨外进行检修，更换易磨件仅需三个班的时间，提高了磨石机运转率。磨辊和壳体间采用弧形板密封结构，与传统结构相比具有密封效果好，经久耐用等特点。

2. 湿式钢球磨石机

目前国内用的最多的是卧式湿式钢球磨石机，它可以将粒径小于20mm的石灰石研磨为一定细度（典型的为44μm）的石灰石浆液，供吸收塔作 $SO_2$ 吸收剂使用。其工作原理为：磨石机由异步电动机通过减速器与小齿轮连接，直接带动周边大齿轮减速传动，驱动回转部旋转，筒体内部装有适当的磨矿介质——不同直径对应不同直径的钢球。钢球在旋转筒体离心力和摩擦力的作用下，被提升到一定高度，呈抛物线落下，欲磨制的石灰石由给料管连续地进入筒体内部，同时注入工艺水，被运动着的钢球粉碎。磨制后的浆液溢流进入石灰石浆液再循环箱，然后由泵输送到石灰石水力旋流站进行分离。浆液经旋流器分离，溢流为合格的浆液，进入石灰石浆液罐，底流为大尺寸物料，经分配箱返回到磨石机，进入新的循环。

钢球磨石机主要由主电动机、主减速器、传动部、回转部、主轴承、慢速传动部、起重装置、给料管、下料管、出料装置、环型密封、高低压润滑油站、喷射润滑油系统及轴承冷却水系统等组成。图2-77是某湿式钢球磨石机组成示意，图2-78和图2-79分别为某钢球磨石机和石灰石水力旋流站现场图片。

传动部采用双列向心球面滚子轴承，周边大齿轮采用大模数铸钢齿轮，从而使传动平稳、噪声小、寿命长。大齿轮上设有径向密封齿轮罩进

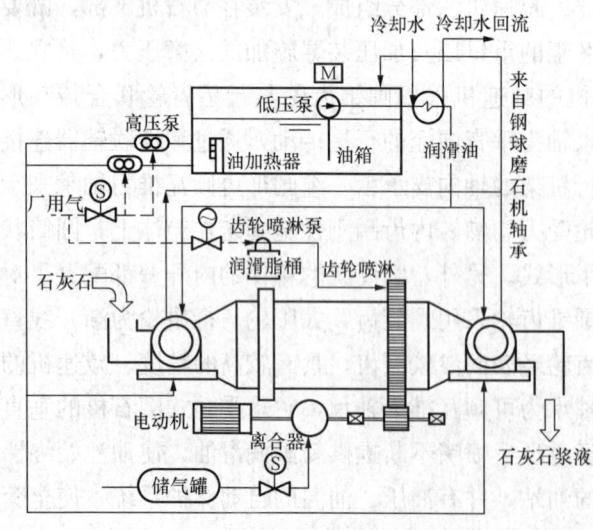

图2-77 某湿式钢球磨石机组成示意

行有效的密封。大齿轮的润滑采用喷雾装置，周期性地喷射定量的润滑油到齿轮工作表面，实现润滑。

图 2-78　某钢球磨石机现场图片　　图 2-79　石灰石浆液水力旋流站

回转部主要包括进料端、筒体及出料端。筒体内壁及进料端盖、出料端盖有橡胶衬板，并在内壁衬 4mm 厚胶。筒体采用整体式结构，与进料端盖、出料端盖连接，采用外接型法兰。筒体上开有外盖式磨门 1 个或 2 个，以便检修筒体的各种损件、装卸钢球及对磨石机内物料采样。

高低润滑油站采用同一油箱、不同压力等级油泵的方式。在磨石机启动前，高压润滑油泵用以顶起磨石机转动部分，在主轴与瓦之间建立起油膜，保护磨石机的启动和运行，防止干磨烧坏轴瓦。低压润滑油泵用以润滑、冷却主轴承，使轴承、轴瓦在一定温度范围内运行。

喷射润滑装置用于大小齿轮润滑，该装置与主电动机联动，自动周期性喷油，一般推荐使用黏度大于 680 的工业润滑油。

冷却水取自工业水系统，有两个作用，一是冷却主轴瓦，二是冷却润滑油。

3. 斗式提升机

斗式提升机主要用于垂直输送粉状、颗粒状及小块状的物料。工作方式是用链连接着一串料斗牵引构件，环绕在斗式提升机的头轮和底部尾轮之间构成闭合环链，动力从头轮轴一端输入。输送的物料由下部进料口进入，被连续向上运动的料斗舀取、提升，由上部出料口卸出，从而实现垂直方向物料输送。

主要部件包括驱动装置、输送料斗等，图 2-80 所示是石灰石提升机实物。

4. 石灰石称重皮带给料机

给料机的作用是输送并控制进入磨石机的石灰石块量。其工作原理为：物料从储料仓通过进料口进入给料机，由输送带将物料输送到卸料端，落入出料口。在称重区输送带的下面装有称重拖辊、称重杠杆和称重传感器。当被送的物料通过称重区时，物料对称重传感器的重力作用使称重传感器产生一个与输送带单位长度上物料质量成正比的电信号。同时在减速机壳上或测速滚筒轴上装有测速传感器，它可将输送带的速度转变为电信号。物料重量电信号和输送带的速度电信号进入称重给料机就地控制柜内，进行处理运算后产生出瞬时流量信号,从就地控制柜输出 4～20mA 来控制给料。称重给料机由封闭壳体、输送电动机、清扫电动机、称重机构、称重计量装置控制仪、保护系统等组成。图 2-81 所示是某石灰石称重皮带给料机实物。

图 2-80　石灰石斗提机　　　　图 2-81　石灰石称重皮带给料机

5. 石灰石仓和石灰石粉仓

石灰石仓的石灰石粒径一般小于 20mm,主要依靠重力向给料机供料。为了防止堵塞现象的发生,需要设计合理的石灰石仓的锥角 $\alpha$,锥角 $\alpha$ 通常为 50°～60°。当石灰石仓宽度较大时,可将出口锥角设计成阶梯形。

石灰石粉的安息角平均约为 35°,它受粉尘的含水率影响较大。与石灰石仓一样,石灰石粉仓也主要依靠重力向给料机给料。由于石灰石粉安息角较大,密度小,具有粘附性和荷电性,它的锥角通常选 45°～55°,具体选择时,应考虑到粉尘的粒径、形状和含水率。因为石灰石粉仓通常出口直径较大,所以一般将出口锥角设计成阶梯形。

尽管选择了一个较合适的锥角,但操作运行工况较复杂,各种导致石灰石粉流通不畅的情况(如结块、搭桥)时有发生,所以仍需用鼓风机(或压缩空气)向石灰石粉仓底部鼓入一定压力的气体,搅拌石灰石粉,使石灰石粉呈流态化(常用气体压力为 0.2～0.5MPa)或增加振动给料机构。

石灰石粉仓顶部设有布袋除尘器和压力释放阀,往粉仓中输送物料时布袋除尘器启动,卸完粉时停止。石灰石粉仓底部设有手动插板阀,为反映粉仓内石灰石储量,设有料位计。石灰石仓布袋收尘器的工作原理如图 2-82 所示,含尘气体从入口门流入,撞在挡板上,改变流动方向,结果粗颗粒粉尘直接落入灰斗,细颗粒的含尘气体通过滤布层时,粉尘被阻留,空气则通过滤布纤维间的微孔排走。在过滤过程中,由于滤布表面及内部粉尘搭拱不断堆积,形成一层由尘粒组成的粉尘料层,显著地改善了过滤作用,气体中的粉尘几乎全部被过滤下来。随着粉尘的加厚,滤布阻力逐渐增加,使处理能力降低。为保持稳定的处理能

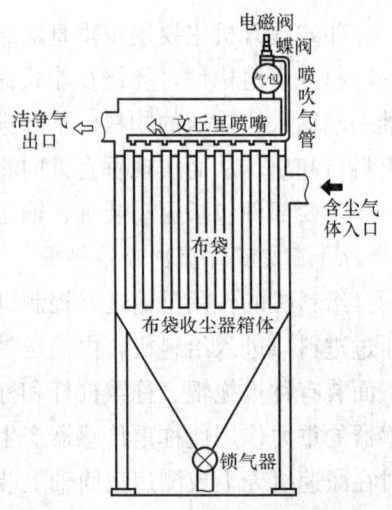

图 2-82　布袋收尘器的工作原理

力，必须定期清除滤布上的部分粉尘层。由于滤布绒毛的支撑作用，滤布上总有一定厚度的粉尘清理不下来成为滤布外的第二过滤介质。过滤后的干净气体从布袋管顶排出。

主要部件包括漏斗、箱体、气囊板、滤布袋、反吹扫设备和排气装置等。

## 第五节　石膏脱水系统及主要设备

### 一、概述

石膏脱水系统的主要功能是将吸收塔内吸收 $SO_2$ 生成的石膏浆液脱水成含水量小于 10% 的石膏，这些石膏可作为商用副产品，也可抛弃不用。脱水系统的主要组成部分有石膏水力旋流器（一级脱水）、脱水机（二级脱水）及附属设备如真空泵、滤液箱、废水旋流器及废水箱、石膏仓或石膏库等。

吸收塔石膏浆液是含有石膏晶体、$CaCl_2$、少量未反应石灰石、$CaF_2$ 和少量飞灰等的混合物，经过石膏水力旋流器后，可实现与杂质一定的分离效果，此后再经石膏脱水机实现石膏的洗涤和脱水。石膏脱水系统具体过程描述如下。

1. 一级脱水过程

吸收塔内的石膏浆液通过石膏浆液排出泵（1用1备）先送至石膏一级水力旋流器进行浓缩和石膏晶体分级，一级石膏浆液脱水系统流程如图 2-83 所示。水力旋流器主要由进液分配器、若干个旋流子、上部溢流浆液箱及底部石膏浆液分配器组成，旋流子利用离心分离的原理，浆液以切向进入水力旋流器，在离心力的作用下，大颗粒和细微颗粒得以分离。这样进入水力旋流器的浆液被分成两部分，一部分是含固率高的底流（含固率

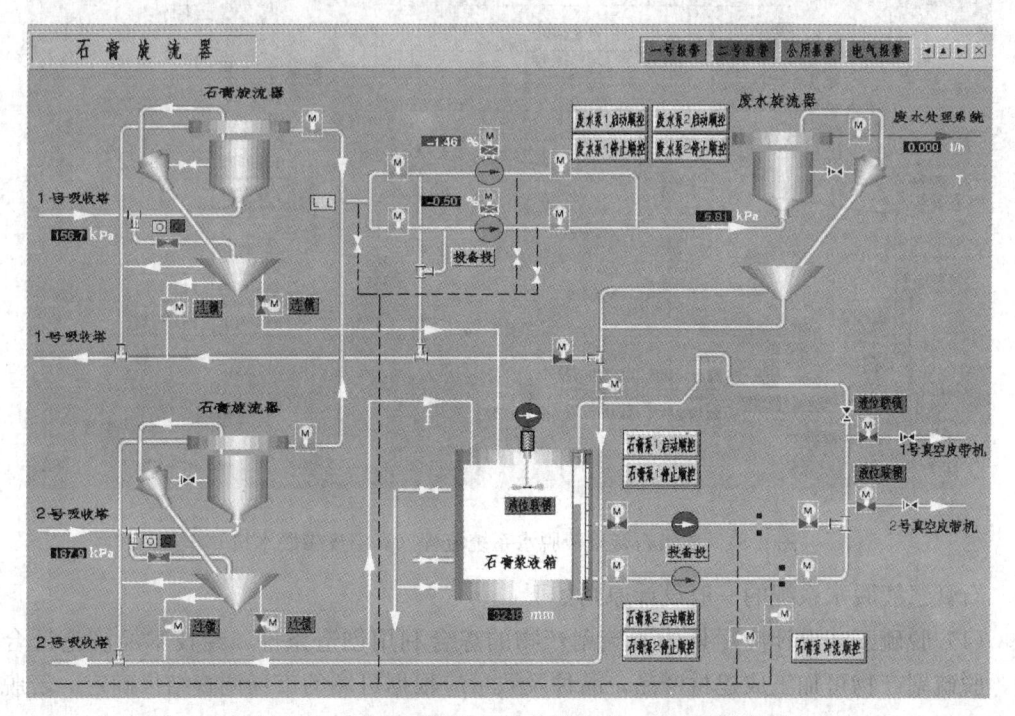

图 2-83　一级石膏浆液脱水系统流程（水力旋流器）

40%~50%），另一部分是含固率低的溢流，大部分细小的粉尘和颗粒相对集中在溢流内，溢流返回吸收塔或被送去废水处理系统。如有二级水力旋流器（即废水旋流器），则溢流部分先送到二级水力旋流器给料罐，通过废水旋流器给料泵送到废水旋流器进行浓缩分离。废水旋流器底流返回吸收塔或先自流到石膏浆液缓冲箱，溢流液被送去废水处理系统。通过控制废水的排放量达到控制烟气脱硫装置浆液中氯离子浓度，以保证烟气脱硫装置安全、稳定运行的目的，同时排出细小的灰尘以保证石膏的品质。

2. 二级脱水过程

水力旋流器的底流至脱水机有两种设计：①直接流到脱水机上脱水；②依靠重力流至石膏浆液缓冲箱，再用石膏浆液给料泵送至脱水机进行脱水。图2-84所示的是采用真空皮带脱水机进行二级脱水。在二级脱水系统，浓缩后的石膏浆液经过脱水机进行脱水，石膏在该部分经脱水后含水量降至10%以下，直接落到石膏库中或通过石膏皮带输送机送至石膏筒仓，石膏筒仓底部设有供汽车装运石膏的卸料装置。为保持滤布清洁及控制脱硫石膏中的细灰杂质、可溶性盐类、$Cl^-$等成分的含量，确保脱硫石膏品质，在石膏脱水过程中用工艺水对滤布及石膏滤饼进行冲洗。石膏过滤水收集在滤液水箱中，然后由滤液水泵送到吸收塔或制浆系统重复利用。

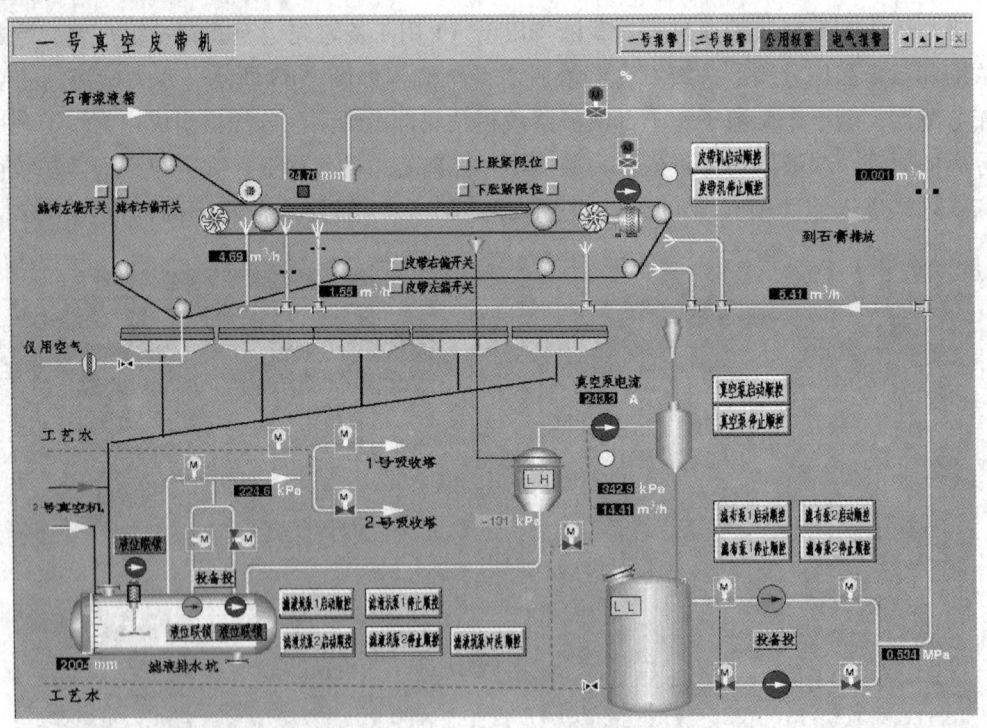

图2-84 二级石膏浆液脱水系统流程（真空皮带脱水机）

石膏浆液脱水系统的一般设计原则如下：

（1）脱硫工艺设计应尽量为脱硫副产物的综合利用创造条件，经技术经济论证合理时，脱硫副产物可加工成建材产品，品种及数量应根据可靠的市场调查结果确定。若脱硫副产物暂无综合利用条件时，可经一级旋流浓缩后输送至储存场，也可经脱水后输送至储存场，但宜与灰渣分别堆放，留有今后综合利用的可能性，并应采取防止副产物造成二次污染的措施。

(2) 当采用相同的湿法脱硫工艺系统时，300MW 及以上机组石膏脱水系统宜每两台机组合用一套。当规划容量明确时，也可多炉合用一套。对于一台机组脱硫的石膏脱水系统宜配置一台石膏脱水机，并相应增大石膏浆液箱容量。200MW 及以下机组可全厂合用。

(3) 每套石膏脱水系统宜设置两台石膏脱水机，单台设备出力按设计工况下石膏产量的 100% 选择，且不小于 50% 校核工况下的石膏产量。对于多炉合用一套石膏脱水系统时，宜设置 $n+1$ 台石膏脱水机，$n$ 台运行 1 台备用。在具备水力输送系统的条件下，石膏脱水机也可根据综合利用条件先安装 1 台，并预留再上 1 台所需位置，此时水力输送系统的能力按全容量选择。

(4) 脱水后的石膏可在石膏筒仓内堆放，也可堆放在石膏储存间内。筒仓或储存间的容量应根据石膏的运输方式确定，但不小于 12h 产量。石膏仓应考虑一定的防腐措施和防堵措施。在寒冷地区，石膏仓应有防冻措施。

(5) 石膏仓或石膏储存间宜与石膏脱水车间紧邻布置，并应设顺畅的汽车运输通道。石膏仓下面的净空高度不应低于 4.5m。

## 二、水力旋流器

水力旋流器的结构原理如图 2-85 所示，它主要由圆柱体、锥体、溢流口、底流口和进料口组成。溢流口在圆柱体的上端与顶盖连接，进料口在圆柱体上部沿侧面切向进入圆柱腔内。混合物料沿切向进入旋流器时，在圆柱腔内产生高速旋转流场，混合物中密度大的组分在旋转流场的作用下同时沿轴向向下运动、沿径向向外运动，在达到锥体段沿器壁向下运动，并由底流口排出，这样就形成了外旋

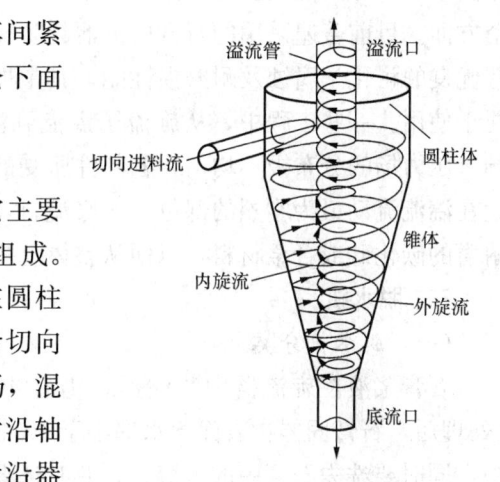

图 2-85 水力旋流器的原理示意

涡流场；密度小的组分向中心轴线方向运动，并在轴线中心形成一向上运动的内旋涡，然后由溢流口排出，这样就达到了两相分离的目的。旋流器的各个部件分别起不同的作用。进料口起导流作用，减弱因流向改变而产生的紊流扰动；圆柱体部分的主要作用就是使切向进口处的流体能够到达相对比较均匀的流场，在这一区域，大小颗粒受离心力不同而由外向内分散在不同的轨道，为后期的离心分离提供条件，圆柱段本身的分离作用并不明显；锥体部分为主分离区，浆液受渐缩的器壁的影响，逐渐形成内、外旋流，在强制离心沉降的作用下，大小颗粒之间发生分离；溢流口和底流口分别将溢流和底流顺利导出，并防止两者之间的掺混，为了减少由于短路作用而使进入旋流器顶部的固体颗粒直接从溢流管排出而降低分离效率，溢流管还要向旋流器内部插入一定的深度。

烟气脱硫装置石膏旋流站一般由几个完全相同的旋流器（旋流子）组成，通过调整旋流器的运行数量使旋流器达到最佳运行性能。各旋流器的入口连接到一个公用的圆柱体分

配器上，其上安装有压力表，可以通过压力表读数调整工作状态及判断运行参数。分配器把石膏浆液平均分配到每个旋流子，使之具有相同的压力和流量。每个旋流器入口安装一个隔离阀，以便在不影响其他旋流器正常运行的情况下切断某个旋流器进行维修。所有旋流子的底流汇集在一个底流箱中，根据需要去脱水或返回吸收塔；所有旋流子的溢流也汇集在上部的一个溢流箱中，溢流根据需要去往废水处理或返回吸收塔。图2-86是某石膏水力旋流器现场图片。

图2-86 石膏水力旋流器

石膏旋流器的材质一直受到关注，带压浆液在旋流器内作强烈的旋转运动时，剧烈的冲刷将导致器壁严重磨损，此外，由于脱硫石膏浆液呈弱酸性（pH=5.0~6.0），将导致器壁的酸性腐蚀。器壁的磨蚀不仅会缩短设备使用寿命，而且会因关键部位的尺寸变化影响分离效率，导致溢流及底流流量发生改变。因此，旋流器的材质应综合考虑防腐、耐磨两个方面。目前普遍采用的石膏旋流器的防腐耐磨材料有碳钢衬胶、聚氨酯两种。两者均具有优良的耐化学腐蚀及耐磨损性能，其中橡胶内衬可以制成可更换的活套橡胶内衬，更加便于使用。一些工程中，从旋流子溢流到溢流箱的管路采用橡胶软管。由于旋流器内流场、压力场的分布极不均匀，各部件所受的磨损程度也不一致，磨损最严重的部位通常发生在湍流流动最为剧烈的部位——底流口，其次是进料口。因此，这两个部件可以选用更耐磨的碳化硅或合金材料，以便从整体上提高设备的使用寿命。

### 三、脱水机

（一）脱水机分类

石膏浆液在旋流器中浓缩后，仍有40%~60%的水分，为得到含水率较低的石膏（处理后，石膏固体物表面含水率小于10%）就必须进行二级脱水机脱水。在脱水的过程中，同时要洗去石膏中的可溶物，有时还要对湿石膏进行进一步的加工，如干燥和成型，以便于保存和运输。

现在的脱水设备按原理可分为离心式脱水机和真空式过滤机两类。离心式脱水机是利用石膏颗粒和水密度的不同，在旋转过程中，利用离心力使石膏浆脱水，其设备类型主要有筒式和螺旋式脱水机两种。真空式过滤机是利用真空风机产生的负压，强制将水与石膏分离，其设备类型主要有真空筒式和真空带式两种。图2-87中给出了两种脱水设备的内部结构。1984年以前的所有脱硫装置均采用离心式脱水机。1984年以后，真空筒式或带式过滤机也投入了商业运行。采用这些设备进行石膏脱水，均能满

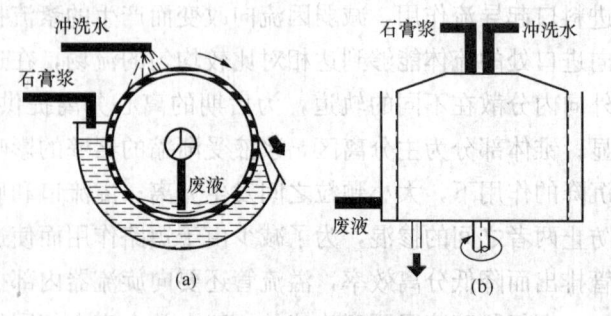

图2-87 脱水机的内部结构
(a) 真空筒式过渡机；(b) 离心式脱水机

足对石膏品质，如含水量、可溶物含量等的要求。

不同类型脱水设备有不同的特点。近年来，单个筒式离心脱水机的出力已由 0.85t/h 提高到 3.5t/h，真空筒式或带式过滤机的出力大约为 1t/（m²·h），螺旋式脱水机的出力可达 20t/h。

为了保证系统工作的协调性，间歇工作的离心式脱水机需要较高的调节费用，真空式过滤器由于可连续工作，所以其调节费用相对较低。真空带式过滤机对石膏浆浓度的变化比真空筒式较为敏感。要选用合适的脱水设备，不仅要考虑以上提到的因素，还要考虑石膏颗粒的形状、大小、粒度分布等。使用石灰石作为吸收剂，石膏颗粒的大小主要在40～60μm。若以消石灰为吸收剂，石膏颗粒相对小些。在使用离心式旋流浓缩器的系统中，石膏颗粒较大，因为较小的颗粒随着浓缩器上部的清液又回到吸收塔中。

石膏形状对脱水机的选择也很重要。对于针状、棒状或片状的石膏，使用离心式脱水机，效果优于真空过滤机；对于长方体、立方体形的石膏，各种脱水机效果相同。石膏的颗粒形状及粒度分布决定不同脱水装置的脱水效果。

使用离心式脱水机，所得石膏含水量可达 6%～8%；使用真空式脱水机，所得石膏含水量为 8%～12%。

为除去石膏中的可溶性成分（特别是氯离子），使其含量满足标准的要求，在脱水过程中，需用清水冲洗石膏。真空带式过滤机的耗水量最少，因为一部分冲洗废液又回到系统中。离心式脱水机的废液中含有较多的固态物，因而是浑浊的。相反，真空式过滤机的废液是清的。脱水机的性能和特点比较分别见表 2-15 和表 2-16。

表 2-15　　　　　　　　烟气脱硫装置的脱水机性能对比

| 脱水机类型 | | 出力 | 投资 | 运行费用 | 石膏含水量（%） | 耗水量 | 废液 |
|---|---|---|---|---|---|---|---|
| 离心式 | 筒式脱水机 | ≤3.5t/h | 高 | 高 | 6～8 | 高 | 浑浊 |
| | 螺旋式脱水机 | 20t/h | 中等 | 中等 | 7～10 | 高 | 浑浊 |
| 真空式 | 带式过滤机 | 1.1 t/（m²·h） | 低 | 低 | 8～10 | 低 | 清 |
| | 筒式过滤机 | 1.1t/（m²·h） | 低 | 低 | 10～12 | 中等 | 清 |

表 2-16　　　　　　　　烟气脱硫装置的脱水机特点比较

| 脱水机类型 | 特　　点 | 其　他 |
|---|---|---|
| 离心式 | 适用各种浆液的脱水，即使细小的 $CaSO_3$ 含量大的浆液，脱水效果好；更紧凑简洁，无太多的辅助设备 | 出现的运行问题不能明显看见 |
| 真空式 | 筒式适用各种浆液的脱水，即使细小的 $CaSO_3$ 含量大的浆液，但脱水率稍低。水平带式对细小的 $CaSO_3$ 含量大的浆液效果差。低速运行，极少有磨损、振动问题；出现的运行问题可以明显看见 | 需较多的辅助设备如真空泵、滤液接收器等，相应需大的空间及安装、维修费。滤布需定期更换，花时间 |

对二级脱水机的选用是一个复杂的问题，要考虑脱水石膏的用途及其相应的品质要求，同时要比较各种脱水机的性能及初始投资、运行维护费等。综合各种因素，真空皮带

过滤机有脱水效率高、处理量大、投资和运行费用低等优点,目前国内所有的湿式石灰石—石膏烟气脱硫装置均应用水平真空皮带过滤机进行石膏的二级脱水处理。

(二)水平真空皮带脱水机

水平真空皮带脱水机如图2-88所示,卧式真空皮带脱水机是利用真空力把水和其他液体从浆液中分离出来。采用真空泵透过滤布抽出石膏浆液中的液体,固体颗粒留在滤布上形成滤饼。经过一级旋流脱水后的石膏浆液进入脱水机的进料箱,浆液被均匀分布到移动滤布和排水皮带区域。

滤饼在排水皮带上方移动,通过重力和真空进行脱水,真空是排水皮带下侧的真空罐产生的。滤饼沿脱水机的长度方向行进时,由滤饼冲洗管从上方进行冲洗。当滤饼移动到真空罐的端部时,石膏浆液已经变成粉末状,滤布从脱水皮带上分离,继续行进到下一个排放转轮,滤饼与滤布分开,石膏粉末借助一个挡板被刮下,排放到下料口,落入石膏粉仓或石膏库。在皮带返回到脱水机上面之前,有一系列喷嘴把它冲洗干净。

在真空泵的作用下,通过滤布、皮带的滤液和部分环境空气进入真空箱,用真空泵抽至气液分离器,空气和滤液在罐内分离,空气通过消声器排到大气,滤液排入过滤水池。滤布冲洗水一般用工艺水作为补充水,由滤布冲洗水泵送到脱水机,用于滤布和皮带冲洗。从滤布冲洗管、皮带润滑系统排出的水被收集在滤液池,当液位低时由滤布冲洗水补充到正常液位,再由滤饼冲洗泵送回脱水机进行滤饼冲洗。

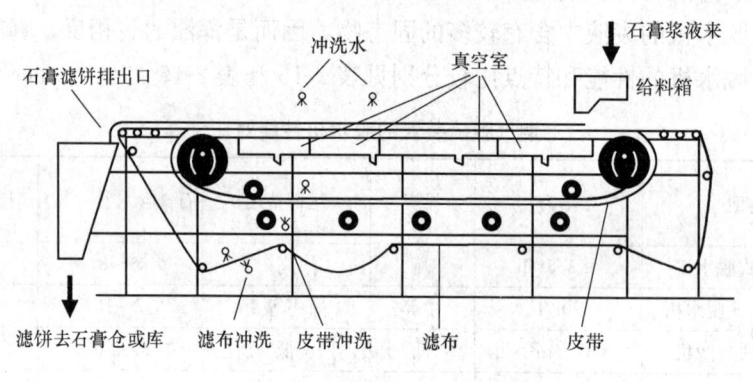

图2-88 水平真空皮带脱水机示意

真空皮带脱水机主要由以下几个方面组成:

(1)结构支架。结构支架是由标准的滚动轴承和耐压金属型材组成。各种材料(不锈钢、玻璃钢等)和处理工艺(喷漆或其他防腐措施)的选择取决于设备的运行环境。大规模的过滤设备在现场安装,小规模的过滤设备在车间组装完成,以节省安装时间。

(2)输送皮带。输送皮带支撑滤布,同时还提供干燥凹槽和过滤抽吸的干燥孔。输送皮带有一块自由的中央区域,这种技术的开发使得输送皮带寿命延长,并可以处理高温和腐蚀性强的溶液,如磷酸盐半水磷石膏的过滤。连续性的柔性裙边把输送皮带的两个边缘粘合起来。通过裙边支撑滤布,为浆料喂入和淋洗用水形成一个相当有效的小坝。输送皮带和滤布黏结可以在现场或工厂完成。

(3)真空室。真空室用不锈钢、玻璃钢、高密度聚乙烯制造,真空室干燥孔位于输送皮带中央，在水平的方向有一狭长槽，通过此槽把过滤液排走。真空室的外侧粘有密封条。这些密封条用高防水、摩擦小的材料制成，可以更换，有效地降低能耗，延长寿命。

(4) 台式支架。这种支架使用一种高密度聚乙烯盘直接安装在输送皮带的下面。在带和盘之间有一层水可减少摩擦，让输送皮带自由的移动。

(5) 滤布。过滤设备使用多种滤布，从粗糙型的单层滤布，到不漏水的、不同尺寸的针刺滤布。滤布材料通常包括聚丙烯、聚乙烯、尼龙和涤纶（聚酯纤维）。

(6) 滤布张紧系统。滤布张紧系统由张紧轮、张紧滚动轴承等组成，利用重力作用对滤布张紧。

(7) 喂料装置。对于质量大、快速沉淀的泥浆，一般选用鱼尾状喂料器。特别是对于煤泥，V形槽过流喂料器更加适合，类似的喂料槽用来淋洗分配浆料。

(8) 滤饼排料。多种使用情况下，滤饼排料是自然产生的。当处理非常稀薄的或非常有黏性的煤泥时，排料槽确保完整的物料排除，以尽可能减少清洗滤布的需要。

此外，还有许多附属设备，包括真空泵及汽水分离罐、滤布纠偏装置、滤布/滤饼及皮带冲洗水系统、石膏滤饼厚度监测仪、皮带机变频电动机及控制装置等。图2-89是现场真空皮带脱水机照片。

图2-89 水平真空皮带脱水机

真空泵是真空脱水系统中非常重要的设备，其性能的好坏直接关系到脱水石膏中水分含量的多少。常用的真空泵形式主要有水环式真空泵、罗茨真空泵、旋片式真空泵等，目前电厂石灰石—石膏湿法脱硫真空脱水系统中采用的都为水环式真空泵。图2-90给出了某烟气脱硫装置水环式真空泵的现场实物。水环式真空泵主要由叶轮、泵壳、吸气口、排气口、压气管和进气管组成，如图2-91所示。叶轮为一个星状偏心叶轮，安装在圆筒形的工作室内。水环式真空泵的工作原理：启动前在工作室内注入一定量的水作为工作液体，当原动机带动叶轮旋转时，在离心力作用下将水甩出，形成一个紧贴工作室内壁的封闭旋转水环。被抽吸的气体沿吸气管进入水环与叶轮之间的右空间，形成月牙形部分，由于叶轮的旋转，这个空间容积由小逐渐增大，因而产生真空；随着叶轮的旋转，气体进入左月牙形部分，此空间逐渐缩小，气体逐渐受到压缩，便由排气孔沿排气管进入水箱，再由放气管放出。废水和空气一起被排到水箱。

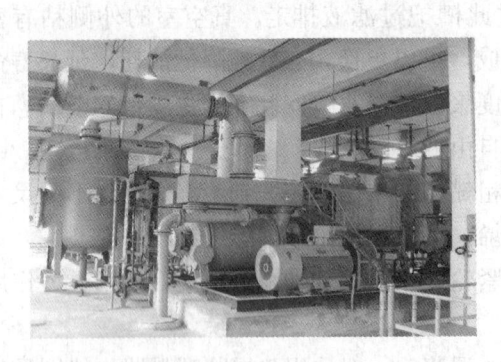

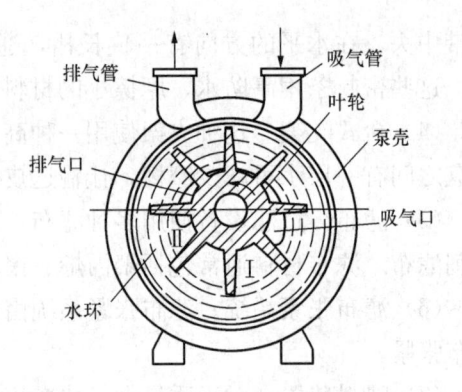

图 2-90　水环式真空泵　　　　　图 2-91　水环式真空泵结构示意

**四、石膏输送机及石膏储存**

目前烟气脱硫装置石膏处理方式主要有两种：一是抛弃法；二是石膏仓库或筒仓储存，回收利用。石膏可用于水泥生产、制作石膏板、用做建筑石膏；与粉煤灰、石灰混合做成烟灰材料等。对采用石膏仓库储存的，经脱水后的石膏直接落在石膏仓库内，或经过转运皮带输送至石膏仓库，在仓库内利用抓斗或铲车转运到装车料斗，装车外运，采用石膏仓库储存，投资少，操作简单，维护方便。对采用石膏筒仓储存的，经脱水后的石膏直接落在石膏筒仓内，或经过皮带输送至石膏筒仓，筒仓底部设有石膏卸料装置和插板门，卸出的石膏直接落在卡车上，经卡车外运。采用石膏筒仓储存，初期投资大，设备的维护较仓库复杂，但地面清洁。

石膏转运皮带输送机由运输皮带、托辊、电动机、驱动电动机、卸犁器等组成，图 2-92 是石膏转运皮带运输机照片。图 2-93 是石膏库和石膏仓照片，石膏仓内设卸压锥体和石膏下料装置（清扫臂及电动机）。

图 2-92　石膏转运皮带输送机

图 2-93　石膏库和石膏仓

## 第六节 脱硫废水处理系统及主要设备

### 一、脱硫废水产生和水质特点

在湿式石灰石—石膏脱硫工艺中，不可避免地要产生一定量的废水，这主要是因为烟气中氯化物的溶解提高了脱硫吸收液中氯离子的浓度。氯离子浓度的增高带来许多不利影响，如降低了吸收液的 pH 值，从而引起脱硫率的下降和 $CaSO_4$ 结垢倾向的增大；在生产商用石膏的回收工艺中，对副产品石膏的氯离子含量有一定的要求，氯离子浓度过高将影响石膏的品质；氯离子浓度的增高对金属材料的防腐性能提出了更高的要求，故一般应控制吸收塔中氯离子含量低于 20 000mg/L。另外，与氯离子一样，粉尘也会在吸收塔系统内不断积累，为保证商用石膏的纯度和系统浆液正常的物化性质，需要对系统内的微细粉尘浓度进行控制。烟气脱硫装置内的微细粉尘主要来自烟气中携带的粉尘、石灰石中的惰性物质、停止生长的小石膏晶体及工艺水中的杂质等。烟气脱硫装置排放的废水一般来自石膏脱水和清洗系统，石膏水力旋流器的溢流水、废水旋流器的溢流水或是真空皮带过滤机的滤液。

烟气脱硫装置废水的水量和水质，与脱硫工艺系统、燃料成分及吸收剂等多种因素有关。燃煤中含有多种元素，包括重金属元素，这些元素在炉膛内高温条件下进行一系列的化学反应，生成了多种不同的化合物。这些化合物一部分随炉渣排出炉膛，另外一部分随烟气进入吸收塔，溶解于吸收浆液中。烟气中含有 $CO_2$、$SO_2$、HCl、HF、$NO_x$、$N_2$ 等气体及灰中携带的各种重金属，这些物质进入脱硫浆液中，并在吸收液循环使用中富集。吸收剂石灰石中含有 Ca、Mg、K、Cl 等元素，有时为了提高 $SO_2$ 的去除率，在脱硫剂中加 Mg，因此废水中的 Mg 含量很高。一般说来，脱硫废水的超标项目主要为：

(1) pH 值。pH 值一般低于 6.0，呈现弱酸性。

(2) 颗粒细小的悬浮物。主要为粉尘及脱硫产物等，悬浮物含量很高，大部分可直接沉淀。

(3) 重金属离子。来源于脱硫剂和煤。电厂的电除尘器对小于 $0.5\mu m$ 的细颗粒脱除率很低，而这些细颗粒富集重金属的能力远高于粗颗粒，因此烟气脱硫装置入口烟气中含有相当多的汞、铜、铅、镍、锌等重金属元素以及砷、氟等非金属元素，在吸收塔洗涤的过程中进入 FGD 浆液内富集。石灰石中也存在重金属，如 Hg、Cd 等。

(4) $Ca^{2+}$、$Mg^{2+}$、$Cl^-$、$SO_4^{2-}$、$SO_3^{2-}$、$CO_3^{2-}$、铝、铁等含量也较高。

其中，汞、砷、铅、镍等均为我国严格限制排放，属对人体、环境产生长远不利影响的第一类污染物，如汞不仅毒性大，而且是最易挥发的重金属元素，在大气中的平均停留时间长达 1～2 年，非常容易通过长距离的大气运输形成全球性的汞污染。因此，必须对脱硫废水进行处理。

脱硫废水的水质受到的影响因素较多，因此不存在典型的脱硫废水水质，表 2-17 是国家发展和改革委员会 2006 年 5 月 6 日发布、2006 年 10 月 1 日实施的《火电厂石灰石—

石膏湿法脱硫废水水质控制指标》（DL/T 997—2006）中规定的脱硫废水处理系统出口污染物最高允许排放浓度，对于有脱硫废水产生的火电厂，在厂区废水排放口增加硫酸盐浓度的监测。德国废水管理法规还规定了脱硫废水的处理和排放限量：对 $Cl^-$ 含量为 30 000mg/L 的废水，燃用优质煤（含氯0.17%）时，每100MW发电容量允许排放废水量为 $1.1m^3/h$；燃用劣质煤（含氯0.3%）时，允许排放废水量为 $4.4m^3/h$。

表 2-17    脱硫废水处理系统出口要监测的项目和最高允许排放浓度值

| 序号 | 监测项目 | 单位 | 控制值或最高允许排放浓度值 | 序号 | 监测项目 | 单位 | 控制值或最高允许排放浓度值 |
|---|---|---|---|---|---|---|---|
| 1 | 总汞 | mg/L | 0.05 | 7 | 总锌 | mg/L | 2.0 |
| 2 | 总镉 | mg/L | 0.1 | 8 | 悬浮物 | mg/L | 70 |
| 3 | 总铬 | mg/L | 1.5 | 9 | 化学需氧量 | mg/L | 150 |
| 4 | 总砷 | mg/L | 0.5 | 10 | 氟化物 | mg/L | 30 |
| 5 | 总铅 | mg/L | 1.0 | 11 | 硫化物 | mg/L | 1.0 |
| 6 | 总镍 | mg/L | 1.0 | 12 | pH值 | | 6～9 |

注　化学需氧量的数值要扣除随工艺水代入系统的部分。

脱硫废水处理系统的一般设计原则如下：

(1) 脱硫废水的处理措施及工艺选择，应符合项目环境影响报告书审批意见的要求。

(2) 脱硫废水处理方式应结合全厂水务管理、电厂除灰方式及排放条件等综合因素确定。当发电厂采用干除灰系统时，脱硫废水应经处理达到复用水水质要求后复用，也可经集中或单独处理后达标排放；当发电厂采用水力除灰系统且灰水回收时，脱硫废水可作为冲灰系统补充水排至灰场处理后不外排。脱硫废水排放处理系统可以单独设置，也可经预处理去除重金属、氯离子等后排入电厂废水处理系统进行处理，但不得直接混入电厂废水稀释排放。

(3) 处理合格后的废水应根据水质、水量情况及用水要求，按照全厂水务管理的统一规划综合利用或排放，处理后排放的废水水质应满足相关国家标准和建厂所在地区的有关污水排放标准。

(4) 脱硫废水处理工艺系统应根据废水水质、回用或排放水质要求、设备和药品供应条件等选择，宜采用中和沉淀、混凝澄清等去除水中重金属和悬浮物措施以及pH调整措施，当脱硫废水COD超标时还应有降低COD的措施，并应同时满足《火力发电厂废水治理设计技术规程》（DL/T 5046—2006）的相关要求。对废水含盐量有特殊要求的，应采取降低含盐量的工艺措施。

(5) 脱硫废水处理系统出力按脱硫工艺废水排放量确定，系统宜采用连续自动运行，处理过程宜采用重力自流。泵类设备宜设备用，废水箱应装设搅拌装置。脱硫废水处理系统的加药和污泥脱水等辅助设备可视工程情况与电厂工业废水处理系统合用。

(6) 脱硫废水处理系统的设备、管道及阀门等应根据接触介质情况选择防腐材质。

## 二、脱硫废水处理方法

国内外采用的脱硫废水处理方法，综合起来主要有如下几种：

(1) 脱硫废水与飞灰混合。用废水来湿化飞灰，或脱硫废水与经浓缩的副产物石膏混合后排至电厂灰场堆放，飞灰本身的 CaO 含量可作为黏合剂固化脱硫石膏。

(2) 喷入烟道蒸发。脱硫废水在电除尘器和空气预热器之间的烟道中完全蒸发，所含固态物与飞灰一起收集处置。如美国的一些烟气脱硫装置中，在电除尘器前设置废水蒸发系统，达到工艺基本无废水排放。在德国，燃煤电站的脱硫废水若不经化学处理，也必须蒸干。

(3) 废水蒸发池蒸发。当电厂所处地区气候干燥，不能或不允许排放任何废水（零排放电厂）时，可采用蒸发池利用太阳能蒸发废水。

(4) 经废水处理系统处理后排放。针对脱硫废水的水质特点，为满足国家规定的废水排放标准，需采用专门的废水处理系统。一般采用如下工艺步骤：通过加碱中和脱硫废水，并使废水中的大部分重金属形成沉淀物；加入絮凝剂使沉淀物浓缩成为污泥，污泥脱水后被送至灰场等堆放；废水的 pH 值和悬浮物达标后直接外排。目前我国大部分电厂都采用了废水处理装置。

典型的烟气脱硫装置废水处理流程如图 2-94 所示，主要包括废水中和、重金属沉淀、凝聚和絮凝及浓缩/澄清 4 个步骤。

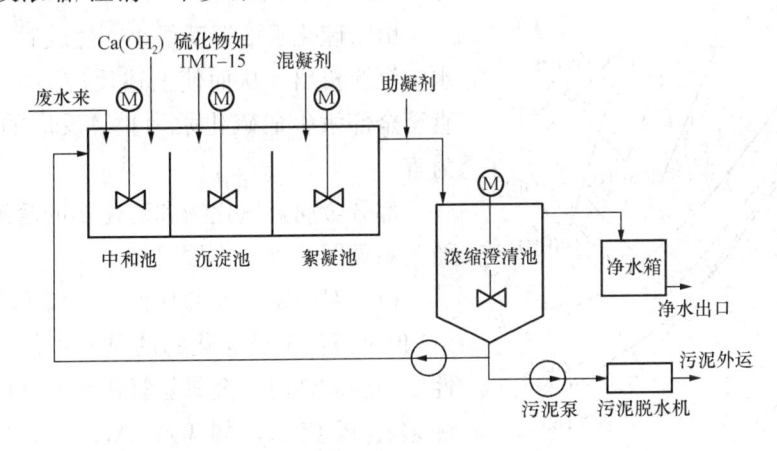

图 2-94 典型的废水处理系统流程

(1) 废水中和。目的是控制废水中的 pH 值，使 pH 值适合沉淀大多数重金属离子。常用的碱性中和药剂为石灰、苛性钠、碳酸钠等，其中石灰因来源广、价格低、效果好而得到广泛应用。

(2) 重金属沉淀。废水中的重金属离子（如汞、镉、铅、锌、镍、铜等）、碱土金属（如钙和镁）及某些非金属（如砷、氟等）均可用化学沉淀的方法去除。对危害性较大的重金属离子，此法仍是迄今为止最为有效的方法。除碱金属和部分碱土金属外，多数金属的氢氧化物和硫化物都是难溶的，一些常见的难溶金属化合物见表 2-18，由表可见，很多金属的氢氧化物和硫化物的溶度积都很小，因此常用氢氧化物和硫化物沉淀法去除废水中的重金属，常用的药剂分别为石灰和 $Na_2S$。

表 2-18　　　　　　　　　　　　一些常见难溶金属化学物的溶度积

| 分子式 | 溶度积 | 分子式 | 溶度积 | 分子式 | 溶度积 | 分子式 | 溶度积 |
|---|---|---|---|---|---|---|---|
| AgOH | $2.0\times10^{-8}$ | $Cd(OH)_2$ | $2.5\times10^{-14}$ | FeS | $6.3\times10^{-18}$ | $Ni(OH)_2$ | $2.0\times10^{-15}$ |
| $Ag_2S$ | $6.3\times10^{-50}$ | CdS | $8.0\times10^{-27}$ | $Hg(OH)_2$ | $4.8\times10^{-26}$ | NiS | $3.2\times10^{-19}$ |
| $Al(OH)_3$ | $1.3\times10^{-33}$ | CoS | $4.0\times10^{-21}$ | $Hg_2S$ | $1.0\times10^{-47}$ | $Pb(OH)_2$ | $1.2\times10^{-15}$ |
| $Al_2S_3$ | $2.0\times10^{-7}$ | $Cr(OH)_3$ | $6.3\times10^{-31}$ | HgS | $4.0\times10^{-53}$ | PbS | $8.0\times10^{-28}$ |
| $CaCO_3$ | $2.8\times10^{-9}$ | $Cu(OH)_2$ | $2.2\times10^{-20}$ | $MgCO_3$ | $3.5\times10^{-8}$ | $Sn(OH)_2$ | $1.4\times10^{-28}$ |
| $Ca(OH)_2$ | $5.5\times10^{-6}$ | $Cu_2S$ | $2.5\times10^{-48}$ | $Mg(OH)_2$ | $1.8\times10^{-11}$ | SnS | $1.0\times10^{-25}$ |
| $CaSO_4$ | $9.1\times10^{-6}$ | $Fe(OH)_2$ | $8.0\times10^{-16}$ | $Mn(OH)_2$ | $1.9\times10^{-13}$ | $Ti(OH)_3$ | $1.0\times10^{-40}$ |
| $CaF_2$ | $2.7\times10^{-11}$ | $Fe(OH)_3$ | $4.0\times10^{-33}$ | MnS | $2.5\times10^{-13}$ | $Zn(OH)_2$<br>ZnS | $1.2\times10^{-17}$<br>$1.6\times10^{-24}$ |

以汞为例,Hg 离子与 $S^{2-}$ 有较强的亲和力,生成溶度积极小的硫化物,其化学反应式为

$$2Hg^+ + S^{2-} \Longrightarrow Hg_2S\downarrow$$

$$Hg^{2+} + S^{2-} \Longrightarrow HgS\downarrow$$

由于硫化汞溶解度很小,生成后几乎全部从废水中沉淀析出,从而使上述反应不断地向右进行,直至全部汞生成硫化汞为止,反应的 pH=8~10 为宜。

部分金属氢氧化物和硫化物的溶解度与 pH 值的关系见图 2-95,由图可知:

(1) 对一定浓度的某种金属离子而言,溶液的 pH 值是沉淀金属氢化物的重要条件。当溶液由酸性变为弱碱性时,金属氢氧化物的溶解度下降。但许多金属离子,如 Cr、Al、Zn、Pb、Fe、Ni、Cu、Cd 等的氢氧化物为两性化合物,随着碱度进一步提高,又生成络合物,使溶解度再次上升。考虑废水排放的允许 pH 值,一般选用的废水处理 pH 值为 7~9。

(2) 并非所有的重金属元素都可以以氢氧化物的形式很好地沉淀下来,如 Cd、Hg 等金属硫化物是比氢氧化物有更小溶解度的难溶沉淀物,且随 pH 值的升高,溶解度呈下降趋势。

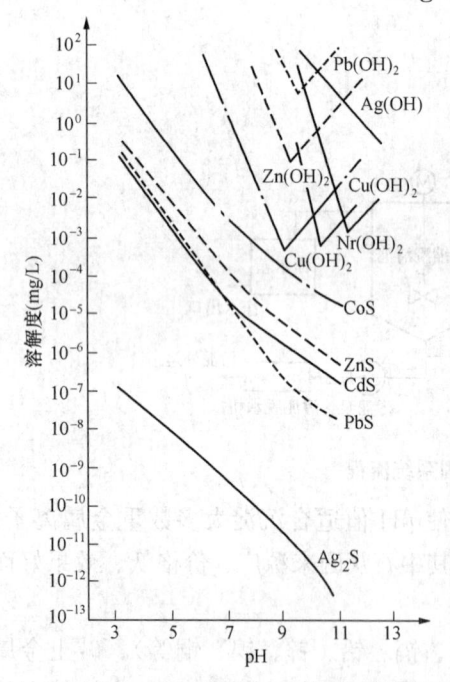

图 2-95　部分金属氢氧化物和硫化物的溶解度与 pH 值的关系

(3) 氢氧化物和硫化物沉淀法两者结合起来对重金属的去除范围广,对脱硫废水所含重金属均适用,且去除率较高。

(4) 凝聚和絮凝。经前两步的化学沉淀反应后，废水中还含有许多细小而分散的颗粒和胶体物质，为改善生成物的沉降性能，要加入一定比例的混凝剂，使它们凝聚成大颗粒而沉积下来。在废水反应池的出口加入助凝剂，来降低颗粒的表面张力，强化颗粒的长大过程，进一步促进氢氧化物和硫化物的沉淀，使细小的絮凝物慢慢变成更大、更易沉积的絮状物，同时脱硫废水中的悬浮物也沉降下来。常用的混凝剂有硫酸铝、聚合氯化铝、三氯化铁、硫酸亚铁等；常用的助凝剂有石灰、高分子吸附剂等。

(5) 浓缩/澄清。絮凝后的废水从反应池溢流进入装有搅拌器的澄清/浓缩池中，絮凝物沉积在底部并通过重力浓缩成污泥，上部则为净水。大部分污泥经污泥泵排到污泥池再去脱水外运，小部分污泥作为接触污泥返回废水反应池，提供沉淀所需的晶核。上部净水通过澄清/浓缩池周边的溢流口自流到净水箱，净水箱设置了监测净水 pH 值和悬浮物的在线监测仪表，如果 pH 和悬浮物达到排水设计标准则通过净水泵外排，否则将其送回废水反应池继续处理，直到合格为止。

为达到较好的废水处理效果，需对废水处理工艺进行控制，如停留时间、加药量等，下面以某电厂的烟气脱硫装置废水处理系统为例来说明。

1) 停留时间。废水在反应池的停留时间直接影响废水的沉淀和絮凝效果。由于反应池的容积固定，停留时间取决于废水流量大小。从调试结果来看，保持废水在反应池内停留 1h 以上，重金属和悬浮物能较好地沉淀、絮凝下来。

2) 加药量。处理废水所需的化学药品加入量随着废水流量的变化而变化。

a) 石灰浆液。石灰浆液是利用生石灰（CaO）粉末加水消化而成，储存在带搅拌器的石灰浆液罐中，通过泵加到废水反应池。调试时向池内加入 10% 的石灰浆液，运行中发现，石灰浆液泵容易堵塞，并且会导致废水反应池颗粒物增多、污泥量增大、pH 值升高太快等问题。后来将石灰浆液调整为 5%，既缓解了泵的堵塞问题，又增加了石灰浆液对废水反应池 pH 值的调控能力。5% 的 $Ca(OH)_2$ 溶液 pH 值在 12.50 以上，它的加入可以快速提高反应池的 pH 值。试验表明，当进口脱硫废水 pH 值为 5.50、反应池 pH 控制在 9.20 左右时，大部分重金属已经发生沉淀，此时处理 $1m^3$ 废水需加入石灰浆液 26.8L，折算成生石灰为 1.3kg。

b) 有机硫化物。在废水反应池中加入有机硫化物 TMT-15 的目的是让汞形成硫化物沉淀下来。由于脱硫废水含 $Hg^{2+}$ 量相对较小，每立方米废水加入 40mL 的 TMT-15（15% 水溶液）就能达到目的。

c) 絮凝剂。反应池内混合溶液的 pH 值、水温、搅拌强度等因素都会影响絮凝效果，经调试，在反应池 pH 值为 9.20、水温 40℃ 左右时，每立方米废水加入 40% 的 $FeClSO_4$ 溶液 25mL 就可获得良好的絮凝效果。

d) 聚合电解质。粉末状的助凝剂——聚合电解质需要先配制成 0.05% 的水溶液，如果浓度过高，这种助凝剂溶液过于黏稠，容易使加药管道堵塞，而且不利于絮凝物浓缩。试验证明，每立方米废水加入 0.05% 的聚合电解质 9.4mL 就能使絮凝物很好地浓缩。

e) 盐酸。在废水反应池和净水箱中均装有在线 pH 值监测仪，其测量探头需要定时用 3% 的盐酸冲洗，其中反应池的探头每 4h 冲洗 1 次，净水箱的探头每 8h 冲洗一次，冲洗流量均为 2.8L/h。

3) 污泥的排放控制。废水中的重金属和悬浮物经过絮凝、沉淀等化学和物理过程，从反应池自流进入澄清/浓缩池。在搅拌器的缓慢搅拌下，污泥和净水分离，上层的净水自流进入净水箱；污泥则沉积在浓缩池底部，当污泥累积到一定厚度时，启动污泥外排泵排除污泥。运行时应严格控制浓缩池的污泥料位，以保持污泥有一定的浓度，料位太高（>2.0m）会影响上层净水水质。污泥回流泵应持续运行，以便将一部分污泥作为接触污泥返回反应池。

4) 净水的排放控制。若经处理后的净水悬浮物大于 100mg/L 或者 pH>9.0，则不具备外排条件，需要通过自动控制系统将该净水返回反应池继续处理。为保持系统的水平衡，此时应相应减少进入反应池的废水量，而将其暂时存放在废水储箱内。如果净水的悬浮物和 pH 值在允许排放的范围内，则启动净水排放泵自动进行排水，其流量由净水箱的液位自动控制。

### 三、主要设备

图 2-96～图 2-98 是某电厂脱硫废水处理系统 CRT 上操作流程，从图中可看到，脱硫废水处理系统的主要设备有各废水箱（如中和箱、沉降箱、絮凝箱、出水箱、澄清/浓缩池）、各废水泵及污泥泵、废水处理用药储箱、制备箱、计量箱及各加药泵、搅拌器、污泥压滤机以及一些表计等，都是一些常规设备。

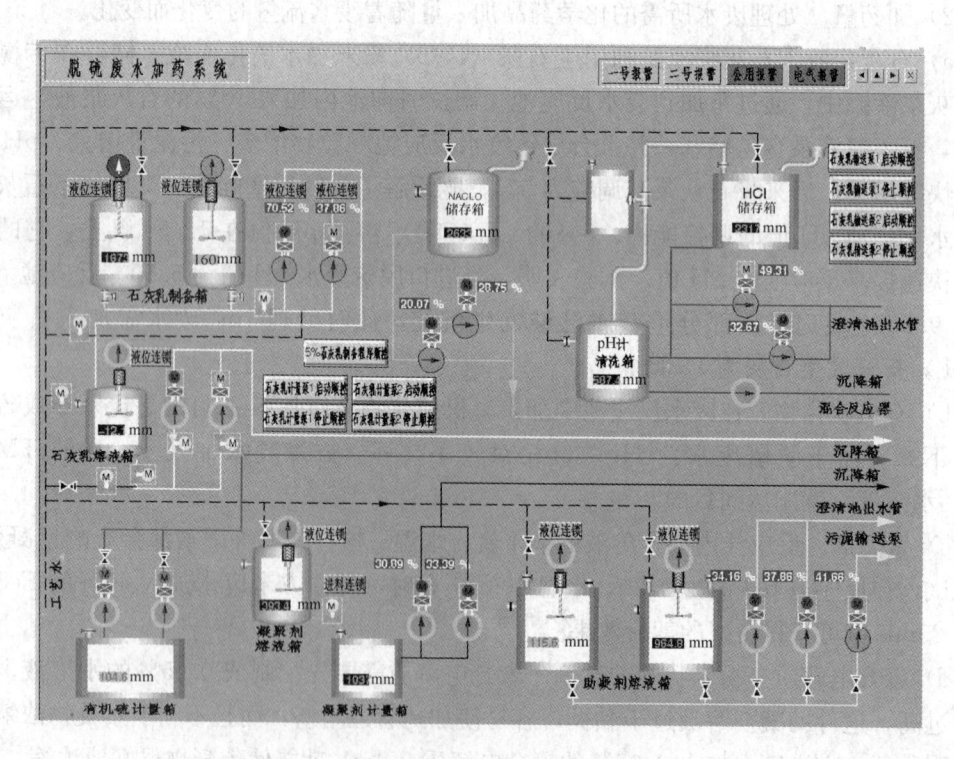

图 2-96 脱硫废水处理加药系统设备组成

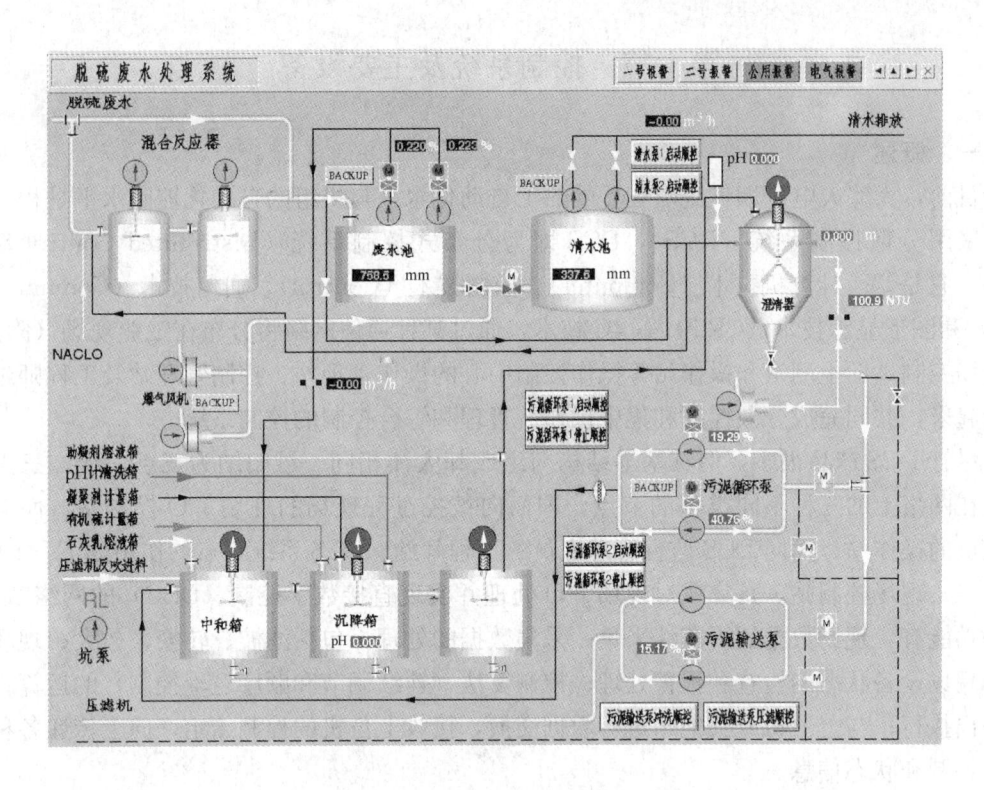

图 2-97 脱硫废水处理系统设备组成

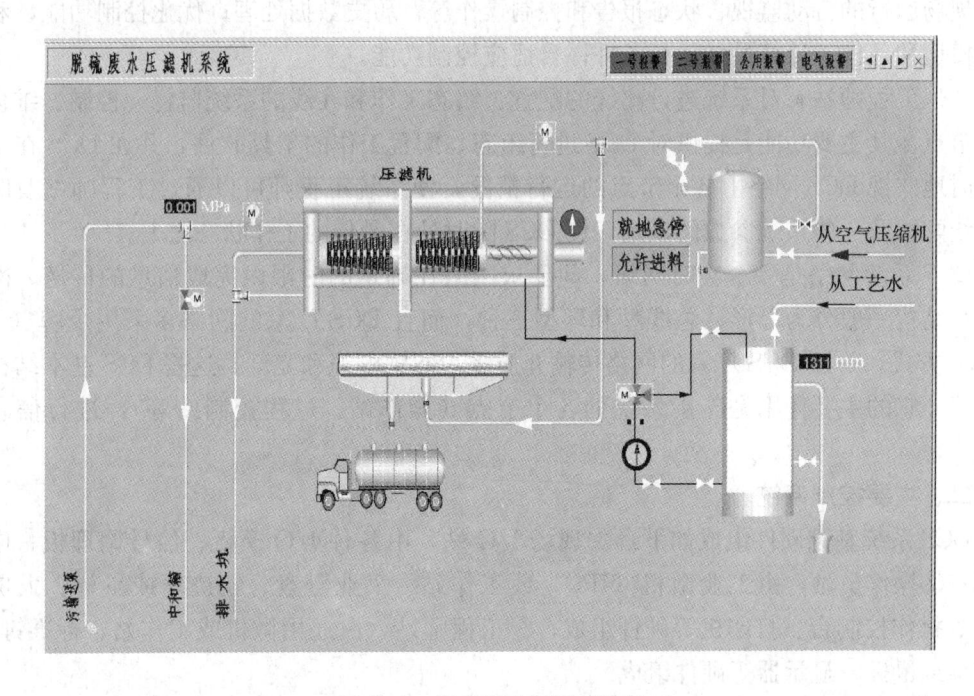

图 2-98 脱硫废水污泥压滤机

## 第七节 控制系统及主要设备

### 一、概述

目前，大型火电厂烟气脱硫装置的热工自动化水平与机组的自动化控制水平是相一致的，采用分散控制系统（DCS），DCS 即为分布式控制系统（Distributed Control System），它是基于计算机技术（Computer）、控制技术（Control）、通信技术（Communication）和图形显示技术（CRT）等 4C 技术，通过某种通信网络将分布在工业现场（附近）的现场控制站、检测站和操作站等操作控制中心的操作管理站、控制管理站及工程师站等连接起来，共同完成分散控制和集中操作、管理和综合控制的控制系统。

尽管 DCS 产品很多，但其基本结构与组成却大体相同，可归纳为三点一线，三点是挂接在网络上的三种不同类型的节点，即面向被控过程现场的现场 I/O 控制站、面向操作人员的操作站、面向 DCS 监督管理人员的工程师站。DCS 系统三点的作用如下：

（1）现场控制站。是完成对现场 I/O 处理并实现直接数字控制（DDC）的网络节点。它的功能有：现场数据的周期性采集；采集数据的处理，包括滤波、转换、放大；现场数据和现场设备状态的检查和报警处理；控制算法（连续调节和顺序逻辑控制）的运算；控制输出执行；与上位机或其他站进行数据交换，接收上位机的控制给定，向上传递各种采集、控制和状态信息。

（2）操作员站。处理一切与运行操作有关的人机界面功能的网络节点。它的主要功能有：现场运行的自动监视、状态报告和控制操作等；历史数据处理；优化控制功能，利用数学模型和条件，计算最佳运行条件；自适应控制功能。

（3）工程师站。对系统进行离线的配置、组态工作和在线的系统监督、控制、维护的网络节点。其主要功能是提供对 DCS 进行组态、配置工作的工具软件，并在 DCS 在线运行实时地监视 DCS 网络上各个节点的运行情况，使系统工程师可以通过工程师站及时调整系统配置及一些系统参数的设定，使 DCS 随时处在最佳的工作状态之下。

DCS 系统网络是一个实时网络，即要求网络在确定的时限内完成信息的传送。网络的拓扑结构一般分为星形、总线型和环型三种，而且 DCS 厂家的网络多采用令牌（TOKEN）方式。一般 DCS 厂家的网络传输介质多为同轴电缆和光纤。这是 DCS 基本结构中的一线，它的主要作用是连接系统的各个节点（操作站、过程控制站等），进行信息的传递。

### 二、主要控制系统

DCS 系统基础硬件组成如下：①现场 I/O 站，由各种 I/O 模板、信号调理板、电源组成；②操作员站，由工业微机（IPC）或工作站、工业键盘、轨迹球或鼠标、大屏幕 CRT、操作控制台、打印机等硬件组成；③工程师站，由通用微机或工作站、标准键盘、轨迹球或鼠标、显示器等硬件组成。

DCS 的基础软件包括两大部分：第一部分是在线运行部分的软件，称为运行系软件；第二部分为生产运行系软件而离线运行的那部分软件，称为开发系软件。运行系软件是建立在实时的操作系统之上的一套应用软件,实时操作系统是专门用于实时控制的操作系统,它具有以下基本特点:多任务并行处理;按优先级的抢占处理机的任务调度方式;事件驱动;多级中断响应及处理;任务之间同步和信息交换;资源共享的互锁机制;设备与自动服务;文件管理与服务;网络通信服务。

一套完整的烟气脱硫装置的 DCS 包含以下系统功能:

(1) 数据采集系统 DAS。能连续采集和处理所有与烟气脱硫装置运行有关的信号及设备状态信号,并及时向操作人员提供这些信息,实现系统的安全经济运行。一旦 FGD 发生任何异常工况,及时报警,提高烟气脱硫装置的可利用率。

(2) 模拟量控制系统 MCS。是确保烟气脱硫装置安全、经济运行的关键控制系统,主要是系统重要辅机如增压风机、真空皮带脱水机及重要参数的自动调节。

(3) 顺序控制系统 SCS。能实现重要设备,如增压风机、循环泵等各种浆液泵、除雾器等的顺序控制,以及全系统阀门、挡板等执行机构的连锁保护与控制,以减少运行人员的常规操作。

(4) 电气控制系统 ECS。随着 DCS 技术的不断发展,DCS 所包含的功能也在不断扩大,现在的 DCS 还包含了烟气脱硫装置电气系统大部分参数的监视以及电气设备的控制与连锁,包括脱硫 6kV/0.4kV 变压器、高低压电源回路的监视和控制以及 UPS、直流系统、6kV 电动机及重要的 0.4kV 电动机的监视等。

另外,一些辅助系统采用了专用就地控制设备,即程序控制器(PLC)加上位机的控制方式,如石灰石或石灰石粉卸料和储存、皮带脱水机系统、湿式钢球磨石机、GGH 吹灰、石膏储存和石膏处理(不在脱硫岛内或单独建设的除外)、烟气脱硫装置废水处理等的控制。

当烟气脱硫装置与单元制机组同期建设时,烟气脱硫装置的控制可纳入到机组的 DCS 系统,单元制机组烟气脱硫装置的公用部分的控制纳入到机组 DCS 的公用控制网。对于已建成后的机组新增加的烟气脱硫装置或新建机组采用烟气母管制的烟气脱硫装置(如两炉一塔)的控制,烟气脱硫装置的 DCS 系统一般单独设置。控制室均以 LED 和键盘作为监视控制中心。

## 第八节 其他系统及主要设备

### 一、公用系统

烟气脱硫装置公用系统包括工艺水/冷却水系统、仪用/杂用压缩空气、辅助蒸汽系统以及事故浆液排放系统等。

烟气脱硫装置工艺水一般从电厂循环水系统接入 1 个工艺水箱,然后由工艺水泵送至烟气脱硫装置各用水点。工艺水主要用水如下:

(1) 烟气脱硫装置补充用水。主要有吸收塔除雾器冲洗水、石灰石浆液制备系统用水(磨石机入口补充水、再循环箱补充水或石灰石粉制浆用水)等。

(2) 管路和泵的冲洗用水。如真空皮带脱水机滤布、滤饼冲洗、GGH 的高/低压冲洗水、设备冷却水、所有浆液输送设备、输送管路、储存箱的冲洗水、pH计、密度计、液位计、各取样点冲洗水及废水系统用水等。

(3) 各类水泵和浆液泵的密封水。

图2-99是某电厂工艺水系统图，工艺水泵一用一备，除雾器冲洗水设有单独的冲洗水泵。

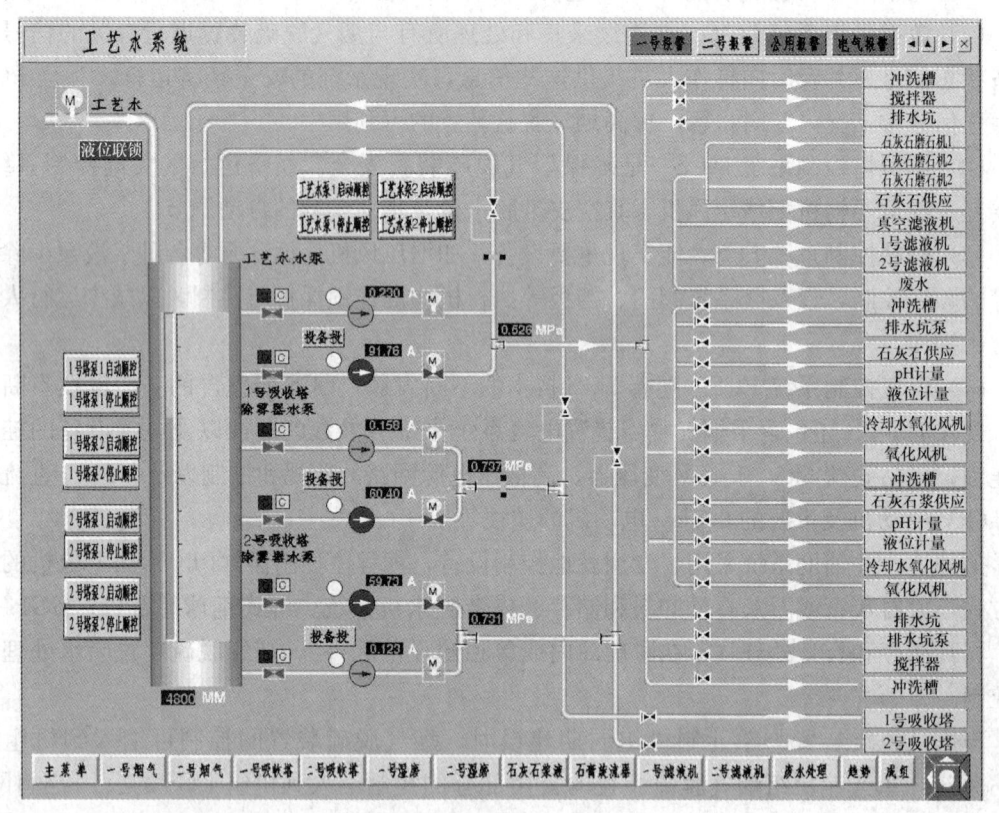

图2-99 某电厂工艺水系统

根据具体情况，闭式循环冷却水一般从炉后闭式循环冷却水管接出供增压风机、氧化风机、钢球磨石机等大设备冷却用水，其回水回收至炉后闭式循环冷却水回水管。

烟气脱硫装置的阀门控制方式为电动或气动，供仪表吹扫的仪用空气和供设备检修的杂用空气可由专设的烟气脱硫装置杂用/仪用空气压缩机提供，或不另设，而直接从主厂房接入烟气脱硫装置。GGH吹扫用压缩空气一般由专设的GGH空气压缩机提供；若采用蒸汽吹灰，则蒸汽一般取自锅炉辅助蒸汽母管或直接取自再热蒸汽冷段，经调压后用于GGH吹灰。

排放系统主要包括事故浆液箱及搅拌器、事故浆液返回泵、排水坑、排水坑搅拌器、排水坑泵等。在烟气脱硫装置正常运行、设备检修及日常清洗维护中都将产生一定的排出物，如运行时各设备冲洗水、管道冲洗水、吸收塔区域冲洗水等，排出物首先集中到各自相应的排水坑内（吸收塔区、脱水区、制浆区等），排水坑内浆液集到一定高度后，排水坑泵就将坑内液体输送到吸收塔内循环利用或输送到事故浆液池中。在烟气脱硫装置各区域的排水坑均进行防腐处理并配有搅拌器,以防止沉积。

在烟气脱硫装置内设置有一个公用的事故浆液箱,用于储存在吸收塔检修、小修、停运或事故情况下排放的浆液,事故浆液箱内配有搅拌器防止浆液发生沉淀。吸收塔浆液通过吸收塔石膏浆液排出泵输送到事故浆液箱中,箱中浆液可通过事故浆液返回泵从事故浆液箱送回到各吸收塔。图 2-100 是某电厂仪用气和事故浆液箱系统图。

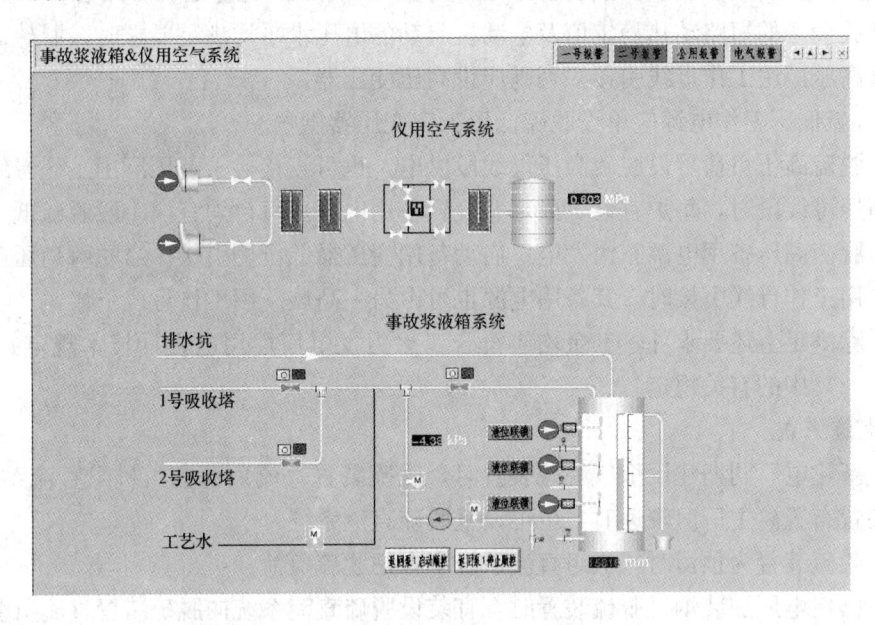

图 2-100 某电厂仪用气和事故浆液箱系统

烟气脱硫装置内生活污水是收集盥洗间卫生设施等排放的污水,自流排放至厂区污水排放系统中。雨水排水系统是收集不含浆液和任何化学物质的雨水,纳入厂区污水排放系统中。

## 二、电气设备和系统

烟气脱硫装置电气系统为烟气脱硫装置设备的正常运行提供动力,它一般由高压电源(6kV)、低压电源(0.4kV)、直流系统、交流保安电源和交流不停电电源(UPS)组成。脱硫电气系统的设计应从发电厂全局出发,统筹兼顾,按照脱硫装置的规模、特点,合理确定设计方案,达到安全、经济、可靠和运行维护方便的要求。电气设备选型应力求安全可靠、经济适用、技术先进、符合国情,积极慎重地采用和推广经过鉴定的新技术和新产品。电气系统的一般设计原则如下。

1. 供电系统

(1) 脱硫装置高压、低压厂用电电压等级应与发电厂主体工程一致。

(2) 脱硫装置厂用电系统中性点接地方式应与发电厂主体工程一致。

(3) 脱硫工作电源的引接。

1) 脱硫高压工作电源可设脱硫高压变压器从发电机出口引接,也可直接从高压厂用工作母线引接。

2) 脱硫装置与发电厂主体工程同期建设时，脱硫高压工作电源宜由高压厂用工作母线引接，当技术经济比较合理时，也可增设高压变压器。

3) 脱硫装置为预留时，经技术经济比较合理时，宜采用高压厂用工作变预留容量的方式。

4) 已建电厂加装烟气脱硫装置时，如果高压厂用工作变有足够备用容量，且原有高压厂用开关设备的短路动热稳定值及电动机启动的电压水平均满足要求时，脱硫高压工作电源应从高压厂用工作母线引接，否则应设高压变压器。

5) 脱硫低压工作电源应单设脱硫低压工作变压器供电。

(4) 脱硫高压负荷可设脱硫高压母线段供电，也可直接接于高压厂用工作母线段。当设脱硫高压母线段时，每炉宜设 1 段，并设置备用电源。每台炉宜设 1 段脱硫低压母线。

(5) 脱硫高压备用电源宜由发电厂启动备用变压器低压侧引接。当脱硫高压工作电源由高压厂用工作母线引接时，其备用电源也可由另一高压厂用工作母线引接。

(6) 除满足上述要求外，其余均应符合《火力发电厂厂用电设计技术规定》（DL/T 5153—2002）中的有关规定。

2. 直流系统

(1) 新建电厂同期建设烟气脱硫装置时，脱硫装置直流负荷宜由机组直流系统供电。当脱硫装置布置离主厂房较远时，也可设置脱硫直流系统。

(2) 脱硫装置为预留时，机组直流系统不考虑脱硫负荷。

(3) 已建电厂加装烟气脱硫装置时，宜装设脱硫直流系统向脱硫装置直流负荷供电。

(4) 直流系统的设置应符合相关规定。

3. 交流保安电源和交流不停电电源（UPS）

(1) 200MW 及以上机组配套的脱硫装置宜设单独的交流保安母线段。当主厂房交流保安电源的容量足够时，脱硫交流保安母线段宜由主厂房交流保安电源供电，否则宜由单独设置的能快速启动的柴油发电机供电。其他要求应符合 DL/T5153 中的有关规定。

(2) 新建电厂同期建设烟气脱硫装置时，脱硫装置交流不停电负荷宜由机组 UPS 系统供电。当脱硫装置布置离主厂房较远时，也可单独设置 UPS。

(3) 脱硫装置为预留时，机组 UPS 系统不考虑向脱硫负荷供电。

(4) 已建电厂加装烟气脱硫装置时，宜单独设置 UPS 向脱硫岛装置不停电负荷供电。

(5) UPS 宜采用静态逆变装置。其他要求应符合《火力发电厂、变电所二次接线设计技术规程》（DL/T 5136—2001）中的有关规定。

4. 二次线

(1) 脱硫电气系统宜在脱硫控制室控制，并纳入 DCS 系统。

(2) 脱硫电气系统控制水平应与工艺专业协调一致，宜纳入分散控制系统控制，也可采用强电控制。

(3) 接于发电机出口的脱硫高压变压器的保护。

1) 新建电厂同期建设烟气脱硫装置时，应将脱硫高压变压器的保护纳入发电机—变压器组保护装置。

2）脱硫装置为预留时，发电机—变压器组差动保护应留有脱硫高压变压器的分支的接口。

3）已建电厂加装烟气脱硫装置时，脱硫高压变压器的分支应接入原有发电机—变压器组差动保护。

4）脱硫高压变压器保护应符合 DL/T 5153 中的规定。

（4）其他二次线要求应符合 DL/T 5136 和 DL/T 5153 的规定。

# 第三章

# 烟气脱硫装置运行与维护

## 第一节 脱硫装置启动与停运

本节以某电厂 2×300MW 机组烟气脱硫装置为例，详细介绍其烟气脱硫装置的启动与停运过程，该烟气脱硫装置烟气流程如图 3-1 所示。下面首先对该烟气脱硫装置基本情况进行简单介绍。

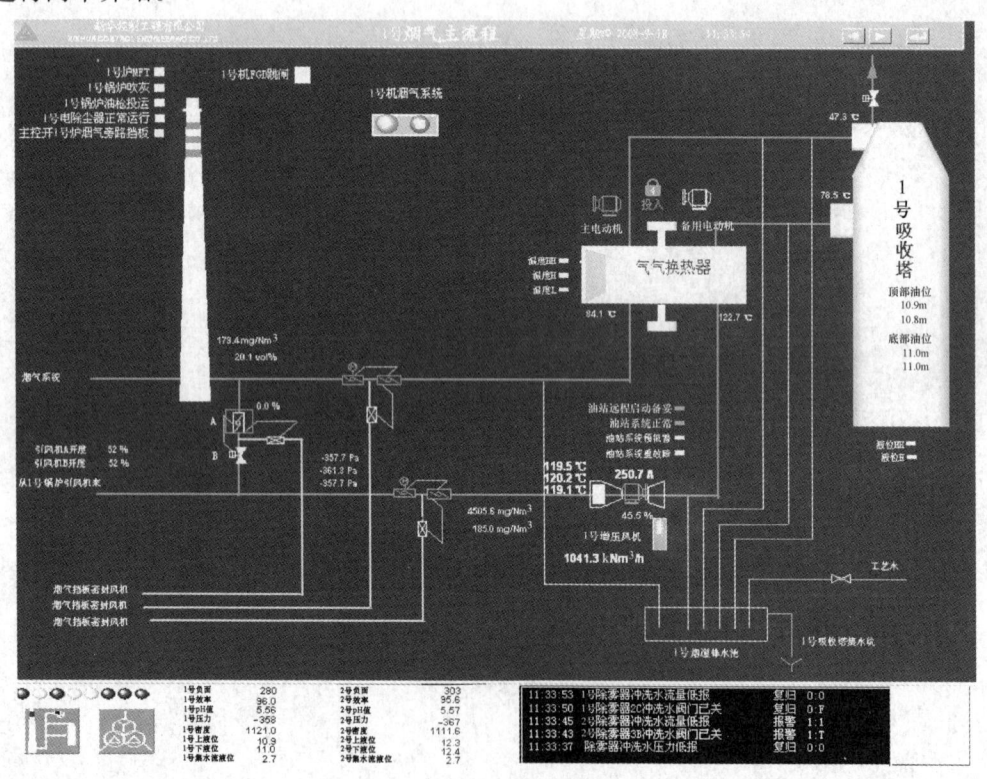

图 3-1 电厂 2×300MW 机组烟气脱硫装置烟气流程图

该电厂 2×300MW 机组脱硫装置引进奥地利（AE&E）工艺技术，采用石灰石—石膏湿法脱硫工艺，与该厂 1、2 号锅炉形成一对一的配套布置。

### 一、系统工艺描述

该电厂 2×300MW 机组烟气脱硫装置的主要技术指标（按 1 套烟气脱硫装置）见表 3-1。

表 3-1　　　　该电厂 2×300MW 机组烟气脱硫装置的主要技术指标

| 序号 | 项 目 | | 单 位 | 100%BMCR | 50%BMCR |
|---|---|---|---|---|---|
| 1 | 烟气脱硫装置烟气量 | 标态，干基，6%$O_2$ | $m^3/h$ | 1 078 272 | 539 136 |
| | | 标态，湿基，实际$O_2$ | $m^3/h$ | 1 160 775 | 580 388 |
| | | 标态，干基，实际$O_2$ | $m^3/h$ | 1 069 420 | 534 710 |
| 2 | FGD 入口 $SO_2$ 浓度（标态） | | $mg/m^3$ | 4392 | |
| 3 | 烟气入口温度 | | ℃ | 117.5 | |
| 4 | 烟气灰尘含量（标态） | | $mg/m^3$ | ≤250 | |
| 5 | 净烟气 $SO_2$ 浓度（标态、干基，6%$O_2$) | | $mg/m^3$ | ≤300 | |
| 6 | 出口烟气含雾量（标态，干基，6%$O_2$）(采用冲击测量法) | | $mg/m^3$ | 75 | |
| 7 | 出口烟气温度 | | ℃ | 82 | |
| 8 | 脱硫率 | | % | 95 | |
| 9 | 负荷范围 | | % | 50～100 | |
| 10 | 石灰石品质 | $CaCO_3$（质量含量） | % | ≥95 | |
| | | $MgCO_3$（质量含量） | % | <2 | |
| | | 其他杂质（质量含量） | % | <2 | |
| | | 粒径 | mm | <20 | |
| | 石膏品质 | 石膏纯度（质量含量） | % | ≥90 | |
| | | 含水率（质量含量） | % | ≤10 | |
| | | 氯离子 | % | ≤0.01 | |
| | | $CaSO_3 \cdot \frac{1}{2}H_2O$（质量含量） | % | ≤0.35 | |
| | | $CaCO_3$（质量含量） | % | ≤3.0 | |
| | | $MgCO_3$（质量含量） | % | ≤3.0 | |
| | | pH 值 | | 6～9 | |
| | | 烟灰（以 C 表示）（质量含量） | % | ≤0.1 | |

1. 烟气系统

1 号或 2 号机组（2×300MW 锅）烟气经一台静叶可调轴流式增压风机升压后，进入原烟道烟气—烟气换热器被冷却，然后进入吸收塔，经过喷淋浆液洗涤后，进入两级除雾器，除去烟气中携带的浆滴，然后进入净烟道烟气—烟气换热器加热，将净烟气加热到 80℃以上，最后送入烟囱排放。该系统在原烟道上设置有一块原烟气挡板，在净烟道上设置有一块净烟气挡板。在主体发电工程烟道上设置有旁路挡板门，当锅炉启停、FGD 装置故障、FGD 检修停运时，烟气由旁路挡板经烟囱排放。为了防止 FGD 装置停运后吸收塔超压，在吸收塔出口处设置有排空蝶阀。

为了便于烟道挡板在锅炉运行期间脱硫装置的隔断和维护，设置了一套密封空气系统。在烟气脱硫装置的进、出口烟道上安装了双百叶密封挡板，在旁路烟道上装设有带密封气的双叶片单挡板门。该密封空气系统共有两台密封风机，1 号和 2 号炉公用（一运一备）。因为密封风机的介质为空气，湿度较大，易造成挡板积灰腐蚀，所以在密封风机系统出口加装了密封空气电加热器,确保了空气干度。在密封烟气时,密封空气压力应比烟气压力高,因此该风机设计有足够的容量和压头。

2. 吸收塔再循环及石膏浆液排出系统

吸收塔氧化池中的石膏、石灰石混合浆液通过各自的3台吸收塔再循环泵打至吸收塔上部喷淋系统,浆液通过喷淋系统喷出后顺流而下,与上行的烟气接触,吸收烟气中的$SO_2$、$SO_3$和$HCl$等酸性物质后,返回到吸收塔氧化池。氧化池内的石膏通过石膏浆液排出泵抽出后,一路至石膏旋流浓缩站,另一路至事故浆液箱。在石膏浆液排出泵出口管路上设置有石膏浆液密度计和两套pH计。

在吸收塔再循环泵的入口设置有浆液滤网,并在其出口设置了泵的冲洗水,当吸收塔再循环泵因故停运后,应对其进行冲洗。为防止烟气进入停运后的再循环泵,冲洗完毕后,应对泵的出口管进行封水。同时,再循环浆液管内的水压与吸收塔浆液压力相等可保证塔内浆液不致渗漏至循环泵体,对泵体叶片起到防腐的作用。

3. 氧化空气系统

该FGD装置设置有4台氧化风机,每塔两台,一运一备。在装置运行时,为了保证吸收塔内的亚硫酸钙充分氧化成硫酸钙,按工况要求设置了足够的氧化空气。

氧化空气由氧化空气配管送入吸收塔搅拌器处氧化。在氧化空气配管上还装设有冷却水喷淋装置,其目的防止氧化空气温度过高,使氧化喷管口结晶堵塞流通面积。

4. 石膏旋流站(一级脱水)和真空皮带脱水系统(二级脱水)

吸收塔的石膏浆液通过石膏排出泵送入石膏水力旋流站浓缩,浓缩后的石膏浆液进入真空皮带脱水机,进入真空皮带脱水机的石膏浆液经脱水处理后表面含水率小于10%,由皮带输送机送入石膏仓储存间存放待运,可供综合利用。石膏旋流站出来的溢流浆液一部分返回吸收塔循环使用,一部分进入废水旋流器,送至废水处理区域。石膏旋流站浓缩后的石膏浆液全部送到真空皮带机进行脱水运行。

为控制脱硫石膏中$Cl^-$等成分的含量,确保石膏品质,在石膏脱水过程中用水对石膏及滤布进行冲洗,石膏过滤水收集在滤液池中,然后由滤液泵送到石灰石制浆系统或返回吸收塔。

两台锅炉的脱硫装置共设有两台真空皮带脱水机,每台真空皮带脱水机的出力按75%的两台锅炉BRL工况运行时产生的石膏浆液量配置,处理能力为20.5t/h,皮带过滤面积为24$m^2$,石膏浆液经脱水处理后表面含水率小于10%。

真空皮带脱水机的辅助设备主要有石膏水力旋流器、水环式真空泵、气液分离器、滤饼和滤布冲洗水泵、滤饼和滤布冲洗水箱。同时,设有滤液池及配套搅拌器和两台滤液泵。

5. 石灰石卸料系统

用自卸汽车将石灰石块(粒径小于或等于20mm)运至厂内,石灰石经振动筛子进入卸料斗后由石灰石振动给料机、斗式提升机和埋刮板输送机运送至石灰石储仓内,再由电磁振动给料机、石灰石称重皮带输送机计量后送到湿式钢球磨石机内磨制成浆液,石灰石浆液用泵输送到水力旋流器经分离后,大尺寸物料再循环,溢流储存于石灰石浆液箱中。

石灰石块由敞口卡车送至现场,粒径在 0~20mm 之间。在卸料站卡车往地下料斗卸料,采用隔栅防止粒径大于 20mm 的石灰石进入设备。

卸料斗内的石灰石进入带金属分离器的输送机,再通过斗式提升机及斗提机上部的输送机把石灰石送入石灰石储仓。

每台钢球磨石机对应储仓的一个出料口,出料口有防堵装置,每个出料口配有关断装置。

给料机能连续运行,且有调节给料量的控制器,每个出口给料量能在 0~100% 间调节。

6. 石灰石浆液制备系统

两台锅炉的脱硫装置公用一套石灰石浆液制备系统。

在石灰石仓底设有两个出料口,两出料口对应两套磨石机系统。出料口设有插板门和两台称重皮带给料机,由称重皮带输送机称重后送至湿式钢球磨石机内磨制成浆液,碾磨后的石灰石浆液通过浆液循环泵输送到水力旋流器分离,大尺寸物料从旋流器底流返回再循环,合格的溢流物料储存于石灰石浆液箱中,然后经石灰石浆液泵送至吸收塔。

每台磨石机的额定出力按两台锅炉 BMCR 工况时 75% 的石灰石耗量设计,磨石机出口物料细度可小于或等于 0.044mm(90% 通过 325 目)。

7. 烟气—烟气换热系统

烟气—烟气换热器采用为回转式烟气再热器 GGH,通过 FGD 上游的原烟气加热 FGD 下游的净烟气,蓄热元件采用涂有搪瓷的钢板。在锅炉负荷为 100%BMCR 工况下,入口原烟气温度在大于或等于设计温度时,GGH 出口净烟气温度可达 80℃ 以上;在负荷为 50%BMCR 工况下,GGH 出口净烟气温度不低于 70℃,从而确保经济适用的加热系统。

GGH 采取泄漏密封系统,减小未处理烟气对洁净烟气的污染。GGH 漏风率始终保持小于 1%。

GGH 的辅助设备有低泄漏风机、密封风机、吹灰器和高压水冲洗水泵。正常运行时采用压缩空气对换热器进行吹扫;烟尘浓度过高、换热器压损达到设计值时采用高压水对换热器进行冲洗;停机后采用低压工业水冲洗。

8. 浆液排放和事故浆液系统

1、2 号吸收塔各设有一个集水坑(吸收塔区域集水坑),主要收集本吸收塔区域排水沟的浆液,再通过该集水坑泵返送至吸收塔。视情况可送至事故浆液箱。

集水坑都配有一台搅拌器和一台集水泵。

在 FGD 岛内设置了一套两台炉公用的事故浆液箱,事故浆液箱的容量能够满足单个吸收塔检修排空和其他浆液排空的要求,并作为吸收塔重新启动时的石膏晶种。

吸收塔浆液池检修需要排空时,吸收塔的石膏浆液可送至事故浆液箱,作为下次 FGD 启动时的浆液晶种。事故浆液箱设置一台浆液返回吸收塔的事故浆液泵。

9. 工业水和循环水系统

从电厂供水系统引接至脱硫岛的水源有两路,一路是工业水,一路是循环水。

脱硫工艺水从主体工程水管上引接至脱硫工艺水箱。工艺水箱内部采用隔板，分隔成循环水箱和工业水箱。工业水主要用户为增压风机油站、钢球磨石机等设备的冷却水、真空泵补水及密封水。

循环水主要用户为除雾器的冲洗水、氧化空气冷却水、吸收塔补水及所有浆液输送设备、输送管路、储存箱的冲洗水。

工艺水系统满足 FGD 装置正常运行和事故工况下脱硫工艺系统的用水。工艺水箱的有效容积至少按脱硫装置正常运行 0.5h 的最大工艺水耗量设计，为 $45 \sim 88m^3$。

工艺水系统设置两台工业水泵（一运一备）、两台除雾器冲洗水泵（一运一备）。

工艺水系统中设备的冷却水回收至循环水箱，设备、管道及箱罐的冲洗水回收至集水坑或滤液池重复使用，满足了系统节约用水的设计要求。

10. 压缩空气系统（仪用空气和杂用空气）

设置 1 台杂用空气压缩机，空气压缩机采用螺杆式，冷却方式采用风冷。

配置 1 台杂用空气储气罐，容积 $10m^3$，提供 GGH 吹扫用压缩空气，同时提供机械设备、风动工具、扳手等操作及脱硫装置维修所需的压缩空气。

设置 1 台仪用空气储气罐，容积 $5m^3$，提供脱硫岛内的仪表用气。

仪用空气自界区外主机送至仪用空气储气罐。

11. 废水处理系统

脱硫岛设计了一套共用废水处理站，该废水处理站主要收集处理来至石膏脱水系统的滤液水。该滤液水由 1、2 号塔各自的石膏旋流器顶流汇集箱来。该汇集箱的滤液水由 1 号或 2 号废水给料泵打出，经旋流器分离后，废水旋流器顶流汇集箱的废水又被送至 FGD 废水处理站进行化学处理。

## 二、脱硫装置启动

（一）启动前的检查

启动前，应对工艺水系统、仪用空气系统、吸收剂制备系统、$SO_2$ 吸收系统、烟气系统、石膏脱水系统、废水处理系统等进行检查，保证各系统符合启动相关要求。主要检查内容如下：

1. 吸收剂制备系统

（1）卸料存储装置内无杂物，无游离水进入。

（2）称重装置已校验，计量准确。

（3）磨制系统、粉仓卸料及流化风系统设备试运转合格，处于备用状态。

（4）箱、罐、坑液位及筒仓料位、流量等测量指示正确。

2. $SO_2$ 吸收系统

（1）吸收塔、集水坑内部清洁，壁内防腐内衬无脱落、起泡，人孔门、检查孔关闭严密。

（2）吸收塔喷嘴无破损、无正对向塔壁或支撑梁。

（3）压力、压差、温度、液位、流量、密度、pH 计等测量装置完好，并投入。

（4）设备周围清洁，无积浆、积水、积油及其他杂物。

(5) 工艺水系统具备启动条件。

(6) 石灰石供浆系统具备启动条件。

(7) 吸收塔阀门处于工作位置。

3. 烟气系统

(1) 烟气挡板门、增压风机、GGH 设备完好，GGH 无泄漏、堵塞，除雾器无变形、堵塞。

(2) 烟道无腐蚀泄漏，膨胀节连接牢固、无破损；人孔门、检查孔关闭严密。

(3) 烟气在线监测系统及热工仪表完好，投入正常。

(4) 锅炉除尘器运行正常，除尘器出口烟尘浓度符合脱硫要求。

(5) 增压风机及其辅助系统满足启动条件。

(6) GGH 系统满足启动条件。

4. 石膏脱水系统

(1) 石膏旋流站、石膏输送机、真空皮带脱水机、滤液、废水排放系统等设备完好。

(2) 浆液管道畅通、无堵塞，支吊架牢固完好。

(3) 压力、液位、料位、测厚仪等测量装置完好，滤布纠偏装置灵活。

(4) 工艺水源和仪用气源充足。

5. 废水处理系统

(1) 中和箱、反应箱、絮凝箱刮泥机、污水收集坑及箱、坑搅拌器等设备完好。

(2) 絮凝剂计量箱、助凝剂加药箱、石灰浆加药箱、有机硫计量箱、酸计量箱内无杂物，药品准备齐全。

(3) 转动设备试转合格，处于备用状态。

(4) 电气、仪控系统投入。

(二) 长期停运后的启动

1. 事故按钮试验及联锁保护试验

通知相关人员将有关转机如增压风机、浆液循环泵、氧化风机等进行绝缘试验，试验合格后送至试验位，分别做事故按钮试验。事故按钮试验中各设备应跳闸正常，DCS 中状态显示、声光报警正确，方为合格。

脱硫装置在启动前，必须做各种连锁和保护试验，需向值长联系该项工作。此项工作应在各设备检修工作全部结束后，并经验收合格方可进行。在以上设备及系统检查的基础上，联系有关人员将控制电源、设备电源送上，并进行启动前的相关试验。

(1) 打开吸收塔放散阀。

(2) 各挡板门连锁保护试验正常。

(3) 增压风机保护试验正常。

(4) 氧化风机保护试验正常。

(5) 循环泵保护试验正常。

(6) GGH 主、辅电动机的连锁保护试验正常。

(7) 湿式钢球磨石机保护试验正常。

(8) 真空皮带脱水机保护试验正常。

(9) 增压风机两台轴承冷却风机之间的连锁试验正常。

(10) 增压风机润滑油站两台润滑油泵之间的连锁试验正常。

(11) 其他单体设备的保护试验及设备间的连锁试验正常。

(12) 启动FGD装置前需核实仪用压缩空气系统启动。

各连锁、保护试验合格后，将各连锁保护开关"投入"，做好记录，汇报值长。

2. 工艺水系统

(1) 联系机炉长、值长，打开工艺水箱或工艺水池补水阀，向工艺水箱或工艺水池补水。

(2) 当工艺水箱或水池内液位高于泵的允许启动值时，启动工艺水泵。

(3) 打开氧化风机、泵的轴封冷却水阀和轴瓦冷却水（如果有）。

(4) 启动除雾器冲洗水泵，准备向吸收塔上水。

3. 吸收塔充浆

吸收塔第一次注水前应对所有管道和吸收塔进行冲洗，确认冲洗干净后，方可开启除雾器冲洗水向吸收塔上水。当吸收塔内注入一定液位，验收合格后封闭吸收塔人孔门。若是第一次启动，吸收塔的液位应该填注到比吸收塔的正常液位低大约1m。

脱硫装置初次启动前，需向吸收塔加入石膏或石膏浆液作为晶种，吸收塔浆液浓度达到3%～5%。其配浆方式有两种：一是由吸收塔区域集水坑配浆；二是由事故浆池配浆。

4. 石灰石料仓上料

预先粉碎的石灰石用合适的卡车运送并完成料仓上料工作，操作步骤如下：

(1) 启动石灰石仓顶除尘器。

(2) 启动石灰石埋刮板输送机。

(3) 启动卸料斗式提升机。

(4) 启动石灰石振动输送机。

(5) 启动振动筛子。

此时，手动打开石灰石卸料斗底部手动阀，卡车将石灰石块倾倒入卸料斗。正常运行时，石灰石仓料位低至设计值时应启动该系统。

5. 石灰石制浆启动

石灰石经给料机计量后送入钢球磨石机制成石灰石浆液。

石灰石浆液制备系统启动顺序如下：

(1) 启动石灰石浆液循环泵。

(2) 启动磨石机辅助系统（喷射润滑油站、高低压润滑油站）。

(3) 启动磨石机主电动机。

(4) 启动称重给料机，延时5s。

(5) 启动石灰石仓底振动给料机。

启动完毕，应及时调整钢球磨石机进水量和给料量。

注意：一般情况下，不宜在 1h 内连续两次启动磨石机。

磨制后的石灰石浆液由石灰石浆液循环泵输送至旋流站。旋流器的旋流子可以起到对石灰石粒度分离的作用，大的颗粒由旋流子底部进入底流液箱，然后经由磨石机浆液分配器输送至磨石机头部回流口或磨石机浆液循环箱，合格粒径的石灰石浆液由旋流子溢流口排入溢流液收集箱，经磨石机浆液分配器输送至石灰石浆液存储罐或磨石机浆液循环箱。

**6. 石灰石浆液泵的启动**

(1) 当石灰石浆液箱液位达到允许启动搅拌器的液位值时，启动石灰石浆液箱搅拌器。

(2) 当石灰石浆液箱中储存一定液位的石灰石浆液时，启动一台石灰石浆液泵，连锁打开泵的出口阀。

(3) 打开石灰石浆液密度计测量阀，观察密度计显示是否正常，密度计冲洗顺序控制投自动。

**7. 启动 GGH 系统与增压风机辅助设备**

(1) 启动任意一台 GGH 密封风机，启动正常后投入"连锁备用"开关。

(2) 启动 GGH 上部及下部吹灰密封风机。

(3) 启动 GGH 轴承油循环系统，投入油循环控制与转速报警系统（当油温低于 30℃ 时，可不启动）。

(4) 启动 GGH 辅电动机（慢传 3～5min 后停运），观察转速显示是否正常。

(5) 启动 GGH 主电动机并观察转速显示是否正常。

(6) 投入 GGH 主、辅助电动机连锁开关。

(7) 启动增压风机轴承冷却风机，并投入连锁。

(8) 启动增压风机稀油站。

(9) 确认增压风机导叶调节机构动作灵活。

**8. 吸收塔系统启动**

(1) 启动吸收塔石膏排出泵，检查吸收塔 pH 计、吸收塔密度计显示是否正常。

(2) 确认吸收塔排空阀开启、GGH 系统已启动。

(3) 启动氧化风机。

(4) 依次启动吸收塔浆液循环泵：

1) 打开吸收塔浆液循环泵入口电动阀，等待 1min；

2) 启动吸收塔浆液循环泵（最好在 30min 内打开 FGD 系统原烟气挡板）。

注：当连续启动多台泵时，第一台泵启动后，待泵运行正常和吸收塔液位正常后，方可启动下一台，启动后注意观察泵的入口及出口压力是否正常。

(5) 增压风机冷却风机已启且连锁开关投入。

(6) 增压风机稀油站系统已启动，就地检查油站运行正常。

**9. 烟气系统启动**

(1) 确认至少有两台循环泵已投运。

(2) 确认增压风机前导叶关闭（导叶开度小于 5%）且增压风机压力控制置手动

方式。

(3) 打开净烟气挡板。

(4) 关闭吸收塔排空阀。

(5) 打开原烟气挡板。

(6) 通知值长"脱硫系统准备进烟"。

(7) 启动增压风机,检查风机电流应正常。

(8) 根据进烟量的需要,缓慢调大静叶角度,逐渐增大风机负荷。

(9) 启动GGH低泄漏风机。

(10) 除雾器冲洗顺序控制投入自动模式。

(11) 等待烟气系统运行稳定后,联系值长准备手动关闭运行锅炉至烟囱旁路挡板。

(12) 旁路挡板门关闭后投入增压风机入口压力自动调节。

(13) 旁路挡板门全关后,启动烟气挡板密封风机。

10. 脱水系统的启动

(1) 该系统投入前,吸收塔内的浆液浓度达到15%左右,其余的杂质含量化验合格。

(2) 打开滤液水箱(池)、滤布冲洗水箱、滤饼冲洗水箱工艺水各手动门、电动门,向滤液水箱、滤布冲洗水箱、滤饼冲洗水箱上水。

(3) 打开冲洗水泵进口手动门、真空盒密封水、皮带滑道冲洗水一、二次门。

(4) 启动一台滤布冲洗水泵,打开其出口手动阀,并投入连锁备用开关。

(5) 打开滤饼冲洗水泵入口阀,滤饼冲洗水手动门。

(6) 启动一台滤液泵,联开其出口手动阀、滤液至钢球磨石机入口或滤液至循环箱、滤液返回吸收塔的电动总阀,并视磨石机运行情况,逐渐开大钢球磨石机滤液调节阀(若无湿式钢球磨石机系统,则滤液返回吸收塔内)。

(7) 启动石膏皮带输送机。

(8) 打开真空泵密封水阀,流量稳定后启动真空泵。

(9) 启动真空皮带脱水机。

(10) 打开石膏浆液至脱水机的给浆阀门,全开后关闭石膏浆液返回吸收塔阀。

(11) 确认石膏饼厚度大于实际控制值时,投入石膏饼厚度自动控制。

11. 废水处理系统启动

(1) 加药系统启动。启动废水泵向脱硫废水处理系统供料,根据废水泵出水流量、污水收集坑提升泵出水流量控制加药装置计量泵运行。

(2) 石灰浆加药装置启动。根据中和箱中的pH值启动石灰计量泵。

(3) 酸加药装置启动。根据出水箱的废水pH值启动酸计量泵。

(4) 污泥脱水系统启动。根据澄清坑的污泥位启动污泥脱水系统。

(5) 搅拌系统启动。为防止浆液沉积,根据箱罐液位搅拌器应自动启停。

(三) 短期停运后的启动

短期停机时间一般在1~7天,脱硫装置短期停机后的启动按长期停运后的启动第4~11有关条款执行。

（四）临时停运后的启动

临时停运一般只停运几个小时，脱硫装置停运后的启动按长期停运后的启动第 8～11 步有关条款执行。

（五）启动后的检查及注意事项

1. 烟气系统

（1）烟道膨胀畅通，膨胀节无拉裂现象。

（2）密封气管道和烟道应无漏风、漏烟现象。

（3）增压风机本体完整，人孔门严密关闭，无漏风或漏烟现象。

（4）增压风机导叶调整灵活。

（5）增压风机油站油压、油温正常。

2. 吸收塔

（1）吸收塔本体无漏浆及漏烟、漏风现象，其液位、浓度和 pH 值应在规定范围内。

（2）应控制吸收塔出口烟温低于 80℃ 运行，以免损坏除雾器。

3. 烟气—烟气换热器系统（GGH）

定时对 GGH 进行吹灰操作，一般要求至少 6h 吹扫一次。否则 GGH 差压过高，GGH 堵塞，造成增压风机出力过大，振动增大。

4. 泵

（1）泵的轴封应严密，无漏浆及漏水现象。

（2）泵的出口压力正常，出口压力无剧烈波动现象，否则进口堵塞或汽化。

（3）泵的进口压力过大，应及时调整箱、罐、池的水位正常，以免泵过负荷，如果泵的进口压力低，应切换为备用泵运行，必要时断电通知检修处理。

（4）泵启动后，如果发现不能维持正常运行的压力和流量时，必须停泵对管道进行冲洗，若冲洗无效时，只能拆开管子除去堵塞物及沉积物。

5. 制浆系统

（1）称重皮带给料均匀，无积料、漏料现象，称重装置测量准确。

（2）制浆系统管道及旋流器应连接牢固，无磨损和漏浆现象。若旋流器泄漏严重，应切换为备用旋流器运行，并通知检修处理。

（3）钢球磨石机进、出料管及滤液水管应畅通，运行中应密切监视钢球磨石机进口料位，严防钢球磨石机堵塞。

（4）禁止钢球磨石机长时间空负荷运行。

（5）经常检查钢球石磨机出口算子的清洁情况，及时清除分离出来的杂物。

6. 脱水系统

（1）检查浆液分配管（盒）进料均匀、无偏斜，石膏滤饼厚度适当，出料含水量正常且无堵塞现象。

（2）各路冲洗水及密封水量正常，脱水机运转时声音正常，气水分离器真空度正常。

（3）脱水机走带速度适当，滤布张紧度适当、清洁、无划痕。

（4）真空泵的冷却水流量正常。

(5) 脱水机不宜频繁启停,应尽量减少启停次数。

7. 石灰石卸料系统

(1) 卸料斗箅子安装牢固完好。

(2) 振动给料机下料均匀,给料无堆积、飞溅现象。

(3) 运行中应及时清除原料中的杂物。如果原料中的石块、铁件、木头等杂物过多,应及时汇报上级,并通知有关部门处理。

(4) 斗式提升机底部无积料,各料斗安装牢固并完好。

(5) 石灰石仓无水源进入。

(6) 所有进料、下料管道无磨损、堵塞及泄漏现象。

8. pH 计

pH 计设计中要求 1h 冲洗一次。当 pH 计投入后,应通知化学化验石膏浆液 pH 值,若 pH 计指示不准确,应及时冲洗 pH 计。若反复冲洗后 pH 计指示仍不准确,应立即通知热工进行处理。

### 三、脱硫装置停运

(一) 停运前的准备工作

根据 FGD 系统停运情况制订停运计划,同时根据设备运行情况,有必要提出在停运期间应重点检查和维护保养的设备和部位。在系统停运前应将吸收塔的液位控制在低位运行,并尽可能在系统停运前排空各箱、罐、坑的液体或在低液位运行。

(1) FGD 系统长期停运,则石灰石磨石机系统应提前排空,磨石机再循环浆液箱的浆液液位应控制在小于泵的"保护停"液位值,残液应排空。

(2) 在停运设备前,运行操作人员应将备用设备的连锁切除。

(3) 将除雾器冲洗顺序控制切手动状态。

(二) 停运方式

1. 长期停运

需对吸收塔内浆液及其他罐内浆液排到事故浆液罐储存,其他浆液罐均应排空,除事故浆液罐搅拌器运行外,系统设备全部停运。

2. 短期停运

需停运的系统有烟气系统、$SO_2$ 吸收系统、石膏脱水系统、吸收剂制备系统;各箱罐坑都存有液体,搅拌器应运行,仪用空气系统、工艺水系统应保持运行。

3. 临时停运

需对烟气系统、石灰石浆液供给系统停运,其他系统视锅炉和烟气脱硫装置情况停运。

(三) 注意事项

(1) 根据 FGD 系统停运方式制订停运计划。

(2) 根据设备运行情况,提出在停运期间应重点检查和维护保养的设备和部位。

(3) 系统停运前应将吸收塔的液位控制在低液位运行,并尽可能在系统停运前将各箱罐坑控制在低液位运行。

(4) FGD 系统正常停运，应在锅炉准备停炉投油枪之前停运烟气系统。

(5) 有连锁的设备停运前，运行人员应将连锁解除。

(6) 烟气系统停运完毕，应尽快将吸收塔循环泵及氧化风机停运。

(7) 根据停运方式决定是否对石灰石（粉）仓、箱、罐、坑排空。

（四）长期停运

1. 脱硫装置总体停运步骤

(1) 停止石灰石浆液制备及输送系统。

(2) 停止烟气系统。

(3) 停止 $SO_2$ 吸收系统。

(4) 停止石膏脱水系统。

(5) 吸收塔倒浆、排空。

(6) 停止废水处理系统。

(7) 停止压缩空气系统、工艺水系统。

2. 石灰石浆液制备及输送系统停运

(1) 卸料系统停运。

(2) 当脱硫装置长期停运时，石灰石（粉）仓宜清空。

(3) 石灰石浆液输送停运。

3. 烟气系统停运

(1) 解除增压风机入口压力调节自动。

(2) 开启 FGD 系统旁路挡板。

(3) 旁路挡板打开后，将增压风机叶片开度关至最小，停止增压风机。

(4) 停止 GGH 低泄漏风机系统。

(5) 关闭 FGD 系统原烟气挡板。

(6) 开启吸收塔排空阀。

(7) 关闭 FGD 系统净烟气挡板。

(8) 启动 FGD 系统烟气挡板密封风机。

(9) 增压风机停运、GGH 轴承温度正常后，停止 GGH 系统。

4. $SO_2$ 吸收系统停运

(1) 解除石灰石供浆流量调节自动，关闭石灰石供浆调节阀。

(2) 停止浆液循环泵系统。

(3) 停止氧化风机。

(4) 手动进行除雾器冲洗。

(5) 视石膏浆液密度和液位情况，停止石膏脱水系统。

5. 石膏脱水系统停运

(1) 解除石膏厚度控制自动。

(2) 停止向真空皮带脱水机进浆。

(3) 等待滤布上面的石膏走空，停止真空皮带脱水机。

(4) 停止真空泵。

(5) 停止滤布滤饼冲洗水泵。

6. 吸收塔倒浆、排空

(1) 通过石膏浆液排出泵或集水坑泵将吸收塔浆液排至事故浆液罐储存，搅拌器根据吸收塔液位停运。

(2) 倒浆完毕后，停止石膏浆液排出泵，冲洗并排空。

(3) 开启吸收塔底部排空阀，浆液排放至集水坑。

(4) 将集水坑浆液输送至事故浆液罐储存，直至吸收塔排空。

7. 废水系统停运

(1) 停止废水供给泵，冲洗并排空浆液管道及箱罐。

(2) 停止废水排出泵，冲洗并排空浆液管道及箱罐。

(3) 停止加药系统。

8. 压缩空气系统、工艺水系统停运

(1) 停止空气压缩机及干燥系统，或关闭主机至脱硫岛进气总阀。

(2) 排尽仪用/杂用空气余气和冷凝水。

(3) 确认系统设备冲洗合格。

(4) 停止工艺水泵。

(5) FGD系统长期停运应排空工艺水管道及工艺水箱。

(五) 短期停运

1. 短期停运的系统

(1) 烟气系统。

(2) $SO_2$吸收系统。

(3) 氧化风机系统（视情况）。

(4) 除雾器冲洗系统。

(5) 石灰石浆液制备及输送系统。

(6) 石膏脱水系统。

(7) 废水处理系统。

2. 短期停运步骤

短期停运步骤按长期停运第2～6步有关条款执行。

(六) 临时停运

1. 临时停运的系统

(1) 烟气系统。

(2) 石灰石浆液制备及输送系统。

2. 临时停运步骤

(1) 停止烟气系统。

(2) 停止石灰石浆液制备及输送系统。

（七）停运后的检查及注意事项

（1）需及时对各停运设备进行冲洗。

（2）各泵、管线及冲洗部位冲洗时间必须足够（根据经验判断冲洗状况）；特别注意的是浆料运输管道的冲洗应引起足够的重视，以避免残余的浆料会沉积或发干造成管道堵塞。

（3）吸收塔搅拌器断电停运后，再次启动之前时需用冲洗水进行冲洗。

（4）长期停运时需放空转动设备各油箱润滑油。

（5）对需要维修的容器设备应将浆液排放干净后进行维修工作。

（6）停用系统的设备断电，但对于留有液位的箱、罐、坑等的液位监测设备和搅拌器设备应保留供电，对于事故浆液箱的搅拌器还应提供保安电源。对于继续运行的设备应定期巡视。

（7）在烟气脱硫装置停机以后，要注意监视箱、坑、罐体中的液位，主要是为了防止因各种原因造成的溢流。

（8）吸收塔中的石膏浆液必须要下降到 $1050kg/m^3$ 左右，这一过程应该在烟气脱硫装置停机的大约 2 天前开始。

（9）FGD 系统需要长期停机时，吸收塔、吸收塔集水坑内的浆液排空，以减少能耗。将石膏浆液晶种置于事故浆液罐中，以备下一次启动时使用。

## 第二节　脱硫装置可靠性与运行调整

我国目前的烟气脱硫装置主要是以湿法脱硫为主。湿法烟气脱硫技术即是含有吸收剂的溶液或浆液在湿状态下脱硫和处理脱硫产物，该法具有脱硫反应速度快、煤种适应性强、脱硫效率高和吸收剂利用率高等优点，但普遍存在腐蚀严重、运行维护费用高及易造成二次污染等问题。这些问题需要通过提高 FGD 装置的可靠性与运行调整来解决。

### 一、FGD 装置的可靠性

脱硫的可靠性主要包括烟气系统、石灰石浆液系统、石膏浆液系统、吸收塔系统、工艺水系统、废水处理系统、压缩空气系统、电控系统等的可靠性。下面将从这几个系统来分别进行探讨。

1. 烟气系统

（1）保证各段烟气流速及其变化的均匀性。钢烟道设计流速约小于 15m/s，要有足够的厚度和强度（特别是对要进行防腐处理的烟道），并尽可能减少降温，以免酸性冷凝水腐蚀原烟气烟道。输送净烟气的烟道设计流速一般不大于 15m/s，速度太快容易冲刷烟道内壁的接口部位和导流板等，速度过低容易在烟道内沉积烟尘和石膏。

（2）阻力分配尽量均匀，尽量减少紊流。在有弯头的地方尽量增设导流板，如增压风机出口 90°弯头、FRP 烟道 90°弯头和三通部分，以降低烟气的紊流，除合理分配烟气阻力外，还能减少冲刷和沉积，减少增压风机或其他设备、烟道的振动。

（3）防止烟气异常。在烟气温度偏高、除尘器异常造成 FGD 吸收塔入口烟尘浓度超过允许极限的情况下，采取诸如增设事故冷却水的措施，可提高系统的安全性。

（4）烟道必须设置足够大的疏水管道。为防止烟气遇冷凝结，在吸收塔前后设置有疏水系统，但FGD系统前的降温冷凝幅度很小，烟气温度仍然高于100℃，几乎没有凝结水，也可以不设疏水。烟气温度约为50℃的净烟气，出口膨胀节、烟道底部低点必须设置满足异常情况（如除雾器效果变差、沉积、堵塞造成净烟气带冷凝水和石膏等杂质、检修冲洗时）的冷凝水排放管道。疏水管道设计时，不能只满足除雾器在正常工况下（如出口液滴含量小于$75mg/m^3$或$100mg/m^3$）的要求，实际在多数情况下，平板式除雾器在FGD系统90%以上的大负荷情况下可能远远大于上述要求，此时疏水量可能大大增加。如果疏水管道直径偏小，容易造成石膏浆液存积的部位后移至烟道、烟囱，甚至到烟塔内（若有），从而更多地回滴到中央竖井平台或烟塔收水器/步道上。

（5）烟气系统的烟气冷却装置要强化防腐。如对烟塔合一的设计，考虑到设计的经济性，这种方式一般设有烟气冷却装置，用以回收进入吸收塔前的烟气热量，提高全厂的热效率。为提高烟气余热回收装置的可靠性，余热回收装置一般采用耐酸钢（ND钢）、PTFE包覆碳钢，还可选用高等级合金钢。对采用ND钢的烟气冷却器，特别要对换热管的联箱进行防腐设计，必要时还要对耐酸钢支撑梁进行防腐。对烟气冷却器的烟道内壁，采用高等级合金（如1.4529合金）材料进行贴壁纸式的防腐，可大大提高烟道的抗腐蚀能力。

（6）吸收塔入口烟道，采用合金材料。吸收塔入口烟道及支撑，由于温度高低、干湿交错，加上烟尘、石膏沉积明显，建议采用更高等级的合金材料（如C276），以延长吸收塔入口烟道的寿命。

2. 石灰石浆液系统

（1）严格石灰石品质，控制粒度分布范围。无破碎系统的FGD石灰石湿式钢球磨石机系统，要求石灰石的粒径上限一般小于20mm，但无下限。但从实际运行情况看，由于直径小于20mm的石灰石是由大块石灰石筛选后过筛留下的，因此其中含有很多杂物，这些杂物有的呈细粉状，并含有大量的石英砂，很容易造成系统磨损，同时可使石灰石仓底篷料，严重时使钢球磨石机入口成糊状，堵塞钢球磨石机入口。因此在选择石灰石时，不应只局限于纯度、粒度，还要有粒度分布范围，以提高石灰石卸料系统的可靠性。

（2）增设去除杂物装置。石灰石卸料系统设有除尘设备或电磁除铁器，做好清除过多杂物的措施。在钢球磨石机出口设置杂物清除、冲洗装置（措施）；在石灰石旋流器、石膏旋流器、地沟等处设置滤网等。都是因为杂物堵塞不但可能会造成整个FGD系统的瘫痪，也严重威胁着FGD系统的安全运行。

（3）方便检修和清理作业。石灰石浆液再循环箱（罐）和浆液箱（罐）应在其箱（罐）体底部箱（罐）壁上设置方便清理的人孔和通道（包括照明），一方面便于在停运期间维修人员进入箱（罐）内进行衬里和搅拌器的检查和维修，另一方面也便于箱（罐）体的清洗工作，将罐中的沉积的固体颗粒迅速冲出去，进入附近的地坑中。石灰石浆液制备系统的地面应考虑防腐，箱体、设备周围最好有地沟，地沟应设轻便、活动的盖板，且有方便清理的通道，因为地沟的清理非常频繁。石灰石浆液管道、钢球磨石机入口管道等应设有方便拆卸、检修的平台。浆液输送管道设置再循环管道时，应每隔一定距离设置冲洗水和检修清理平台、爬梯。

（4）设计选择合适的材料。石灰石浆液管道可选择衬胶（主要是丁基橡胶）管道，但浆液泵出口的大小头、接通各种表计（如密度计）的支管最好采用耐磨合金钢，因为采用FRP管道可能会在3个月内磨穿漏浆，即使采用丁基橡胶，可能使用时间也不长。测量表计的套筒应采用合金制作，如果采用PVC等塑料类制品，易被冲洗水顶开泄漏，造成测量不准。

（5）考虑合理的流量和坡度。石灰石浆液输送泵及管道的流量选择，应考虑测量用浆液回流造成的流量降低。回流管线的坡度最好是顺流，无上坡。

（6）考虑合理的保温伴热措施。测量结果表明，未加伴热的管线，在室外温度约为10℃，且基本无风情况下，与之类似的管线，如流量为3~4t/h的废水输送管线（管径为DN50），大约每50m就会降低1℃。因此合理的保温伴热设计也是提高FGD系统可靠性和安全性的重要方面。对石灰石浆液管线或其他浆液管线（包括废水处理系统的管线），不建议缠用电伴热带，如有必要，可用暖气伴热，或者直接放在以室内布置方式的栈桥内。

3. 石膏浆液系统

（1）合理的材质选择。与泵接出的石膏排浆管道大小头最好不要采用钢衬胶，因其可能会在很短的时间（连续运行时间小于3个月）内被冲刷、腐蚀、穿孔，可采用耐磨合金材料。石膏旋流器底流分配槽（包括旋流器支撑）要设计耐磨防腐层或采用防腐合金材料，并要方便清理，同时设计压缩空气搅拌系统。真空皮带脱水系统的冲洗槽（包括皮带脱水机支撑）要设计耐磨防腐层或采用防腐合金材料，并要方便清理。

（2）必要的滤网。在石膏旋流器前增设滤网，以免过大、过多的杂质进入废水旋流器给料箱，加速给料箱沉积，造成搅拌器与电动机联轴器断裂。

（3）方便检修。石膏系统的底流和顶流管线，以及管线上的阀门一定要方便拆卸检修。在检修场地要有方便清洁/冲洗的手段。

（4）设计足够的通风。石膏浆液系统的房间一定要设计足够的通风散热，以便排除湿气，减少湿气对电气、热控元件的腐蚀，以及对土建结构的侵蚀。

4. 吸收系统

（1）吸收塔要有足够的强度，以防止振动。吸收塔要设计足够的检修人孔，以便出现故障时减少搭设脚手架的时间，缩短检修工期。

（2）吸收塔搅拌器要在1台或2台搅拌器出现故障时不导致停运FGD系统。吸收塔浆液循环泵滤网最好设计成耐冲刷的合金材质。吸收塔喷淋层设计时，最好在浆液循环管道与FRP喷淋层母管接口处设计挡流板，防止石膏浆液淤积在吸收塔壁浆液循环管道的开孔凹台处。

（3）吸收塔两级除雾器除在上一级底部、下一级顶部和底部设置冲洗水外，在除雾器上一级顶部至少应设人工快速冲洗的冲洗水接口，对无烟气旁路的FGD系统，如有必要，还可设计在线连续冲洗装置甚至3层除雾器。因为除雾器顶层很可能在运行较短的时间内，会有局部石膏沉积堵塞，严重时可导致烟气拱开少数除雾器，此时净烟气石膏等浆液液滴含量增大若干倍，甚至引起 FRP 烟道沉积的石膏等酸性物质质量增加。除雾器的设计是保证 FGD 系统可靠性的关键之一。设计良好的除雾器可保证后续 FRP 烟道沉积物量很小，系统阻力也不大。如果设计不良，可能造成除雾器阻力增加很快，净烟气沉积物非常多（如在 FRP 烟道内，FGD 每运行 100h，沉积物量就可增加 1mm），严重时可导致 FRP 烟道的沉积物量超出设计 2~3 倍，甚至引起 FRP 烟道振动加剧、挠度增加，威胁系统的安全可靠运行。

（4）吸收塔的氧化空气系统，对于一炉一塔形式的脱硫装置通常采用一用一备 2 台氧化风机，对于两炉一塔形式的脱硫装置通常采用两用一备 3 台氧化风机。氧化空气的减温水系统应根据各地外界环境情况考虑是否设计伴热管道。

（5）吸收塔顶部的放散阀门应设计采用耐温耐腐蚀的材质，而且最初投运时，一般会泄漏，另外在阀门上设计有防雨篷，但热的 FGD 湿烟气容易在防雨篷上凝结，回流到放散阀的电动执行机构上，因此要考虑防雨篷的冷凝液回流腐蚀执行机构的问题。

5. 工艺水系统

工艺水的水源一定要稳定，最好设计 2 路水源，互为备用或同时使用，以保证系统的安全可靠。工艺水系统最好设计成双母管制，以便可互相切换检修。如有必要，可以将除雾器冲洗水和其他工艺水系统合并，由于用水量的波动，可以考虑将部分工艺水泵改为变频泵进行稳压。钢球磨石机系统的工艺水，特别是磨石机的冷却水，要有防止各种浆液冲洗水返流回工艺水系统的可能，同时设置观察镜，如果工艺水的硬度比较高，应注意冷却水系统的结垢问题。对不同用处的工艺水，要设置隔离阀门，以便各系统在检修时不相互影响。对真空皮带机系统的工艺水系统，可考虑将滤布冲洗水和滤饼冲洗水系统合并成双母管系统，并要考虑在与皮带机本机冲洗水接口的软管连接处，加装稳固的管卡，且要考虑在接口软管断开时，工艺水不会喷射到皮带机的控制柜上。对吸收塔搅拌器和浆液循环泵减速机、钢球磨石机冷却水、真空泵密封水等，其水压要求不一致，应设计各自的减压措施。废水处理系统的工艺水，要考虑其水质对化学药品（如聚丙烯酰胺）的影响。如果工艺水的硬度、碱度太大或其他水质不好，可能造成吸收塔内浆液出现高达 1m 左右的泡沫，出现虚假液位，此时要考虑采取解决水质不好或加入消泡剂的措施。送到事故冷却水系统的工艺水要求稳定、可靠，一般可选择低压消防水系统，当遇到低压消防水系统检修时，还可设计与工艺水补充水系统相连接。工艺水系统应根据各地外界环境情况来考虑是否增设伴热系统，特别是对事故冷却系统的伴热，不推荐采用电伴热带，因为电伴热带若出现故障，不容易发现。对这部分管道和阀门，尽可能采取可靠的伴热保温措施。

6. 废水处理系统

废水输送管线要有足够的冲洗水和排空系统。废水加药系统要有防人身伤害措施。氧化箱、中和箱等箱罐一定要设计方便的排泥系统。澄清浓缩器要设计事故排空系统。脱水设备及出泥要采取防雨水浇灌、防横流的措施。

7. 压缩空气系统

最好设计成独立的压缩空气系统，特别是仪用压缩空气，因为如与其他压缩空气系统相连通（如锅炉输灰系统），可能出现飞灰返流回压缩空气系统，造成仪用压缩空气带入大量飞灰，这些飞灰可能带到诸如真空皮带脱水机系统、燃气吹灰系统，影响系统的安全运行。压缩空气管道要设计疏水排放系统，即使使用电厂的压缩空气，也要有疏水管道，以便在一旦压缩空气管道由于返回水源导致受冻堵塞时可通过烘烤排空。压缩空气系统要有必要的设计保温，特别是对北方电厂（与电厂压缩空气系统相连接），因为一旦电厂压缩空气总系统的电加热器出现故障而无法加热时，压缩空气管道可受冻被堵，危及压缩空气用户的安全，进而影响全厂 FGD 的安全运行。仪用空气管道应选用不锈钢管道，以避免铁锈进入压缩空气的另一重要用户——烟气在线监测仪的反吹系统。

8. 电控系统

FGD 系统的供电系统一定要稳定、可靠，6kV（10kV）设备的电源来自不同的 6kV（10kV）系统。如增压风机来自各相应机组的 6kV 系统，公用系统的 6kV 设备（如钢球磨石机）应接自互为备用的脱硫 6kV 段，各吸收塔的 6kV 浆液循环泵来自不同的 6kV 系统，这样可保证接自 6kV 系统的设备不会因某一上级电源跳闸而全部事故停运。但为了保证增压风机和浆液循环泵能同时停运，在设计时除控制系统做到全部跳浆液循环泵时必须跳增压风机外，在电源接线时，也可考虑增压风机的电源与浆液循环泵的电源来自同一 6kV 系统。同时，重要转动机械及设备设置保安电源，这样可大大提高系统的安全可靠性。

9. 其他

为了尽量减少 FGD 系统的缺陷，应设计一定的设备备品/备件余量，这些余量可以是库房备用，也可是在线备用，根据实际情况确定备用类型。对吸收塔区域/石膏区域的地坑，为了减少互相影响（特别是调试初期），建议每台吸收塔/石膏脱水/石灰石浆液制备区域分别设置地坑和搅拌器、集水坑泵和管道。

10. 设备的可靠性

在 FGD 设备方面，增压风机、GGH、烟气挡板门、循环浆液泵、大型真空皮带脱水机等基本实现了国产化。这不仅使 FGD 工程的初投资大幅度得到降低，也降低了脱硫装置日常运行维护的备品备件费用。但是国产化设备应用业绩少，时间较短，在设备质量、性能等方面仍存在一些问题，还需要不断地提高设备性能，以保证装置的运行的可靠性。

二、FGD 装置运行调节

（一）烟气系统的调节

烟气系统的调节主要是对增压风机烟气流量的调节。锅炉负荷变化时，烟气流量发生变化，需要调节通过 FGD 装置的烟气流量，使之与锅炉燃烧产生的烟气流量相对应。进入 FGD 装置的调节是根据增压风机入口的压力信号，调节增压风机上的叶片角度来实现。

FGD 烟气系统运行调节方式主要有以下几点：

(1) 增压风机入口压力投自动控制，将入口压力自动调节系统投自动。

(2) GGH 吹灰方式。正常情况下压缩空气吹灰每隔 4h 启动一次，每次吹扫 3h，高压水在线清洗在 GGH 差压大时进行。

积灰现象对烟气系统运行的影响主要表现在 FGD 烟气系统的压力损失变化上，引起增压风机运行电流增大,电耗高。FGD 烟气系统压力损失有的是由系统本身造成的,与烟道积灰无关,如入口挡板、除雾器出口烟道、出口挡板等。但是,有很大部分的压力损失是由 GGH 积灰造成的,如 GGH 原烟气侧、GGH 净烟气侧压差大等。

实践证明:定期或不定期进行清洗,保证 GGH 差压维持低水平;调整除雾器清洗周期,保持其低阻力运行;加强电除尘器的运行管理,保证烟气脱硫装置进口烟尘浓度小于设计值;对锅炉运行调整,使排烟温度在设计范围内,都是烟气系统调节的有效方式。

(二)吸收塔系统的调节

1. 吸收塔液位调节

FGD 装置运行时,由于烟气携带、废水排放、石膏带水而造成水的损失,因此,需要不断向吸收塔供水,以保持塔内的水平衡。为保证 FGD 装置运行正常,达到预期的脱硫效率,吸收塔内应维持一定的液位高度。吸收塔浆液池液位高度低于设定值,控制系统连锁保护将导致循环浆液泵、搅拌系统停运,液位高时将导致溢流。吸收塔浆液池的液位调节是通过除雾器冲洗的方式来向吸收塔补水,以维持吸收塔的液位处于正常工作范围内。

除雾器冲洗时间间隔与吸收塔液位之间的关系如图 3-2 所示。

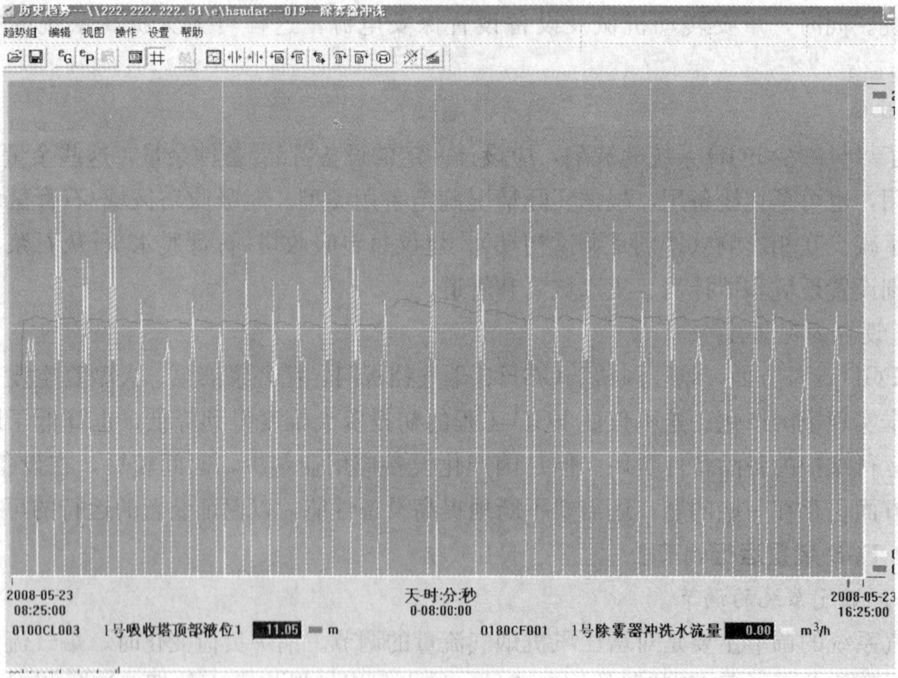

图 3-2 除雾器冲洗时间间隔控制

2. 吸收塔浆液 pH 值调节

当吸收塔入口的烟气流量、烟气中 $SO_2$ 浓度以及石灰石品质、石灰石浆液浓度变化时,吸收塔浆液 pH 值应作相应的调节,以保证 FGD 装置的脱硫效率。通常,吸收塔浆液 pH 值维持在 5~6 的范围内,此时脱硫效率随 pH 值增加而增加。pH 值是通过调节石灰石浆液的流量来实现的。一般来说,增加石灰石浆液流量,可以提高吸收浆液 pH 值;

减小石灰石浆液流量,吸收浆液 pH 值随着降低。图 3-3 所示为某 FGD 入口 SO$_2$ 浓度、石灰石浆液流量、浆液 pH 值在一段时间内的变化趋势。

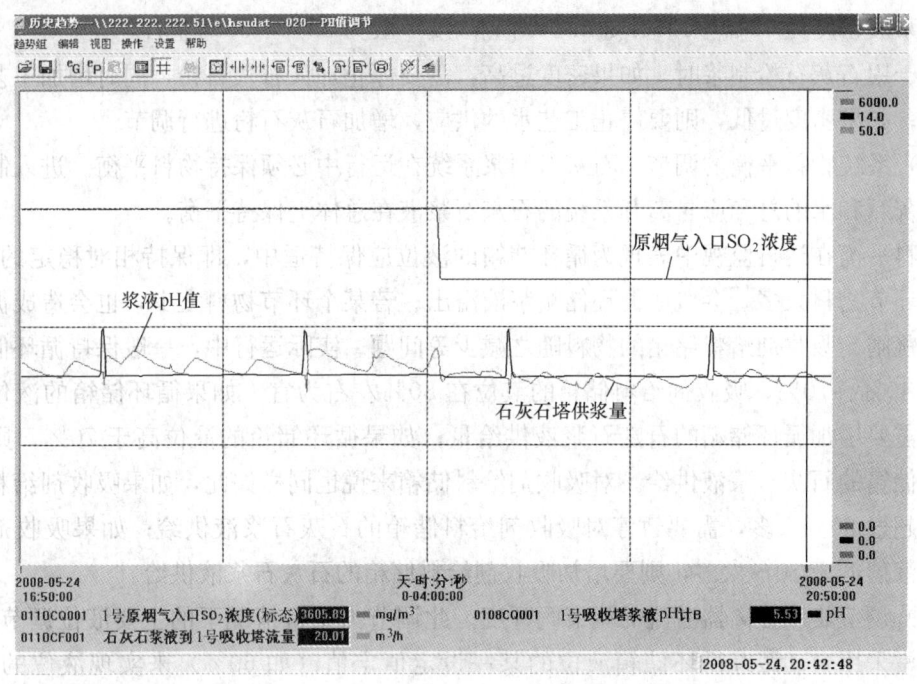

图 3-3　FGD 入口 SO$_2$ 浓度、石灰石浆液流量、
浆液 pH 值在一段时间内的变化趋势图

3. 吸收塔石膏浆液浓度调节

为了维持吸收塔内合适的浆液浓度（一般在 1060～1127kg/m$^3$），保证脱硫效率和系统安全运行，需要从吸收塔反应池底部排放浓度较高的石膏浆液。如果反应池内石膏浓度过高，将会造成管路堵塞。由于反应池内浆液既有一定浓度的石膏，也有一定浓度的石灰石。如果排放量过大，会导致浆液池中石灰石浓度下降，脱硫效率降低，石灰石利用率及石膏品质也将降低。

FGD 系统运行中，当吸收塔浆液密度达到设定值后，石膏旋流器底流浆液被输送至脱水机，脱水系统全部运行起来，通过对石膏旋流器底流密度的调整来保证脱水系统稳定地运行并生成品质合格的石膏。石膏旋流器底流密度的调整方法有：①当石膏旋流器投入旋流子的数量一定时，通过调整石膏浆液泵的转速来维持旋流子的入口压力，从而保证旋流器的底流的密度一定；②固定石膏浆液泵的出力，通过手动调节返回吸收塔的浆液量来维护旋流器的入口压力不变，并根据吸收塔浆液密度来决定旋流器底流是去脱水机还是返回吸收塔。

（三）石灰石浆液系统的调节

石灰石浆液系统通过石灰石和水的流量来调节。为了维护磨石机石灰石再循环浆液箱中液位和浆液浓度，应控制向石灰石浆液箱的石灰石浆液补充工艺水和过滤水。石灰石浆液箱的浆液浓度应相应通过维持石灰石或过滤水的比率保持恒定。主要分为下面三种调节：

(1) 石灰石浆液的密度调节。石灰石浆液应满足一定的密度要求。脱硫设计一般要求石灰石浆液密度为 1210~1250kg/m³，对应浓度一般为 25%~30%左右。

对于用石灰石粉制浆时，如果密度过高，需要停止加入石灰石粉，同时增加工艺水的供应量；如果密度过低，则要停止工艺水的供应，增加石灰石粉进行调节。

(2) 系统物料平衡的调节。石灰石制浆系统在运行中必须保持物料平衡。进入制浆系统的石灰石和水的总和应与离开系统的石灰石浆液在总体上保持平衡。

物料平衡在运行监视中表现为循环储箱的液位应保持适中，即保持相对稳定的状态。若某个环节物料太多，会造成循环储箱浆液溢出；若某个环节物料太少，也会造成循环泵的保护跳闸、吸收剂给料储箱的物料随之减少等问题。实际运行中，一般保持循环储箱的液位在 40%~70%，吸收剂给料储箱的液位在 80%左右为宜。如果循环储箱的液位低于 40%，需要增加循环储箱的石灰石浆液供给量；如果循环储箱的液位高于 70%，则要停止循环储箱的石灰石浆液供给。对吸收剂给料储箱来说也同样如此，如果吸收剂给料储箱的液位超过 80%太多，需要暂停对吸收剂给料储箱的石灰石浆液供给；如果吸收剂给料储箱的液位低于 80%太多，则要增加吸收剂给料储箱的石灰石浆液供给。

(3) 调节旋流分离器溢流的调节阀开度。此调节为正常情况下的主要液位调节方法。此法通常采用自动跟踪循环储箱液位的某一设定值定值（如 60%）来实现液位的调节。保持浆液管线畅通，必要时停止冲洗。为了保持循环泵出力正常，应特别注意入口有无堵塞现象。旋流分离器的调整要配合浆液细度调节来综合调节旋流分离器的水力旋流强度。

制浆系统电耗是烟气脱硫装置的主要电耗之一，调节的原则是使单位质量合格浆液电耗最小。电耗调整的途径有：

1) 优化运行方式，尽量在额定负荷下运行。给料的多少对电耗影响不大，因此除特殊情况外，制浆系统不应降低给料来调节系统的出力，而应通过启/停整个制浆系统的方式来控制吸收剂给料储箱的液位。

2) 控制进料粒径。若进料粒径超标，将使系统电耗增大。

3) 选用适当的石灰石。若石灰石中 $Fe_2O_3$ 和 $SiO_2$ 含量变大，不但磨损性增强，而且会增加系统电耗，运行中要密切关注石灰石化验报告。

(四) 石膏脱水系统的调节

1. 真空皮带脱水机滤饼厚度调节

维持皮带脱水机上石膏滤饼的厚度是保证石膏含水量的重要条件。当石膏浆液泵排出流量和浆液浓度发生变化时，单位时间内落到皮带脱水机上的石膏浓浆液的流量也随之变化。通过调节脱水机变频率来调整和控制其运动速度，维持皮带脱水机上石膏滤饼稳定的厚度，石膏厚度在 20~25mm 为合格范围。

2. 滤布清洗水箱水位调节

滤布清洗水箱的水位要控制在一定范围内。滤布清洗水箱的溢流水将溢流至滤液水箱，当滤布清洗水箱水位降低时，应采用工业水补充。

**3. 滤液水箱水位调节**

滤液水箱的水位通过控制去吸收塔的石膏滤液的流量来加以调节,并保持在规定的液位。

**4. 副产品石膏质量调节**

若石膏颜色较深,则其含尘量过大,应及时调整电除尘器的运行情况,降低粉尘含量。

若石膏中 $CaCO_3$ 过多,应及时检查运行参数,校验 pH 监测的准确性,分析石灰石给浆量变化原因,化验分析石灰石浆液品质、石灰石原料品质及石灰石浆液中颗粒的粒度。若石灰石浆液中颗粒粒径过粗,应调整细度,使其在合格范围内;若石灰石原料中杂质过度,应通知有关部门,保证石灰石原料品质在合格范围内。

若石膏中 $CaSO_3$ 过多,应调整吸收塔 pH 值,必要时可调整氧化空气量,以保证吸收塔中 $CaSO_3$ 被充分氧化。

## 第三节 脱硫装置运行中设备的防腐防垢

石灰石—石膏湿法烟气脱硫技术比较成熟,脱硫率高,可以达到95%以上,但运行时易出现腐蚀、磨损、结垢、堵塞等问题。

### 一、运行中设备的防腐

由于烟气中含有腐蚀性气体、粉尘、水蒸气以及 Cl、F 等多种化学组分,加上脱硫工艺中烟气温度变化较大,会给设备带来物理、化学、温度和机械等方面的腐蚀或磨损。

1. 腐蚀机理

FGD脱硫装置产生腐蚀的机理主要有以下几类:

(1) 酸性腐蚀。烟气中的 $SO_2$、HCl、HF 等酸性气体在与液体接触时,生成相应的酸液,其 $SO_3^{2-}$、$Cl^-$、$SO_4^{2-}$ 对金属有很强的腐蚀性,对防腐内衬也有很强的扩散渗透破坏作用。

(2) 电化学腐蚀。金属表面与水及电解质形成电化学腐蚀,在焊缝处比较明显。

(3) 结晶腐蚀。溶液中的硫酸盐和亚硫酸盐随溶液渗入防腐内衬及其毛细孔内,当系统停运后,吸收塔内逐渐变干,溶液中的硫酸盐和亚硫酸盐析出并结晶,随后体积发生膨胀,使防腐内衬产生应力,尤其是带结晶水的盐在干湿交替作用下,体积膨胀高达几十倍,应力更大,导致严重的剥离损坏。

(4) 温度的影响。由于防腐内衬与基体的膨胀系数不同,温度急剧变化导致不同步的膨胀,因此应力使内衬黏结强度下降。并且由于温度的上升,降低了内衬材料的耐腐蚀性和抗渗透性,加速了内衬老化,如果防腐内衬施工中存在气泡、裂纹等缺陷,受热应力作用使老化加速,介质渗透进去后更起到了加速作用。

(5) 冲刷及磨损。浆液中由于含有固态物,对塔内物质有一定的冲刷作用,特别是对于塔内的凸出物区。

2. 设备的防腐措施

湿法烟气脱硫装置中，设备对材质的耐蚀、耐磨、耐温、抗渗要求极为严格，防止设备腐蚀和磨损的主要方法有：采用耐腐蚀耐磨材料制作吸收塔，如不锈钢、环氧玻璃钢、硬聚氯乙烯、陶瓷等制作吸收塔及有关设备；设备内壁涂敷防腐耐磨材料，如涂敷水玻璃、玻璃树脂鳞片等；设备内衬橡胶等。

随着材料的不断发展，脱硫装置防腐水平有了很大提高，主要有如下几个方面：

(1) 玻璃鳞片涂料（或胶泥）。以玻璃鳞片涂料为代表的防腐材料在FGD工艺系统中得到了确认，我国引进的脱硫装置中均采用该材料，它的耐腐蚀耐温等性能取决于合成树脂，实际应用中，往往和其他材料一起使用。

(2) 合金钢。合金钢在FGD领域中的应用有两种方式，一种是在关键部件上整体采用合金钢，如吸收塔烟气入口烟道的壁板；另一种是在价格低廉的碳钢上衬合金钢箔形成复合板，用于烟道和吸收塔内表面的防腐。

(3) 橡胶材料。橡胶板复合技术和黏结技术的发展，拓宽了橡胶材料在FGD装置中的应用，合成丁基橡胶作为防腐衬里具有耐磨耐腐蚀、弹性好及化学稳定性好等特点，有的性能甚至超过了合金钢，如在相同条件下，氯丁橡胶的耐腐蚀性优于C-276合金，因此这类橡胶可广泛应用于FGD系统。

(4) 玻璃钢。玻璃钢作为衬里或整体用于防腐已显示出独特优势，部分单位在FGD系统中均采用了玻璃钢技术，至今效果良好。与高镍合金材料相比，它造价低，防腐效果好，同时还可以阻止热振引起的热破坏和分层。

(5) 复合结构。鳞片树脂涂料—玻璃钢衬里结构应用于FGD系统可大大改善防护层的抗渗性、耐磨性、耐温性，增强了整体性和黏结力，为解决湿法燃煤烟气除尘脱硫设备的防腐问题提供了一种简便而易推广的新途径。

(6) 无机材料。无机材料中，麻石、陶瓷等具有极其良好的性能价格比，是符合我国国情的防腐材料，在FGD系统中一般可直接用其制作脱硫装置。

此外，在材料选择上可采取优化组合方案。目前，还没有一种材料能满足整个烟气脱硫装置对材料的要求，无论是金属材料或合金材料，还是有机材料、无机材料及复合材料，都存在这样或那样的问题。根据设备所处的不同环境条件，应用不同的单一材料或组合材料，充分发挥各种材料的长处。同时，在施工过程中，对施工质量必须严格把关，做到表面平整，以减少缝隙的产生。

3. 脱硫装置运行中的防腐

虽然防腐蚀磨损设备在FGD装置中普遍应用，FGD装置设计时也有一定的考虑，但在运行中仍然存在不同程度的腐蚀现象，如图3-4所示。

FGD装置运行时，煤质变化（热值、灰分和硫分）所引起$SO_2$和粉尘浓度变化，$SiO_2$含量高等原因都对FGD运行有着重大影响。粉尘超标后，会加剧对系统的磨损。吸收塔出口后的烟道以及烟气再热器由于烟气温度低于酸露点，烟气会在其内壁结露。其中最容易发生腐蚀的部位为吸收塔、净烟道和吸收塔入口烟道；容易发生磨损的部位为吸收塔、浆液管道、泵壳和叶轮。当然，腐蚀和磨损是相互的，腐蚀之后有磨损，磨损之后有

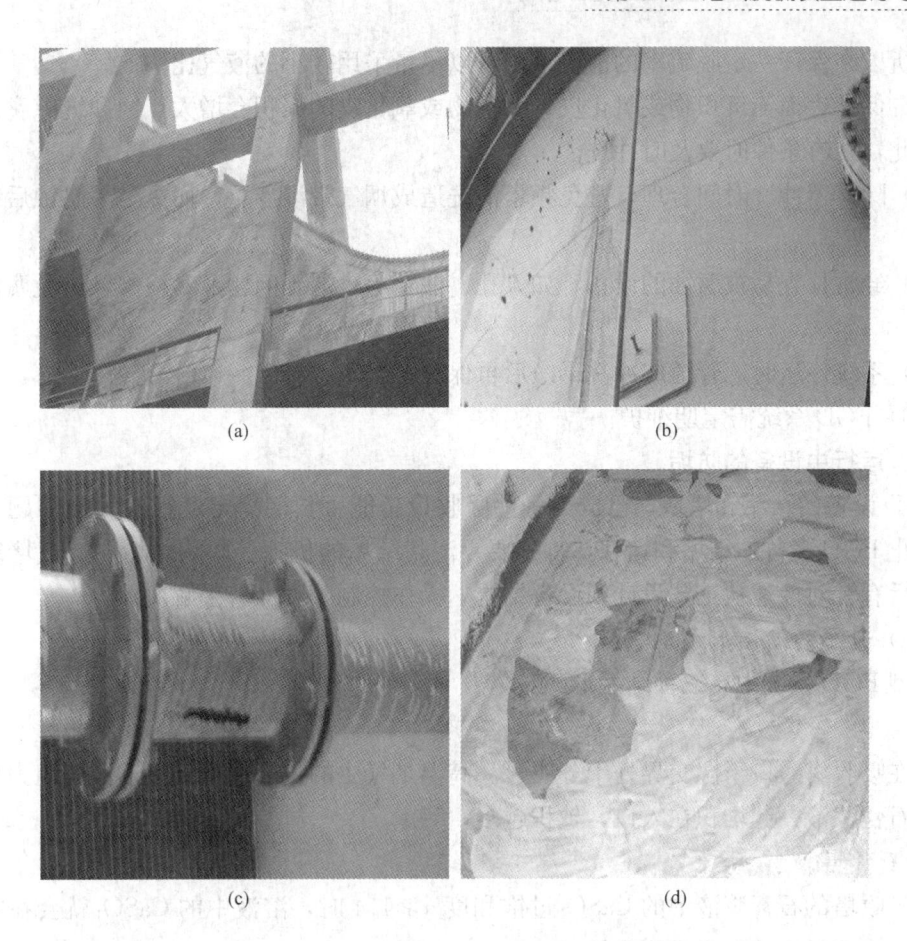

图 3-4 FGD 中的腐蚀情况

(a) 烟道的腐蚀；(b) 吸收塔腐蚀漏液；(c) 管道被磨穿；(d) 烟道防腐层脱落

腐蚀。因此，必须对出口及再热器进行定期腐蚀情况检查。

FGD 装置的防腐，除了在设计时针对不同的腐蚀环境选用适宜的防腐材料和施工工艺以外，在运行中还应采取以下措施来防止或减少腐蚀的发生。

(1) 提高除尘器的除尘效率和可靠性，使 FGD 装置入口烟尘浓度在设计值范围内。

(2) 加强对石灰石的分析监测，保证石灰石的品质。

(3) 监测浆液 $Cl^-$ 浓度，及时排放废水，防止 $Cl^-$ 浓缩导致其浓度过高而加剧腐蚀。因为氯化钙极易溶于水，所以 $Cl^-$ 的浓度相对较大，其腐蚀影响就比 $SO_4^{2-}$ 大得多，如果 $Cl^-$ 没有被及时排除，将造成很大的腐蚀破坏。$Cl^-$ 在烟气脱硫装置中是引起金属腐蚀和应力腐蚀的重要原因，当 $Cl^-$ 含量超过 $20\,000\times10^{-6}$ mg/L 时，不锈钢已不能正常使用，需要用氯丁橡胶，玻璃鳞片做内衬。当 $Cl^-$ 浓度超过 $60\,000\times10^{-6}$ mg/L 时则需更换昂贵的防腐材料。

(4) 监测浆液 pH 值。控制 pH 值范围，以防止 pH 值过低而加速系统设备腐蚀，pH 值过高引起固含量增加加重磨损腐蚀。

(5) 因为液气比的提高会使出口烟气的雾沫夹带增加，给后续设备和烟道带来沾污和腐蚀，所以在保证一定脱硫率的前提下，可以尽量采用较小的液气比。

（6）保持表面无沉积物或氧化皮，沉积物或氧化皮的聚积会增大点蚀和缝隙腐蚀的危险，因此，在有条件时要及时冲洗。

（7）除雾器冲洗时间合理，避免频繁清洗造成烟气带湿严重，而更容易腐蚀后续烟道及设备。

（8）经常检查易被腐蚀的设备，如人孔、法兰等，遇到问题及时检修，避免腐蚀问题扩大。

（9）系统停运时，管道应冲洗干净后再保养。

（10）FGD 系统需定期维护。

## 二、运行中设备的防垢

FGD 设备的结垢和堵塞，已成为一些吸收设备能否长期稳定运行的关键问题。为了有效防止 FGD 设备的结垢和堵塞，首先要弄清楚结垢的机理、影响结垢和造成堵塞的因素，然后有针对性地从工艺设计、设备结构、操作控制等方面着手解决。

（一）设备的结垢形式

典型 FGD 系统中有三种结垢形式：

1. 灰垢

这在吸收塔入口干湿交界处十分明显。高温烟气中的灰分在遇到喷淋液的阻力后，与喷淋的石膏浆液一起堆积在入口，越积越多。

2. 石膏垢

当吸收塔的石膏浆液中 $CaSO_4$ 过饱和度 $\alpha \geqslant 1.4$ 时，溶液中的 $CaSO_4$ 就会在吸收塔内各组件表面析出结晶形成石膏垢。

过饱和度 $\alpha$ 越大，结垢形成的速度就越快，仅当 $\alpha<1.4$ 时才能无垢运行。要使 $\alpha<1.4$，运行人员就要适当地控制吸收塔内石膏浆液浓度、液气比及提高氧化率。石膏垢主要分布在吸收塔壁面、循环泵入口、石膏泵入口滤网的两侧、及水力旋流器的盖子上和底部分流器管子上。另外，在上层除雾器的叶片上，由于冲洗不能完全彻底，也有明显的浆液黏积现象。

3. CSS 垢

当浆液中 $CaSO_3$ 浓度偏高时就会与 $CaSO_4$ 同时结晶析出，形成这两种物质的混合结晶 $[Ca(SO_3)_{1-x}(SO_4)_x \cdot \frac{1}{2}H_2O]$，即 CSS 垢（Calcium Sulfate and Sulfite），CSS 在吸收塔内各组件表面逐渐长大形成片状的垢层，其生长速度低于石膏垢，当充分氧化时，这种垢就较少发生。CSS 垢主要分布在吸收塔底数台搅拌器的死区内。

（二）脱硫装置运行中的防垢

FGD 系统内的结垢和沉积将引起管道的阻塞、磨损、腐蚀和系统阻力的增加。烟气含尘浓度较高时，在吸收塔内干湿交界面区域也会积结较大的灰垢，坠落的大块灰垢会对 FGD 的安全构成威胁。烟气再热器的积垢导致热阻增大，换热效果恶化，运行阻力增大。烟气挡板积垢可导致执行机构动作失灵。因此，必须高度重视设备运行中结垢和沉积现象,确保 FGD 装置安全运行。

除了在设计时选择合理的工艺(如选择合适材料、冲洗工艺、冲洗周期等)以外,在运行中还应采取以下措施来防止或减少积垢的发生。

(1) 严格除尘,控制烟气进入吸收系统所带入的烟尘量。

(2) 选择合理的 pH 值运行,避免 pH 值急剧变化。浆液 pH 值急剧而频繁地变化会导致腐蚀加速。

(3) 运行控制吸收塔浆液中石膏的过饱和度,最大不得超过 140%,实际运行中要保持吸收塔内石膏浆液在设计范围内,一般含固量在 10%~20%,对应的密度在 1060~1127kg/m³。

(4) 保持足够的浆液含固量(>12%),以提高石膏结晶所需要的晶种。此时,石膏晶体的生长占优势,可有效控制结垢。

(5) 向吸收塔内浆液鼓入足够氧化空气,保证亚硫酸钙氧化率大于 95%。

(6) 向石灰石浆液中添加乙二酸、$Mg^{2+}$ 等,乙二酸可以起到缓冲 pH 值、抑制 $SO_2$ 的溶解、加速液相传质、提高石灰石的利用率的作用。$Mg^{2+}$ 的加入生成了溶解度大的 $MgCO_3$,增加了 $SO_3^{2-}$ 的活度,降低了 $Ca^{2+}$ 的浓度,使系统在未饱和状态下运行,以防止结垢。

(7) 对接触浆液的管道在停运时及时冲洗干净。

(8) 定期如 1~2 个星期开、关烟气挡板以除灰,当 FGD 系统和锅炉停运时检查并清灰。

(9) 定期检查,特别是除雾器和 GGH,若发现问题及时处理。

### 三、运行中设备的防冻

在我国北方,由于冬季气温低,FGD 装置容易出现结冰和冻结现象,尤其是各类浆液管道和水管道极易发生冻结,阻塞管路,严重威胁 FGD 装置的安全运行。

(一) 雨雪冰冻灾害对电厂脱硫装置的主要影响

雨雪冰冻对脱硫设备的影响主要有:各类管道由于流动的液体温度较低,冻结结冰后由于体积膨胀造成管道开裂;由于突然停电或脱硫岛钢体与防腐衬片的树脂冷缩质量较差,导致脱硫岛大量结冰或防腐衬片局部脱落;循环泵密封、吸收塔搅拌器和水泵、阀门、密封圈、喷嘴等冻裂;石膏浆液输送系统结冰、压力变送器、流量计和液位计损坏;吸收塔集水坑搅拌器减速机损毁、氧化风机损坏、真空脱水滤布撕裂、皮带拉裂、石膏旋流子损坏;工艺水泵出口压力表变送器、除雾器冲洗水泵口压力变送器等其他仪表损毁。

(二) 脱硫装置运行中的防冻

为了防止 FGD 装置结冰和冻结,设计时应采取必要的保温措施,如沿管道敷设保温层、伴热带,必要时对备用泵、压力表加装管道保温和伴热系统等。在运行中还应采取以下措施来防止或减少雨雪冷冻对脱硫设备的损害:

(1) 系统在雨雪冰冻期间,制浆、脱硫和脱水系统需保持连续运行,其他非必要运行部分要尽量停运,缩小整体设施的运行范围。

(2) 冰冻期间烟气脱硫装置停运时,循环泵、石膏排出泵、室外疏放水的管道,必须有专人就地认真监视,确认积水排尽后关闭排放阀。

（3）冰冻期间石灰石粉仓流化风不能间断，保持石灰石粉仓底部尽可能高的温度并具有较好的流动性。在石灰石粉仓内有粉情况下，必须保证流化风机的正常投运。

（4）GGH 蒸汽吹灰管道疏水门每 2h 检查排放一次，确认管道内没有积水后再关闭疏水门，防止管道内冻结，影响系统正常运行。

（5）在冰冻期间确保烟气脱硫装置各类转机的冷却水畅通、流动，严格监测水温温度，水温较低时，需采用加热措施；对于水冷设备不允许断水运行。

（6）对建筑物门窗进行全面检查，对暖通系统做好检修，做好厂房供暖，确保严重冰冻期间厂房温度正常。无供暖区域的建筑物厂房的门窗也要全部关闭，室外温度低于 $-6$ ℃时，室内要增加供热设备，保持室内不结冰。

（7）所有备用状态的管路必须要用清水清洗干净。

（8）无伴热的仪表取样管、脱硫塔除雾器清洗水要增加伴热和保温。

（9）压缩空气系统必须配备干燥器，并保持良好投入。

（10）做好供热设备的维护，保证供热系统和伴热系统的安全和良好运行。

（11）严格检查脱硫区域各类地坑人孔盖、室外地沟盖板的密封程度，防止地坑、地沟内的浆液或者水体发生冻冰。

（12）对于易冻的小型室外泵体、各种阀门及法兰、管道，如石灰石供浆泵和脱硫塔石膏排出泵、压缩空气管道等必须做好防冻措施；做好防腐、材料、阀门和泵体设备商供应库，对各厂家的现场人员支持、供货能力进行确认和登记。

（13）严格执行设备巡回检查制度，每小时必须到就地巡检一次，发现现场尤其是室外有滴漏的现象，要及时采取措施或汇报处理，防止结冰现象发生。发现冰冻异常及时上报处理，按时维护。

## 第四节　脱硫设备检查和维护

### 一、脱硫装置运行中的检查

1. 检查内容

（1）热工、电气、测量及保护装置、工业电视监控装置齐全并正确投入。

（2）设备外观完整，系统连接完好，保温齐全，设备及周围应清洁，无积油、积水、积浆及其他杂物，照明充足，栏杆平台完整。

（3）各箱、罐、池及吸收塔的人孔、检查孔和排浆阀应严密关闭，溢流管畅通。

（4）所有阀门、挡板开关灵活，无卡涩现象，位置指示正确。

（5）所有联轴器、三角皮带防护罩完好，安装牢固。

（6）转机各部地脚螺栓、联轴器螺栓、保护罩等应连接牢固。

（7）转机各部油质正常、油位指示清晰，并在正常油位，检查孔、盖完好，油杯内润滑油脂充足。

（8）转机各部应定期补充合适的润滑油，加油时防止润滑油中混入颗粒性机械杂质。

（9）转机运行时，无撞击、摩擦等异声，电流表指示不超过额定值，电动机旋转方向正确。

(10) 转机轴承温度，振动不超过允许范围，油温不超过规定值。

(11) 油箱油位正常，油质合格。

(12) 电动机冷却风进出口畅通，入口温度不高于40℃，进出口风温差不超过25℃，外壳温度不超过70℃，冷却风干燥。

(13) 电动机电缆头及接线、接地线完好，连接牢固，轴承及电动机测温装置完好并正确投入；一般情况下，电动机在热态下不准连续启动两次（电动机线圈温度超过50℃为热态）。

(14) 检查设备冷却水管，冷却风道畅通，冷却水来、回水投入正常，水量适当。

(15) 运行中皮带设备皮带不打滑、不跑偏且无破损现象，皮带轮位置对中。

(16) 所有皮带机都不允许超出力运行，第一次启动不成功则减轻负荷再启动，仍不成功则不允许连续启动，必须卸去皮带上的全部负荷后方可启动，并及时汇报值长。

(17) 所有传动机构完好、灵活，销子连接牢固。

(18) 电动执行器完好，连接牢固，并指向自动位置。

(19) 各箱、罐外观完整，液位正常。

(20) 事故按钮完好并加盖。

2. 烟气系统的检查

(1) 检查密封系统正确投入，且密封气压力应高于热烟气压力500Pa以上。

(2) 密封气管道和烟道应无漏风、漏烟现象。

(3) 烟道膨胀自由，膨胀节无拉裂现象。

(4) 脱硫装置停运检修时须关闭原烟气及净烟气挡板，此时启动挡板密封风机，且密封气压力应高于烟气压力，防止烟气进入工作区。

(5) 烟道出、入口烟气凝结水收集管道及排出管道无堵塞。

(6) 增压风机的检查。

1) 增压风机本体完整，人孔门严密关闭，无漏风或漏烟现象；

2) 静叶调节灵活；

3) 增压风机进出口法兰软连接完好无漏风、漏烟现象；

4) 油过滤器前后差压正常应不大于0.03MPa，当油过滤器前后压差超过规定值时，则切换为备用油过滤器运行；

5) 如果油箱油温低于30℃，手动投入油箱电加热器运行；

6) 如果油箱油位过低，检查系统严密性并及时加油至正常油位；

7) 如果油箱油温高于50℃，油温高报警发，立即查明原因。若油的流量低，必须对油路及轴承进行检查，若冷却水流量低，立即开大冷却水来、回水门至流量正常。

(7) 烟气换热器（GGH）的检查。

1) 处理后的烟气温度必须保持或高于80℃；

2) 顶部导向轴承箱和底部支持轴承箱的油质良好，油位、油温正常；

3) 烟气再热器处理烟气和未处理烟气侧的差压不超过设定值，否则必须立即对烟气换热器换热元件进行吹灰或高压水冲洗；

4）未处理烟气入口温度不小于127℃；未处理烟气出口温度不大于85℃；

5）处理烟气入口温度不大于43℃；处理烟气出口温度不小于80℃；

6）袋式除尘器后的含尘量不超过200mg/m³（标态）；

7）吸收塔出口雾滴含量不超过75mg/m³（干基，标态）；

8）当原烟气入口温度超过180℃或达160℃后持续20min时，必须停车并隔离脱硫设备直到温度降到正常为止。

3. 吸收塔系统的检查

(1) 吸收塔本体无漏浆及漏烟、漏风现象，其液位、浓度和pH值在规定范围内（吸收塔塔体漏浆现象见图3-5）。

图3-5 运行中发现吸收塔塔体漏浆

(2) 除雾器进出口差压适当，除雾器冲洗水畅通，压力在合格范围内，除雾器自动冲洗时，冲洗程序正确。

(3) 吸收塔喷淋层喷雾良好。

(4) 控制吸收塔出口烟温低于60℃运行，以免损坏除雾器。

(5) 运行中视情况投入除雾器冲洗水自动控制系统。

(6) pH计的检查。

1）冲洗：

a）pH计每隔1h自动冲洗一次，当发现pH计指示不准确时，及时手动冲洗pH计；

b）首先存储pH值；

c）开启冲洗水阀，冲洗pH计1min；

d）冲洗完毕，关闭冲洗水阀；

e）冲洗完毕，显示应准确，否则重新冲洗或重新标定。

2）投入：

a）投运前，检查pH计门严密关闭，外形及连接正常，关闭冲洗水门；

b）缓慢开启进浆阀及回浆门，pH计充浆；

c）投入后，通知化学化验石膏浆液pH值，若pH计指示不准确，立即对pH计进行冲洗，若反复冲洗后pH计指示仍不准确，立即通知热工进行处理。

3）pH计的保养：

a）如果脱硫装置停机时间较长，石膏排出泵需要停止运行时，则pH计必须进行注水保养；

b）运行泵已停运，开启pH计冲洗水门，打开pH计冲洗泄放阀，对pH计及其出入口管路进行冲洗；

c）冲洗完毕后，关闭pH计冲洗泄放阀，pH计开始注水；注水完毕关闭冲洗水门，此时，pH值为7.0左右；

d) pH计注水后定期检查，及时向pH计注水保养，一般每24h即注水一次，否则pH计电极结垢，会影响pH计的测量精度，甚至损坏pH计。

(7) 氧化风机的检查。

1) 氧化风机进口滤网应清洁，无杂物；

2) 氧化空气管道连接牢固，无漏气现象；

3) 氧化风机出口启动门严密关闭；

4) 氧化空气出口压力，流量正常；若出口压力太低应及时查找原因，必要时切换至另一台氧化风机运行；

5) 检查轴承冷却水、风机冷却水以及喷水减温冷却水的流量、压力正常；

6) 润滑油的油质必须符合规定，每运行6000h，进行油质分析。

4. 石膏脱水系统的检查

(1) 检查浆液分配管（盒）进料均匀，无偏斜，石膏滤饼厚度适当，出料含水量正常且无堵塞现象。

(2) 脱水机走带速度适当，滤布张紧度适当、清洁、无划痕。

(3) 脱水机所有托辊应能自由转动，及时清除托辊及周围固体沉积物。

(4) 脱水机运转时声音正常，气水分离器真空度正常。

(5) 检查胶带的使用情况，校对从动辊的张紧度，以得到适当的张紧力。

(6) 皮带调偏装置正确投入，出口压力适当。

(7) 检查滤饼冲洗水箱、滤布冲洗水箱补给水管路畅通，自动投入良好。

(8) 脱水机不宜频繁启停，尽量减少启停次数；短时不脱水时，可维持脱水机空负荷低速运行。

(9) 石膏浆液旋流器无磨损和漏浆现象。若旋流器泄漏严重，应切换为备用旋流子运行，并通知检修处理。

(10) 在做润滑及调整胶带张紧度之前，不要启动过滤机。

(11) 真空泵冷却水流量正常，真空泵运行正常。

(12) 检查真空管路接头是否泄漏，可采用听声音等办法。

(13) 管路清洗：定期检查清洗管路的冲水方向及清洗状况，如果喷嘴被阻塞，则需将喷嘴拆卸下来进行清洗。

5. 石灰石卸料系统检查

(1) 卸料斗箅子安装牢固、完好。

(2) 除尘器正确投入，反吹系统启停动作正常。

(3) 振动给料机下料均匀，给料无堆积、飞溅现象。

(4) 检查并防止吸铁件刺伤皮带；人员靠近金属分离器时，身上不要带铁制尖锐物件，如刀子等，同时防止自动卸下的铁件击伤人体。

(5) 运行中及时清除原料中的杂物，如果原料中的石块、铁件、木头等杂物过多，及时汇报值长，通知有关部门处理。

(6) 运行中及时清除弃铁箱中的杂物。

(7) 石灰石仓顶埋刮板输送机转动方向正确，输送机各部无积料现象。

(8) 斗式提升机底部无积料，各料斗安装牢固并完好。

(9) 所有进料、下料管道无磨损、堵塞及泄漏现象。

(10) 称重皮带机给料均匀，无积料、漏料现象，称重装置测量准确。

6. 石灰石浆液制备系统检查

(1) 磨石机制浆系统。

1) 制浆系统管道及旋流器应连接牢固，无磨损和漏浆现象；

2) 保持钢球磨石机最佳钢球装载量，若磨石机电流比正常值低，及时补加钢球；

3) 钢球磨石机进、出料管及滤液水管应畅通，运行中应密切监视钢球磨石机进口料位，严防钢球磨石机堵塞；

4) 齿圈润滑装置和轴承润滑装置喷油正常，空气及油管道连接牢固，不漏油、不漏气；

5) 减速箱油位不正常升高时，及时通知检修人员检查冷却水管是否破裂；

6) 检查慢速驱动离合器操作是否灵活可靠，不用时位于脱开位置，并可靠固定；

7) 若筒体附近有漏浆，通知检修人员检查橡胶瓦螺栓是否松脱，是否严密或存在其他不严密处；

8) 若钢球磨石机进、出口密封处泄漏，检查钢球石磨机内料位及密封磨损情况；

9) 经常检查钢球磨石机出口滚动筛网的清洁情况，及时清除分离出来的杂物，禁止钢球磨石机长时间空负荷运行。

(2) 给粉系统制浆。

1) 石灰石粉仓进料口需保持通畅，并具备一定负压，以免影响石灰石粉料的输送；

2) 仓顶的布袋除尘器的工作情况应保证良好，无石灰石粉尘泄漏至空气中；

3) 石灰石粉料仓出料口要保持通畅，定期检查是否有堵塞情况，以防止其影响石灰石浆液的输送，对称重装置的工作情况也需要实时检测，以保证石灰石浆液的配比；

4) 定时检测石灰石浆液池中，石灰石浆液的配比浓度；

5) 石灰石浆液池搅拌器启动前必须使浆液浸过搅拌器叶片，若叶片在液面上转动易受大的机械力而遭损坏，或造成轴承的过大磨损；

6) 压缩空气系统的检查；

7) 仪用空气压缩机的油位指示清洗和 V 形皮带的张力无异常；

8) 每周检查冷油器及空气冷却器是否结渣；

9) 空气压缩机的前置过滤器在运行 200h 之后需要检查不同的压力（红/绿）；

10) 空气压缩机分油器的过滤器需要每周检查其工作情况是否良好。

7. 泵的检查

(1) FGD 系统中各类泵的轴封应严密，无漏浆及漏水现象；泵的出口压力正常，且无剧烈波动现象。

(2) 泵的运行电流在额定值以下，轴承及电动机线圈温度正常。

(3) 电动机及机械部分振动和窜轴在规定范围。

(4) 工艺水系统中的工艺水泵与除雾器水泵的泵油位及泵的密封功能良好，无漏油现象。

## 二、脱硫主要设备在运行中的维护

### （一）循环泵维护要点

(1) 轴封的维护。填料轴封泵要定期检查密封水压和水量，要始终保持少量清洁水沿轴流过，轴封水压一般为 0.2~0.3MPa，轴封水量调整符合要求。机械密封应定期检查机封动、静环磨损情况及动环弹簧的弹性，视情况予以更换。

(2) 润滑油的油位。静止时，油位为油位镜中位；运行时，油位为油位镜近 1/3（每天检查）。

(3) 在长期停泵期间，为确保泵时刻能够启动，防止泵或泵内部形成沉淀，每个月或每 3 个月启动运行一会儿（约 5min）。在操作之前应检查一下，确保泵可以得到足够的液体，才能进行正常启动操作。

注意：泵应安静、平稳地运行，不发生振动，不允许在关闭进口阀门的情况下运行。

### （二）氧化风机检修/维护要点

(1) 风机必须在停机前卸掉排气压力，否则会造成电动机因电流过大而发生故障。

(2) 禁止从风机进出口插入任何物体，因为风机转子可能导致严重的物理伤害。

(3) 禁止在风机运行时松开放油塞。

(4) 如果风机运行时没有连接管道系统，在进气口上应放置一张网筛，并且提防排气口的气流。

(5) 润滑油的油位。静止时，油位为油位镜中位；运行时为油位接近 1/3。

(6) 联轴器或皮带轮应有防护装置。

### （三）增压风机检查/维护要点

(1) 检查进口导叶连杆接头的磨损，必要时加以润滑。

(2) 对进口导叶，叶轮叶片和后导叶的磨损程度进行检验（主要是由于流体内含有固体物质）。

(3) 检查并确保执行器操作输出与进口导叶实际调整导叶开度保持一致。

(4) 风机电动机轴承润滑油站的油压保持正常。

(5) 联轴器应有防护装置。

(6) 日常检查应在每隔一定时间进行，还必须做好记录。

### （四）GGH 运行/维护要点

烟气再热器运行环境极易堵灰，所以要对烟气再热器换热元件进行定期的清洁。

(1) 系统运行时通常采用压缩空气（0.8MPa）或有一定过热度的蒸汽（1.0MPa，300~350℃）在线吹扫，清扫频率一般每天 3 次或更多，以防止发生堵灰现象。

(2) 当长期积累下来的不能通过正常干式清除的黏附物，导致烟气阻力升高达到原设计值的 1.5 倍时可以进行在线高压水（10MPa）冲洗或人工清洗，以大幅降低 GGH 阻力。

(3) GGH 长期停机前，必须采用低压水（0.5MPa）冲洗，冲去转子上黏附的松散酸性沉积物。这时，FGD 停机，GGH 仍维持低转速（0.3r/min）。冲洗水可通过与压缩空气共用的喷枪步进移动吹扫，也可通过固定在原烟气侧进出口处的大流量冲洗水管喷出。

（五）石灰石湿式钢球磨石机

1. 维护要点

（1）在启动钢球磨石机的慢速驱动装置时，主电动机不能接合，主电动机工作时，慢速驱动装置不得接合，在启动慢速驱动装置之前，必须先开启高压润滑油泵，使空心轴顶起，防止擦伤轴瓦。

（2）对油泵、滤油器和润滑管路进行检查，必要时进行清洗和更换润滑油。

（3）检查各处连接螺栓，更换有缺陷的紧固件。

（4）检查和修理进出料装置的易磨损部分。

（5）不给料时，磨石机不能长时间运转，以免损伤衬板消耗介质。

（6）均匀给料是磨石机获得最佳工效的重要条件之一，因此操作人员应保证给入物料的均匀性。

（7）经常检查和保证各润滑点有足够和清洁的润滑油。

（8）检查磨石机大、小齿轮的啮合情况和对口螺栓是否松动，减速器在运转中不允许有异常的振动和声响。

（9）根据入磨物料及产品粒度要求调节钢球加入量及级配，并及时向磨石机内补充钢球，使磨石机内钢球始终保持最佳状态。

2. 紧急停磨情况

磨石机在运转过程中，有时遇到某种特殊情况时，为保证设备安全，有下述情况时必须采取紧急停磨措施：

（1）大小齿轮啮合不正常，突然发生较大振动或发生异常声响。

（2）润滑系统发生故障，不能正常供油时。

（3）衬板螺栓松动或拆断脱落时。

（4）筒体内没有物料而连续空转时。

（5）主轴承、主电动机温升超过规定值或主电动机电流超过规定值。

（6）输送设备发生故障并失去输送能力时。

（7）主轴承、传动装置和主电动机的地脚螺栓松动时。

（六）斗式提升机维护/运行要点

（1）操作人员应经常检查斗式提升机的运行情况，包括链条是否变形和磨损，松紧程度是否合适，料斗是否歪斜、脱落，紧固件是否松动，润滑点是否有油，物料在料口和底部是否有阻塞现象，如底部积料阻塞，应打开下部清料门进行清扫。

（2）斗提机应空载启动，停车前不供料，待卸完料后停车。

（3）斗提机在工作时所有检视门必须关闭。

（4）拉紧装置应调整适宜，以保证链条具有正常工作时张紧力，但不宜过紧。

（七）埋刮板输送机维护/运行

（1）初次启动后应先空载运行15min，在设备无异常的情况下负载运行。

（2）无特殊情况不得负载停机，正常情况下应在卸料完毕后再停机。

(3) 运行时应检查机器各部件,刮板链条应保证完好无损,若发现有残缺损伤应及时修复或更换。

(4) 运行时严防铁块及大块物料混入机槽,谨防损坏设备。

(5) 保证所有轴承和驱动部分有良好的润滑,但避免进入机槽内。

(八) 水力旋流器运行/维护要点

(1) 经常检查各部分的磨损情况,如果任何一种部件的厚度减少 50%,则必须将其更换。

(2) 最易磨损的部位是底流口,若发现底流夹细则应检查底流口磨损及堵塞情况。若堵塞严重,及时予以更换。

(3) 设备运行正常时,应时常检查压力表的稳定性、溢流及底流流量大小、排料状态,并定时检测溢流、底流浓度、细度。

(4) 运行中要确保压力表读数不波动,如有明显波动则需检查原因。

(5) 经常检查进入旋流器的残渣引起的堵塞。旋流器进料口堵塞会使溢流和底流流量减少,旋流器底流口堵塞会使底流流量减小甚至断流,有时还会发生剧烈振动。如发生堵塞,应及时关闭旋流器给料阀门,清除堵塞物。同时在停车时应及时将进料池排空,以免再次开车时由于沉淀、浓度过高而引起堵塞事故。

(九) 真空泵维护要点

(1) 检查真空泵管路及结合处有无松动现象。用手转动真空泵,试看真空泵是否灵活。

(2) 向轴承体内加入轴承润滑机油,观察油位应在油标的中心线处,润滑油应及时更换或补充。

(3) 拧下真空泵泵体的引水螺塞,灌注引水(或引浆)。

(4) 关好出水管路的闸阀和出口压力表及进口真空表。

(5) 点动电动机,试看电动机转向是否正确。

(6) 开动电动机,当真空泵正常运转后,打开出口压力表和进口真空表,视其显示出适当压力后,逐渐打开闸阀,同时检查电动机负荷情况。

(7) 尽量控制真空泵的流量和扬程在标牌上注明的范围内,以保证真空泵在最高效率点运转,才能获得最大的节能效果。

(8) 真空泵在运行过程中,轴承温度不能超过环境温度 35℃,最高温度不得超过 80℃。

(9) 如发现真空泵有异常声音应立即停车检查原因。

(10) 真空泵要停止使用时,先关闭闸阀、压力表,然后停止电动机。

(11) 真空泵达到一定转动时间后,应根据厂家要求换油。

(12) 经常调整填料压盖,保证填料室内的滴漏情况正常(以成滴漏出为宜)。

(13) 定期检查轴套的磨损情况,磨损较大后应及时更换。

(14) 真空泵在寒冬季节使用时,停车后,需将泵体下部放水螺塞拧开将介质放净,防止冻裂。

(15) 真空泵长期停用,需将泵全部拆开,擦干水分,将转动部位及结合处涂以油脂装好,妥善保护。

(16) 定期检查真空泵进出口水道及管路腐蚀与结垢情况,并进行修补清理。

## 第五节 脱硫副产品的质量控制与利用

石膏是石灰石—石膏湿法烟气脱硫的主要副产物,脱硫副产品的控制与利用主要是脱硫石膏的控制与利用。

### 一、石膏的物理性质

石膏($CaSO_4 \cdot 2H_2O$)又称生石膏,通常为白色、无色,无色透明晶体称为透石膏,有时因含杂质而呈灰、浅黄、浅褐等色,透明;呈板状或纤维状,也呈细粒块粒;性脆,硬度1.5~2,不同方向稍有变化。常见形态为燕尾双晶,有玻璃光泽,密度为2.31~2.32。

脱硫石膏的颜色取决于脱硫吸收剂石灰石中杂质的含量、锅炉燃烧的状况及锅炉燃烧的煤种等情况,理想状况下,脱硫石膏呈白色,如果石膏浆液品质控制不好,脱水后的石膏颜色也将受到很大影响。若石膏浆液品质差,其中存在较多的杂质(源于石灰石或石灰石粉中夹带的杂质及烟气中携带的飞灰),它不参与整个化学反应过程,但会干扰吸收塔内化学反应的正常进行,影响石膏的结晶及大颗粒石膏晶体的生成;另外,杂质夹在石膏晶体之间,也会堵塞游离水在石膏晶体之间的通道,使石膏脱水变得困难。根据目前部分电厂脱硫石膏情况来看,大多数状况下石膏表面都附有一层黑色的物质,这就是由于锅炉燃烧不完全或除尘器运行效果不佳造成的。

### 二、石膏质量控制

石灰石—石膏湿法工艺脱硫后的石灰石浆液,经强制氧化及脱水后所得的副产品称为烟气脱硫石膏(Desulfo-Gypsum,DSG)。脱硫石膏与天然二水石膏的化学成分和矿物组成基本相似,两者的主要矿物均为二水石膏。与天然石膏相比,脱硫石膏具有纯度高、成分稳定、有害杂质少等特点,是一种品质较好的石膏。

从实际石膏生产工艺流程过程来看,这一过程中影响石膏品质的因素较多。商业中对石膏产品的要求是:含水率小于10%,成色好,颗粒大,纯度高。控制石膏浆液达到以上要求的石膏品质,应从以下几方面来展开。

(一) 含水率的控制

1. 石膏结晶条件控制

控制好石膏结晶的条件,对石膏品质有着较大的影响。烟气中的$SO_2$与溶解的石灰石中的$Ca^{2+}$反应后生成半水亚硫酸钙,再用空气中的氧气强制氧化为硫酸钙,随着反应的不断进行,浆液中的$CaSO_4$浓度也逐渐升高,溶液中的石膏小分子聚集形成石膏晶种,而后晶种不断地长大形成石膏晶体。

(1) 石膏结晶温度控制。研究表明,温度小于40℃时,随着温度的降低,二水亚硫酸钙的溶解度逐渐下降。当温度大于66℃时,二水石膏将脱水成为无水石膏$CaSO_4$,这就是在热的组件上有石膏沉淀物的原因。为了使$CaSO_4$以石膏$CaSO_4 \cdot 2H_2O$的形式从溶液中析出，工艺控制上要求将石膏的结晶温度控制在 40~60℃之间。这样，既可以保证生成合格的石膏颗粒，也避免了系统的结垢。但是，如果有其他盐类的存在，此温度范围值可能会发生变化。

(2) 石膏结晶时间控制。石膏结晶需要一定的时间，如果时间过短，则生成的石膏颗粒过小，不易脱水，如果结晶时间过长，则生成针状或者层状的晶体，如果进一步向片状、簇状或花瓣形发展，其黏性大难以脱水，所以控制石膏的结晶时间不够，脱水困难，石膏含水率偏高，根据实际现场情况可分别采取以下三个措施：

1) 提高吸收塔内的液位，让浆液达到脱水密度的时间变长，延长石膏的结晶时间。

2) 提高吸收塔内浆液的密度，实际上也是在变相地延长石膏的结晶时间。

3) 如果在采取上面两个措施后未取得明显效果后，对吸收塔内的石膏浆液进行彻底抛弃，将吸收塔密度降到 $1020kg/m^3$。然后让石膏慢慢生长满足其结晶时间，待达到脱水密度后再进行脱水。满足晶体生长时间后的晶体从形状来看明显比抛弃之前规则，利于脱水。

(3) 石膏浆液中氯离子的浓度控制。石膏浆液中氯离子的浓度过高，影响石膏晶体的形成及吸收塔内二氧化硫的吸收。石膏浆液中氯离子主要来源于烟气中的 HCl 和工艺水。废水处理系统必须正常投入运行，保证废水排放，以降低吸收塔内氯离子浓度及杂质含量，一般氯离子浓度控制在 2000mg/L 以下。

(4) 氧化空气量控制。浆液中的亚硫酸盐通过空气被充分地氧化为硫酸盐，生成石膏析出。强制氧化是形成石膏的一步重要工序，若氧化过程中氧化空气量不足，浆液中存在大量的亚硫酸盐，则易形成 $CaSO_3 \cdot \frac{1}{2}H_2O$ 晶体，颗粒小，黏性大，难以脱水，最终导致浆液品质恶化脱水困难；若氧化空气量过多，则会增加动力消耗，提高运行成本。同时，加大空气鼓入量，还会增大对浆液的搅拌强度，影响石膏的颗粒度。

(5) 控制石膏的相对过饱和度 $\sigma$。研究表明，保持溶液适当的过饱和度，结晶过程只形成极少的新晶体，新形成的石膏只在现有晶体上长大，才能保证生成大颗粒石膏晶体。若溶液的过饱和度过大，则会生成许多新的晶体，这就产生了晶种生成和晶体长大两个过程。这两个过程速率的大小与石膏的相对过饱和度 $\sigma$ 有着直接的关系。$\sigma<0$ 时，晶体中的 $CaSO_4$ 分子进入溶液直到饱和；而在 $\sigma>0$（0.1 左右）的情况下，现有的晶体继续长大，同时生成新的晶种。当 $\sigma$ 达到一定值时，晶种生成速率会突然迅速加快，产生许多新颗粒（均匀晶种），使得单个结晶颗粒比较小，此时就可能生成细颗粒的石膏；另外，在相对过饱和度较高的情况下，晶体的增大主要集中在尖端，使其结晶趋向于生成针状或层状结构。因此，在工艺上必须保证有一个合适的过饱和度。实际运行经验表明，采用石灰石—石膏湿法烟气脱硫工艺时，浆液中石膏的相对过饱和度一般维持在 0.20~0.30（即饱和度为 1.20~1.30）。

(6) 浆液的 pH 值控制。浆液的 pH 值对石膏结晶的影响可以说是间接的，但也是决定性的因素之一。因为通过 pH 值的变化来改变亚硫酸盐的氧化速率有可能直接影响石膏的相对过饱和度，为了保持高的脱硫率要进行空气强制氧化，以便获得高质量的石膏，但它的前提是必须保持稳定的化学条件，尤其是浆液的 pH 值应尽可能恒定，这样对保持石膏的相对过饱和度是有利的，也就有利于优质石膏的生成。

(7) 机械力控制。在脱硫工艺中，为了使循环槽内的浆液始终保持均匀而不沉淀，槽内都设有搅拌装置。但是，搅拌产生的机械力同时还会对石膏的结晶产生影响。在机械力的作用下，一方面，会使结晶体尖角部位的晶束从晶体中分离出来，发生二次结晶而形成小颗粒，给脱水造成困难；另一方面，由于机械力的作用，使得晶体的形状向非针状方向发展，有利于脱水。可见，机械力对石膏结晶的影响是双向的，因此，搅拌强度是工艺设计和运行方式控制的难点。

2. 石膏浆液旋流器的运行状况控制

(1) 石膏浆液旋流器入口压力过高，会造成旋流器溢流及底流颗粒过小，入口压力过低，会造成旋流器溢流及底流颗粒过大。因此，压力过高或过低，均会影响旋流器的分级效率，影响底流浆液的颗粒度和含固率，最终导致石膏脱水性能下降。

(2) 沉砂嘴尺寸太大或溢流嘴尺寸太小均会造成旋流器底流颗粒过小，影响真空皮带脱水机性能，使石膏含水率增大。应选择尺寸大小合适的沉砂嘴。

运行中监测，若石膏旋流底流固体含量低于 40%～50% 时，及时检查旋流器运行情况，发现堵塞及时清理。

3. 真空皮带脱水系统的运行状况控制

(1) 真空度控制。真空度过高或过低对石膏的脱水性能均有很大影响，真空度过低则脱水过程中对石膏中水分的吸力不足，难以保证石膏产品的含水率；正常运行中若真空度突然变高则可能存在滤布堵塞，同样对脱水性能有很大影响。真空度过低的主要原因包括脱水机真空盘到真空泵入口管路存在泄漏、脱水机真空盘与皮带之间有缝隙、真空泵出口滤网堵塞、真空泵水环密封水流量不足、滤液水箱液位极低、真空泵本体故障等。正常运行中，真空度突然变高的主要原因为滤布堵塞和气液分离器液位过高等。

(2) 滤布堵塞的影响。滤布堵塞直接影响脱水效果，使石膏含水率增加。造成滤布堵塞的主要原因包括石膏浆液中氯离子含量超标、石膏浆液中飞灰和杂质含量增大、长期滤饼冲洗水量不足或喷嘴堵塞、滤布冲洗水量不足或喷嘴堵塞等。

(3) 滤饼厚度的控制。滤饼厚度通过变频器控制皮带机转速而加以控制。滤饼厚度过大或过小都会使石膏含水率上升，影响石膏的脱水效果。滤饼太厚使脱水效率不足，含水率升高；滤饼厚度减小，使含水率降低，但随着滤饼厚度的进一步降低，可能造成滤饼发布不均，造成局部真空泄漏，石膏含水率又会逐步升高，因此相对于最低的含水率，石膏滤饼厚度有一个最佳值。一般将滤饼厚度控制在 20～25mm，可以获得最好的脱水效果。

在运行过程中要严密监视皮带机运行参数，控制真空皮带机真空度的变化。真空升高时应关注塔内浆液监测指标是否在正常范围内。特别是真空超过 −50 kPa 时，检查真空升高的原因，并及时调整，并联系监测站对石膏水分进行取样分析。要对滤布、滤饼冲洗水量进行监控，定期对真空皮带机的冲洗水系统进行检查。

(二) 石膏纯度控制

当浆液中石膏达到一定的浓度时，抽出一部分浆液送入石膏脱水系统。石膏脱水分两步进行,第一步先经过旋流器脱水,使石膏的含水率降到40%,然后再利用真空皮带脱水机,使其含水率小于10%。石膏的纯度是通过第一步控制的。进入脱水系统的浆液中除含有大量的石膏外,还含有一部分未反应的吸收剂和铁、锰等杂质。水力旋流分离器使吸收剂与石膏分开,然后通过水洗,除去石膏中的杂质,在实际运行中,为达到一定要求的石膏品质,应从以下几个方面做好监控:

(1) 吸收塔内石膏浆液本身特性是否正常,如浆液氧化是否充分,浆液中灰分、惰性物是否增多,pH 值是否控制不好而使石灰石含量高,浆液密度是否合理,$Cl^-$、$Mg^{2+}$离子是否偏大。

(2) 石灰石品质是否优良,工艺水质是否合格,石灰石中$CaCO_3$含量低、白云石及各种惰性物质如黏土、砂等含量是否过高。

(3) 主机锅炉燃烧、电除尘器运行是否正常,FGD 入口粉尘含量是否偏高,废水是否排量及排放量的多少是否满足系统的正常运行需要。

(4) 石膏水力旋流器的入口压力是否合适,石膏底流密度是否在设计范围内。

(5) 真空皮带脱水机运行是否正常,石膏底流是否分布均匀,石膏滤饼厚度是否合适,滤布是否堵塞或损坏,真空度是否偏低或偏高,管道是否泄漏,滤布、滤饼冲洗水是否正常等。

### 三、石膏综合利用

以循环经济的观点实现废物资源化,经各国实践证明,脱硫石膏能较好替代天然石膏,若能妥善解决脱硫石膏的处置、利用问题,不仅能做到资源综合利用,产生良好的环境效益,而且能给企业创造可观的经济效益和社会效益。

在国外,脱硫石膏的工业化生产和使用已超过 20 年。德国是烟气脱硫石膏研究开发和应用最发达的国家,几乎所有的德国石膏企业都使用脱硫石膏,主要用于生产建筑制品和水泥缓凝剂。目前,德国每年的石膏需求量为 5.2Mt,其中利用的脱硫石膏为 2.5Mt,脱硫石膏逐渐代替天然石膏的趋势在德国已经形成。

日本将脱硫石膏与粉煤灰、少量石灰混合,形成烟灰材料。利用这种烟灰材料在凝结反应产生的强度,作为路基、路面下基层或平整土地所需砂土。这一技术由美国 C.S.I 公司开发,作为能够廉价大量地处理粉煤灰和脱硫石膏的最优秀的技术而被引进到日本,目前有 50 多家工厂正在从事这种材料的生产作业。在日本,1989 年的石膏供应量为 9.0Mt,其中脱硫石膏 2.0Mt(占 22%)、进口石膏 3.6Mt(占 40%)、其他来源 3.4Mt(占 38%);石膏需求量为 8.2Mt,其中 2.6Mt(占 32%)用于水泥工业、4.5Mt(占 55%)用于墙板业、1.0Mt(占 13%)用于其他用途。

美国的石膏总需求量为每年 22Mt,其中 15Mt 为天然石膏、7Mt 从加拿大进口。美国 OHIO 州 NILES 电厂石膏处理系统排出的脱硫石膏外卖每 12 美元,由电厂负责运输;若填埋则每吨石膏需花费 10~30 美元。

我国是水泥生产大国,1997 年的水泥产量达到 5.1 亿 t。以每吨水泥掺加 5%的天然二水石膏计算,仅水泥一项每年就需天然二水石膏 25.5Mt。如此大的用量,加上水泥企业遍及全国各地,为脱硫石膏的利用提供了广阔的市场。如四川的珞磺电厂和重庆电厂将烟气脱硫石膏加工成石膏球和半水石膏，作为制作水泥和建筑材料的原料，运往石膏制品厂、水泥厂及相关建筑单位加以利用；杭州半山电厂将脱硫石膏供应给附近中小纸面石膏板厂和石膏空心砌块生产企业使用；北京第一热电厂将脱硫产物制成石膏砌块（年产量30万 m³）等。但总体来说，国内脱硫石膏的处置、利用发展比较缓慢，目前尚未形成工业化、规模化和专业化生产。

目前脱硫石膏的主要利用途径有：在建筑、建材业中生产建筑石膏、粉刷石膏、石膏砌块、纸面石膏板、石膏空心板、自然平地面石膏浆料、水泥缓凝剂等；农业方面有报道用于生产化肥、盐碱土壤改良等；近年来，采矿业也将脱硫石膏运用于井下充填砂浆。

（一）脱硫石膏用作水泥缓凝剂

研究表明，脱硫石膏中 $CaSO_3 \cdot \frac{1}{2}H_2O$ 的含量小于 0.5%，从而为脱硫石膏替代天然二水石膏作水泥缓凝剂及其他建筑制品提供了条件。原状湿式脱硫石膏、自然干燥及在140℃以下预烘干的脱硫石膏能够正常调节水泥的凝结时间，水泥性能正常发展，水泥强度、凝结时间及安定性等指标均达到国家有关标准。

目前，我国的水泥生产基本都以天然石膏为原料，石膏的加入量约为水泥产量的5%。用脱硫石膏替代天然石膏无疑是一项脱硫石膏有效利用的首选途径。以一个年产百万吨的水泥厂为例，石膏的用量每年约5万t，相当1台300MW机组燃煤含硫1%的脱硫石膏的产生量。我国年产水泥5.1亿t，则石膏的年用量可达2550万t。在天然石膏资源缺乏的地区（江浙一带），长途运来的石膏的到厂价往往较高，一般在120～400元/t，势必增加了水泥的生产成本。在这类地区，经引导和宣传，脱硫石膏将会受到水泥厂用户的欢迎。在天然石膏资源较为丰富的地区（如山西、甘肃），脱硫石膏能否替代天然石膏加以利用，关键要看能否克服包括政策的制约、地区的制约和习惯的制约等，是需要进行大量工作的。

（二）脱硫石膏作为建筑材料

脱硫石膏可作为优质的建筑材料业已得到公认，而且随着我国房地产市场的不断发展及装饰材料的变革，特别是位于城市附近的脱硫石膏应有很好的出路。但是，目前我国仍然没有相应的标准，致使现有的建材企业（包括水泥厂）难以认真研究脱硫石膏的使用方法。石膏制品的生产商和用户均无相应的标准，阻碍了脱硫石膏的使用。建议建材部门尽快出台石膏产品（制品）的标准和建筑材料使用规范。

经重庆大学等国内研究机构对一系列脱硫石膏制品的实验表明，它们的性能均达到国家相关标准的要求，完全可以代替天然石膏使用；且脱硫石膏的性能在抗压、抗折强度上优于天然石膏。

1. 利用于粉刷石膏

经过分期分批对某电厂脱硫石膏进行取样分析，结果表明，脱硫石膏达到天然优质二水石膏品位，是制作粉刷石膏的理想原料。由其制成的新型石膏砂浆与传统的水泥石灰类砂浆相比，具有轻质、高强、节能等特点，且黏结性能较好，不易起壳和开裂；并对我国推广节能住宅（特别是高层节能住宅）、解决混凝土剪力墙等各类墙体的保温问题，具有重大的意义。

例：按上海每年新增 2000 万 $m^2$ 住宅面积、每 $10000m^2$ 建筑使用 $1400m^3$（合 2700t）水泥砂浆、内墙墙面和天花板面占整个建筑需粉刷表面及砌筑所用砂浆量的近 70% 计算，上海每年建筑内墙需要 378 万 t 抹面砂浆，按石膏与料 1∶3 比例计算，每年可消耗脱硫石膏 94.5 万 t。

上海宝钢集团某公司经过大量的市场调研和试验研究，根据上海市场特点先期建成了年产 4 万 t 的粉刷石膏生产线，以天然石膏和脱硫石膏为主原料生产粉刷石膏系列产品，广泛应用于室内粉刷工程。

随着上海建筑砂浆商品化和建筑节能工作的全面推进，粉刷石膏砂浆系列产品作为高品质的新型建材已显示出广阔的应用前景。

2. 利用于纸面石膏板

某公司购置电厂脱硫石膏为原料生产纸面石膏板的实践表明，脱硫石膏应用在石膏板生产过程中可以降低料浆液固比，增大料浆流动性，降低石膏板重量，改善石膏板质量，提高石膏板机械强度，降低石膏板的成品破损率，并能减少对设备的磨损。

而目前上海具有年产 2000 万 $m^2$ 的纸面石膏板生产线两条，已经开始使用电厂烟气脱硫石膏进行纸面石膏板的生产，其脱硫石膏主要来自江浙一带的电厂。由于 DSG 优良的性价比，拥有两条生产线之一的某公司已着手建立第三条生产线。该条新的生产线建成后，未来上海纸面石膏板的生产能力将由目前近 5000 万 $m^2$ 增加到 7000 万 $m^2$ 以上。若 100% 使用脱硫石膏，按 8kg（脱硫石膏）/$m^2$（石膏板）经验用量，上海纸面石膏板行业将来能消纳约 56 万 t 左右的脱硫石膏。

3. 利用于路基回填材料

将脱硫石膏、火电厂废弃物、矿物外加剂以 50∶40∶10 比例配制成路基回填材料，实验中回填材料 28d 时强度达 325 号水泥的标准，在膨胀率、溶出率等影响路基材料应用性质方面也符合有关要求。

大规模公路建设对路基回填材料量的需求很大，对质量要求也越来越高。充分利用脱硫石膏作为修筑道路的回填材料，既可为城市筑路提供材料来源，又可解决脱硫石膏的利用问题。

4. 农业上利用于生产肥料和改良滩涂盐碱地

盐碱地的许多不良性质与其含有大量的代换性钠密切相关，烟气脱硫石膏中的钙离子可以加速置换土壤中的可代换性钠，降低土壤 pH 值，从而达到改良碱土的作用。

此外，利用脱硫石膏制硫酸铵化肥施加到滩涂中，可提高滩涂土壤肥力。制作过程中产生的副产品碳酸钙也是制造水泥的原料，这两个措施均能有效改良盐碱土壤，并促进滩涂上植被的演替，对城市绿化和脱硫石膏利用都具有非常重要的现实意义，并能产生良好的经济效益。

#  第四章

# 烟气脱硫装置运行参数的检测与控制

脱硫装置运行中,需要检测与控制的参数除了温度、压力而外,还包括石灰石浆液品质、石膏浆液品质、流量以及烟气成分($SO_2$、CO、$NO_x$、$O_2$、$CO_2$ 等),同时,为了保证烟气脱硫装置运行的安全、可靠性,降低石灰石耗量,提高运行效率,测量仪表的应用对整套系统是必不可少的。烟气脱硫装置的测量仪表主要有密度计(固体浓度计)、流量计、液位/料位计、pH 计、温度计、压力计、测厚仪及烟气排放连续监测系统(CEMS)等。

## 第一节 脱硫装置运行参数检测

烟气脱硫装置中各个参数的具体检测系统由被测量、传感器、变送器和显示装置组成,传感器响应被测量,经能量转换并转化成一个与被测量成对应线性关系的便于传输的信号,如电压、电流等,由于传感器的输出信号往往很微弱,需在变送环节进一步处理,把传感器的输出转换成 4~20mA 或 1~10mA 等标准统一的模拟信号或满足特定标准的数字量信号,我们称这种仪表为变送器,变送器的输出信号或送到显示仪表把测量显示出来,或同时送到控制系统对其进行控制。

温度、压力与流量参数的检测在火电厂热力设备的应用非常广泛,在脱硫装置中这类参数的测量原理与方法没有明显区别,且不涉及高温、高压条件下的参数检测。不同之处主要在于脱硫装置运行中需要测量、控制高浓度石灰石浆液、石膏浆液,参数检测时,需要考虑被测介质的高黏度、腐蚀性、氧化性、易堵塞、易结晶等特殊性。

**一、脱硫装置测量表计原理及应用**

(一)石灰石、石膏浆液密度计(固体浓度计)

为了得到并控制要求送入烟气脱硫装置的石灰石浆液浓度,以及得到并控制石膏浆液固体物质浓度及浆液排出量,需要实时检测石灰石浆液浓度和石膏浆液的浓度。

1. 基于核辐射射线原理的浓度计

由于烟气脱硫装置浆液中固体物质的含量高达 30% 左右,无法采用常规的检测方法,且浆液的腐蚀性、磨损性也限制了密度计的选型,因此,目前工业上一般采用基于核辐射射线原理的浓度计。

由核放射源发射的核辐射射线(通常为 γ 射线)穿过管道中的介质,其中一部分介质散射和吸收,其余部分射线被安装在管道另一侧的探测器所接收,介质吸收的射线量与被

测介质的密度呈指数吸收规律，即射线的投射强度将随介质中固体物质的浓度的增加而呈指数规律衰减，射线强度的变化规律可表示为

$$I = I_0 e^{-\mu D} \tag{4-1}$$

式中　$I_0$——进入被测对象之前的射线强度；

　　　$\mu$——被测介质的吸收系数；

　　　$D$——被测介质的浓度；

　　　$I$——穿过被测对象后的射线强度。

在已知核辐射源射出的射线强度和介质的吸收系统的情况下，只要通过射线接收器检测出透过介质后的射线强度，就可以检测出流经管道的浆液浓度，如图4-1所示。

射线法检测的浓度计为非接触在线测量，可测定泥浆、砂浆、水煤浆等混合液体的质量百分比浓度或体积百分比浓度，同时，也可用

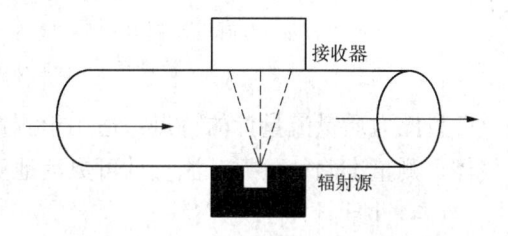

图4-1　基于核辐射射线原理的浓度计

来检测烟气中的粉尘浓度。核射线能够直接穿透钢板等介质，使用时几乎不受温度、压力、浓度、电磁场等因素的影响。但由于射线对人体有害，因此对射线的剂量应严加控制，需要严格的安全防护措施，一旦管道内出现固体沉积和结垢，就会出现错误信号。

2. 科氏力质量流量计（密度测量）

科氏力是指物体在旋转系中做直线运动时，产生与质量流量成正比的力，科氏力与运动流体的质量$Am$、速度$v$成正比，即与流体的质量流量成正比。用测量管的振动来代替恒定的角速度$\omega$，当流体流过测量管时，测量管产生振动。在测量管中产生的科氏力会引起管子变形，从而产生进口和出口的相位差。表示为

$$F_C = 2 \cdot Am(v \cdot \omega) \tag{4-2}$$

式中　$F_C$——科氏力，N；

　　　$Am$——移动物体的质量，kg；

　　　$\omega$——角速度，°/s；

　　　$v$——旋转或振动时的径向速度，m/s。

科氏力质量流量计如图4-2所示。

当质量流量增加时，相位差（A—B）也增加，通过入口和出口的电磁式相位传感器可测得管子的振动相位。

振动管中介质的质量是介质密度与振动管体积的乘积，而振动管的体积对每种口径的传感器来说是固定的，测量管连续地以一定的共振频率进行振动，振动频率随流体的密度变化而变化，因此共振频率是流体密度的函数，由此可得对应的密度输出信号。

科氏质量流量传感器振动管测量密度时，管道钢性、几何结构和流过流体质量共同决定了管道装置的固有频率，因而由测量的管道频率可推出流体密度。变送器用一个高频时钟来测量振动周期的时间，测量值经数字滤波，对于由操作温度导致管道钢性变化，进而引起固有频率的变化进行补偿后，用传感器密度标定系数来计算过程流体密度。

(a)              (b)              (c)

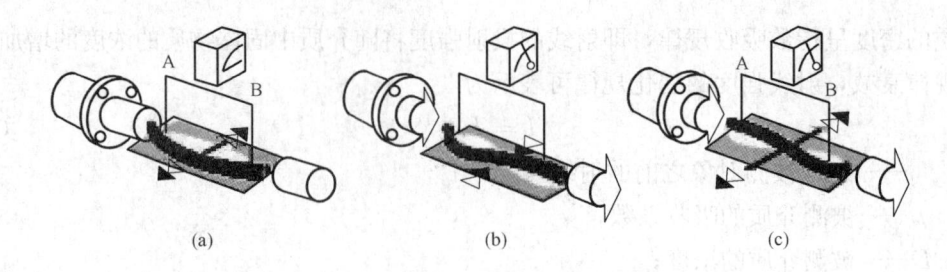

图 4-2 科氏力质量流量计

(a) 当流量为零时，即流体停止不流动时，入口和出口相位差为零；(b) 当有流体流过时，
测量管入口处振动减速；(c) 出口处振动加速

科氏力质量流量计的特点：适用于测量浆液、沥青、重油、渣油等高黏度液体及高压气体，测量准确、可靠，流量计可灵活地安装在管道的任何部位。

### （二）pH 计

吸收塔浆液的 pH 值是脱硫装置运行中最主要的检测与控制参数之一，是浆池内石灰石反应活性和钙硫摩尔比的综合反应。加入吸收塔的新鲜石灰石浆液的量取决于锅炉负荷、烟气中的 $SO_2$ 浓度及实际的吸收塔浆液的 pH 值。根据系统的布置情况，目前 pH 计可布置在吸收塔浆液再循环泵出口管道上，也可布置在吸收塔石膏浆液排出管道上，也有部分脱硫现场采用直接插入浆液池来测量浆液 pH 值。

pH 值是用来表示溶液酸碱度的一种方法，pH 值的检测仪表称为 pH 计，也被称为酸度计，通过连续检测水溶液中氢离子的浓度来确定水溶液的酸碱度，pH 值被定义为水溶液中氢离子活度的负对数，即 $pH = -\lg[H^+]$，化学上定义水的 pH 值为 7，pH<7 的溶液呈酸性，pH>7 的溶液呈碱性。对于烟气脱硫装置来讲，pH 值低，有利于石灰石的溶解，不利于 $SO_2$ 的吸收；pH 值高，有利于 $SO_2$ 的吸收，不利于石灰石的溶解，为了兼顾两者，对于强制氧化型的吸收塔，根据经验，pH 值控制在 5～6 较好。

**1. pH 计的测量原理**

因为直接测量溶液中氢离子的浓度是有困难的，所以通常采用由氢离子浓度引起的电极电位变化的方法来实现 pH 值的测量。根据电极理论，电极电位与离子浓度的对数呈线性关系，因此，测量被测水溶液的 pH 值的问题就转化为测量电池电动势。

pH 计构造如图 4-3 所示。

pH 计的电极包括一个测量电极和一个参比电极（甘汞电极），两者组成原电池。参比电极的电动势是稳定且精确的，与被测介质中的氢离子浓度无关；玻璃电极是 pH 计的测量

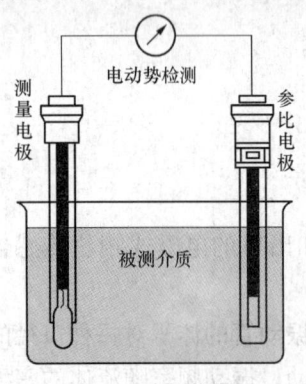

图 4-3 pH 计构造示意

电极，其上可产生正比于被测介质 pH 值的毫伏电动势，原电池电动势的大小仅取决介质的 pH 值，因此，通过测量电池电动势，即可计算出氢离子的浓度，从而实现了对溶液 pH 值的检测。测量中，电极浸入待测溶液中，将溶液中的氢离子浓度转换成毫伏电压信号，将信号放大并经对数转换为 pH 值。

如果将参比电极与测量电极封装在一起就构成了复合电极，具有结构简单、维护量小、使用寿命长的特点，在各种工业领域中的应用十分广泛。pH计在使用过程中，需要保持电极的清洁，并定期用稀盐酸清洗，且每次清洗后或长期停用后均需要重新校准。测量时需保持被测溶液温度稳定并进行温度补偿。

2. pH计的调整校验

在烟气脱硫装置吸收塔内，一般设计安装有2套pH计。为了确保系统的安全稳定运行，真实、准确地反映塔内浆液pH值，在装置热态调试运行期间，根据现场需要随时校验pH计。

pH计的标定和校验工作一般是在pH值稳定的缓冲溶液中进行。在25℃温度下测量的符合国家标准局规定的4种最好的缓冲溶液，其pH值分别为4.01、6.87、9.18和12.45。标定工作（偏差量或缓冲溶液）最好在等电势点进行（pH=7），对偏差量进行标定，使得pH计的读数在pH值为7.0时为0.0mV。校准工作，或者是斜率调整，用来对电极随pH值的变化而产生的改变进行修正。在进行校准时，缓冲溶液的pH值应与被测溶液有一定差值。例如，如果估计所测的工艺介质pH值为5.4，则最好使用pH值大约为4的缓冲溶液。以下是某现场pH计的具体校验过程。

校验用具：500mL或1000mL容量瓶；除盐水；烧杯及洗瓶；定性滤纸；稀盐酸；缓冲剂。

按如下步骤校验pH计：

(1) 设定pH计的量程为2.0～10.0。

(2) 选择缓冲剂，配置pH值为4.00和6.86的两种缓冲液。

(3) 根据所用的缓冲剂在pH计上设定校验点和标准参考值。

(4) 取出pH计的探头（包括玻璃电极、参比电极和温度计），用稀盐酸和除盐水洗净，滤纸擦干。

(5) 将pH计的探头放入pH值为4.00的缓冲液中，待读数稳定后根据温度把pH计的读数调整到标准值，储存在pH计中。

(6) 取出pH计的探头用除盐水洗净，滤纸擦干。

(7) 将pH计的探头放入pH值为6.86的缓冲液中，待读数稳定后根据温度把pH计的读数调整到标准值，储存在pH计中。

(8) 记录温度、斜率和零点。

(9) 取出pH计的探头用除盐水洗净，放回测量池中，校验完毕。

系统运行中要定期对pH计进行调整和校验，使其能真实并准确地反应系统运行工况，满足实际现场FGD运行时监测的要求。

(三) 液位计/固体料位计

石灰石—石膏湿法烟气脱硫装置中，吸收塔液位、石灰石浆液箱、石灰石粉仓、工艺水箱都设计了液位/料位测量信号。

1. 压力式液位变送器

测量原理：利用液柱或物料堆积对某定点产生压力的原理，当被测介质的密度$\rho$已知时，就可以把液位测量问题转化为差压测量问题。

吸收塔液位一般用差压液位变送器来测量，如图4-4所示。差压式液位计是一种最常用的液位检测仪表，如果被测介质具有腐蚀性，差压变送器的正、负压室与取压管之间需要安装隔离容器，防止腐蚀性介质直接与变送器接触。隔离也应不与被测介质、管件及仪表起掺混和化学作用。隔离容器的安装位置应尽量靠近测点，以减少测量管路与腐蚀性介质的接触，为减少隔离液的消耗，仪表应尽量靠近隔离容器。隔离容器和测量管路安装在室外时，应选用凝固点低于当地气温的隔离液，否则应有伴热措施。如果隔离液的密度为 $\rho_1$，被测浆液的密度为 $\rho$，且 $\rho_1 > \rho$；则差压变送器上测得的差压计算公式为

$$\Delta p = \rho g h + \rho_1 g (h_1 - h_2) \tag{4-3}$$

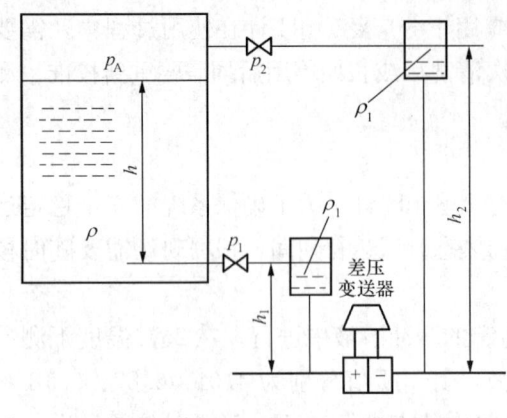

图 4-4 差压式液位测量原理

式中 $g$——重力加速度，$m/s^2$。

2. 直读式的液位计

测量原理：液位计通过法兰或合适的连接方式与液位储罐连接上，随着储罐内液位的上下变化，带动含有永久磁钢的浮子上下移动。

在液位计测量管的外面安装有磁翻板或磁浮子指示器。精密设计的磁翻板一面是黄色（或红色），一面是黑色，随着浮子的上下移动，液体中浮子内永久磁铁的束性磁场将磁翻板推翻180°，从而改变它们的颜色。当浮子上升时，磁翻板由黑色改变为黄色（或红色），当浮子下降时，磁翻版又由黄色（或红色）改变为黑色，这就意味着在任何时候黄色（或红色）磁翻版始终代表着储罐内的液位，而无需外加任何电源。

根据特殊要求，当浮子完全落入测量管的底部时，可以通过3个红色磁翻板特殊指示反映出储罐内的液位低于测量管内液位，或表明浮子没有浮起（浮子失效），如图4-5所示。

3. 音叉料位开关

根据物料对振动中的音叉有无阻力探知料位是否到达或超过某高度，并发出通断信号，它不需要大幅度的机械运动，驱动功率小，机械结构简单，灵敏而可靠。

音叉由弹性良好的金属制成，本身具有确定的固有频率，如外加交变力的

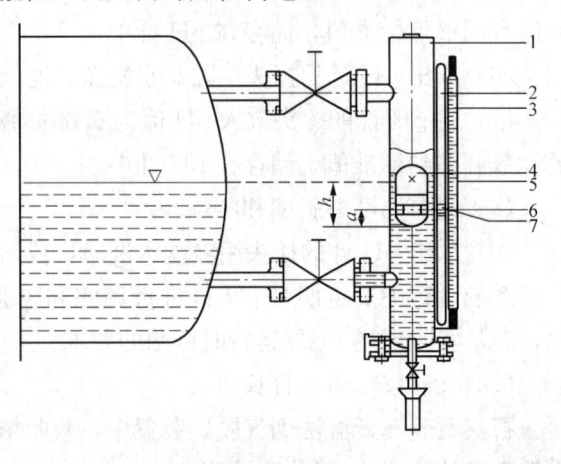

图 4-5 直读式的液位计
1—测量管；2—玻璃管；3—刻度盘；4—浮子；5—液位；
6—指示器显示的位置；7—磁浮子指示器

频率与其固有频率一致，则叉体处于共振状态。因为周围空气对振动的阻尼微弱，金属内部的能量损耗又很少，所以只需微小的驱动功率就能维持较强的振动。

当粉粒体物料触及叉体之后，能量消耗在物料颗粒间的摩擦上，迫使振幅急剧衰减而停振。

为了给音叉提供交变的驱动力，利用放大电路对压力元件施加交变电场，靠逆压电效应产生机械力作用在叉体上。用另外一组压电元件的正压电检测振动，它把振动力转变为微弱的交变电信号。再由电子放大器和移相电路，把检测元件的信号放大，经过移相，施加到驱动元件上去，构成闭环振荡器。在这个闭环中，既有机械能也有电能，叉体是其中的一个环节，倘若受到物料阻尼难以振动，正反馈的幅值和相位都将明显地改变，破坏了振荡条件，就会停振。只要在放大电路的输出端接以适当的器件，不难得到开关信号。

为了保护压电元件免受物料损伤和粉尘污染，将驱动和减振元件安装在叉体内部，经过金属膜片传递振动。

4. 超声波料位计

工作原理：连续测量液位时，利用反射原理，发射换能器发出超声脉冲，到达液面后反射回来的由接收换能器接收，根据声波往返时间，在已知声速的条件下判断液位（实际上是超声测距原理）。发射和接收可由同一换能器担任，先由它发射，随即转为接收。如换能器装在液面以上的气体介质中垂直向下发射和接收，则称为气介式。最大好处是换能器不必和液体接触，便于防腐蚀和渗漏，而且对于有黏性的液体及含有颗粒杂质或气泡的液体，也不妨碍工作。

若已知声波在空气中的传播速度为 $c$，在测得声波往返时间 $t$ 后，利用式 $l=ct/2$ 求出换能器至也面的距离 $l$。然后，从已知的换能器安装高度 $L$（自液位为零的基准面算起），便可求出当时的液位 $H$，即 $H=L-l$。

但是声波在气体介质中的传播速度受温度和压力的影响，并非常数，给测量带来困难。

传感器不接触液体，有时会受到灰尘、蒸汽、泡沫等的影响。

5. 雷达波料位计

工作原理：通过较短的雷达脉冲对液体的液位进行测量，雷达脉冲是从储罐顶部的天线向液体发射的。当雷达脉冲抵达不同介电常数的介质时，部分能量被反射回变送器。发射脉冲与反射脉冲的时差与距离成正比，从而可以计算出料位。

特点：微波的运行几乎不受环境温度和压力的影响，因此雷达式传感器非常适用于复杂的过程条件，雷达式测量不受其他释放和搅拌器的影响，所以比较适合用来测量存储罐中物料料位。

（四）流量计

下面是经常用于脱硫装置运行参数检测的两种流量计的基本原理。

1. 电磁流量计

电磁流量计是根据法拉第电磁感应定律进行流量测量的流量计，电磁流量计的优点是压损极小，可测流量范围大，最大流量与最小流量的比值一般为 20∶1 以上，适用于测量封闭管道中导电液体或浆液的体积流量，如各种酸、碱、盐溶液，腐蚀性液体以及含有固体颗粒的液体（泥浆、矿浆及污水等），被测液体的电导率不能小于水的电导率；但不能检测气体、蒸汽和非电导液体。在石灰石—石膏湿法烟气脱硫装置中，电磁流量计被用于石灰石、石膏浆液体积流量的检测，与密度计联合使用能够检测质量流量。

测量原理：当导体在磁场中做切割磁力线运动时，在导体中会产生感应电势，感应电势的大小与导体在磁场中的有效长度及导体在磁场中作垂直于磁场方向运动的速度成正比。同理，如图4-6所示，导电流体在磁场中作垂直方向流动而切割磁力线时，也会在管道两边的电极上产生感应电势。感应电势的方向由右手定则判定，感应电势的大小由式（4-4）确定

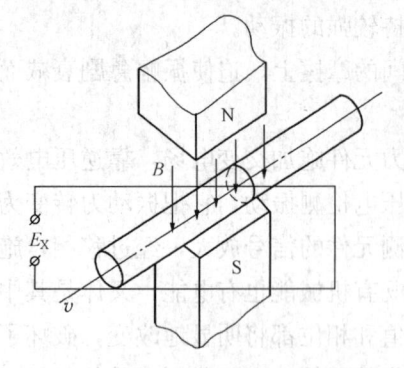

图 4-6 电磁流量计检测原理

$$E_X = BDv \tag{4-4}$$

式中 $E_X$——感应电势，V；

$B$——磁感应强度，T；

$D$——管道内径，m；

$v$——液体的平均流速，m/s。

然而体积流量 $Q_v$ 等于流体的流速 $v$ 与管道截面积 $\pi D^2/4$ 的乘积，则 $Q_v = \pi D E_X / 4B$。

由于电磁流量计无可动部件与突出于管道内部的部件，因而压力损失很小；导电性液体的流动感应出的电压与体积流量成正比，且不受液体的温度、压力、密度、黏度等参数的影响。

2. 科氏力质量流量计

科氏力质量流量计是直接式质量流量检测方法中最为成熟的。通过检测科氏力来直接测出介质的质量流量。

工作原理：科氏力质量流量计是利用处于一旋转系中的流体在直线运动时，产生与质量流量成正比的科氏力的原理制成的一种直接测量质量流量的新型仪表。

科氏力质量流量计应用最多的是双弯管型的，两根金属U形管与被测管道由连通器相接，流体按箭头方向分别通过两路弯管。在 $A$、$B$、$C$ 三点各有一组压电换能器，在 $A$ 点外加交流电产生交变力，使两个U形管彼此一开一合地振动，在位于进口侧的 $B$ 点和位于出口侧的 $C$ 点分别检测两管的振动幅度。根据出口侧相位超前于进口侧的规律，$C$ 点输出的交变电信号超前于 $B$ 点某一相位差，此相位差的大小与质量流量成正比。将该相位差进一步转换为电流 4~20mA 的标准信号，就构成了质量流量变送器，其结构示意见图4-7。

**二、烟气连续排放监测系统 CEMS 介绍**

每套脱硫装置一般进、出口烟道上各安装一套烟气

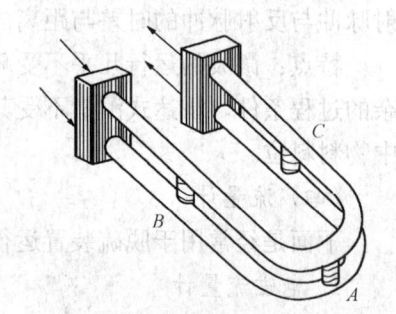

图 4-7 双弯管型科氏力质量流量计结构示意

连续监测排放系统,实时检测烟气中的 $SO_2$、CO、$NO_x$、烟尘等。脱硫装置出口烟气分析仪兼有控制与环保监测的功能。

(一) CEMS 系统的组成

CEMS 是指对固定污染源排放烟气中的污染物进行连续地、实时地跟踪测定。主要污染物包括颗粒物、$SO_2$、$NO_x$、CO,其他污染物还有 $CO_2$、HCl、$H_2S$ 等,烟气排放参数包括流速、温度、压力、湿度、含氧量等。CEMS 系统如图 4-8 所示。

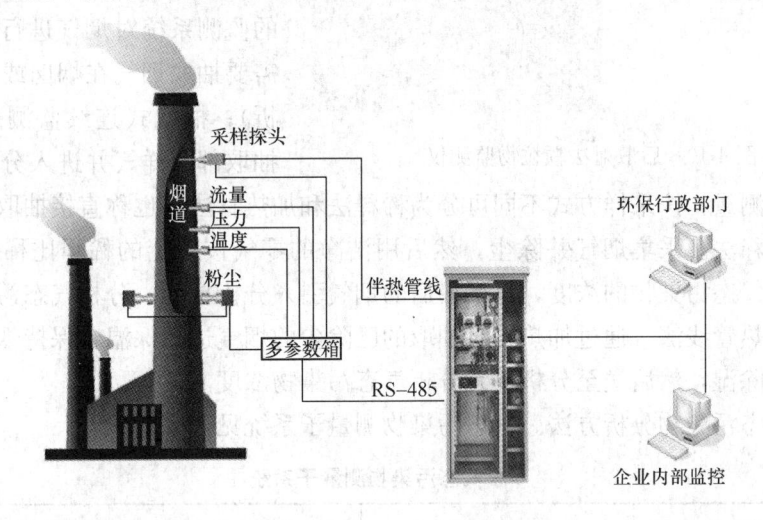

图 4-8 CEMS 系统示意

(二) CEMS 系统工作原理介绍

1. 烟尘连续监测系统

烟尘连续监测系统有光学分析法和光散射法两种监测方法。

(1) 光透射法。光透过含有烟尘的烟气时,光强因烟尘的吸收和散射作用而减弱,通过测定光束通过烟气前后的光强比值来定量烟尘浓度。测尘仪分为单光程测尘仪和双光程测尘仪。单光程测尘仪的光源发射端与接收端在烟道或者烟囱的两侧,光源发射的光通过烟气由安装在对面的接收装置检测光强,并转变为电信号输出。双光程测尘仪的光源发射端与接收端在烟道或烟囱的同一侧,由发射/接收装置和反射装置两部分组成,光源发射的光通过烟气,由安装在对面的反射镜反射再经过烟气回到接收装置,检测光强并转变为电信号输出。光透射颗粒物监测仪如图 4-9 所示。

(2) 光散射法。经过调制的激光或红外平行光束射向烟气时,烟气中的烟尘对光向所有方向散射,经烟尘散射的光强在一定范围内与烟尘浓度成比例,通过测量散射光强来定量烟尘浓度。根据接收源与光源所呈角度的大小可分为前散射法、后散射法和边散射法。后散射法颗粒物监测仪如图 4-10 所示。

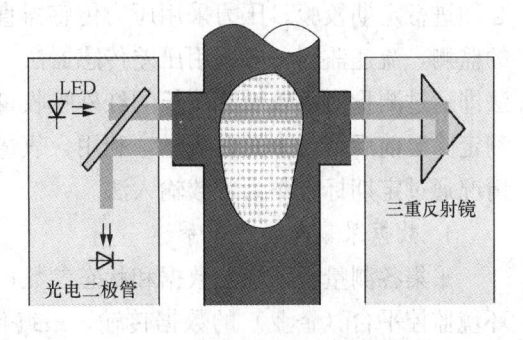

图 4-9 光透射颗粒物监测仪

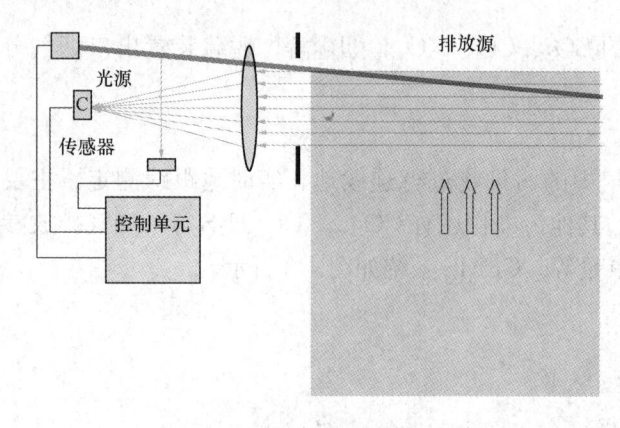

图 4-10　后散射法颗粒物监测仪

2. 气体污染物连续监测

烟气排放气态污染物（$SO_2$、$NO_x$）等连续监测方法按采样方式分为现场连续监测和抽取式连续监测两大类。现场连续监测（在线式）由直接安装在烟囱或烟道（包括旁路）上的监测系统对烟气进行实时测量（不需要抽取烟气在烟囱或烟道外进行分析）；抽取式连续监测通过采样系统抽取部分样气并进入分析单元，对烟气进行实时测量，按采样方式不同可分为稀释法和加热管法（也称直接抽取法）。

（1）稀释法。采集烟气并除尘，然后用洁净的零气按一定的稀释比稀释除尘后的烟气，以降低气态污染物的浓度，将稀释后的烟气引入分析单元，分析气态污染物浓度。

（2）加热管线法。通过加热管对抽取的已除尘的烟气进行保温，保持烟气不结露，输至干燥装置除湿，然后送至分析单元分析气态污染物浓度。

（3）气态污染物分析方法。气态污染物测量子系统见表 4-1。

表 4-1　气态污染物测量子系统

| 采样方式分析方法 | 直接抽取系统 | 稀释抽取系统 | 直接测量系统（插入式） |
| --- | --- | --- | --- |
| 红外光吸收原理 | $SO_2$、$NO_x$、$CO$、$CO_2$ | | |
| 紫外光吸收原理 | | | $SO_2$、$NO_x$ |
| 紫外荧光原理 | | $SO_2$ | |
| 化学发光原理 | | $NO_x$ | |
| 电化学原理 | | | $NO_x$ |

3. 烟气参数连续测量

烟气参数包括烟气温度、压力、流量、湿度（水分含量）、$O_2$、（或 $CO_2$）。

温度一般采用热电偶或热电阻温度传感器连续测定，示值偏差不超过±3℃，使用前必须进行定期校验。压力采用压力传感器直接测量。烟气流量的检测本质上是对烟气流速的监测，流速监测一般选用压差传感器法、超声波法和热传感法。烟气湿度采用红外吸收法即通过测量对水较敏感波长的红外吸收量的变化来测量，或用测氧计算法（用氧传感器测定除湿前后烟气中的含氧量，利用含氧量的差计算）；烟气中的水分含量也可根据煤种情况通过定期标定作为常数输入法。

4. 数据采集与处理子系统

采集各测量子系统的数据和状态参数；对数据进行显示、计算、存储、统计；保持与环境监控平台（企业）的数据传输。最终传送到烟气脱硫装置控制室，供烟气脱硫装置所用。

5. CEMS 烟气连续监测系统在脱硫脱硝系统中的测点分布情况
（1）烟气脱硫系统。
1）入口：$SO_2$、$O_2$、颗粒物。
2）出口：$SO_2$、$O_2$。
（2）脱硝系统。入口：$NO_x$、$NH_3$、$O_2$。
（3）环保排放监测系统。总出口：颗粒物、$SO_2$、$NO_x$、（CO）、$O_2$、温度、压力、湿度、流量。

## 第二节 脱硫装置顺序控制、保护及连锁

### 一、顺序控制

顺序控制是实现工艺过程所要求的一系列顺序动作的控制，顺序控制的功能是按照预定的顺序和条件自动完成相关控制对象的开关操作，是开关量控制组中一种主要的控制方式，按时间始发的顺序控制为时间定序控制，按条件始发的顺序控制的为条件定序顺序控制。

脱硫装置顺序控制的目的是满足脱硫装置的启动、停止及正常运行工况的控制要求，并实现脱硫装置在事故和异常工况下的控制操作，保证装置的安全，同时相应地也减轻运行人员的劳动强度和减少人为的误操作。

下面以某电厂 $2 \times 300MW$ 机组脱硫仿真系统为例说明烟气脱硫装置中几个典型顺序控制。

（一）烟气系统顺序启、停控制逻辑

1. 烟气系统顺序启动控制逻辑

（1）顺序控制启动许可条件（全部满足）：

1）锅炉所有油枪切除。

2）有石灰石浆液泵组运行。

3）至少有两台浆液循环泵运行。

4）两台氧化风机运行任意一台。

5）无锅炉跳闸信号（MFT）。

6）无烟气脱硫装置跳闸信号。

7）GGH 转速正常。

（2）顺序控制启动步骤：

1）STEP1：将增压风机叶片控制切到手动方式，叶片位置设定为 0%。

2）STEP2：自动打开净烟气挡板。

3）STEP3：自动关闭吸收塔放散阀。

4）STEP4：自动打开原烟气挡板。

5）STEP5：自动启动增压风机。

6）STEP6：自动启动 GGH 低泄漏风机。

7）STEP7：烟气系统启动过程结束。

2. 烟气系统顺序停止控制逻辑

（1）顺序控制停止条件：操作员手动停止。

（2）自动停止条件（任一条件满足）：

1）FGD 跳闸。

2）锅炉 MFT。

（3）顺序控制停止步骤：

1）STEP51：手动打开旁路挡板。

2）STEP52：增压风机叶片控制置手动。

3）STEP53：将增压风机静叶控制开度关到 0%。

4）STEP54：自动停止增压风机。

5）STEP55：自动停止 GGH 低泄漏风机。

6）STEP56：自动关闭原烟气挡板。

7）STEP57：自动打开吸收塔放散阀。

8）STEP58：延时 10s。

9）STEP59：自动关闭净烟气挡板。

10）STEP60：烟气系统停止顺序结束。

（二）吸收塔循环泵顺序启、停控制逻辑

1. 吸收塔循环泵顺序启动控制逻辑

（1）启动许可条件（全部满足）：

1）吸收塔底部液位大于允许泵的启动液位值。

2）顺序控制所有设备投自动。

（2）启动指令：操作员手动启动。

（3）启动步骤：

1）STEP1：当得到循环泵系统启动指令后，自动关闭其入口阀、排空阀、冲洗水阀。

2）STEP2：当入口阀、排空阀、冲洗水阀均关后，自动打开入口阀。

3）STEP3：当入口阀已打开后，自动启动循环泵。

4）STEP4：当循环泵运行后，循环泵启动程序结束。

2. 吸收塔循环泵顺序停止控制逻辑

（1）停止许可条件（任一满足）：

1）净烟气挡板关闭。

2）3 台循环泵均运行。

（2）保护停：循环泵保护跳闸。

（3）停止步骤：

1）STEP51：当得到停止指令后，自动停止循环泵。

2）STEP52：当循环泵停运后，自动关闭入口阀门。

3）STEP53：当入口阀门已关后，自动打开排空阀。

4) STEP54：当排空阀已打开后，等待 60s。
5) STEP55：当等待结束后，自动关闭排空阀。
6) STEP56：当排空阀已关后，自动打开冲洗水阀。
7) STEP57：当冲洗水阀已打开后，等待 60s。
8) STEP58：当等待时间结束后，自动关闭冲洗水阀。
9) STEP59：当冲洗水阀关闭后，自动打开排空阀。
10) STEP60：当排空阀打开后，等待 60s。
11) STEP61：当等待时间结束后，自动关闭排空阀。
12) STEP62：当排空阀已关后，自动打开冲洗水阀。
13) STEP63：当冲洗水阀已打开后，等待 60s。
14) STEP64：当等待时间结束后，自动关闭冲洗水阀。
15) STEP65：当冲洗水阀关闭后，循环泵停止程序结束。

（三）除雾器冲洗水系统顺序启、停控制逻辑

程序操作界面如图 4-11 所示。

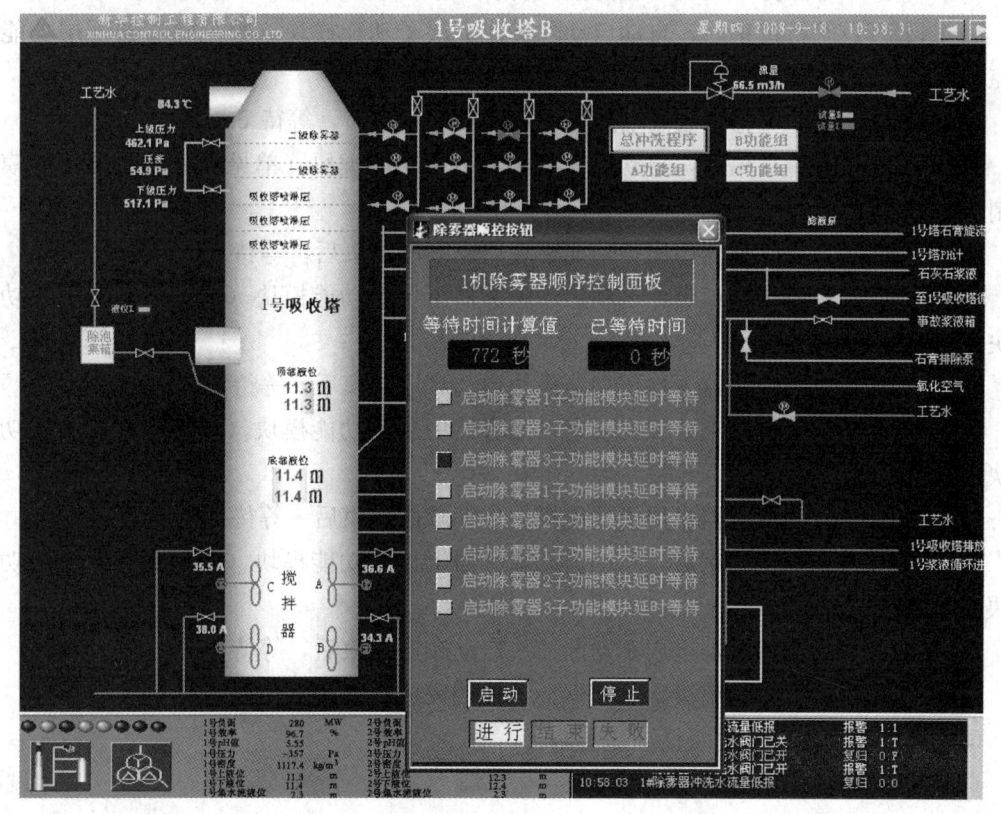

图 4-11 某电厂除雾器冲洗水系统顺序启、停控制逻辑程序操作界面图

1. 除雾器冲洗水系统顺序启动控制逻辑
（1）启动许可条件（全部满足）：
1) 顺序控制所有设备投自动；

2）除雾器冲洗水泵 A 运行或除雾器冲洗水泵 B 运行。

(2) 手动启动指令：操作员启动指令。

(3) 自动启动指令：增压风机运行并且烟气脱硫装置入口烟气温度不小于 80℃。

(4) 除雾器上层、中层、下层冲洗系统启动步骤：

1）STEP1：当除雾器系统得到操作员启动指令或自动启动指令或除雾器冲洗程序第一周期结束指令后，自动启动除雾器下层子功能模块（单见除雾器下层功能模块控制顺序）。

2）STEP2：当除雾器下层子功能模块启动顺序结束后，等待 5s。

3）STEP3：等待结束后，自动启动除雾器中层子功能模块（单见除雾器中层功能模块控制顺序）。

4）STEP4：当除雾器中层子功能模块启动顺序结束后，等待 5s。

5）STEP5：等待结束后，自动启动除雾器上层子功能模块（单见除雾器上层功能模块控制顺序）。

6）STEP6：当除雾器上层子功能模块启动顺序结束后，等待 5s。

7）STEP7：等待结束后，自动启动除雾器下层子功能模块（单见除雾器下层功能模块控制顺序）。

8）STEP8：当除雾器下层子功能模块启动顺序结束后，等待 5s。

9）STEP9：等待结束后，自动启动除雾器中子功能模块（单见除雾器中层功能模块控制顺序）。

10）STEP10：当除雾器中层子功能模块启动顺序结束后，等待 5s。

11）STEP11：等待结束后，自动启动除雾器下层子功能模块（单见除雾器下层功能模块控制顺序）。

12）STEP12：当除雾器下层子功能模块启动顺序结束后，等待 5s。

13）STEP13：等待结束后，自动启动除雾器中层子功能模块（单见除雾器中层功能模块控制顺序）。

14）STEP14：当除雾器中层子功能模块启动顺序结束后，等待 5s。

15）STEP15：等待结束后，自动启动除雾器上层子功能模块（单见除雾器上层功能模块控制顺序）。

16）STEP16：当除雾器上层子功能模块启动顺序结束后，等待 5s。

17）STEP17：等待结束后，除雾器冲洗周期完成；继续下一周期。

(5) 顺序控制中断条件（任一满足）：

1）退出执行按钮中断；

2）任一步序超时。

2. 除雾器冲洗系统停止顺序控制

(1) 停止许可条件：顺序控制所有设备投自动。

(2) 手动停止指令：操作员启动指令。

(3) 自动停止指令（任一满足）：

1) 原烟气挡板关。
2) 吸收塔液位大于 MAX3。
(4) 停止过程：
1) STEP51：自动启动除雾器上层、中层、下层停止顺序控制功能组。
2) STEP52：除雾器上层、中层、下层停止顺序执行结束。
(四) 真空皮带脱水机系统顺序启、停控制逻辑
1. 真空皮带脱水机系统顺序启动控制逻辑
(1) STEP1：自动启动预选滤布冲洗水泵组（手动预选）。
(2) STEP2：延时 20s，启动真空皮带脱水机。
(3) STEP3：延时 20s，打开真空泵密封水阀。
(4) STEP4：延时 20s，启动真空泵。
(5) STEP5：自动打开石膏浆液分配箱去真空皮带脱水机给料阀。
(6) STEP6：延时 20s，启动预选滤饼冲洗水泵组（手动预选）。
(7) STEP7：真空皮带脱水系统启动完成。
2. 真空皮带脱水机系统顺序停止控制逻辑
(1) STEP51：自动关闭石膏浆液分配箱去真空皮带脱水机给料阀。
(2) STEP52：延时 300s，停滤饼冲洗水泵组。
(3) STEP53：延时 30s，停真空泵。
(4) STEP54：关真空泵密封水阀。
(5) STEP55：延时 20s，停真空皮带脱水机。
(6) STEP56：延时 5s，停止滤布冲洗水泵。
(7) STEP58：真空皮带脱水系统停止完成。

## 二、保护与连锁

保护是指当脱硫装置在启停或运行过程中发生危及设备和人身安全的工况时，为防止事故发生和避免事故扩大，监控设备自动采取的保护动作措施。保护动作可分为三类动作形态：

(1) 报警信号。向操作人员提升系统运行中的异常情况。

(2) 连锁动作。必要时按既定程序自动启动设备或自动切除某些设备及系统，使机组保持原负荷运行或减负荷运行。

(3) 当发生重大故障，危及设备或人身安全时，实施跳闸保护，停止整个装置（或某一部分设备）运行，避免事故扩大。

脱硫运行中的保护与报警内容包括：

(1) 工艺系统的主要热工参数、化工参数和电气参数偏离正常运行范围。
(2) 热工保护动作及主要辅机设备故障。
(3) 热工监控系统故障。
(4) 热工电源、气源故障。
(5) 辅助系统及主要电气设备故障。

在脱硫装置启停过程中应抑制虚假报警信号。

下面以某电厂2×300MW机组脱硫仿真系统为例，脱硫运行中保护与连锁的典型项目，操作界面如图4-12所示。

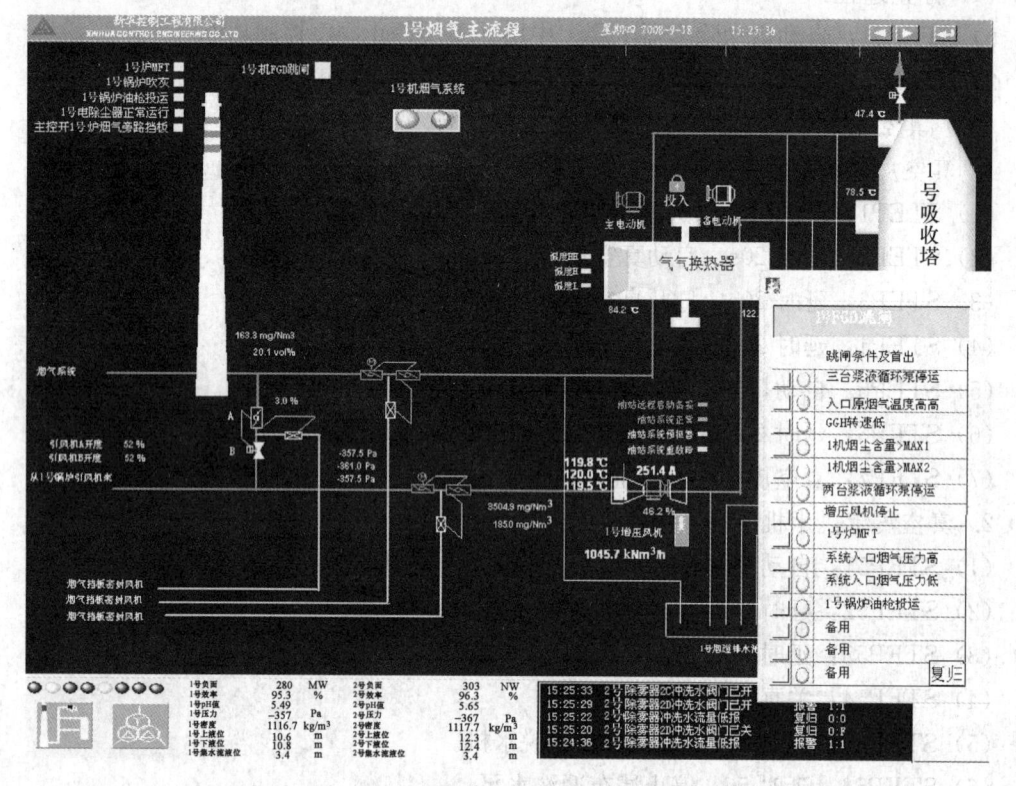

图4-12 某电厂脱硫运行中保护与连锁操作界面图

1. 烟气脱硫装置跳闸保护条件（任一条件满足发出烟气脱硫装置跳闸信号）

(1) 原烟气进口温度高。

(2) 原烟气挡板前烟气压力高。

(3) 原烟气挡板前烟气压力低。

(4) GGH检测箱1、2、3号（三取二）传感器转速低，且原烟气挡板未关，延时5s。

(5) 3台循环泵任意2台跳闸延时30min，或3台循环泵同时跳闸。

(6) 增压风机跳闸（脉冲）。

(7) 烟气脱硫装置进口烟尘大于$200mg/m^3$（标态）延时1h或烟气脱硫装置进口烟尘大于$230mg/m^3$（标态）。

(8) 锅炉投油信号（任一油枪投入）延时1h。

2. 循环泵跳闸保护条件（任一条件满足发出跳闸保护）

(1) 循环泵入口压力小于MIN2。

(2) 循环泵运行且入口阀未开（开信号消失）。

(3) 循环泵电动机定子温度大于MAX2。

(4) 循环泵电动机轴承温度大于 MAX2。
(5) 循环泵本体轴承温度大于 MAX2。
(6) 吸收塔液位小于 MIN3。

3. 旁路烟气挡板开/关允许动作及连锁保护条件
(1) 允许开条件：无。
(2) 允许关条件（以下条件均满足）：
1) 增压风机正常投运。
2) 任意两台循环泵投运。
3) 原烟气挡板打开（2/3）。
4) 净烟气挡板打开（2/3）。
(3) 保护开条件（任一条件满足）：
1) 烟气脱硫装置请求锅炉跳闸。
2) FGD 跳闸。
3) FGD 入口压力（2/3）大于 MAX3。
4) FGD 入口压力（2/3）小于 MIN3。
(4) 自动开指令：无。
(5) 自动关指令：无。

## 第三节 脱硫装置模拟量闭环控制

**一、烟气脱硫装置中的主要控制系统**

下面以某电厂 2×300MW 机组脱硫仿真系统为例介绍在脱硫装置模拟量闭环控制中的几个主要的控制系统。

（一）烟气系统入口压力的控制

如图 4-13 和图 4-14 所示，在烟气脱硫装置运行过程中，通过对增压风机入口压力的控制，调节增压风机的静叶开度来克服系统阻力，并使系统对锅炉炉膛负压的影响最小。当可测变量的扰动进入系统时，前馈控制系统可预先调整控制作用，使被控量保持在所期望的设定值上。所以在增压风机入口压力 PID 调节中，增压风机入口压力作为控制变量（压力信号一般为 3 取 2），用来作为前馈的信号可以是机组负荷、引风机挡板位置或烟气量等，从而实现对入口压力较为理想的控制调节。

（二）吸收塔浆液 pH 值控制

吸收塔内浆液 pH 值是由送入脱硫吸收塔的石灰石浆液的流量来进行调节和控制的，如图 4-15 所示。其控制的目的是获得最高的石灰石利用率、保证预期的 $SO_2$ 脱除率及提高烟气脱硫装置适应锅炉负荷变化的灵活性。吸收塔内浆液 pH 值控制回路是湿法烟气脱硫装置中最主要，也是相对较复杂的控制回路。吸收塔内的石灰石浆液 pH 值在一定范围内时，pH 值增大，脱硫效率提高，pH 值降低，脱硫效率随之降低。通常，浆液 pH 值应维持在 5.0~5.8 范围内。当吸收塔浆液 pH 值降低时，需要增大输入的石灰石浆液流

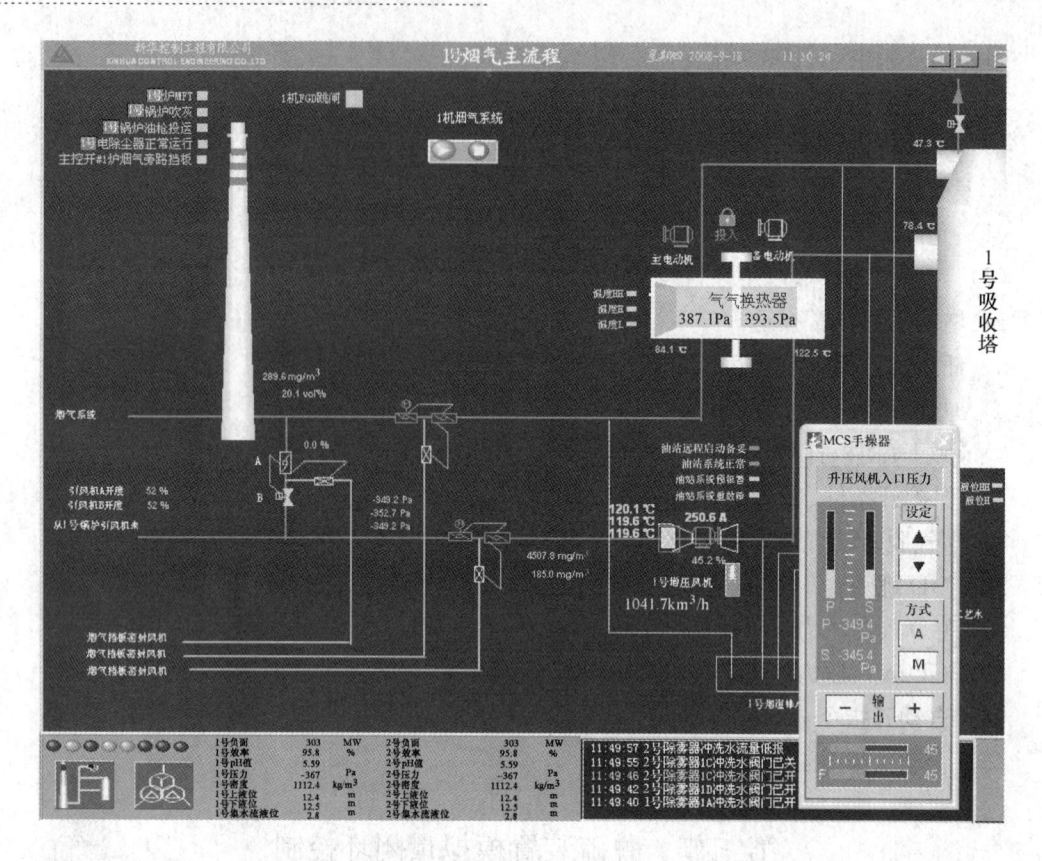

图 4-13　某电厂烟气系统入口压力控制操作界面图

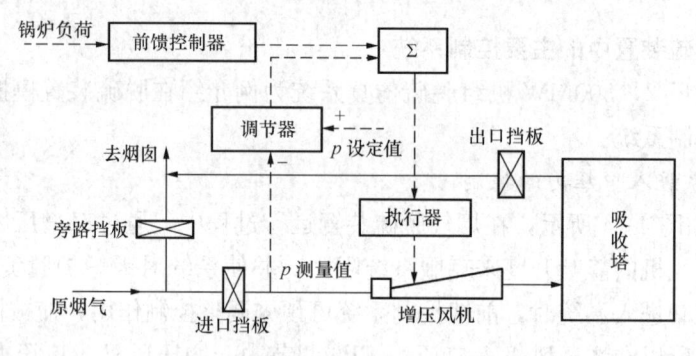

图 4-14　增压风机入口压力控制回路

量；当 pH 值增大时，则相应减小输入的石灰石浆液流量。

脱硫装置运行中，可能引起吸收塔浆液 pH 值变化或波动的主要因素为烟气量与烟气中 $SO_2$ 的浓度，还有石灰石浆液的浓度和供给量等。

(1) 烟气量。如果送入脱硫吸收塔的石灰石浆液的流量不变，烟气量的增加会使浆液的 pH 值减小，反之会使 pH 值增大。通常情况下，火电厂锅炉机组的负荷变化频繁，烟气量也随之频繁改变。因此，对吸收塔浆液 pH 值控制系统来说，烟气量变化是最主要的外界干扰因素。

(2) 烟气中 $SO_2$ 的浓度。即使烟气量维持不变，由于锅炉所燃煤的含硫量发生变化，

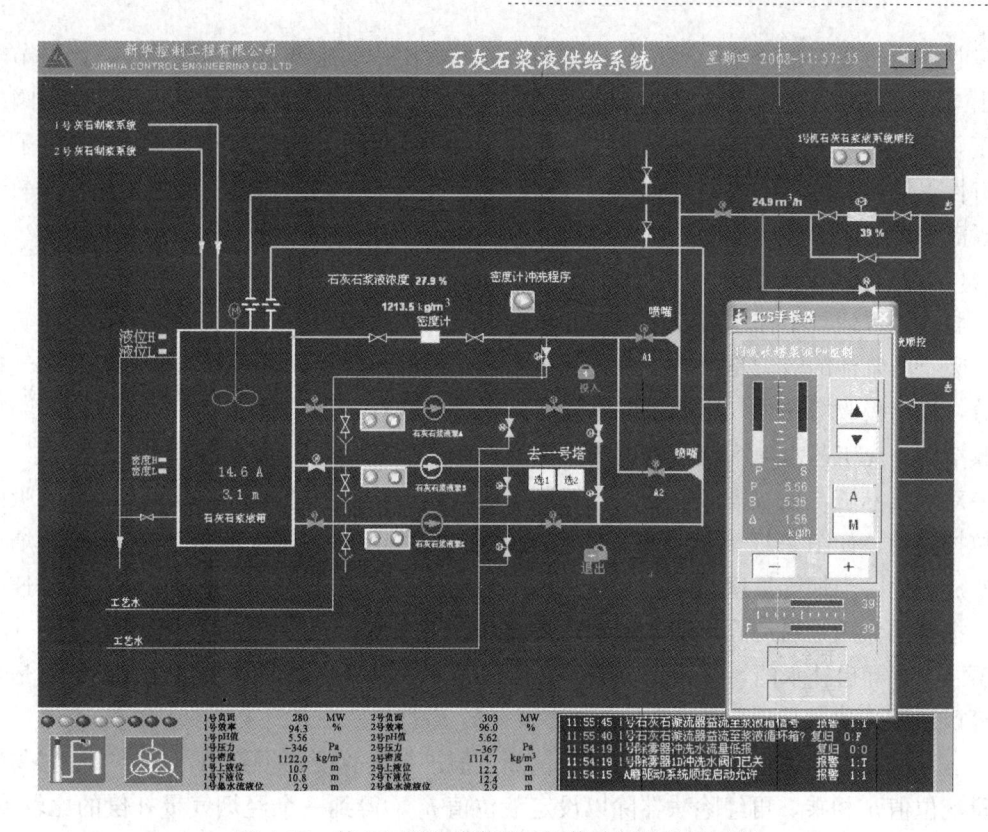

图 4-15　某电厂吸收塔浆液 pH 值控制操作界面图

烟气中 $SO_2$ 的浓度也随之波动。但由于煤质变化幅度不会如负荷变化那么大，因此，烟气中 $SO_2$ 浓度的变化通常不会很大。

所以，输入吸收塔的新鲜石灰石浆液的量取决于锅炉的原烟气量、烟气中 $SO_2$ 的浓度（两者乘积为送入吸收塔的 $SO_2$ 质量流量）及实时检测的吸收塔浆液 pH 值，调节量为输入吸收塔的新鲜石灰石浆液流量。

由于吸收塔内的持液量很大，相对于烟气量变化的速率，浆液 pH 值发生变化的速率要缓慢得多，烟气量的变化不能迅速地体现为 pH 值的变化，即被控对象（pH 值）的延滞与惯性较大，单独依靠浆液 pH 值的检测信号与 pH 值设定值进行比较的反馈控制系统，将不能得到良好的控制质量。因此，必须采用锅炉烟气量与烟气中 $SO_2$ 的浓度作为控制系统的前馈信号。

为了防止依据 pH 值测量值可能造成的过调，采用流量测量值构成一个副反馈回路，pH 测量值仍构成主反馈回路，如图 4-16 所示。在串级系统中，有两个调节器（主、副）分别接收来自被控对象不同位置的测量信号，主调节器接收浆液 pH 测量值，副调节器接收送

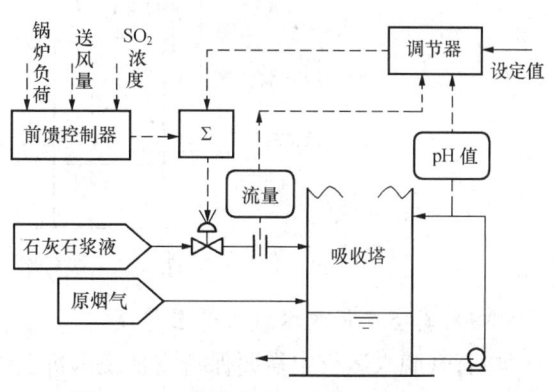

图 4-16　吸收塔浆液 pH 值串级控制回路

入吸收塔的石灰石浆液流量测量值,主调节器的输出作为副调节器的设定值,副调节器的输出与前馈信号(进入吸收塔的 $SO_2$ 质量流量)相叠加,来控制石灰石浆液供给阀门的开度,使吸收塔内浆液 pH 值维持在设定值上。串级回路由于引入了副回路,改善了对象的特性,使调节过程加快,具有超前控制作用,并具有一定的自适应能力,从而有效地克服了滞后现象,提高了控制质量。

(三)吸收塔液位控制

脱硫装置运行中控制吸收塔浆池的液位,维持吸收塔内足够的持液量,保证脱硫的效果。吸收塔浆池的液位是由调节工艺水进水量来控制的,由于浆液中水分蒸发和烟气携带水分,流出吸收塔的烟气所携带的水分要高于进入吸收塔的烟气水分,因此需要不断地向吸收塔内补充工艺水,维持塔内的水平衡。

对于喷淋塔,吸收塔液位的闭环控制是通过控制除雾器冲洗间隔时间来实现对吸收塔液位控制的,如图 4-17 所示,由于吸收塔浆液损失的水量与进入的烟气量(与/或烟气温度)成正比,当烟气量增加时,蒸发与携带的水量也将随即增大,将会使液位下降速率增快。控制的作用是启动除雾器冲洗顺序控制。冲洗水阀门为电动门,接受开关量信号 $W$,在 $W=1$ 时开启补水门,进入除雾器冲洗顺序控制,结束后关闭补水门,开关量只是基于运算回路形成的。

运算回路首先将进入吸收塔的烟气量测量值进行运算变换得到 $A$,$A$ 经乘法器与实际测量液位值 $h$ 相乘,再经除法器除以设定液位值 $h_0$,得到一个经烟气量补偿的比较值 $B$;液位设定值 $h_0$ 经积分器输出积分值 $C$,用比较器比较 $B$ 与 $C$ 的值,当 $B=C$ 时,触发器输出 $w=1$,启动除雾器冲洗顺序控制,同时将 $C$ 清零,除雾器冲洗顺序控制结束后进入新一轮等待时间。$C$ 的上升速率由积分时间常数 $T$ 来控制。该系统为单向补水调节,运行调整中需要根据吸收塔中水分实际消耗量调整除雾器阀门开启最长等待时间(即积分时间常数 $T$),延长等待时间,可相应减少吸收塔的补充水量,避免液位上涨。

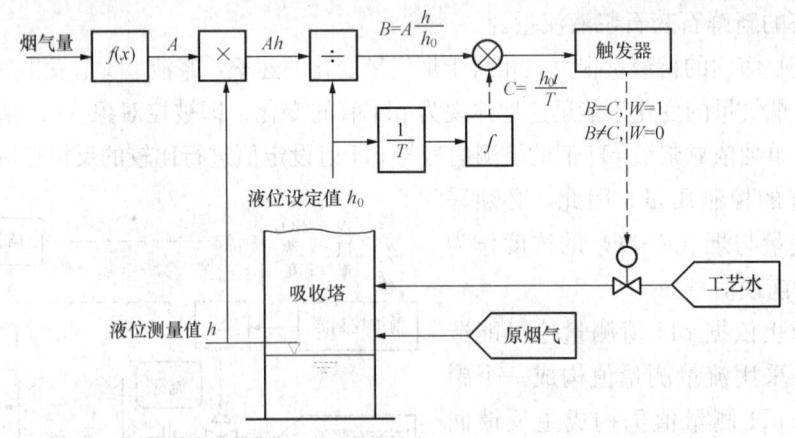

图 4-17 吸收塔液位控制回路

(四)真空皮带脱水机石膏层厚度

在石膏脱水运行中需要保持皮带脱水机上滤饼有稳定的厚度,因此,根据厚度传感器检测的皮带脱水机上滤饼的厚度,采用变频调速器来调整和控制皮带脱水机的运动速度,

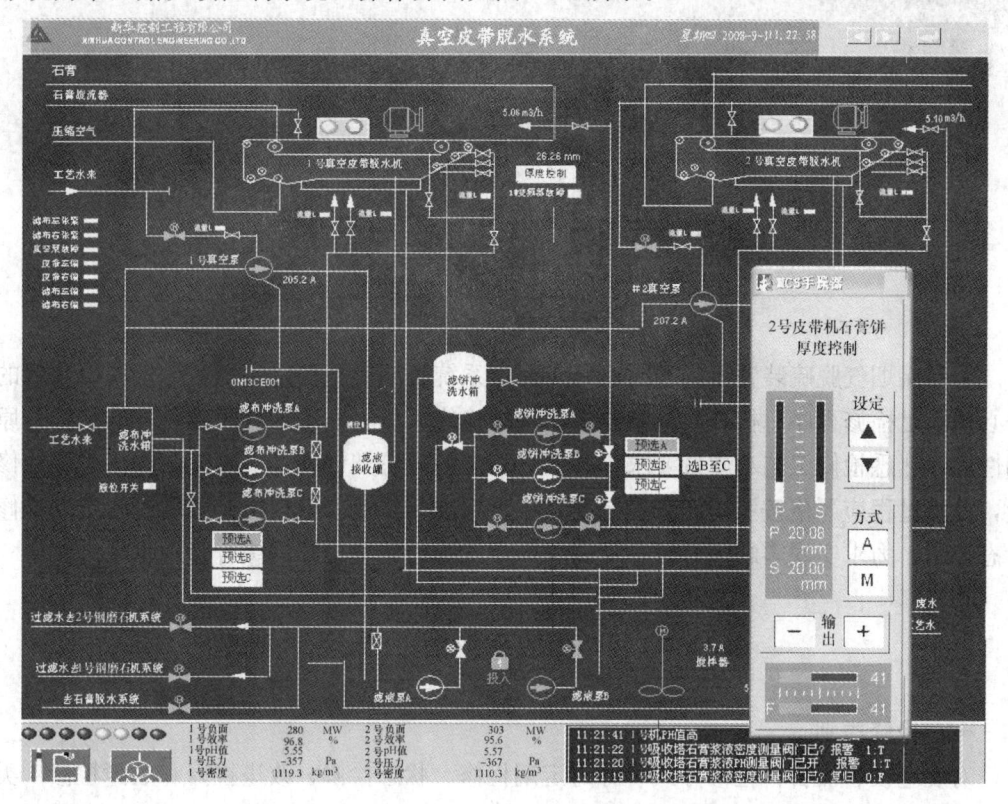

该系统为单回路反馈控制系统。操作界面如图 4-18 所示。

图 4-18　某电厂真空皮带脱水系统操作界面图

# 第五章 烟气脱硫装置检修

为确保烟气脱硫装置得到及时检修，保证系统长期安全稳定运行，烟气脱硫装置的检修必须满足检修程序、检查质量和要求。各级检修人员应熟悉烟气脱硫装置的结构、原理和性能，熟悉检修工艺和质量要求，并掌握相关的理论知识和基本技能。为了确保检修质量，检修过程应严格按照检修管理制度，推行标准化作业。根据检修进度进行定期检修和状态控制，力求实现零缺陷管理，提高电厂烟气脱硫装置检修的综合管理水平。

## 第一节 检修基本概念与基本原则

### 一、检修类别

对发电设备而言，检修方式可分为定期检修、状态检修、改进检修和故障检修4类。

（1）定期检修。定期检修是一种以时间为基础的预防性检修，也称计划检修。它是根据设备的磨损和老化的统计规律或经验，事先确定检修类别、检修间隔、检修项目、需用备件及材料等的检修方式。

（2）状态检修。状态检修也称预知维修，指在设备状态评估的基础上，根据设备状态和分析诊断结果安排检修时间和项目，并主动实施检修。

（3）改进检修。改进检修是为了消除设备先天性缺陷或频发故障，按照当前设备技术水平或发展趋势，对设备的局部结构或零件加以改造，从根本上消除设备缺陷，提高设备的技术性能和可用率，并结合检修过程实施的检修方式。

（4）故障检修。故障检修也称事后维修，是指设备发生故障或失效时进行的非计划检修，通常也称为临修。

### 二、检修等级

《发电企业设备检修导则》（DL/T 838—2003）中定义了发电企业的设备检修等级，将发电企业机组的检修分为A、B、C、D四个等级，与传统的划分方式有较大的区别。

1. A级检修

A级检修是指对发电机组进行全面的解体检查和修理，以保持、恢复或提高设备性能。A级检修项目分为标准项目和特殊项目，特殊项目中还包括重大特殊项目。特殊项目是指标准项目以外的检修项目以及执行反事故措施、节能措施、技改措施等项目。重大特殊项目为技术复杂、工期长、费用高或对系统设备结构有重大改变的项目。

2. B级检修

B级检修是指针对机组某些设备存在的问题，对机组部分设备进行解体检查和修理。B级检修可根据机组设备状态评估结果，有针对性地实施部分A级检修项目或者定期滚动检修项目。

3. C级检修

C级检修是指根据设备的磨损、老化规律，有重点地对机组进行检查、评估、修理、清扫。C级检修可进行少量零件的更换、设备的消缺、调整、预防性试验等作业以及实施部分A级检修项目或定期滚动检修项目。

4. D级检修

D级检修是指当机组总体运行状态良好，而对主要设备的附属系统和设备进行消缺。D级检修除进行附属系统和设备的消缺外，还可以根据设备状态的评估结果，安排部分C级检修项目。

### 三、质检点

质检点（H、W点）是指在工序管理中根据某道工序的重要性和难易程度而设置的关键工序质量控制点，这些控制点不经质量检查签证不得转入下道工序。其中H点（Hold point）为不可逾越的停工待检点、W点（Witness point）为见证点、S点（Side-station point）为旁站点、R点（Record point）为记录点。

### 四、检修的基本原则

（1）发电企业应按照政府规定的技术监督法规、制造厂提供的设计文件、同类型烟气脱硫装置的检修经验以及设备状态评估结果等，合理安排设备检修。

（2）设备检修应贯彻"安全第一"的方针，杜绝各类违章，确保人身和设备安全。

（3）检修质量管理应贯彻GB/T 19001质量管理标准，实行全过程管理，推行标准化作业。

（4）设备检修应实行预算管理、成本控制。

（5）烟气脱硫装置检修应积极吸取已有的先进火电厂设备状态检修方式和技术，如以风险为基础的维修、以可靠性为中心的维修等，在定期检修的基础上，逐步扩大状态检修的比例，最终形成一套融合定期检修、状态检修、改进检修和故障检修为一体的具有烟气脱硫装置设备检修特色的优化检修模式。

## 第二节 脱硫装置的检修管理

### 一、检修管理的基本要求

（1）发电企业应在规定的期限内，完成既定的全部检修作业，达到质量目标和标准，保证烟气脱硫装置的安全、稳定、经济运行以及建筑物和构筑物的完整牢固。

（2）烟气脱硫装置设备检修应采用PDCA（Plan—计划、Do—实施、Check—检查、Action—总结）循环的方法，从检修准备开始，制订各种计划和具体措施，做好施工、验收和修后评估工作。

(3) 发电企业应按照 GB/T 19001 质量管理标准的要求，建立质量管理体系和组织机构，编制质量管理，完善程序文件，推行工序管理。

(4) 发电企业应制定检修过程中的环境保护和劳动保护措施，合理处置各种废弃物，改善作业环境和劳动条件，文明施工，清洁生产。

(5) FGD 设备检修人员应熟悉系统和设备的构造、性能和原理，熟悉设备的检修工艺、工序、调试方法和质量标准，熟悉安全工作规程；能掌握与本专业密切相关的其他技能，能看懂图纸并绘制简单的零部件和电气原理图。

(6) 检修施工宜采用先进工艺和新技术、新方法，推广应用新材料、新工具，提高工作效率，缩短检修工期。

(7) 发电企业宜建立设备状态监测和诊断组织机构，对烟气脱硫装置可靠性、安全性影响大的关键设备实施状态检修。

(8) 发电企业宜应用先进的计算机检修管理系统，实施检修管理现代化。

## 二、脱硫装置检修全过程管理

检修全过程管理是指检修计划制订，材料和备品配件采购、技术文件编制、施工、冷（静）态验收、热（动）态验收以及检修总结等环节的每一管理物项、文件及人员等均处于受控状态，以达到预期的检修效果和质量目标。

（一）开工前准备阶段

发电企业应根据设备运行状况、技术监督数据和历次检修情况，对烟气脱硫装置进行状态评估，并根据评估结果和年度检修工程计划要求，对检修项目进行确认和必要的调整，制定符合实际的对策和技术措施。

编写或修编标准项目检修文件包，见表 5-1。

表 5-1　烟气脱硫装置设备检修文件包的主要内容

| 发电企业名称 | | 烟气脱硫装置设备检修文件包清单 | | 版次： | 共　　页 |
|---|---|---|---|---|---|
| 序号 | 名称 | 内　　容 | | 备注 | |
| 1 | 检修任务单 | ①检修计划；②工作许可；③检修后设备试运行计划；④检修前交底 | | 可根据需要增减部分项目 | |
| 2 | 修前准备 | ①设备检修所需图纸和资料；②主要设备配件和材料清单；③工具准备 | | | |
| 3 | 检修工序、工艺 | ①工作是否许可；②现场准备；③拆卸与解体、检修、复装阶段的工序和工艺标准；④检修记录整理；⑤自检；⑥结束工作 | | | |
| 4 | 工序修改记录 | | | 根据具体情况 | |
| 5 | 质量签证单 | 质检点签证、三级验收 | | | |
| 6 | 不符合项处理单 | | | | |
| 7 | 设备试运行单 | 试运行程序、措施 | | | |
| 8 | 完工报告单 | ①检修工期；②检修主要工作；③缺陷处理情况；④尚未消除的缺陷及未消除的原因；⑤设备变更或改进情况、异动报告和图纸修改；⑥技术记录情况；⑦质量验收情况；⑧设备和人身安全；⑨实际工时消耗记录；⑩备品配件及材料消耗意见，总体检查和验收 | | | |

(二) 检修施工阶段组织和管理

1. 快速解体

(1) 人员到现场拆卸设备,应带全所需的工机具与零星耗用材料,并注意现场的安全设施是否完整。

(2) 照检修文件包的规定拆卸需解体的设备,并做到工序、工艺正确,使用工具、仪器、材料正确。对第一次解体的设备,应做好各部套之间的位置记号。

2. 仔细检查

(1) 设备解体后,应做好清理工作,及时测量各项技术数据,并对设备进行全面检查,查找设备缺陷,掌握设备技术状况,鉴定以往重要检修项目和技术改造项目的效果,对于已掌握的设备缺陷应进行重点检查,分析原因。

(2) 根据设备的检查情况及所测的技术数据,对照设备现状、历史数据、运行状况,对设备进行全面评估,并根据评估结果,及时调整检修项目、进度和费用。

3. 修理和复装,回装要严查细审

(1) 设备的修理和复装,应严格按照工艺的要求、质量标准、技术措施进行。

(2) 设备经过修理,符合工艺要求和质量标准,缺陷确已消除,经验收合格后才可进行复装。复装时应做到不损坏设备、不错装零部件、不将杂物遗留在设备内。

(3) 装的零件应做好防锈、防腐蚀措施。

(4) 设备原有铭牌、罩壳、标牌、设备四周因影响检修工作面临时拆除的栏杆、平台等,在设备复装后应及时恢复。

4. 设备解体、检查、修理和复装过程的要求

设备解体、检查、修理和复装的整个过程中,应有详尽的技术检验和技术记录,字迹清晰,数据真实,测量分析准确,所有记录应做到完整、正确、简明、实用。

5. 质量控制和监督

(1) 检修质量管理宜实行质检点检查和三级验收相结合的方式,必要时可引入监理制。

(2) 质检人员应按照检修文件包的规定,对直接影响检修质量的 H 点、W 点进行检查和签证。

(3) 检修过程中发现的不符合项,应填写不符合项通知单,并按相应程序处理。

(4) 所有项目的检修施工和质量验收应实行签字责任制和质量追溯制。

6. 安全管理

(1) 设备检修过程中应贯彻安全规程,加强安全管理,明确安全责任,落实安全措施,确保人身和设备安全。

(2) 严格执行工作票制度和发承包安全协议。

(3) 加强安全检查,定期召开安全分析会。

(三) 试运行

(1) 分部试运行应在分段试验合格、检修项目完成且质量合格、技术记录和有关资料齐全、有关设备异动报告和书面检修交底报告已交运行部门并向运行人员交底、检修现场

清理完毕、安全设施恢复后，由运行人员主持进行。

（2）冷（静）态验收应在分部试运行全部结束、试运情况良好后，由发电企业生产负责人主持进行。重点对检修项目完成质量状况以及分段试验、分部试运行和检修技术资料进行核查，并进行现场检查。

（3）整体试运行的条件是冷（静）态验收合格、保护校验合格可全部投运、防火检查已完成、设备铭牌和标志正确齐全、设备异动报告和运行注意事项已全部交给运行部门、试运大纲审批完毕、运行人员做好运行准备。

（4）整体试运行在发电企业生产负责人的主持下进行，内容包括各项冷（静）态、热（动）态试验以及带负荷试验。

（5）在试运行期间，检修人员和运行人员应共同检查设备的技术状况和运行情况。

（6）检修后带负荷试验连续运行时间不超过24h，其中满负荷试验应有6~8 h。

（7）烟气脱硫装置经过整体试运行，并经现场全面检查，确认正常后，向有关部门汇报。

（四）检修评价和总结

（1）烟气脱硫装置复役后，发电企业应及时对检修中的安全、质量、项目、工时、材料和备品配件、技术监督、费用以及系统试运行情况等进行总结并作出技术经济评价。

（2）烟气脱硫装置复役后20天内做效率试验，提交试验报告，并作出效率评价。

（3）烟气脱硫装置复役后30天内提交检修总结报告。

（4）修编检修文件包，修订备品定额，完善计算机管理数据库。

（5）设备检修技术记录、试验报告、质检报告、设备异动报告、检修文件包、质量监督验收单、检修管理程序或检修文件技术资料应按规定归档。由承包方负责的设备检修记录及有关的文件资料，应由其负责整理，并移交发电企业。

（五）防火措施

在烟气脱硫装置检修全过程管理中，需要再强调的是注意防火管理。这是基于国内外在烟气脱硫装置的安装、检修过程中出现过多次火灾事故。如1987~1993年间，德国FGD装置内部发生多次火灾，如表5-2所示。

表5-2　　　　1987~1993年间德国FGD装置内部火灾事故

| 序号 | 年份 | 电厂名称 | 火灾原因 | 损失（万马克） |
| --- | --- | --- | --- | --- |
| 1 | 1987 | 莱茵威斯特法伦电力公司诺法拉特电厂 | 焊接操作 | 约7000 |
| 2 | 1987 | 温斯比特劳垃圾热电厂 | 工地1000W照明灯 | 约8000 |
| 3 | 1988 | 奥夫雷本/赫尔姆施泰勒热电厂 | 焊接操作 | 约300 |
| 4 | 1989 | 达姆施塔垃圾焚烧炉 | 焊接操作 | 约4000 |
| 5 | 1990 | 慕尼黑北部垃圾热电厂 | 工地太阳灯 | 约5000 |
| 6 | 1993 | 费巴鲁尔电力公司格尔森基尔欣电厂 | 工地照明灯或自燃 | 约5000 |

烟气脱硫装置可能的着火源有：

(1) 焊接。

(2) 气割。

(3) 加热设备。

(4) 照明设备。

(5) 电气设备。

(6) 吸烟。

防止火灾的发生，需建立切实可行的防火措施，原则性的防火措施包括：

(1) 建立防火规程。

(2) 设防火专工。

(3) 编制进度计划。

(4) 对FGD装置运行维修队伍进行专门的安全教育和防火措施教育。

(5) 书面签发引起火灾的工作。

(6) 时刻进行防火监护，加强巡检。

(7) 应时刻准备好消防设备，提供消防设备。

## 第三节　检修工艺及质量要求

在实际检修过程中，由于各烟气脱硫装置的设备配置不尽相同，使得不同烟气脱硫装置的检修内容也会有所别，因此，本节仅对典型烟气脱硫装置的主要检修内容按系统分类作简介。

**一、烟气系统**

（一）增压风机

1. 联轴器

(1) 工艺要点。

1) 联轴器检查。

2) 联轴器与轴颈配合。

3) 联轴器螺栓的检查。

4) 联轴器找正。

(2) 质量要求。

1) 联轴器应完好无损，无裂纹，棒销孔应光滑无毛刺。

2) 联轴器与轴颈无松动，螺栓无裂纹及变形，压盘平整，螺栓整齐。

3) 间隙不大于5mm，径向偏差不大于0.05mm，轴向偏差不大于0.05mm。

2. 轴承及轴承箱

(1) 工艺要点。

1) 滑动轴承检查。

2) 瓦顶间隙。

3) 轴承箱外观检。

(2) 质量要求。

1) 钨金瓦表面有轻微缺陷者可进行焊补修理，对于剥落和局部熔化大于接触面的 25% 或接缝的脱胎总长度超过应测量长度的 1/5 者要重新浇铸造或更换。

2) 瓦顶间隙 0.08~0.14mm。

3) 箱内外应清洁，无油污杂物。

3. 叶轮

(1) 工艺要点。

1) 叶轮转动晃度。

2) 叶轮静平稳。

3) 叶片顶尖间隙。

4) 叶片平行度。

5) 轮廓检查。

6) 大轴平行度。

7) 不平衡重量。

8) 叶轮腐蚀检查。

(2) 质量要求。

1) 叶轮转动晃度轴向小于 3mm、径向小于 2mm。

2) 各等分点距离小于 80mm。

3) 叶片顶尖间隙 6.2~9.2mm。

4) 叶片平行度不大于 0.5°。

5) 发现轮廓裂裂纹应更换。

6) 大轴平行度不大于 0.3mm/m。

7) 允许最大不平衡重量为 8g。

8) 无腐蚀、凹坑等。

4. 检查调整主轴

(1) 工艺要求。

1) 检查主轴和轴颈的表面。

2) 检查主轴的直线度和轴径的圆柱度公差。

(2) 质量要求。

1) 不应有裂纹等缺陷，轴颈无沟槽，其粗糙度为 0.8mm。

2) 直线度为 0.05mm，圆柱度公差为 0.04mm。

5. 动（静）叶调节机构检修

(1) 工艺要求。

1) 伺服电动机与外部调节臂。

2) 伺服电动机接线。

3) 液压油站。

4) 液压油泵。

5) 旋转油封。

(2) 质量要求。

1) 外部调节臂灵活。

2) 伺服电动机接线完好。

3) 液压油站油位正常,油质没有乳化。

4) 液压油泵油压、油温正常。

5) 旋转油封噪声符合要求,不漏油。

(二) GGH 及其辅助设备

1. 转子的检修

(1) 工艺要点。

1) 检查蓄热片。

2) 检查隔板。

3) 检查密封片各向间隙。

(2) 质量要求。

1) 蓄热片表面无石膏、石灰石、无积灰,否则冲洗,搪瓷损坏严重后应进行更换。

2) 隔板无断裂及脱落。

3) 密封片各向间隙符合厂家要求。

2. 转子驱动装置的检修

(1) 工艺要点。

1) 齿轮受力面有无磨损。

2) 齿轮箱主副齿轮对磨损及啮合情况。

(2) 质量要求。

1) 磨损严重及断齿应予以更换。

2) 接触面积比应大于或等于 2/3。

3. 转子上轴承检修

(1) 工艺要点。

1) 轴承外圈与轴承箱间隙。

2) 大轴端水平。

3) 轴承缺陷检查。

(2) 质量要求。

1) 轴承外圈与轴承箱间隙为 0.13~0.355 5mm。

2) 大轴端水平度小于 0.08mm/m。

3) 应无锈蚀、磨损、脱皮、过热变色、裂纹、破损等。

4. 转子下轴承检修

(1) 工艺要点。

1) 轴承箱及台板水平度。

2) 轴承箱检查。

3) 轴承缺陷检查。

(2) 质量要求。

1) 轴承箱及台板水平度应小于 0.04mm/m。

2) 轴承箱无裂纹，严密不漏。

3) 轴承应无锈蚀、磨损、脱皮、过热变色、裂纹、破损等。

5. 吹灰器检修

(1) 工艺要点。

1) 进气阀的检修。

2) 检查喷嘴。

3) 检查限位开关。

4) 检查高速喷管行程。

5) 检查清理喷管。

6) 解体减速箱，清洗内部齿轮零配件，检查磨损、裂纹、缺损等情况。

7) 检查吹灰器与 GGH 外壁连接处密封情况。

8) 检查吹灰管托轮滚动情况。

9) 检查链轮无损伤磨损，铰链完好灵活，调节链条张紧力。

(2) 质量要求。

1) 阀芯阀座无破损拉毛现象，阀杆完好，弯曲度符合要求，阀体内外无砂眼，阀门关闭严密，启闭灵活。

2) 喷嘴应完好，无堵塞、变形。

3) 限位开关位置无偏移，动作灵活。

4) 喷枪行程、位置及时间应符合制造厂家要求。

5) 喷管伸缩灵活，表面光洁，应无划痕损伤；喷管无堵塞；各支点焊缝无脱焊、无裂纹。

6) 减速箱内部各零配件无磨损、裂纹和缺损等现象。

7) 喷嘴及内管与 GGH 外壁角度应保持垂直，喷嘴中心与 GGH 外壁的距离应符合厂家要求；密封良好，焊缝无脱焊裂纹等现象。

8) 托轮滚动应灵活，润滑脂适量。

9) 链节变形拉长 $\Delta t/t > 3\%$ 应更换，张紧力适中。

6. 高压水泵检修

(1) 工艺要点。

1) 曲柄磨损情况检查。

2) 活塞头的磨损和有效性检查及处理。

3) 活塞导管的磨损情况检查及处理。

(2) 质量要求。

1) 曲柄的功能应满足设备厂家要求。

2) 活塞头磨损区域直径小于 0.1mm。

3) 活塞导管磨损严重应更换。

(三) 烟气挡板

1. 检修叶片密封片

(1) 工艺要点。

1) 检查叶片表面。

2) 密封片变形度。

(2) 质量要求。

1) 叶片表面无腐蚀、变形、裂纹，叶片表面清洁。

2) 密封片没有明显变形，若出现严重漏烟的部分应进行更换。

2. 检修密封空气装置

(1) 工艺要点。

1) 检查密封空气管道的腐蚀及接头的连接，疏通管道。

2) 检查、检修密封风机设备。

3) 电加热器的检修。

(2) 质量要求。

1) 管道内无杂物、腐蚀及泄漏，管道通畅。

2) 密封风机能够保证风压、转动正常。

3) 电加热器。

3. 检修轴承

(1) 工艺要点。

1) 检查轴承有无机械损伤。

2) 轴承座有无位移或裂纹。

(2) 质量要求。

1) 轴承无锈蚀和裂纹。

2) 轴承座无裂纹，固定良好。

4. 检修涡轮箱

(1) 工艺要点。检查涡轮、蜗杆及箱体有无机械损伤，更换润滑油。

(2) 质量要求。检查涡轮、蜗杆完好，无锈蚀，润滑油无变质，油位正常。

5. 检修挡板连接机构

(1) 工艺要点。检查挡板连接杆有无变形、弯曲。先检查每一块转动，再装好传动连接杆检查整个挡板。

(2) 质量要求。挡板连接杆无弯曲变形，连接牢固，能灵活开关，0°时应达到全关状态，90°时应达到全开状态。

6. 挡板轴封检修

(1) 工艺要点。

1) 检查、更换轴封填料。

2) 检查、调整轴封压盖。

(2) 质量要求。

1) 轴封完好，无腐蚀及泄漏。

2) 轴封压盖清洁，无裂纹。

## 二、$SO_2$ 吸收系统

### (一) 吸收塔

1. 结垢、积灰、沉积

(1) 工艺要点。进出口烟道、塔壁、塔内件检查、清理。

(2) 质量要求。无大面积结垢、积灰或堵塞、无石膏局部堆积。

2. 内部件

(1) 工艺要点。检查支撑件的腐蚀、磨损情况。

(2) 质量要求。支撑件修补完成后应进行气密性试验，试验合格后方可进行防腐。

3. 冲洗喷嘴及管道阀门

(1) 工艺要点。

1) 检查喷嘴。

2) 检查管道有无腐蚀，法兰及阀门有无损坏。

(2) 质量要求。

1) 喷嘴完整，无堵塞、磨损，管道畅通。

2) 管道无泄漏，阀门开关灵活。

3) 雾化效果达到出厂要求。

4. 泄漏

(1) 工艺要点。定期检查。

(2) 质量要求。

1) 泄漏部分应及时进行补焊处理（防腐部位采取相应措施）。

2) 严重变形部位进行校正，并在大小修期间全面检查处理，必要时进行改进性检修。

5. 磨损、腐蚀冲刷

(1) 工艺要点。外表检查。

(2) 质量要求。检查管道法兰螺栓连接情况，重点是检查内壁磨损、腐蚀冲蚀情况；磨损厚度小于原厚度的 2/3 时应更换；检查管道支吊架等并进行必要的调整。

6. 喷淋层及喷嘴检修

(1) 工艺要点。

1) 喷淋层磨损腐蚀、变形检查。

2) 喷嘴雾化试验。

(2) 质量要求。

1) 喷淋层磨损腐蚀厚度小于原厚度的 2/3 时需更换。

2) 喷嘴雾化效果良好。

7. 水平度、垂直度

(1) 工艺要点。检查。

(2) 质量要求。检查是否平稳，水平度、垂直度等是否在规定范围内。

(二) 除雾器

1. 冲洗阀门及管道

(1) 工艺要点。定期检查。

(2) 质量要求。阀门开关自如，无内漏，管道无泄漏。

2. 结垢、堆积、堵塞

(1) 工艺要点。定期检查，清除。

(2) 质量要求。表面清洁、无结垢、堵塞。

3. 除雾元件的完好性

(1) 工艺要点。定期检查、修理。

(2) 质量要求。无破损、倒塌，除雾器元件安装完好。

4. 支撑件

(1) 工艺要点。定期检查、修理。

(2) 质量要求。支撑件完好，无损。

5. 喷嘴检修

(1) 工艺要点。雾化试验。

(2) 质量要求。用受电检查，所有喷嘴雾化良好，角度正确。

(三) 循环泵

1. 泵壳检查

(1) 工艺要点。腐蚀、磨损。

(2) 质量要求。符合厂家技术资料要求。

2. 全部零件的检查

质量要点：完整、无损、无缺陷，经清扫、清洁和刮削后，表面应光滑无锈无垢。

3. 叶轮和轴套

(1) 工艺要点。检查晃动度。

(2) 质量要求。晃动度小于或等于 0.05mm。

4. 轴

(1) 工艺要点。检查轴的弯曲度。

(2) 质量要求。弯曲度小于或等于 0.05mm。

5. 密封环与叶轮

(1) 工艺要点。检查各向间隙。

(2) 质量要求。径向间隙 0.2～0.3mm，轴向间隙 0.5～0.7mm，紧力 0.03～0.05mm。

6. 机械密封

(1) 工艺要点。安装时将轴表面清洗干净，抹上黄油，装好各部 O 形环，压盖应对角均匀拧紧。

(2) 质量要求。盘簧无卡涩，动静环表面光洁无裂纹、划伤、锈斑或沟槽。轴套无磨痕，粗糙度为 1.60。

7. 泵体出入口密封法兰检查

（1）工艺要点。检查结合面是否完好。

（2）质量要求。完好不泄漏。

8. 轴承与端盖

（1）工艺要点。检查推力间隙。

（2）质量要求。推力间隙为 0.25～0.5mm。

9. 叶轮

（1）工艺要点。检查叶轮径向偏差。

（2）质量要求。符合厂家要求。

10. 叶轮与泵

（1）工艺要点。检查各向间隙。

（2）质量要求。各向间隙在设备厂家要求的范围内。

（四）氧化风机

1. 叶轮与机壳间隙

（1）工艺要点。检查叶轮与机壳间隙的调整。

（2）质量要求。

1）改弯墙板与机壳相对位置调整。

2）在调整达到要求后，修整定位锥销孔，重新打入定位销。

2. 叶轮相互间的间隙

（1）工艺要点。叶轮相互间隙调整。

（2）质量要求。拆下从动齿定位销，拧松六角螺栓转动皮带轮，就可改变从动轮圈与齿轮轮毂之间的相对位置。

3. 叶轮与前、后墙板间隙

（1）工艺要点。间隙调整。

（2）质量要求。在主、从动轴前轴承座上有紧固螺栓及调节螺钉，拧松旋紧时，叶轮向驱动端移动，使叶轮与前墙板间隙减少，与后墙板间隙增大。

4. 油冷却装置的检修

（1）工艺要点。检查有无泄漏。

（2）质量要求。油冷却器及其管路连接部位应无泄漏。

（五）搅拌器

1. 轴承

（1）工艺要点。轴承外观检查、测量。

（2）质量要求。无锈蚀、磨损及卡涩、晃动现象；测量游隙，如果超标则更换。

2. 机械（填料）密封

（1）工艺要点。检查是否完好。

（2）质量要求。机械密封检查完好且动静环密封唇口应无杂质、光滑、严密。

3. 轴、叶轮

(1) 工艺要点。检查是否完好。

(2) 质量要求。

1) 轴弯曲度小于或等于 0.05mm/m，椭圆度小于或等于 0.05mm/m。

2) 叶轮无明显可见腐蚀、磨损斑痕，无明显弯曲变形。

4. 减速机

(1) 工艺要点。

1) 检查齿轮的磨损、锈蚀及结合面是否完好，测量齿侧间隙。

2) 检查轴承必要时更换。

(2) 质量要求。

1) 不能出现磨损、齿轮断裂及齿轮间隙和齿轮不均现象。

2) 齿轮侧间隙为 0.25～0.4mm。

## 三、石灰石浆液制备系统

(一) 石灰石湿式钢球磨石机

1. 出入口弯头护板

(1) 工艺要点。检查是否完整。

(2) 质量要求。磨损至其厚度的 1/2～2/3 时必须更换或挖补。

2. 筒体

(1) 工艺要点。测量水平度。

(2) 质量要求。水平度不得大于 0.2mm/m。

3. 空心轴套的螺栓螺母

(1) 工艺要点。检查完好性。

(2) 质量要求。空心轴套与端部橡胶衬体的间隙保持 5mm，以使其受热膨胀。

4. 轴颈面

(1) 工艺要点。外观检查及测量。

(2) 质量要求。

1) 不得有磨面及伤痕，表面要光滑。

2) 不平度及圆锥度小于 0.08mm，轴的椭圆度小于 0.05mm/m。

5. 轴承球面与轴承内滚动体接合面

(1) 工艺要点。测量结合性。

(2) 质量要求。应接触良好，0.03mm 的塞尺应不能塞入，用红丹粉检验时接触面达 70%以上。

6. 轴瓦与轴颈的接触点

(1) 工艺要点。测量结合面积。

(2) 质量要求。轴瓦与轴颈的接触点至少应达到 75%。

7. 钨金瓦

(1) 工艺要点。外表检查。

(2) 质量要求。钨金瓦应完好，不应有裂纹、损伤及剥落等现象，钨金发银乳色，不应有钨金发黄现象。发生25%的面积剥落或有其他严重缺隐陷时必须焊补或重新浇注。

8. 大小齿轮啮合

(1) 工艺要点。测量各数据。

(2) 质量要求。

1) 齿顶间隙应为4.5~7mm，以6~6.5mm最好。

2) 齿背间隙应为0.8~1.2mm，工作等间隙沿齿长方向不超过0.15mm。

3) 齿顶间隙在牙齿全长上的偏差小于0.25mm。

4) 大小齿轮的啮合面沿齿长方向大于65%，齿高方向大于50%。

9. 大齿轮

(1) 工艺要点。检查、测量间隙。

(2) 质量要求。

1) 半齿轮接合面的间隙小于0.1mm。

2) 大齿轮与大罐端盖法兰接合面的间隙小于0.15mm。

10. 传动轮

(1) 工艺要点。测量中心度及水平度。

(2) 质量要求。中心线不平行度小于0.5mm，水平公差小于0.35mm/m。

11. 主动齿轮与从动齿轮

(1) 工艺要点。检查啮合情况。

(2) 质量要求。

1) 齿顶间隙2~2.5mm，齿两端偏差小于0.15mm。

2) 齿背间隙0.1~1mm，齿两端偏差小于0.15mm。

3) 大小齿轮的啮合面，沿齿面方向或全长方向不小于75%。

12. 钢球筛选和重新填装

(1) 工艺要点。按照出厂要求重新配备足量、不同尺寸钢球。

(2) 质量要求。钢球充满度、尺寸配比符合厂家要求。

13. 橡胶衬板

(1) 工艺要点。检查橡胶衬板的磨损情况。

(2) 质量要求。磨损超过原始厚度1/2~2/3时必须更换新橡胶衬板。

14. 垫铁

(1) 工艺要点。检查完整性及是否松动。

(2) 质量要求。完整，无松动和短缺现象，地脚螺栓无松动现象。

15. 润滑油系统

(1) 工艺要点。包括冷油器冷却水管的水压试验。

(2) 质量要求。清洗干净后做30min、$6kg/cm^2$水压查漏试验，应严密不漏水。

(二) 斗式提升机

1. 检查更换料斗

(1) 工艺要点。

1) 检查料斗水平度。

2) 检查料斗完整性。

(2) 质量要求。

1) 水平度在要求范围内。

2) 料斗完整。

2. 链条磨损检修

(1) 工艺要点。

1) 链条的完整性。

2) 链条的磨损情况。

3) 下部装配的张紧装置应调整适宜，保证链条具有正常的工作张力。

4) 链条灵活性检查。

(2) 质量要求。

1) 完整性良好。

2) 磨损量小于20%。

3) 链条应轻松灵活、无明显阻力。

3. 垂直度检查

(1) 工艺要点。

1) 主轴对水平面的平行度应在要求范围内。

2) 上下轴平行偏差。

(2) 质量要求。

1) 水平度要求不大于3/1000。

2) 平行度在要求范围内。

### 四、石膏脱水系统

(一) 水力旋流器

1. 检查旋流器内部各个部件的磨损情况

(1) 工艺要点。

1) 溢流弯管冲洗。

2) 螺栓、连接法兰冲洗。

3) 分离式的法兰盘用软管清洗部件。

4) 检查部件的磨损情况。

(2) 质量要求。部件的清洗应干净。更换磨损严重的部件。

2. 检查溢流嘴

(1) 工艺要点。

1) 溢流嘴清洗。

2) 检查溢流嘴的磨损情况。

(2) 质量要求。

1) 部件的清洗应干净。
2) 更换磨损严重的部件。

3. 检查沉砂嘴

(1) 工艺要点。

1) 检查沉砂嘴的磨损情况，磨损严重时应更换（注意沉砂嘴的方向应安装正确）。
2) 冲洗掉卡套螺栓里的沙子和碎片等。

(2) 质量要求。

1) 部件的清洗应干净。
2) 沉砂嘴内径磨损10%需要进行更换。

4. 检查桶体、锥体、锥体延长体

(1) 工艺要点。

1) 拆卸桶体、锥体和锥体延长体的外形夹连接。
2) 清洗旋流子。
3) 清洗外形夹和螺栓。
4) 清洗桶体、锥体和锥体延长体并检查磨损情况。

(2) 质量要求。

1) 部件的清洗应干净。
2) 更换磨损严重的部件。

5. 检查进料口

(1) 工艺要点。

1) 检查清洗进料口。
2) 检查磨损情况。

(2) 质量要求。

1) 部件的清洗应干净。
2) 磨损严重的进行更换。

(二) 真空皮带机

1. 外观检查

(1) 工艺要点。

1) 滤布和滤布连接缝；传送带和边缘；耐磨胶带是否损坏/磨损。
2) 滤布冲洗喷嘴和滤饼清洗喷嘴是否堵塞。
3) 滤布清洁刮具。
4) 检查滤出液软管、密封水软管和缓流水软管的密封性；检查软管连接等。

(2) 质量要求。

1) 没有损坏/磨损；注意保护密封面，不要碰撞；滤布表面不留有残渣，无褶皱。
2) 没有堵塞现象。
3) 不存在严重磨损，必要时更换。
4) 密封良好，软管连接牢固不存在擦痕等问题。

2. 检查功能及磨损情况

(1) 工艺要点。

1) 检查胶带轮、胶带托辊和滤布托辊是否可以自由转动,并检查它们的磨损情况。

2) 检查轴承是否在运行中产生过热现象。

3) 检查胶带支撑系统滑行板的磨损情况。

4) 检查密封水系统、缓流系统、滤饼清洗系统和滤布冲洗系统的功能和流动,并检查它们是否有泄漏。

5) 检查安全装置(如拉线开关、限位开关)和监控装置的功能。

(2) 质量要求。

1) 转动灵活,没有明显磨损现象。

2) 轴承温度正常,轴承周围清洁无杂物。

3) 检查、修理磨损情况,必要时更换。

4) 无泄漏,水系统运转正常。

5) 安全和监控装置满足设备要求。

3. 磨损及运行裂纹

(1) 工艺要点。

1) 检查泥浆供给机构导叶的调整行程和滤布张紧装置的执行,并检查导叶的磨损情况。

2) 检查传送带和胶带支撑系统滑行板的磨损情况。

3) 检查耐磨胶带的状况。

4) 检查滤布状况、滤布刮具的磨损情况。

5) 检查真空箱是否有泄漏和磨损;检查滤出液软管的磨损情况。

(2) 质量要求。

1) 动作灵活准确,导叶磨损视情况更换。

2) 检查、修理磨损情况,必要时更换。

3) 耐磨胶带运行状况良好。

4) 用高压清水冲洗滤布,防止长时间静止备用之后因板结而出现滤布黏结撕裂问题,刮具无严重磨损。

5) 无泄漏,连接件完好、牢固。

### 五、其他系统

(一) 废水处理系统

1. 板框式压滤机

(1) 检查内容。

1) 各部件检查及润滑油的添加。

2) 拉板小车、链轮链条、轴承、活塞杆灵活性检查。

3) 拉板小车同步性检查。

4) 滤板及密封面检查滤板进料口检查。

5）滤布、积水盘、卸泥斗的检查。

（2）工艺要点。

1）检查各连接处是否牢固，各零部件使用是否良好。

2）检查清理拉板盒支承槽内的残渣，清洁链条上的污垢，再敷涂润滑脂。

3）定期检查、更换润滑油。

4）手动取板，各零部件灵活性及滤板、滤布检查。

（3）质量要求。

1）传动链条无生锈卡涩，各部件清洁、润滑性好、动作灵活、排水阀无破裂。

2）槽内应无残渣，润滑脂涂抹均匀。

3）更换油箱内的液压油，加至合适油位的 $1/2\sim2/3$ 位置。

4）滤板排列水平，拉板小车动作准确，无卡涩，滤板无变形、密封面光洁干净，滤布无破损、无堵塞、无折叠、无夹渣。

5）积水盘动作准确、密封严密，卸泥斗关闭严密。

（二）控制系统

1. CEMS

（1）检查内容。

1）检查系统管路、探头及各接口密封性。

2）检查采样泵。

3）检查冷凝器。

4）检查 PLC 工作系统。

5）检查 $SO_2$ 及 $O_2$ 测量装置。

6）更换消耗性配件。

（2）工艺要点。

1）清理 CEMS 房间，保持清洁。

2）检查采样泵并清理。

3）检查采样管路严密性及内部腐蚀、堵塞情况。

4）清洁探头、检查探头腐蚀情况。

5）打开冷凝器，清洁内部管路。

6）检查氧化锆管，并进行清洗、擦拭。

7）检查 PLC 接线及上位机工作状态。

8）检查、更换滤芯。

9）标定各项测量参数的零点及量程。

（3）质量要求。

1）房间清洁无杂物，空气清新。

2）采样泵出力满足系统要求。

3）系统管路及各部件接口密封性良好，无泄漏，无堵塞。

4）冷凝器无堵塞，冷凝效果良好。

5) PLC 系统信号输入、输出正确，吹扫程序符合设计要求。

6) $SO_2$ 及 $O_2$ 分析室清洁。

7) 面板流量仪指示准确。

8) 各滤芯更换完毕，过滤效果良好。

9) 系统各项参数标定完毕，测量准确。

2. pH 计

(1) 检查内容。

1) 显示屏检查。

2) 变送器检查。

3) 配电箱内部检查。

4) 清洁电极支架。

5) 电极。

(2) 工艺要点。

1) 显示屏检查：检查显示屏幕显示清晰度，调整对比度及亮度。

2) 变送器检查：打开接线盒盖，检查内部原件及接线插接松紧情况，定期校准。

3) 配电箱内部检查：检查箱内空气开关，检查接线和插接松紧情况，清洁箱内灰尘。

4) 清洁电极支架：清洁支架，检查温度电极腐蚀情况。

5) 电极：检查电极内电解质使用情况，标定电极。

(3) 质量要求。

1) 显示屏：显示应清晰，字体应规整。

2) 变送器：端子接线应牢靠，插接件应接触良好，紧固件不得松动，零部件应完好齐全并规格化，校验准确。

3) 配电箱内部：开关动作灵活，标志正确，接线整齐无松动，各插接件接触良好，箱内清洁无灰尘。

4) 清洁电极支架：支架内无结垢，支座牢靠，电极清洁，无灰尘。

5) 电极：电解质充足，否则需更换新电极，重新标定准确。

3. 密度计

(1) 检查内容。

1) 检查测量传感器。

2) 检查显示屏。

3) 检查并校验变送器。

(2) 工艺要点。

1) 检查测量传感器：清洗测量管路，检查测量管路磨损。

2) 检查显示屏：检查显示屏幕显示清洗度，调整对比度及亮度，检查显示屏与变送器插接排线是否插接牢靠。

3) 检查并校验变送器：打开接线盒盖，检查内部原件及接线插接松紧情况，定期校准。

(3) 质量要求。

1) 检查测量传感器：清洁无锈蚀，漆层应平整、光亮、无脱落，密封件应无泄漏。

2) 检查显示屏：显示应清晰，字体应规整。

3) 检查并校验变送器：端子接线应牢靠，插接件应接触良好，紧固件不得松动，零部件应完好齐全并规格化，校验准确。

4. 泥位计

(1) 检查内容。

1) 检查测量传感器。

2) 检查显示屏。

3) 检查并校验变送器。

(2) 工艺要点。

1) 检查测量传感器：清洗测量探头；检查测量探头腐蚀情况。

2) 检查显示屏：检查显示屏幕显示清晰度，调整对比度及亮度。

3) 检查并校验变送器：打开接线盒盖，检查内部原件及接线插接松紧情况，定期校准。

(3) 质量要求。

1) 检查测量传感器：清洁、无锈蚀；密封件应无泄漏。

2) 检查显示屏：显示应清晰，字体应规整。

3) 检查并校验变送器：端子接线应牢靠，插接件应接触良好，紧固件不得松动，零部件应完好齐全并规格化，校验准确。

5. 浊度仪

(1) 检查内容。

1) 检查测量传感器。

2) 检查显示屏。

3) 检查并校验变送器。

(2) 工艺要点。

1) 检查测量传感器：清洁浊度计主体、感光器窗口及除泡器，检查感光器腐蚀情况；检查进出水管路是否畅通；检查供电电源是否合格。

2) 检查显示屏：检查显示屏幕显示清晰度，调整对比度及亮度。

3) 检查并校验变送器：打开接线盒盖，检查内部原件及接线插接松紧情况，定期校准。

(3) 质量要求。

1) 检查测量传感器：测量单元清洁、无锈蚀；进出水管路通畅无堵塞；供电电源合格。

2) 检查显示屏：显示应清晰，字体应规整。

3) 检查并校验变送器：端子接线应牢靠，插接件应接触良好，紧固件不得松动，零部件应完好齐全并规格化，校验准确。

# 第六章

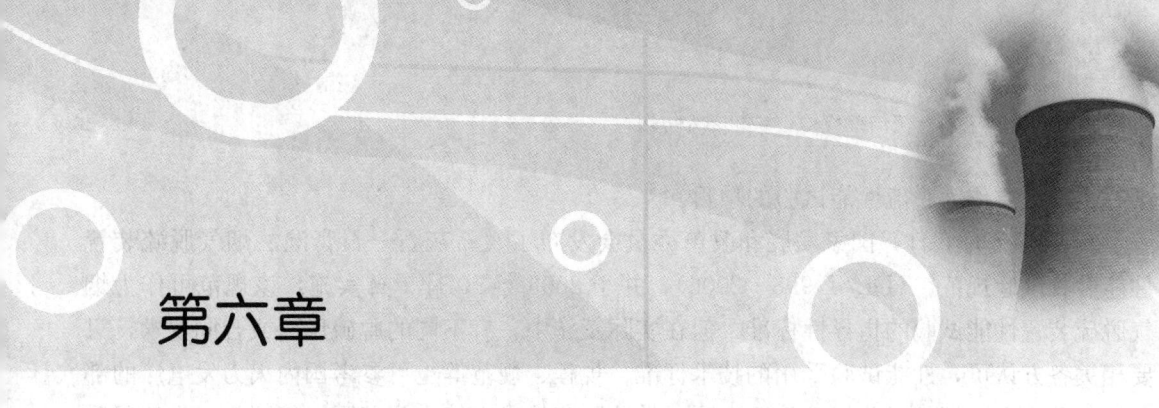

# 烟气脱硫装置的性能试验

## 第一节 概　　述

烟气脱硫装置性能试验的目的是在供货合同或设计文件规定的时间内,由有资质的第三方对烟气脱硫装置进行测试,以考核烟气脱硫装置的各项技术、经济、环保指标是否达到合同及设计的保证值,污染物的排放是否满足国家和地方环保法规的标准。性能试验一般在烟气脱硫装置完成168h满负荷试运行、移交试生产后2～6个月内完成,由建设单位(业主)或脱硫工程总承包公司组织,具体的试验工作由通过招标确定的试验单位负责。

烟气脱硫装置的性能验收指标根据合同的不同略有差别,主要包括以下项目:

(1) 脱硫效率(原/净烟气$SO_2$浓度)。

(2) 烟气脱硫装置出口净烟气烟尘浓度。

(3) 除雾器出口净烟气液滴含量。

(4) 烟气脱硫装置出口烟温。

(5) 消耗量,包括电耗(整个烟气脱硫装置的电耗、烟气脱硫装置停运后电耗)、石灰石(粉)消耗量、工艺水平均消耗量、能耗(如蒸汽耗量、烟气脱硫装置内燃料耗量)。

(6) 石膏品质,包括石膏表面含水率、石膏纯度($CaSO_4 \cdot 2H_2O$)、$CaSO_3 \cdot \frac{1}{2}H_2O$含量、$CaCO_3$的含量、$Cl^-$含量等。

(7) 烟气脱硫装置各处粉尘浓度,主要设备的噪声。

(8) 脱硫废水品质。

(9) 烟气脱硫装置压力损失。

(10) 合同规定的其他内容,如烟气脱硫装置的可用率、烟气脱硫装置的负荷适应性、热损失(保温设备的最大表面温度)、钢球磨石机出力、GGH泄漏率、增压风机效率、泵的效率损失等。

除此之外,压缩空气的消耗量、脱硫添加剂(如有)消耗量等也得到测量;烟气脱硫装置烟气中的其他成分如$O_2$、含湿量等,烟气参数如烟气量、烟气温度、压力,石灰石(粉)品质,工艺水成分,吸收塔浆液成分、浓度、pH值等,煤质成分等在试验中也同时得到测试和分析。需要指出的是,一些合同中规定的指标如烟气脱硫装置出口净烟气HCl浓度、HF浓度、$SO_3$脱除率、脱硫装置材料的使用寿命、烟气挡板的泄漏率等内容,不宜也没必要作为脱硫性能试验的项目。

2006年5月6日，国家发展和改革委员会发布了《石灰石—石膏湿法烟气脱硫装置性能验收试验规范》（DL/T 998—2006），并于2006年10月1日实施，该规范可作为烟气脱硫装置性能试验的指导性标准。但在实际工作中，有不同的脱硫厂商或合同要求，只要相关各方认可，性能试验采用的技术标准、规程、规范等也可参考国内火力发电厂的部分标准及化学分析的一些标准方法，同时借鉴脱硫技术支持方如美国、德国、日本等所采用的最新标准和方法，如美国的 ASME PTC 40—1991 *Flue Gas Desulfurization Units Performance Test Codes*（烟气脱硫装置性能试验规程）。

图 6-1 是典型的烟气脱硫装置性能试验的界限，图 6-2 是 DL/T 998 推荐的脱硫烟气系统的测点布置图，实际上现场很难布置有这么多测点，临近的测点如①和②、③和④等可以合并。表 6-1 是推荐各测点的测试项目。

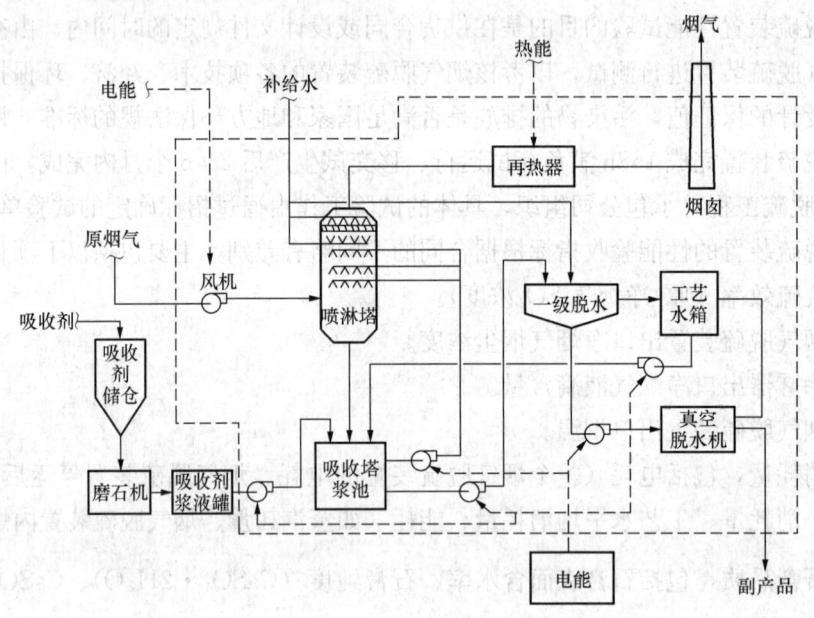

图 6-1 脱硫系统性能试验界限

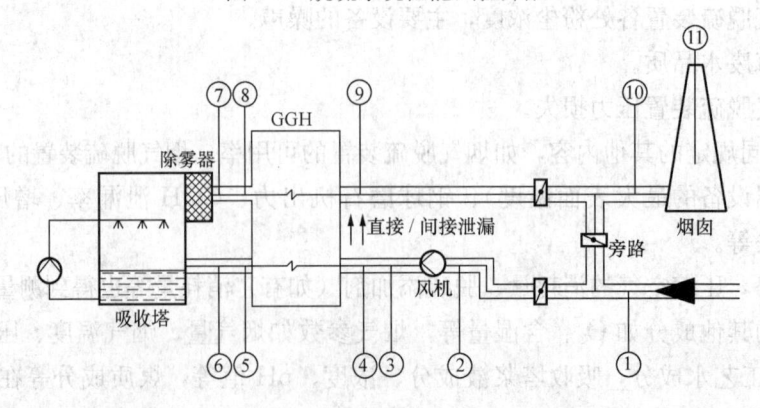

图 6-2 典型脱硫烟气系统的测点布置图

表 6-1　　　　　　　　　　　各测点的测试项目

| 位　置 | SO₂浓度 | O₂浓度 | H₂O浓度 | 飞灰含量 | 雾滴含量 | 烟气温度 | 烟气体积流量 | 静　压 |
|---|---|---|---|---|---|---|---|---|
| ①脱硫装置进口 | ● | ● | ● | ● | ○ | ● | ● | ● |
| ②未净化烟气风机上游 | ○ | ○ | ○ | ○ | ○ | ▼ | ▼ | ● |
| ③未净化烟气风机下游 | ○ | ○ | ○ | ○ | ○ | ▼ | ▼ | ● |
| ④GGH进口（未净化） | ○ | ○ | ○ | ○ | ○ | ▼ | ▼ | ● |
| ⑤GGH出口（未净化） | ▼ | ▼ | ▼ | ▼ | ▼ | ▼ | ○ | ● |
| ⑥吸收塔入口 | ▼ | ▼ | ▼ | ▼ | ▼ | ▼ | ○ | ● |
| ⑦吸收塔出口 | ● | ● | ● | ● | ● | ● | ● | ● |
| ⑧GGH进口（净化） | ▼ | ▼ | ▼ | ▼ | ▼ | ▼ | ○ | ● |
| ⑨GGH出口（净化） | ● | ● | ● | ● | ● | ● | ● | ● |
| ⑩脱硫装置出口 | ● | ● | ● | ○ | ● | ● | ▼ | ● |
| 烟囱排出口测点 | ▼ | ▼ | ▼ | ▼ | ▼ | ▼ | ● | |

注　●—必须；○—不安装；▼—可选。

由于烟气脱硫装置的现场测孔也需要防腐（洁净烟气部分），因此脱硫装置的测点必须在烟气脱硫装置设计、安装阶段就已确定，实施完成。由于受烟道结构和脱硫工艺自身特性的影响，流经烟道的烟气成分、流速和温度等的分布具有不均匀性。测点的位置、布置方式和数量应尽量考虑上述影响，总的要求是：

（1）测点应设置在直管段，尽量远离弯头等局部阻力件。一般要求取样位置应位于干扰点下游方向不小于 6 倍当量直径和距干扰点上游方向不小于 3 倍当量直径处。对矩形烟道，当量直径 $D=2AB/(A+B)$，其中 $A$、$B$ 为边长。

（2）测点位置应便于试验仪器的安放和测量操作，并有护栏等安全措施。

（3）测点的布置方式应便于测量。一般情况下，测点宜布置在烟道的顶部；但对于尺寸较深的烟道（如烟道深度大于 5m），可考虑将测点布置在烟道两侧。

（4）测孔和测点的数量应满足测量要求。为保证测量的准确，必须保证足够的测点数量。对于烟气脱硫装置测量的测孔和测点数量，DL/T 998 中有一些规定，主要参考《固定污染源排气中颗粒物测定与气态污染物采样方法》(GB/T 16157—1996) 和《电站锅炉性能试验规程》(GB 10184—1988)。两个标准对测点数量的要求也有所不同，GB/T 16157 中，对于面积大于 9m² 的矩形烟道（烟气脱硫装置的烟道基本都属于这种情况），建议测点数不超过 20 个。而 GB 10184 中，当矩形截面的边长大于 1.5m，边长每增加 0.5m，测点排数 $N$ 增加 1。对于较大的矩形截面，可适当减少 $N$ 值，但每个测量小矩形的边长应不超过 1m。对于测点数量的要求，不同国家的标准也不相同，德国 DIN 标准中对于 SO₂ 的测点要求，原烟气为 1.5 点/m²，洁净烟气为 2 点/m²。美国 ASME 脱硫性能试验规程（ASME PTC40-1991）则是根据测量位置距干扰源的距离确定测点数量，如图 6-3 所示，距干扰源的位置越近，所需的测点数就越多。

根据脱硫装置性能试验的实践，对于烟气温度、压力、流速、成分等的测量，可以按

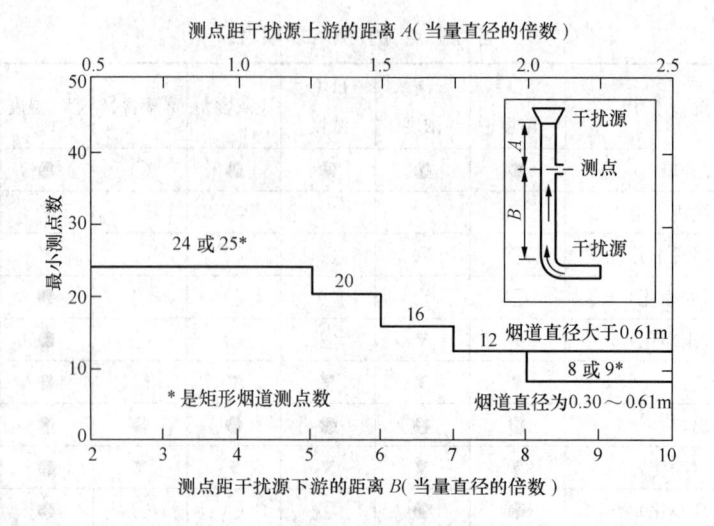

图 6-3  ASME 标准对脱硫装置测量最少测点数的要求

照 GB 10184 的网格法要求。而对于烟气中各项污染物的测量，GB/T 16157 的要求更加符合现场的实际。实际操作中，可根据测量项目、测量位置等的实际情况，同时参考预备性试验的结果，确定合适的测点数。如对于原烟气 $SO_2$、$SO_3$、$O_2$、HCl、HF 等的分布一般都很均匀，可适当采用较少的测点数。对于洁净烟气侧 GGH 进、出口的 $SO_2$ 浓度则分布很不均匀，测量误差也加大，应尽可能增加测点数。总的来讲，当测量的参数在烟道中的分布明显不均时，应采用网格法测量。若测量参数较均匀且烟气速度分布较均匀时，可采用代表点法或多代表点法。由于代表点法在相同的时间内，可以测量的次数比网格法多，因此对于测量时间较长的某些参数（如 $SO_2$、$SO_3$、HCl、HF 等）和运行工况有一定波动的情况，代表点法具有优势。

## 第二节  性能试验准备

### 一、性能试验方案的准备

脱硫性能试验具体测试内容和要求体现在性能试验方案中，它是试验的指导性文件。试验方案由试验项目负责人组织编写，一般应包括以下内容：

(1) 试验目的、依据。
(2) 试验计划安排，如日程等。
(3) 烟气脱硫装置的描述（主要设计数据、保证值、工艺流程等）。
(4) 试验期间烟气脱硫装置、锅炉及其他辅助设备应具备的条件。
(5) 试验工况及要求（包括预定工况判断、工况数量、试验持续时间、间隔时间等）。
(6) 主要测点布置、测量项目和测试方法。
(7) 试验测试仪器，包括测量精度范围和校验情况。
(8) 采集样品（各种固态物、浆液、废水、燃料等）的要求、步骤、运输、保存方法等。

(9) 采集样品的分析仪器、分析方法等。
(10) 需要记录的参数、记录要求、记录表格等。
(11) 相关单位试验人员的组织和分工。
(12) 试验期间的质量保证措施和安全措施。
(13) 试验数据处理原则。
(14) 合同规定或双方达成的其他有关内容。

在方案中，应明确烟气脱硫装置性能试验主要的修正曲线。因为在烟气脱硫装置实际性能试验期间，锅炉负荷（烟气量）、烟气温度、烟气中 $SO_2$ 含量等与设计值会有一定的偏差，所以烟气脱硫装置的一些重要保证值如脱硫率、粉耗、水耗、电耗、系统压损等应逐项换算到设计参数下的值。脱硫厂家在性能试验前应提供其设计的烟气脱硫装置的修正曲线等资料，并得到有关各方事先的认可，在性能试验换算时就以此为依据。

主要的性能试验修正曲线包括脱硫率—烟气脱硫装置入口烟气量（负荷）、脱硫率—烟气脱硫装置入口 $SO_2$ 浓度、烟气脱硫装置电耗—烟气脱硫装置入口烟气量、烟气脱硫装置电耗—烟气脱硫装置入口烟气温度、烟气脱硫装置电耗—烟气脱硫装置入口 $SO_2$ 浓度、工艺水耗量—烟气脱硫装置入口烟气量、工艺水耗量—烟气脱硫装置入口烟气温度、石灰石粉耗—烟气脱硫装置入口烟气量、石灰石粉耗量—烟气脱硫装置入口 $SO_2$ 浓度等。

**二、试验现场条件的准备**

(1) 性能试验所需的现场测点（一般在脱硫装置安装期间就设计安装完成）、临时设施已装好并通过安全检查。

(2) 电厂准备好了充足的、符合试验规定的燃料，试验煤种（或油等）应尽可能接近烟气脱硫装置设计值，燃料波动应尽可能小，特别是燃料的含硫量、灰分及发热量。当燃料特性改变后，烟气脱硫装置的运行指标也会相应发生变化。尽管可以通过修正的方法得到燃用非设计煤种时系统的性能指标，但由于性能修正曲线是由脱硫承包商提供的，在以往的实践中出现过性能修正曲线有利于脱硫承包商的情况。因此应尽可能在试验期间燃用设计煤种。

(3) 电厂准备好了充足的、符合设计要求的吸收剂，试验要用到的水、气、汽、电源都已备好，化学分析实验室能正常使用。

(4) 所有参与试验的仪表（器）都已进行校验和标定，并在使用有效期内。

(5) 试验单位和电厂已准备好足够的数据记录专用表格。

(6) 试验所需机组负荷已向电力调度部门申请并批准。

(7) 试验负荷与工况的确定。

烟气脱硫装置性能试验的负荷根据合同规定而确定。一般考核指标是在设计工况下，即机组 BMCR 的工况，燃用设计煤种。有的指标在不同的负荷下都要测试，如电耗、水耗等，或者在不同的煤种（主要指含硫量不同）下测试。在实际试验时，烟气脱硫装置的设计工况基本上是达不到的，因为机组不可能在 BMCR 的状态下连续长时间运行，而更多的是在 ECR 状态下运行，因此试验结果需进行修正。

在每个负荷下，至少要进行 2 次试验，如 2 次试验结果相差较大，则需进行第三次试验。参照锅炉性能试验的要求,试验前烟气脱硫装置应连续稳定运行72h以上,正式试验前12h中,前9h系统负荷不低于试验负荷的75%,后3h应维持预定的试验负荷,正式试验时维持预定的试验负荷至少12h。

判定烟气脱硫装置的工况是否达到稳定状态可从以下参数确定:进入烟气脱硫装置的烟气量(或机组负荷)、烟气脱硫装置入口 $SO_2$ 浓度、烟气脱硫装置入口粉尘浓度、烟气脱硫装置出口温度、粉尘浓度、吸收塔浆液 pH 值、浆液密度(含固率)、浆液的主要成分(如 $CaCO_3$、$SO_3^{2-}$)、脱硫率等,这些主要参数的波动应在正常范围内,当烟气脱硫装置运行稳定后方可进行试验,试验时旁路挡板应处于完全关闭状态。在试验过程中,如果运行参数超出了预先确定允许的变化范围时,则试验无效。

在试验期间运行参数的波动范围,我国还没有针对性的标准,参考《电站锅炉性能试验规程》(GB 10184—1988)和烟气脱硫装置运行、试验的实践,推荐如表6-2所示的运行参数要求。需要说明的是,烟气脱硫装置性能试验的很多测量项目是无需同时进行的,而且不同的测量项目对运行参数的要求也是不同的。如测量 GGH 换热能力时,只需烟气量和烟气温度保持稳定,而 $SO_2$ 浓度、pH 值等的变化不会影响测量结果。但在测量 GGH 漏风率时,就要求 $SO_2$ 浓度的稳定。

表 6-2　　　　　　　　　　试验期间主要运行参数的波动范围

| 运行参数 | 观测值偏离规定值的允许偏差 | 针对的试验项目 |
| --- | --- | --- |
| 烟气量（负荷） | ±3% | 脱硫率、水耗、电耗、脱硫剂消耗、烟气脱硫装置出口烟温、GGH 加热能力、系统阻力 |
| 烟气温度 | ±5℃ | 烟气脱硫装置出口烟温、GGH 加热能力、水耗 |
| $SO_2$ 浓度 | ±3% | 脱硫率、Ca/S、脱硫剂耗量、GGH 漏风率 |
| pH 值 | ≤0.15 石灰石浆液供给采用 pH 控制方式 | 脱硫率、Ca/S、脱硫剂耗量、石膏品质 |
| | ≤0.10 石灰石浆液供给采用 Ca/S 控制方式 | 脱硫率、Ca/S、脱硫剂耗量、石膏品质 |

### 三、试验人员和仪器的准备

烟气脱硫装置性能试验要有足够的试验人员和仪器,测试、化学分析人员要有相关资质。所有工作人员应严格执行《电业安全工作规程》,试验人员按要求着装和佩戴个人劳动保护用品,烟道测试人员应穿戴帆布手套等防护用品,防止烫伤;化学分析人员严格遵守分析规定等。试验时烟气脱硫装置供应商主要起督导作用,电厂需专人配合试验工作。

表 6-3 是某电厂脱硫性能试验时所用的主要仪器,仪器均应有合格的计量检定证书,并应在有效期内。

在试验条件具备后,即可进行试验。试验一般分两个阶段进行,一是预备性试验,二是正式试验。预备性试验的一个主要目的是标定烟气脱硫装置中的在线仪表数据,确定是否满足正式性能试验的条件,包括烟气脱硫装置入口原烟气流量、烟气脱硫装置入口/出口 $SO_2$ 浓度、烟气脱硫装置入口/出口 $O_2$ 浓度、烟气脱硫装置入口/出口烟气温度、烟气脱硫装置入口/出口粉尘浓度、烟气脱硫装置入口/出口烟气含水率（如有）、工艺水流量计、浆液 pH 计、密度计、流量计、液位计、石灰石（粉）称重计量装置等。在正式试验时就可以定时采用 DCS 上的各个数据进行计算，当然对重要参数还需多次测量和校验。

表 6-3　　　　　　　　　　　性能试验所用部分主要仪器

| 序号 | 型号名称 | 精度 | 序号 | 型号名称 | 精度 |
|---|---|---|---|---|---|
| 1 | 德国 NGA2000/PMA10 型烟气分析车 | 1.0% | 16 | 3012 型烟尘采样仪 | 1.0% |
| 2 | 德国 NGA2000 型二氧化硫分析仪、日本岛津 SOA-7000 二氧化硫分析仪 | 1.0% | 17 | 粉尘测试仪 | 1.0% |
| 3 | PMA10 型氧量分析仪 | 1.0% | 18 | 4m 长等速采样管（$K=0.845$） | 1.0% |
| 4 | 日本岛津 NOA-7000 氮氧化物分析仪 | 1.0% | 19 | AE-100 电子天平 | 0.1mg |
| 5 | 碳氢氮分析仪 | 1.0% | 20 | BL3100 电子天平 | 0.1g |
| 6 | TH-600B 型烟气分析仪 | 1.0% | 21 | 噪声计 | ±0.1dB（A） |
| 7 | 6%$O_2$ 及 14%$CO_2$ 标准气体 | 1.0% | 22 | EBV102-1 型恒温干燥箱 | 1℃ |
| 8 | $1000×10^{-6}$ NO 标准气体 | 1.0% | 23 | 自动电位滴定仪 | 0.5% |
| 9 | $1000×10^{-6}$ 和 $100×10^{-6}$ $SO_2$ 标准气体 | 1.0% | 24 | ICP 发射光谱仪 | 0.5% |
| 10 | 高纯氮（0%$O_2$） | 1.0% | 25 | DR20/10 分光光度计 | 0.5% |
| 11 | FLUKE 测温仪（F-53II） | 0.05% | 26 | 颗粒度分析仪 | |
| 12 | T 型热电偶 | 0.75% | 27 | 热重分析仪 | |
| 13 | 5m 长毕托管 | 1.0% | 28 | 超声波流量计 | 1.0% |
| 14 | 3kPa、1kPa 量程微压计 | 1.0% | 29 | 红外线测温仪 | |
| 15 | DYM3 大气压力表 | 1.0% | 30 | 电度表，各种规格的取样瓶、药品等 | 0.5% |

## 第三节　脱硫率测量

### 一、$SO_2$ 的测试方法

严格来说，某种物质如 $SO_2$ 的脱除率应是被脱除的 $SO_2$ 质量流量占烟气脱硫装置进口的 $SO_2$ 质量流量的百分数，但目前的脱硫工程合同中则是以进出口的浓度来计算的，实际测试时按合同的要求进行的。

烟气脱硫装置的 $SO_2$ 脱除率（脱硫率）按式（6-1）计算

$$\eta_{SO_2} = \frac{C_{SO_2,in} - C_{SO_2,out}}{C_{SO_2,in}} \times 100\% \tag{6-1}$$

式中　$\eta_{SO_2}$——$SO_2$ 的脱除率，%；

$C_{SO_2,in}$——折算到标准状态、规定的过量空气系数 $\alpha$ 下的干原烟气（烟气脱硫装置进口挡板前）中 $SO_2$ 的浓度，是各测量值或 DCS 中记录数据的平均值，$mg/m^3$；

$C_{SO_2,out}$——折算到标准状态、规定的过量空气系数 $\alpha$ 下的干净烟气（烟气脱硫装置出口）$SO_2$ 的浓度，是各测量值或 CRT 上记录数据的平均值，$mg/m^3$。

标态下换算成过量空气系数 $\alpha$ 下的浓度按式（6-2）计算

$$C_x = C_x^* \times (\alpha^*/\alpha) \tag{6-2}$$

式中 $C_x$——折算后烟气成分的排放浓度，$mg/m^3$；

$C_x^*$——实测的烟气成分的排放浓度，$mg/m^3$；

$\alpha^*$——实测的过量空气系数；

$\alpha$——规定的过量空气折算系数，燃煤锅炉 $\alpha=1.4$（对应 $6.0\%O_2$），燃油锅炉 $\alpha=1.2$（对应 $3.5\%O_2$），燃气轮机组 $\alpha=3.5$（对应 $15.0\%O_2$）。

$\alpha^*$ 与实测的 $O_2$（%）的关系为

$$\alpha^* = \frac{21}{21-O_2} \tag{6-3}$$

烟气中其他的成分如 HCl 脱除率、HF 脱除率、$SO_3$ 脱除率、烟尘脱除率等的计算也可套用上述公式，只要将 $SO_2$ 用其他成分替代就可以了。

$SO_2$ 浓度的测试方法很多，手工分析的方法有碘量法、分光光度法等，仪器分析方法有定电位电解法、紫外荧光法、溶液电导法、非分散红外线吸收法等，其中碘量法或自动滴定碘量法由于设备简单、操作方便，测定范围和准确度能满足监测要求而成为最常用的方法。另外红外吸收法由于测量方便、快速，也有广泛的应用，若各方认可，也可采用红外吸收法的仪器直接测量 $SO_2$，但测试前应对仪器进行标定。

碘量法的基本原理是烟气中的 $SO_2$ 被氨基磺酸铵和硫酸铵混合液吸收，用碘标准溶液滴定。按滴定量计算出 $SO_2$ 浓度。反应式如下

$$SO_2 + H_2O \longrightarrow H_2SO_3$$
$$H_2SO_3 + H_2O + I_2 \longrightarrow H_2SO_4 + 2HI$$

在标准溶液中有淀粉指示剂，这种指示剂可以指示溶液中 $I_2$ 的存在。当有 $I_2$ 时，指示剂呈深蓝色；反应进行后，溶液中的 $I_2$ 转变成 $I^-$，指示剂就变成了无色。根据碘溶液的浓度和用量以及烟气的体积，就可根据式（6-4）计算出 $SO_2$ 的百分含量

$$C_{SO_2} = \frac{100 V_{SO_2}}{V_r \dfrac{p - p_{H_2O}}{101\,325} \times \dfrac{273}{273+t} + V_{SO_2}} \tag{6-4}$$

$$V_{SO_2} = 10.945 N V_1$$

式中 $C_{SO_2}$——烟气中 $SO_2$ 的容积百分含量，%；

$V_r$——反应后的余气体积，mL；

$p$——当地大气压，Pa；

$p_{H_2O}$——在 $t$℃时烟气中的水蒸气分压，Pa；

$t$——余气的温度，℃；

$V_{SO_2}$——与碘溶液反应的 $SO_2$ 体积（标准状态下），mL；

$N$——与 $SO_2$ 反应的碘溶液的当量浓度；

$V_1$——加入反应瓶中的碘溶液量，mL。

碘量法又分为间接碘量法和直接碘量法。间接碘量法是指先用溶液吸收 $SO_2$，然后加淀粉指示剂，最后由碘标准溶液滴定至蓝色终点。直接碘量法是在采样前把淀粉指示剂加入碘标准溶液中，采样过程中生成的 $SO_3^{2-}$ 与碘发生氧化还原反应，使溶液由蓝色变成无色，达到反应终点。这种方法被用于碘量法 $SO_2$ 测定仪，测试过程中，通过控制吸收液的温度和控制烟气中 $SO_2$ 与吸收液中的碘的反应时间（3~6min）及采样流量，防止碘的挥发损失，保证准确的测定结果。这种方法与间接碘量法、定电位电解法、电导率法等同时测定烟气中 $SO_2$，测定结果表明，方法之间不存在系统误差。

## 二、烟气采样

对于烟气脱硫装置烟气 $SO_2$ 的测量，正确的采样是保证测量准确性的关键。采用化学法和仪器测试法的采样系统示意图分别如图 6-4 和图 6-5 所示。化学法采样系统由采样管、连接导管、吸收瓶、流量计和抽气泵等部分组成。仪器测试法采样系统由采样管、除湿器、抽气泵、测试仪和校正用气瓶等部分组成。可根据实际情况进行某些调整，如在测

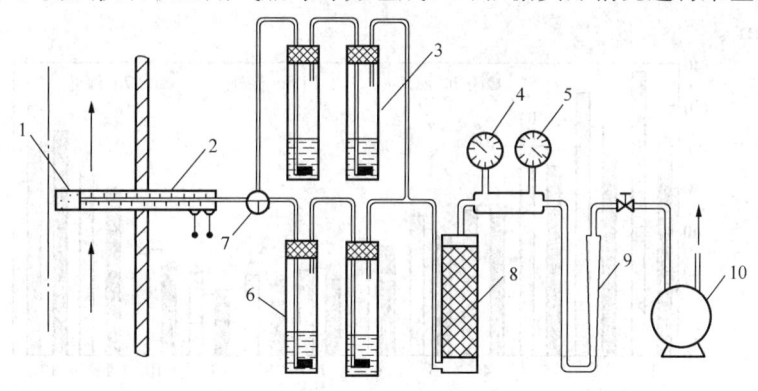

图 6-4 化学法烟气采样系统

1—烟道；2—加热采样管；3—旁路吸收瓶；4—温度计；5—真空压力表；
6—多孔玻板吸收瓶；7—三通阀；8—干燥器；9—流量计；10—抽气泵

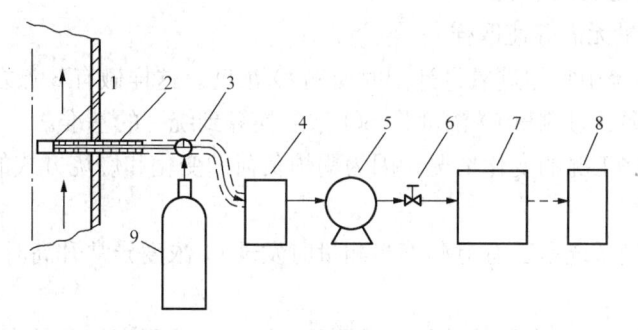

图 6-5 仪器测试法采样系统

1—滤料；2—加热采样管；3—三通阀；4—除湿器；5—抽气泵；
6—调节阀；7—分析仪；8—记录器；9—标准气瓶

量系统中加入氧量计等。采样管应采用石英玻璃等化学性质稳定的材料，采样管必须加热且有温度调节和指示功能。为实现大型烟道的网格法测量，从采样管到吸收瓶或除湿器前的连接管长度普遍较长，因此也必须进行加热。否则冷凝水的产生会使测量结果明显偏小。对于采样管的加热温度，在《空气和废气监测分析方法》（国家环保总局）中的要求是大于120℃，同时考虑到温度对气体成分转化的影响以及防止连接管的损坏，加热温度应不超过160℃。烟气脱硫装置的烟气和锅炉的烟气有很大的区别，烟气温度低（最低不到50℃）且含湿量大（最高处已基本饱和），因此有必要采用较高的加热温度。DL/T 998要求是高于150℃。采样管后的连接管也应选择化学性质稳定的材料且宜于连接和密封，如氟树脂或氟橡胶。不应使用普通的橡胶管，否则在高温下连接管极易泄漏或脱落。对于原烟气的采样，还应在采样管入口加石英棉以过滤烟尘。

$SO_2$ 的测量必须采用网格法测量（即使代表点法也需利用网格测量找到代表点）。$SO_2$ 在烟气脱硫装置进口的分布一般较为均匀，同时 $SO_2$ 的测量时间较长，因此过多的网格点是不必要和不现实的，可根据预备性试验的结果确定最终的至少3个代表点数。在 GGH 出口 $SO_2$ 的分布有时便十分不均匀了，如图6-6所示的某 GGH 净烟气出口 $SO_2$ 的浓度分布，应有更多的测点。DL/T 998 的规定是：对原烟道和净烟道，每个测点代表截面面积最大不大于 $3m^2$。

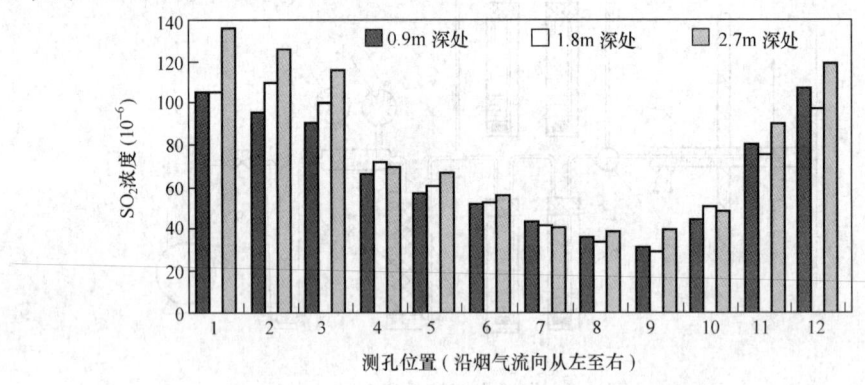

图6-6 某 GGH 净烟气出口 $SO_2$ 浓度的不均匀分布

### 三、测量的其他注意事项

（1）$SO_2$ 的测量无需等速取样。

（2）在测量系统中宜加进氧量计同时监测 $O_2$ 浓度。这样做有3点好处：

1）本身就需要通过测量 $O_2$ 浓度将 $SO_2$ 浓度换算到统一的基准。

2）可随时掌握工况的变化情况。因为锅炉负荷的变化和燃烧方式的变化都会影响 $O_2$ 浓度。

3）可监测测量系统是否有泄漏。当测量时发现 $O_2$ 浓度异常升高时，应对测量系统进行检查。

（3）若各方认可采用直接读数的仪器测量 $SO_2$，应采用高纯度的合格标气对仪器进行标定，至少在测试前后各标定一次。

（4）试验期间锅炉烟气量、烟气中 $SO_2$ 浓度和吸收塔浆液 pH 值尽量保持稳定。

在烟气成分分析中，氧量的测量非常重要，对燃煤锅炉污染物的排放浓度需折算至 6% $O_2$ 下（即过量空气系数为 1.4）。氧量的手工测定用奥氏分析仪来分析，仪器分析仪主要有热磁式、磁力机械式氧量计和氧化锆氧量计。手工测定比较麻烦、费时，在实际的烟气脱硫装置性能试验时一般都用校正过的 $O_2$ 分析仪，按网格法来实时测定。

## 第四节 石灰石消耗量测量

石灰石消耗量可根据具体情况进行直接测定和计算，一般有如下方法：

方法 1：统计一段时间内车、船的石灰石运量和同时期的烟气量、$SO_2$ 浓度和脱硫率，计算出石灰石消耗量和 Ca/S。

方法 2：测量粉仓（系统外购石灰石粉）或石灰石仓（湿磨系统）的料位变化和同时段的烟气量、$SO_2$ 浓度和脱硫率，计算出石灰石消耗量和 Ca/S。

方法 3：利用称重给料机测量石灰石给料量和同时段的烟气量、$SO_2$ 浓度和脱硫率，计算出石灰石消耗量和 Ca/S。

方法 4：测量石灰石浆液罐的液位变化、浆液密度、含固率和同时段的烟气量、$SO_2$ 浓度和脱硫率，计算出石灰石消耗量和 Ca/S。

方法 5：测量一段时间内石灰石浆液流量、浆液密度、含固率和同时段的烟气量、$SO_2$ 浓度和脱硫率，计算出石灰石消耗量和 Ca/S。

方法 6：通过石膏取样进行 $CaSO_4 \cdot 2H_2O$、$CaSO_3 \cdot 0.5H_2O$ 和 $CaCO_3$ 的分析，得到 Ca/S，再计算出石灰石消耗量。

表 6-4 列出了各种方法的利弊，可根据现场设备的实际情况和烟气脱硫装置的运行情况选择合适的测量方法。在试验期间，还应对所用的石灰石粉进行活性和纯度分析。总的来讲，前 5 种方法为分别测量出石灰石消耗量和脱硫量从而计算出 Ca/S。第 6 种方法为测量出 Ca/S 从而计算出石灰石消耗量。对于石灰石—石膏湿法的脱硫性能试验，最常用的是方法 6，因为一般石灰石—石膏湿法烟气脱硫装置的 Ca/S 仅为 1.03～1.05，若采用前 5 种方法，要求烟气量和 $SO_2$ 的测量十分精确。烟气量 1% 的测量误差就会对 Ca/S 的结果产生明显影响，而要保证烟气量以及 $SO_2$ 如此高的测量精度是非常困难的。对于方法 6，通过石膏的分析计算出 Ca/S，烟气量和 $SO_2$ 测量的误差对试验结果的影响明显小于前一类方法。

表 6-4  各种石灰石消耗量和 Ca/S 测量方法的比较

| 方法 | 优 点 | 缺 点 |
| --- | --- | --- |
| 1 | 方法简单，石灰石用量的测量较为准确 | 测量所需时间长，烟气量、$SO_2$ 的测量只能采用 CEMS 的数据，因此 CEMS 需经过准确标定 |
| 2 | 方法简单，测量时间较为合适 | 在不同粉位的情况下，石灰石粉的堆积状态和堆积密度的不同会影响测量准确性 |
| 3 | 方法简单，测量时间合适 | 需对称重给料机进行精确标定 |

续表

| 方法 | 优点 | 缺点 |
|---|---|---|
| 4 | 方法简单 | 石灰石浆液罐需足够大（至少需满足4h的供给量） |
| 5 | 方法简单 | 流量计、密度计或含固率仪需精确标定 |
| 6 | 烟气量和$SO_2$的测量误差对Ca/S的计算影响很小，比较适合石灰石耗量试验 | 需多次取样分析、化学分析工作量较大 |

在整个试验时段内，测得净烟气、原烟气中$SO_2$和$O_2$的浓度，取得平均值。取石灰石粉或浆液罐中样品进行石灰石纯度分析，取石膏样进行$CaSO_4 \cdot 2H_2O$、$CaSO_3 \cdot 0.5H_2O$和$CaCO_3$的分析，由钙硫摩尔比和脱硫量计算石灰石消耗量。石灰石消耗量可以通过式（6-5）或式（6-6）计算的方法来确定，即

$$m_{CaCO_3} = \frac{Q_{in} \times (C_{SO_2,in} - C_{SO_2,out})}{10^4} \times \frac{M_{CaCO_3}}{M_{SO_2}} \times \frac{1}{f_{CaCO_3}} \times R \tag{6-5}$$

或

$$m_{CaCO_3} = \frac{Q_{in} \times \eta_{SO_2} \times C_{SO_2,in}}{10^6} \times \frac{M_{CaCO_3}}{M_{SO_2}} \times \frac{1}{f_{CaCO_3}} \times R \tag{6-6}$$

式中 $m_{CaCO_3}$——石灰石耗量，kg/h；

$Q_{in}$——原烟气平均体积流量（标准状态，干烟气，6%$O_2$），$m^3/h$；

$C_{SO_2,in}$——烟气脱硫装置进口烟气中$SO_2$浓度（标准状态，干烟气，6%$O_2$），$mg/m^3$；

$C_{SO_2,out}$——烟气脱硫装置出口烟气中$SO_2$浓度（标准状态，干烟气，6%$O_2$），$mg/m^3$；

$M_{CaCO_3}$——$CaCO_3$摩尔质量，100.09kg/kmol；

$M_{SO_2}$——$SO_2$摩尔质量，64.06kg/kmol；

$f_{CaCO_3}$——石灰石纯度，%；

$\eta_{SO_2}$——系统脱硫率，%；

$R$——Ca/S摩尔比。

略去脱硫废水中排放的$CaCO_3$，$R$可按式（6-7）计算

$$R = 1 + \frac{\frac{x_{CaCO_3}}{M_{CaCO_3}}}{\frac{x_{CaSO_4 \cdot 2H_2O}}{M_{CaSO_4 \cdot 2H_2O}} + \frac{x_{CaSO_3 \cdot 1/2H_2O}}{M_{CaSO_3 \cdot 1/2H_2O}}} \tag{6-7}$$

式中 $x_{CaCO_3}$——石膏中$CaCO_3$质量含量，%；

$x_{CaSO_4 \cdot 2H_2O}$——石膏中$CaSO_4 \cdot 2H_2O$质量含量，%；

$x_{CaSO_3 \cdot 1/2H_2O}$——石膏中$CaSO_3 \cdot \frac{1}{2}H_2O$质量含量，%；

$M_{CaSO_4 \cdot 2H_2O}$——$CaSO_4 \cdot 2H_2O$摩尔质量，172.18kg/kmol；

$M_{CaSO_3 \cdot 1/2H_2O}$——$CaSO_3 \cdot \frac{1}{2}H_2O$摩尔质量，129.15kg/kmol。

式（6-7）计算出的是干石灰石粉的耗量。

这里Ca/S摩尔比$R$定义为向烟气脱硫装置加入$CaCO_3$的摩尔数和烟气脱硫装置脱除

SO₂ 的摩尔数之比。

在计算中,还需测量烟气中的水分含量和烟气流量,烟气中水分含量可选用冷凝法、干湿球法或重量法中的一种方法测定。对于烟气的流量测量,实际上是测量烟气的流速,差压法是应用最为广泛的一种,它是一种较为古老的测速装置,其结构简单,制作方便,测量数据可靠。差压法速度测量装置的原理是根据动压(即全压与静压之差)与流速之间的关系,来测量气体在流动中的速度,由伯努里方程计算气体的速度

$$V = \sqrt{\frac{2\Delta p}{\rho}} \quad (m/s) \tag{6-8}$$

由于实际测量中通常不能满足理想的伯努里方程,故必须进行修正,即

$$V = K\sqrt{\frac{2\Delta p}{\rho}} \quad (m/s) \tag{6-9}$$

式中 $V$ ——测量点的气体速度,m/s;

$K$ ——结构修正系数;

$\rho$ ——流体密度,kg/m³;

$\Delta p$ ——流体在流动过程中产生的压差,Pa。

在烟气脱硫装置性能试验中常用压差表、U 形管和倾斜微压计作为压差测量仪器,用得最多的烟气流速测量装置是皮托管和靠背管。

皮托(Pitot)管是工业试验中经常使用的速度测量装置,它的优点是对气流方向的偏斜敏感性较小,管端轴线与气流的偏角在±12°范围内,对测量的准确性基本上无影响。皮托管也经常用来标定其他的测速装置,如笛型管、靠背管和多孔测速探针。

目前常用的标准皮托管有锥形头部、球形头部、椭圆头部三种类型,结构尺寸如图 6-7 所示。其中测量管与管柄的外径 $d \leqslant 15 mm$,顶部正中全压测孔直径 $d_1=(0.1\sim0.35)d$,静压孔的开孔位置应在离测量管迎流面头部顶端$(6\sim8)d$ 处,管柄轴线离静压孔不小

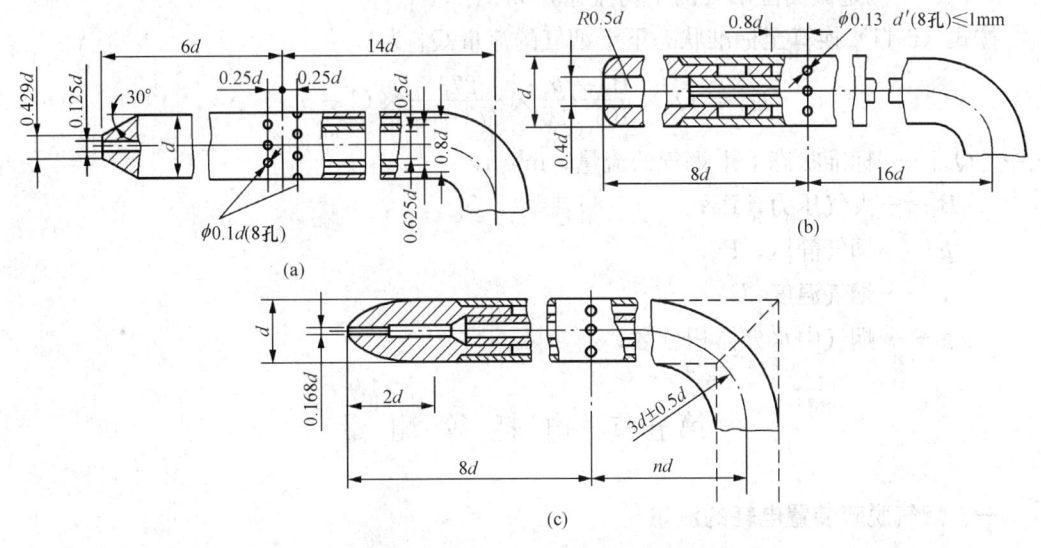

图 6-7 标准皮托管的构造尺寸

(a) 锥形头部;(b) 球形头部;(c) 椭圆头部

于 $8d$。静压孔直径 $d_2=(0.1\sim 0.3)d$，且不得大于 1.6mm，其深度应大于 $0.5d_2$，孔数不应少于 6 个且均匀分布在测量管圆周的一个截面上。标准皮托管的 $K\approx 1$。

靠背管（即 S 形皮托管）测速主要是用于含尘气流速度测量或带有回流流动的流场测量，如含尘气流如烟气、锅炉制粉系统管道风量和一次风煤粉管道风速等，带有回流流动的流场如钝体燃烧器出口的流场等。靠背管的型式有弯管式和切管式两种，如图 6-8 所示。两个测速管端的开口，一个迎向气流作为全压感压孔，另一个背向气流为静压感压孔，两个开口面相应成 180°对称布置。由于其开口较大，故不易堵粉，且对气流的正向流动和反向流动都有敏感反应。靠背管对气流方向的偏斜敏感较小，其偏转角在 ±20°内不会引起明显的误差。由于静压孔背向气流，故靠背管的压差修正系数 $K$ 常小于 1，其数值取决于结构形式和加工精度。

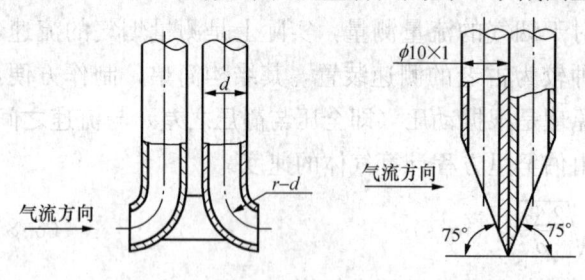

图 6-8 弯管式或切管式靠背管

在锅炉试验中烟气测速装置还有许多，如笛型管、文丘里管、翼形管、吸气式动压测定管、遮板式动压测定管，热电测速装置、激光测速装置等，但它们在烟气脱硫装置的性能试验中用得很少，这里不再赘述。

实际工况下烟气的体积流量 $Q_s$ 按式（6-10）计算

$$Q_s = 3600 \times F \times \overline{V}_s \tag{6-10}$$

式中　$Q_s$——工况下湿烟气的体积流量，$m^3/h$；
　　　$F$——测定截面的断面面积，$m^2$；
　　　$\overline{V}_s$——测定截面湿烟气的平均流速，m/s。

按式（6-11）换算至标准状态下干烟气的流量 $Q_{snd}$ 为

$$Q_{snd} = Q_s \times \frac{B_a + p_s}{101\ 325} \times \frac{273}{273 + t_s} \times (1 - x_{sw}) \tag{6-11}$$

式中　$Q_{snd}$——标准状态下干烟气的流量，$m^3/h$；
　　　$B_a$——大气压力，Pa；
　　　$p_s$——烟气静压，Pa；
　　　$t_s$——烟气温度，℃；
　　　$x_{sw}$——烟气中水分体积分数。

# 第五节　电耗等测量

## 一、烟气脱硫装置电耗的测量

电耗可以用烟气脱硫装置的相关电源上安装的独立的、经校验合格的电功率表（0.2~0.5 级）或电能表（0.5~1.0 级）测量得到，如 6kV 输入母线上，或根据 DCS 采集的数据进行计算。对不属于烟气脱硫装置的电能,应安装独立功率表予以扣除。非工艺的电耗如照明、空调、通风、电梯等是否计入根据合同而定。在电耗的测量中,需注意以下几个问题。

(一) 测量时间

当采用电能表进行测量时,存在一个合理测量时间的问题。目前我国并设有统一的标准,在一些脱硫设备的技术协议中,要求的测量时间达到 14d。按目前我国发电机组运行的实际情况(机组负荷和燃料状况频繁变化),是难以达到如此长的时间要求的。测量时间应考虑一些间歇运行的主要设备如钢球磨石机、真空皮带机的启停周期,尽量做到测量时间包含了主要设备完整的启停周期,一般应大于 12h,推荐为 24h,测量次数至少 2 次。

同样原因,当采用电功率表测量时,间歇运行设备的投运情况会直接影响系统的电耗。因此应在各方认可的设备运行状态下对电耗进行测量。

(二) 烟气脱硫装置的运行状态

在测量系统电耗时,烟气脱硫装置必须在设计的参数下运行且保持稳定。因为烟气量、烟气含硫量、脱硫率等的不同会影响增压风机的出力、循环泵的组合方式以及间歇运行设备的启停周期,从而影响测量结果。若实在无法满足设计条件,应对试验结果进行修正。

(三) 增压风机的运行状态

增压风机是烟气脱硫装置耗电最大的设备。对于机组的整个烟气流程来讲,系统的阻力是由锅炉引风机和增压风机共同克服的。在试验期间,应维持锅炉的引风机的出力与未投运烟气脱硫装置时的水平一致,做到烟气脱硫装置的阻力刚好由增压风机来克服。若增压风机开度偏小,则引风机的出力需增加,测量的烟气脱硫装置电耗会偏小;相反若增压风机开度偏大,则引风机的出力可减少,测量的烟气脱硫装置电耗就会偏大。增压风机的合适出力可通过控制风机入口压力、旁路挡板压差等方式实现。

(四) GGH 的运行状态

随着运行时间的延长,GGH 的阻力会不断增加,相应会增加增压风机的电耗。因此试验前各方应对 GGH 是否进行高压水的清洗等问题达成一致。

烟气脱硫装置停运时电耗需在停运后进行,此时烟气脱硫装置内运行的设备主要有脱硫装置烟气挡板密封风机及其加热器、各浆液箱罐如石灰石浆液罐、石膏浆液罐、钢球磨石机循环箱、排水坑和吸收塔的搅拌器等。

二、烟气脱硫装置的能耗与压损的测量

烟气脱硫装置的能耗主要指系统工艺设计要求维持某一状态所需要的热能消耗量,典型的有用于脱硫后烟气再热的蒸汽耗量(对蒸汽再热器)或热烟气混合加热时所消耗的燃料量等,可根据相应的热力学参数计算出实际能量消耗。

(一) 采用外来蒸汽(或热水)加热烟气的热量计算

实际消耗的蒸汽(或热水)热量 $q_s$ 的计算如下

$$q_s = m_s(i_{in} - i_{out}) \quad (kJ/s) \tag{6-12}$$

式中　$m_s$——实测的蒸汽(或热水)的质量流量,kg/s;

$i_{in}$，$i_{out}$——蒸汽（或热水）入口与出口的焓值，kJ/kg。

蒸汽耗量与冷凝水流量相等，因此由 DCS 采集现场校验过的冷凝水流量计读数即可，也可在管道上安装流量孔板来测量。脱硫装置的蒸汽（或热水）入口与出口的焓值由测对应的蒸汽（或热水）温度和压力值，再查水蒸气表算出，如果采用其他热介质来加热，则按有关原则计算相应介质的热力学参数。试验中需注意试验期间烟气量和烟气温度应保持稳定，加热器出口温度应达到设计值，并且试验前后凝结水箱的液位应保持一致，否则应进行修正。

（二）采用外来燃料加热烟气的热量计算

该部分热量 $q_f$ 的计算与输入燃料的热值、实际消耗量及出口燃烧产物的焓值有关，即

$$q_f = B_f(Q_{ar,net} - I_{out}) \tag{6-13}$$

式中　$B_f$——燃料消耗量，kg/s；

$Q_{ar,net}$——燃料的热值，kJ/kg；

$I_{out}$——烟气加热器出口燃烧产物的焓值，kJ/kg。

烟气脱硫装置的压损主要是指烟气系统的阻力损失。某一烟气流量下烟气脱硫装置总的压力损失 $\Delta p$（Pa）可按式（6-14）计算

$$\Delta p = p_{in} - p_{out} + p_{BUF} \tag{6-14}$$

式中　$p_{in}$——烟气脱硫装置进口（脱硫增压风机入口）烟气全压平均值，Pa；

$p_{out}$——烟气脱硫装置出口烟气全压平均值，Pa；

$p_{BUF}$——脱硫增压风机压力，Pa。

当不设增压风机时，烟气脱硫装置的压损就等于进出口烟气压差。在实际工程中，进出口烟道截面高度会有不同，但由此产生的压力损失很小，式（6-14）有足够的精度。

同样，其他设备的压损如吸收塔压损、GGH 压损等可由各自进出口的烟气全压差而得，不过性能试验中一般不对它们进行考核。

### 三、工艺水耗量的测量

当水箱足够大时，采用液位差法，即在一定时间内根据工艺水箱液位变化计算出工艺水耗量。当然可以通过经标定的系统自身的流量计或水表测量，或安装一个流量计进行测量。在水耗的测量中，需注意以下几个问题。

（一）测量时间

烟气脱硫装置的用水量是成周期性变化的。除雾器的冲洗是影响用水量周期的最主要因素，另外，废水是否在排放、石膏浆液是否在进行二次脱水都会影响当时的用水量。用水量周期的长短和烟气量、烟气温度和 $SO_2$ 浓度等因素有关，因此在进行水耗试验前，应了解该系统用水量变化的周期，试验时间应为变化周期的整数倍。一般应大于 8h，至少测量 2 次。

（二）烟气脱硫装置的运行状态

烟气量、烟气温度和 $SO_2$ 浓度等因素会对烟气脱硫装置的水耗产生影响。因此试验期间必须保证上述参数的稳定，若和设计值有偏差，应对水耗测量值进行修正。

### （三）工艺水箱液位修正

当采用流量计或水表进行测量时，也应记录试验开始和结束时的工艺水箱液位，对总水量进行修正。

### （四）超声流量计测量水流量

当采用超声流量计测量水流量时，探头应预热（具体时间根据流量计厂家的要求，一般需 30min），探头的安装位置应避开法兰和焊缝处，在上、下游分别有 $10D$、$5D$ 的直管段，且在上游 $30D$ 距离内不能有扰动件（泵、阀门等）。

## 第六节 除雾器液滴含量测量

除雾器液滴含量主要是测量第二级除雾器出口的液滴含量，即离开除雾器单位体积烟气所携带液滴的质量浓度，一般要求液滴含量小于 $75mg/m^3$ 或 $100mg/m^3$ DL/T 998 中指直径大于或等于 $20\mu m$ 的液滴，液滴含量过高，对于除雾器后的设备是不利的。目前国内外尚无烟气脱硫装置除雾器性能试验的标准，DL/T 998 中推荐采用自由撞击法，但未具体介绍该方法，这里主要简要介绍该方法，其他测量液滴含量的方法还有镁离子示踪法、重量法等。

### 一、撞击采样装置

撞击采样头由撞击器及其固定装置组成，如图 6-9 所示，对于液滴尺寸在 $15\sim 200\mu m$ 的，撞击器采用了一块玻璃板，上面镀有一层 MgO。当玻璃板正对着烟气，烟气中的液滴撞击在 MgO 板上，留下各种大小的凹坑，根据这些凹坑，通过校正曲线可以得到液滴的尺寸。对于较大尺寸的液滴（$200\sim 2000\mu m$），撞击器采用感应纸，在液滴撞击点上感应纸会

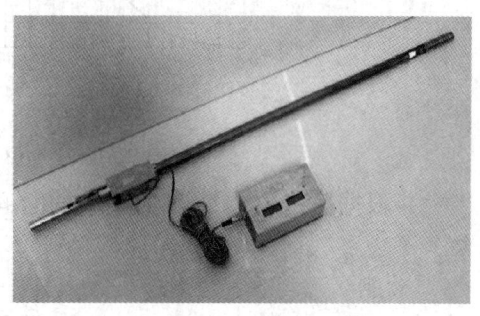

图 6-9 撞击采样装置的基本组成

变色，根据变色面积的大小和校正曲线同样可以得到液滴的尺寸。

在实际测量时，撞击采样头安装在一根保护管中，这样可以插入烟道中。撞击采样头还带有一个机械装置，能按设定的时间开、关撞击器使之暴露在烟气中或与烟气隔绝开，液滴撞击时间由一个电子计时器来控制。

### 二、测试步骤

（1）将撞击器（涂 MgO 的玻璃板、感应纸）及其固定装置安装在一根保护管，加热至烟气温度。

（2）将撞击采样头插入烟道中并固定在测量点上，采样头正对气流方向。

（3）使用特制的机械装置打开撞击器使之暴露在烟气中，持续时间根据液滴含量的大小从 0.5s 到数分钟不等。

（4）关闭撞击器使之隔绝烟气，用一个电子计时器来记录暴露在烟气中的时间。

（5）从烟道中取出采样头，小心保存撞击器待后分析。

(6) 在采样位置用毕托管等准确地测量烟气的流速。

### 三、数据处理

按下列步骤进行分析：

（1）采用显微镜或视频分析系统确定撞击器上凹坑的数量和直径。图6-10所示是MgO玻璃板撞击器上看到的凹坑情况（局部，放大约60倍）。

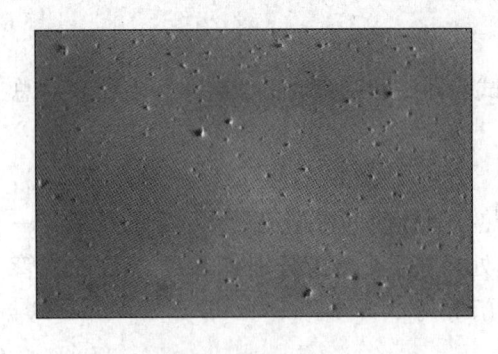

图6-10 MgO玻璃板撞击器上看到的凹坑

（2）通过相应凹坑的直径和校正曲线，得出液滴的尺寸。

（3）考虑到撞击采样头的效率，依据通行的惯性参数，对结果进行修正。

根据上面的处理，可以得到不同液滴尺寸的数量分布（频率分布），如图6-11所示。

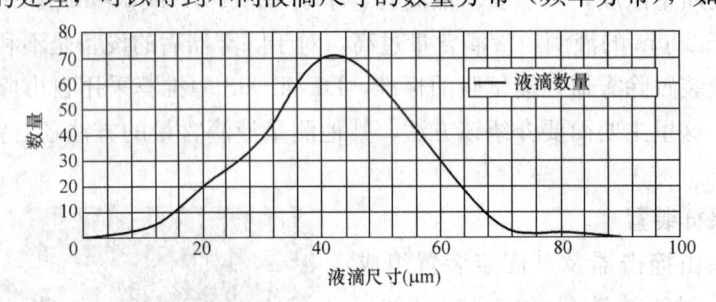

图6-11 不同液滴尺寸的数量分布例子

（4）根据撞击器暴露在烟气中的时间及烟气速度，烟气中液滴含量可按式（6-15）计算

$$B = \frac{V_L \rho_L}{A_l C_A T_E} \tag{6-15}$$

式中　$B$——烟气中液滴含量，kg/m³；

　　　$V_L$——撞击器面积上的液滴体积，m³；

　　　$\rho_L$——液滴密度，kg/m³；

　　　$A_l$——撞击器面积，m³；

　　　$C_A$——撞击器前的烟气面速度，m/s；

　　　$T_E$——撞击器暴露在烟气中的时间，s。

撞击器面积上的液滴体积 $V_L$ 由式（6-16）计算

$$V_L = \sum_{D_{Kmin}}^{D_{Kmax}} \left\{ \frac{1}{\eta(\psi)} \sum_{i=1}^{n} \left[ (D_K \cdot Y_K)^3 \cdot \frac{\pi}{6} \right]_i \right\} \tag{6-16}$$

式中　$D_K$——撞击器上凹坑直径，m；

　　　$Y_K$——系数，体现相应凹坑直径 $D_K$ 与实际液滴直径 $D_{TR}$ 的关系；

　　　$n$——直径为 $D_K$ 的凹坑个数；

$\psi$——惯性参数；

$\eta$——撞击器效率（考虑被撞击器收集到的液滴与实际到达撞击器的液滴之间的差别），$\eta=\eta(\psi)$；

$D_{Kmin}$——撞击器上最小凹坑的直径，m；

$D_{Kmax}$——撞击器上最大凹坑的直径，m。

该测量方法在原理上很简单，但从式（6-15）和式（6-16）看，要得到液滴含量和分布，需要专业、仔细地分析。测试结果可以表示为液滴尺寸与累积液滴含量的曲线关系，如图 6-12 所示，从图中可以一目了然地得到：①烟气中总的液滴含量；②在某一液滴尺寸间的液滴含量；③液滴尺寸分布。

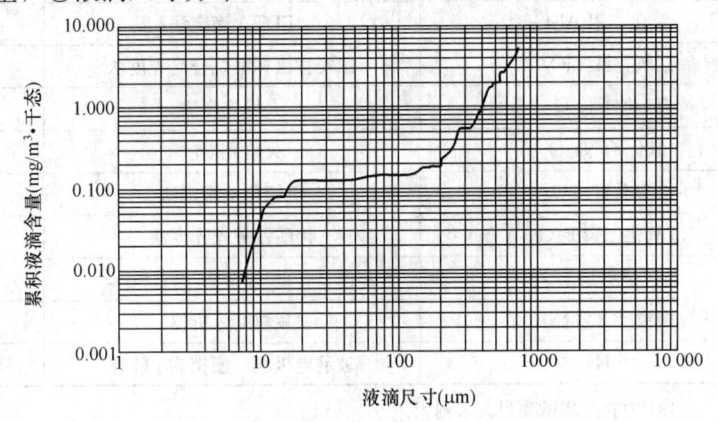

图 6-12 除雾器液滴含量的测试例子

## 第七节 石膏品质及其他化学分析

脱硫性能试验期间需进行的化学分析主要包括石膏、石灰石、吸收塔浆液、工艺水和脱硫废水等的各项特性分析。由于绝大多数项目的分析方法都很成熟，我国也有相应的试验标准，本节中就不再重复。

### 一、石膏成分分析

表 6-5 为石膏分析的项目和方法汇总，其中主要分析项目在性能试验中是必须分析的，其他项目根据需要而定。石膏分析的具体方法和操作可查看《石膏化学分析方法》（GB/T 5484—2000）以及德国、日本及美国的一些方法等。

表 6-5 脱硫石膏分析项目和方法

| 序号 | 项 目 | 测 量 方 法 | 备 注 |
| --- | --- | --- | --- |
| 1 | 附着水（游离水） | 质量法 | 主要，√ |
| 2 | 结晶水 | 质量法 | √ |
| 3 | 二水硫酸钙（$CaSO_4 \cdot 2H_2O$） | 质量法 | 主要，× |
| 4 | 1/2 水亚硫酸钙（$CaSO_3 \cdot \frac{1}{2}H_2O$） | 碘溶液滴定法 | 主要，× |
| 5 | 碳酸钙 $CaCO_3$ | NaOH 滴定法 | 主要，× |

续表

| 序号 | 项 目 | 测 量 方 法 | 备 注 |
|---|---|---|---|
| 6 | 酸不溶物 | 质量法 | √ |
| 7 | 三氧化硫 $SO_3$ | 氯化钡沉淀法 | √ |
| 8 | 氧化钙 CaO | EDTA 滴定法 | √ |
| 9 | 氧化镁 MgO | EDTA 滴定法 | √ |
| 10 | 氯 $Cl^-$ | 硝酸银滴定法等 | 主要，× |
| 11 | 氟 $F^-$ | 氟离子选择电极法 | |
| 12 | 三氧化二铁 $Fe_2O_3$ | 邻菲啰啉分光光度法 | √ |
| 13 | 三氧化二铝 $Al_2O_3$ | EDTA 滴定法 | √ |
| 14 | 二氧化钛 $TiO_2$ | 二安替比林甲烷分光光度法 | √ |
| 15 | 氧化钾 $K_2O$ | 火焰光度法 | √ |
| 16 | 氧化钠 $Na_2O$ | 火焰光度法 | √ |
| 17 | 二氧化硅 $SiO_2$ | 氢氧化钠滴定法 | √ |
| 18 | 五氧化二磷 $P_2O_5$ | 钼酸铵分光光度法 | √ |
| 19 | 烧失量 | 质量法 | √ |
| 20 | 颗粒度（粒径） | 颗粒度分析仪 | × |
| 21 | pH | 玻璃电极法、便携式 pH 计 | × |

注 √表示 GB/T 5484 中有此测试项目，×则无。

## 二、石灰石分析

石灰石粉制浆系统在来粉车上取样，湿式磨石机制浆系统在石灰石浆液泵的出口管道采样，样品主要分析项目及其分析方法列于表 6-6 中。分析时的具体要求和操作可参见有关标准和资料。为检验石灰石浆液密度计，浆液的密度或含固率，用重量法分析。

表 6-6　　　　　　石灰石分析项目和方法

| 序号 | 项 目 | 测 量 方 法 | 备 注 |
|---|---|---|---|
| 1 | 水分 | 质量法 | 在 105～110℃的干燥箱烘至恒重 |
| 2 | 盐酸不溶物 | 质量法 | GB/T 15057.3 |
| 3 | 氧化钙 CaO | EDTA（乙二胺四乙酸二钠）滴定法 | GB/T 15057.2 |
| 4 | 氧化镁 MgO | EDTA 滴定法 | GB/T 15057.2 |
| 5 | 氧化铁 $Fe_2O_3$ | 邻菲啰啉分光光度法 | GB/T 15057.6，根据需要分析 |
| 6 | 氧化硅 $SiO_2$ | 氢氧化钠滴定法 | GB/T 15057.5，根据需要分析 |
| 7 | 氧化铝 $Al_2O_3$ | EDTA 滴定法 | GB/T 15057.7，根据需要分析 |
| 8 | 颗粒度 | 颗粒度分析仪 | — |
| 9 | 石灰石活性 | $H_2SO_4$ 滴定法 | DL/T 943，根据需要分析 |

## 三、吸收塔浆液的分析

吸收塔浆液的主要分析项目和方法见表 6-7。烟气脱硫装置中其他地方如石膏水力旋流器底流、溢流、脱水机滤液等需要分析表中的某些项目时，其分析方法相同。浆液充分混合后分为不同体积的几份样,根据需要用快速定性滤纸过滤,其滤液用于液相测定,滤纸的滤渣用于固相分析。

表 6-7　　　　　　　　　　吸收塔浆液主要分析项目和方法

| 序号 | 分析项目 | 分析方法 | 序号 | 分析项目 | 分析方法 |
|---|---|---|---|---|---|
| 1 | pH 值 | 玻璃电极法 | 6 | 亚硫酸根 $SO_3^{2-}$（滤液） | 碘量法 |
| 2 | 密度 | 质量法 | 7 | 氯离子 $Cl^-$（滤液） | 硫氰酸汞分光光度法 |
| 3 | 含固量（含固率） | 质量法 | 8 | 氟离子 $F^-$（滤液） | 氟试剂分光光度法 |
| 4 | 钙离子 $Ca^{2+}$（滤液） | EDTA 滴定法 | 9 | 碳酸钙 $CaCO_3$ | EDTA 滴定法 |
| 5 | 镁离子 $Mg^{2+}$（滤液） | EDTA 滴定法 | 10 | 盐酸不溶物 | 质量法 |

### 四、工艺水和废水的分析

一般情况下,工艺水的分析项目有 pH 值、悬浮物、总硬度（钙、镁）、氯化物 $Cl^-$、氟化物 $F^-$、硫酸盐 $SO_4^{2-}$ 等。烟气脱硫装置排放的废水成分需满足环保标准的要求,根据设计和需要来选择分析项目,一般包括 pH 值、悬浮物、氯化物 $Cl^-$、氟化物 $F^-$、化学需氧量 $COD_{Cr}$、生化需氧量 $BOD_5$、氰化物、硫化物以及各种金属/重金属（如 Cu、Zn、Cd、Cr、Hg、Ag、Pb、As 等）。各项目分析方法及详细的操作方法可参见国家环境保护总局编写的《水和废水监测分析方法》（第 4 版,中国环境科学出版社,2002 年 12 月）。

对于石膏等各项物质采样和分析的数量和频率,目前还没有专门的标准。对工艺水及废水成分,整个试验期间可分析 1~2 次,而石膏、石灰石、吸收塔浆液成分宜每天分析一次,以各天的平均值作为最终结果。

## 第八节　其他项目测量

### 一、温度的测量

性能试验时通过对脱硫系统各位置烟气温度的测量,可以了解烟气加热器的加热能力以及脱硫系统出口的烟气温度是否达到要求,脱硫系统自身的温度测量是否准确。同时烟气温度的测量结果也用于烟气量测量的计算和系统水耗量等的修正。

温度是表征物体冷热程度的物理量,是 7 个基本物理量之一。测量物体的温度是通过温标来加以实现的,所谓温标即是衡量物体温度的标尺。1991 年 7 月 1 日起,我国施行 1990 年国际温标（ITS-90）,这是热力学温标,又称绝对温标。热力学温度符号为 $T$,单位名称叫开尔文,单位符号为 K,定义为水三相点（即固、液、气三相共存的状态）热力学温度的 1/273.16,并规定水在标准大气压下的三相点为 273.16K,沸点与三相点之间分为 100 等份,每等份为 1K,将水的三相点下 273.16K 定为绝对零度（0K）。它与经验温标的摄氏温度 $t$（℃）、华氏温度 $t$（℉）之间的关系为

$$t(℃) = T(K) - 273.15$$

$$t(℉) = 32 + 1.8t(℃)$$

$$t(℃) = 5/9[t(℉) - 32]$$

温度测量的种类很多，各种测温方法都是基于物体的某些物理化学性质与温度有一定的关系，当温度不同时，物性参数中的一个或几个随之发生变化，根据这些参数的变化，即可求得被测物体的温度。根据作用原理，温度计可分为膨胀式温度计、压力表式温度计、电阻温度计、热电偶温度计、辐射式温度计等。在烟气脱硫装置运行或试验时，烟气温度的测量常采用热电偶温度计按网格法（特别是 GGH 加热后的净烟气温度，图 6-13、图 6-14 分别是某蒸汽再热器和 GGH 后的净烟气温度分布，可见各点温度分布极不均匀）测量；水银玻璃温度计常用来测量环境温度和浆液温度，如吸收塔、水力旋流器、石灰石浆液的温度等。

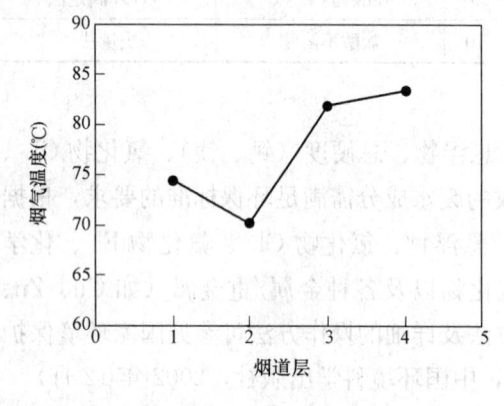

图 6-13 某蒸汽再热器后的烟温分布　　　图 6-14 某 GGH 后的净烟气温度分布

## 二、压力的测量

压力是作用于单位面积法线方向上的表面力。所谓压力测量即通过压力传感器接受压力（或差压）的作用，产生与被测压力（或差压）存在一定关系的另一形式的物理量，使该物理量直接（或通过变换间接）地易于传送、放大与显示。当转化物理量与被测物理之间的关系一旦确定以后，即可通过理论的或实验的方法以测量过程的显示输出值直接对压力予以度量。

压力单位的标准实物，到目前为止仍以准确测量面积、质量和当地的重力加速度来实现，即体现压力的理论定义。在国际单位制中，压力的单位是帕斯卡（Pascal），简称帕（Pa），这是一个导出单位，它与基本单位的关系为

$$1Pa = 1N/m^2 = 1kg \cdot m \cdot s^{-2}/m^2 = 1kg/(m \cdot s^2)$$

脱硫试验中，通常采用单圈弹簧管压力表、液柱式压力计和倾斜管式微压计测量工质的压力和负压，最方便的是电子微压计。在精度符合试验要求的前提下，也可采用各种压力变送器（如膜式压力计、波纹管压力计及电接点压力计等）。

气流压力的测量是烟气脱硫装置性能试验的一项内容，气流全压由静压和动压两部分组成。所谓气流的静压就是运动气流里的压力，换句话说，当感受器在气流中与气流以相同的速度运动时感受到的压力即为气流的静压。实际采用的静压测量方法有壁面静压孔法与静压管法两种。

壁面静压孔法是测量静压最方便的一种方法。由于壁面开孔后对流场的干扰是不可避

免的,因此为减小干扰、提高测量精度,对静压孔的设计加工就有着非常严格的要求。

(1) 静压孔的位置应选在流体流线平直的地方,即应开在烟、风道直段上,附近不应存在挡板、弯头等阻力部件及涡流区。

(2) 开孔直径一般以 2~3mm 为宜。孔径越大,其附近的流线变形越厉害,误差也就越大;孔径太小,会增加加工上的困难,而且易被堵塞,从而增加滞后的时间。

(3) 静压孔的轴线应和管道内壁面垂直,孔的边缘应尖锐,无毛刺,无倒角,且壁面应光滑,否则会引起测量结果的极大误差。

(4) 当测量含尘气流静压时,应采取适当措施严防测压孔堵塞(如测压孔避免从水平管道下部引出和在传压管上采用宝塔型扩容装置)。

(5) 当被测烟风道截面直径超过 600mm 时,同一测量截面上至少应有 4 个测压孔。壁面静压孔测得的压力即为气体静压。

当需要测量气流中某点的静压时就用静压管法。将标准毕托管伸入烟道近中心处,全压测孔正对气流,其静压管出口端测得的压力即为烟气静压,全压测孔的压力为烟气全压,用微压计连接两测孔所得的压差即为气流动压,计算可得烟气流速。

### 三、烟尘脱除率的测量

与脱硫率的定义类似,通过测量在相同状态下原烟气和洁净烟气的烟尘浓度,就可得到系统的烟尘脱除率。烟尘浓度的测量采用重量法,按等速原则从烟道中抽取一定体积的烟气,烟气中的尘粒被滤筒捕集,根据滤筒在采样前后的重量差和采气体积,可计算出烟尘浓度。计算公式如下

$$C_y = \frac{m}{V_{nd}} \times 10^6 \tag{6-17}$$

式中 $C_y$——烟尘浓度,mg/m³;

$m$——滤筒捕集的颗粒物量,g;

$V_{nd}$——标准状态干烟气的采气体积,L。

试验中还需测量烟气温度、压力、含湿量、成分和流速,具体见《固定污染源排气中颗粒物测定与气态污染物采样方法》(GB/T 16157—1996)。采样装置如图 6-15 所示,其

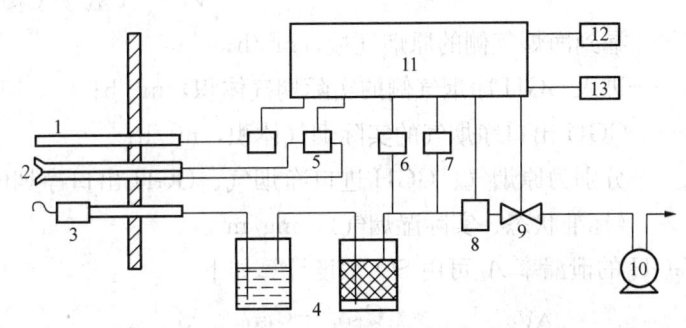

图 6-15 自动调节流量皮托管平行测速法烟尘采样装置
1—温度测量;2—皮托管;3—采样管;4—干燥器;5—微压传感器;6—压力传感器;
7—温度传感器;8—流量传感器;9—流量调节装置;10—抽气泵;11—微处理系统;
12—打印机或接口;13—显示器

中采样管应具有加热和温度调节功能。试验中应注意以下几点：

（1）烟气取样应采用网格法等速取样，取样点在 20 点左右，每点取样时间为 3min 左右。

（2）对于烟气脱硫装置出口的烟尘取样，取样管应加热，加热温度大于 100℃。

（3）对于烟气脱硫装置出口净烟气的烟尘取样滤筒，宜采用填充石英棉等钛制滤筒和非黏结性滤纸。

（4）对于净烟气取样滤筒，为确保 $SO_3$ 挥发掉，应提高采样前后的烘干温度和时间。以 170℃烘烤 2h 为宜（烟气脱硫装置进口 105～110℃烘烤 1h 即可）。

### 四、HCl、HF 及 $SO_3$ 的测量

HCL、HF 及 $SO_3$ 的测量均为采集烟气，记录采气体积，吸收液定容后可在现场分析，也可在实验室进行分析，根据分析结果计算出烟气中 HCl、HF 及 $SO_3$ 的浓度，具体分析方法可见《空气和废气监测分析方法》和 HJ/T 27—1999 等有关标准。在 DL/T 998 中对这三种物质的测定方法有推荐，在每个截面上的测点数不少于 2 点，每个测点最少测量 3 次。

### 五、GGH 泄漏率

参照锅炉空气预热器漏风率的定义，GGH 泄漏率可定义为漏入 GGH 净烟气侧的原烟气质量与进入 GGH 的净烟气质量之比率。因 GGH 密封风机的空气量相对很小，可忽略不计。

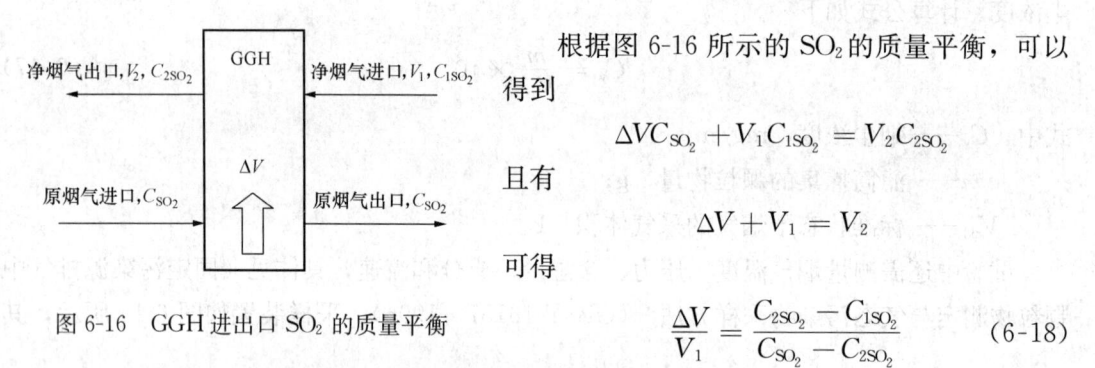

根据图 6-16 所示的 $SO_2$ 的质量平衡，可以得到

$$\Delta V C_{SO_2} + V_1 C_{1SO_2} = V_2 C_{2SO_2}$$

且有

$$\Delta V + V_1 = V_2$$

可得

图 6-16 GGH 进出口 $SO_2$ 的质量平衡

$$\frac{\Delta V}{V_1} = \frac{C_{2SO_2} - C_{1SO_2}}{C_{SO_2} - C_{2SO_2}} \tag{6-18}$$

式中　　$\Delta V$——漏到净烟气侧的原烟气量，$m^3/h$；

　　　　$V_1$——进入 GGH 净烟气侧的实际烟气体积，$m^3/h$；

　　　　$V_2$——GGH 出口净烟气的实际烟气体积，$m^3/h$；

$C_{SO_2}$、$C_{1SO_2}$、$C_{2SO_2}$——分别为原烟气、GGH 进口净烟气、GGH 出口净烟气中 $SO_2$ 的浓度（标准状态、实际湿烟气），$mg/m^3$。

根据定义，GGH 的泄漏率 $A_L$ 可由 $SO_2$ 浓度计算如下

$$A_L = \frac{\Delta V \rho}{V_1 \rho_1} \times 100 = \frac{C_{2SO_2} - C_{1SO_2}}{C_{SO_2} - C_{2SO_2}} \times \frac{\rho}{\rho_1} \times 100\% \tag{6-19}$$

式中　$\rho$——漏到净烟气侧的原烟气密度，$kg/m^3$；

　　　$\rho_1$——进入 GGH 净烟气的密度，$kg/m^3$。

但在实际试验中,烟气脱硫装置的脱硫率并非100%,由于GGH泄漏率很小(目前要求0.5%~1.5%),加上吸收塔出口烟气水分很高(近饱和状态),在吸收塔出口净烟气中仍有部分$SO_2$会或多或少溶于一部分在水中,这样测得的洁净烟气侧GGH出口$SO_2$浓度难以反映出原烟气的泄漏情况,泄漏率的准确性不能保证。用测量其他气体成分如$CO_2$、$N_2$等的浓度变化来计算泄漏率也很困难,因其在原烟气和净烟气中的浓度变化不大。因此必须另找一个合适的方法来测量GGH的泄漏率,脉冲示踪气体技术就是一种可用的方法。

该技术采用一定数量的$SF_6$(或氦气)作为示踪气体,在GGH入口原烟气烟道某处的整个截面上快速、均匀地注入到烟气中,在GGH出口净烟气侧用专门仪器测量$SF_6$的浓度,如图6-17所示。由于有泄漏,首先会测到低浓度的泄漏到净烟气中的$SF_6$气体,其浓度出现第一个峰值;大部分示踪气体同烟气一起进入吸收塔,一定时间间隔后,会测得$SF_6$气体浓度的第二个峰值,如图6-18所示,这样,GGH的泄漏率$A_L$可计算如下

$$A_L = \frac{A_{leak}}{A_{main}} \times 100\% \tag{6-20}$$

式中  $A_{leak}$——泄漏的$SF_6$气体浓度曲线(第一个峰值曲线)所包的面积,$\times 10^{-6}$s;

$A_{main}$——主$SF_6$气体浓度曲线(第二个峰值曲线)所包的面积,$\times 10^{-6}$s。

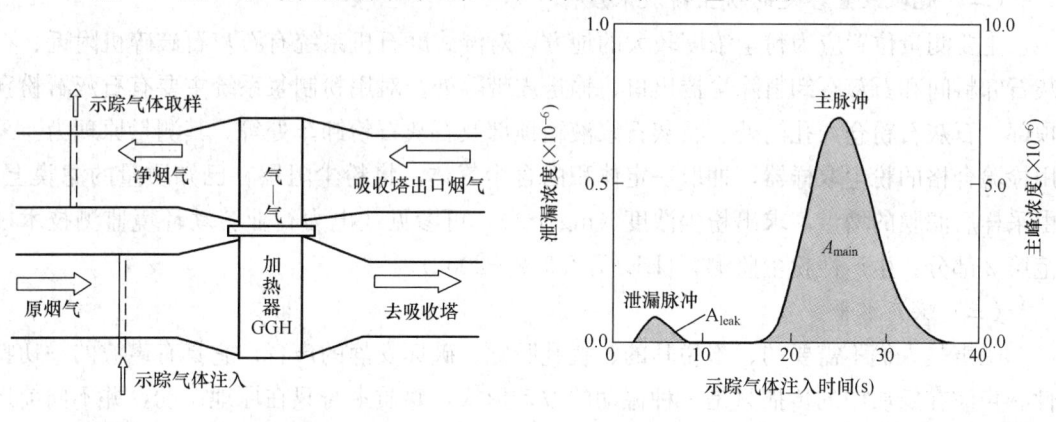

图6-17  GGH测漏率测量示意

图6-18  示踪气体浓度变化曲线

之所以选用$SF_6$气体作示踪气体,是因为$SF_6$在烟气中呈惰性,对人身和环境无害,并且极易被探测,其可测浓度可低至$1\times10^{-9}$。测得的GGH泄漏率可至0.1(1$\pm0.02\%$)。

该测量系统主要由以下设备组成。

(一)示踪气体注入枪和取样枪

注入枪和取样枪必须保证在整个烟道截面各个点上能同时、均匀地注入或取出示踪气体,其阻力要相同,确保每个点上注入和取样时间相差在0.1s内。这需要在实验室里做大量的试验以选择合理的内部结构。

(二)注入系统

为方便使用,采用管子作为示踪气体的储存箱。注入前预先设定示踪气体的压力,当气体

通过注入枪进入烟道、压力降到某一值时，关闭气体，同时取出注入枪通大气，这样不会使枪内剩余的示踪气体再进入烟气中，从而能测得更明显的气体浓度脉冲曲线。通过调整压力设定，可以改变注入气体的体积和脉冲宽度，一般地，在2.4~2.6s内注入约20L的气体。

**（三）检漏仪**

由于$SF_6$的负电特性，可以采用电子捕捉技术来测量低浓度的示踪气体，检漏仪包括加热器（防止气体冷凝）、低温泵、流量计、计时器以及数据处理设备。

为保证试验的准确性，要求2个浓度脉冲曲线尽可能没有重叠部分，一般可通过选择合适的注入和取样截面、足够数量的注入和取样点使注入和取样均匀来达到。另外，要注意注入枪和取样枪不能有堵塞，检漏仪及管线不要有积水。由于该技术是采用快照的方式来测量的，因此有必要重复多次测量，直至得到足够的、可信的结果。

**六、其他数据的测量**

**（一）石灰石湿式钢球磨石机出力试验**

测试之前对石灰石皮带秤进行标定，调整钢球磨石机运行参数，旋流器溢流至石灰石浆液罐的浆液粒径、密度等到达设计要求后，钢球磨石机进行连续8h以上的运行，通过DCS采集钢球磨石机出力，取平均值。

**（二）脱硫装置各处的粉尘排放浓度**

主要测量位置应为粉尘浓度较大的地方，对湿式磨石机系统有石灰石破碎机附近、石灰石卸料间和石灰石卸料除尘器出口、输送皮带等处。对用粉制浆系统主要有石灰石粉仓顶部、石灰石粉仓人孔门处、石灰石浆液箱顶部及石灰石粉卸车处等。其测量原理为：采用检验合格的粉尘取样器，抽取一定体积的含尘气体，将粉尘阻留在已知质量的滤膜上，由采样后滤膜的增量，求出粉尘浓度（$mg/m^3$），可参见《电力行业劳动环境监测技术规范第2部分：生产性粉尘监测》（DL/T 799.2—2002）。

**（三）噪声水平**

噪声是人们不需要的、不悦耳的、扰乱听觉、破坏安静的声音。它具有声波的一切特性。声波在媒质中的传播只是一种振动的波动形式，媒质本身只在原地振动，并不向前运动。声波传播时，随着距离的增大，声能逐渐减小，产生衰减，衰减的主要原因是声波的扩散和声波的吸收。此外，声波在传播过程中，会遇到各种障碍物，一部分能量被反射，另一部分能量向障碍物内部传播产生折射等。

声波是通过动量转移进行传播的，所以声波在传播过程中必然包含能量的传播，因此，定义某点声强为单位时间内，通过垂直于声波传播方向单位面积上声波的能量，单位为$W/m^2$，符号为$I$。声强是度量声音强弱的物理量之一，声强大表明声音强。声强一般用声强级来度量，即

$$L_I = 10\lg \frac{I}{I_0} \tag{6-21}$$

$$I_0 = 10^{-12} W/m^2$$

式中 $L_I$——声强级，dB；

$I_0$——基准声强。

引起人耳听觉的声强为 $10^{-12}\text{W/m}^2$（听阈声强），被称为基准声强。

由于直接测量声强比较困难，通常测量声压。声压是指当声波传播时，在介质中产生以平均压力（如大气压力）为中心的疏密压力波动的大小。用声压与基准声压的比值平方的对数定义为声压级 $L_P$，即

$$L_P = 10\lg\frac{p^2}{p_0^2} = 10\lg\frac{p}{p_0} \tag{6-22}$$

式中　$L_P$——声压级，dB；

　　　$p$——声压，以均方根平均值（有效值）表示，Pa；

　　　$p_0$——基准声压，即频率为 1000Hz 引起正常人耳听觉的声压，$p_0 = 2 \times 10^{-5}$Pa。

声压的值是随时间的起伏的，计算时以它的有效值表示，即

$$p = \sqrt{\frac{1}{T}\int_0^T p^2(t)\mathrm{d}t} \tag{6-23}$$

式中　$p(t)$——瞬时声压；

　　　$t$——时间；

　　　$T$——声波完成一个周期所需的时间。

声音的大小取决于振幅，振幅大，空气被压缩量大，声压就大，则声音强。

将噪声的声压级经过计权网络处理得到声级。当噪声信号通过 A 计权网络计权后，得到 A 声级。实践证明，A 声级基本上与人耳对声音的感觉相一致，用它来评价噪声的危害得到很好的效果，所以目前普遍使用。

国际标准化组织（ISO）提出环境噪声标准：住宅区室外环境噪声允许标准基数为 35～45dB(A)；车间（不同用途）噪声允许标准数为 85dB(A)。我国卫生部与国家劳动总局 1979 年规定：新建、改建工业、企业工人工作地点稳态连续噪声级不得大于 85dB(A)，对于现有工业、企业不得大于 90dB(A)，并逐步向 85dB(A) 过渡；并且每增加 3dB(A)，工作时间减半。

目前烟气脱硫装置中各设备的噪声都要求满足国家规定。在烟气脱硫装置性能试验时，在烟气脱硫装置满负荷及各设备正常运行的情况下，按合同选点测量。主要的测量点一般有增压风机、石灰石磨石机、氧化风机、循环泵（或烟气冷却泵）、真空泵、控制室办公楼及类似房间内等处。

采用的噪声测量仪表符合我国有关的标准，扣除的最大背景噪声为 3dB(A)。

（四）散热损失保证值（保温表面温度）

在所有能够到达的保温表面，根据事先选定的测点，在烟气脱硫装置满负荷运行条件下，用表面温度传感器等仪器进行直接测量。

（五）脱硫增压风机效率

在脱硫装置满负荷运行、正常积灰的条件下，增压风机的效率要达到保证值。试验可按《电站锅炉风机现场试验规程》（DL/T 469—2004）或按照其他如 VDI2044 标准（风机考核和性能测试方法）、ASME 标准等进行。风机入口和出口截面压力和温度由安装的静压测管和热电偶进行采集，增压风机的电耗在 6kV 处用功率表测量。测量当地大气压，

并在控制室通过 DCS 采集原烟气流量、各气体成分如 $O_2$ 等浓度、增压风机动叶开度、转速。通过烟气流量和测得的风机全压，计算风机的净功率，再通过测量的电动机电耗，计算或查得电动机效率，计算风机的轴功率，从而计算出风机的全压效率。

（六）循环泵效率损失

采用运行仪表测量各泵的进出口压力、浆液的密度、吸收塔液位、电流和电压，在泵运行一定的小时数后（如 8000h）在同样条件下（吸收塔液位和浆液密度相同）进行相同内容的测量，并进行比较。相对效率损失按式（6-24）计算

$$\Delta\eta = \left(1 - \frac{p_o - p_i}{p_{o0} - p_{i0}} \times \frac{I_0 V_0}{IV}\right) \times 100\% \tag{6-24}$$

式中　$\Delta\eta$——效率损失，%；

$p_o$、$p_i$——8000h 后循环泵出、入口的压力，kPa；

$p_{o0}$、$p_{i0}$——性能测试时的循环泵出、入口的压力，kPa；

$I$、$V$——8000h 后循环泵的输入电流、电压，A、kV；

$I_0$、$V_0$——性能测试时循环泵的输入电流、电压，A、kV。

（七）负荷调节范围及负荷变化率

根据要求，烟气脱硫装置及所属辅助设备的负荷调节范围一般应达到 40%～100% BMCR（有不同的要求）。试验时采用标定过的运行仪表测量烟气流量，对烟气旁路挡板为全开/全关型的，通过调整增压风机导叶开度或调整机组负荷等方法来改变烟气脱硫装置的烟气流量；对烟气旁路挡板可调的，则可通过调节挡板开度来调节进入烟气脱硫装置的烟气量，由 DCS 采集运行数据（包括烟气流量、原烟气 $SO_2$ 浓度、净烟气 $SO_2$ 浓度、脱硫效率）来验证。同时，可以考察烟气脱硫装置及所属辅助设备的负荷变化率。

该项试验可以在烟气脱硫装置调试中就完成，各方认可即可。

在完成性能试验后，应按要求编写试验报告，试验报告是烟气脱硫装置性能试验详细的技术性总结，其基本内容应包括：

（1）试验结果摘要。

（2）烟气脱硫装置的概况（系统流程、设备概况、主要设计数据和性能保证值等）。

（3）试验目的、标准，试验日期、工作人员等。

（4）试验主要测点布置图、截面测量中的测量网格分布及试验工况。

（5）测量项目和详细的采样、分析方法、测试仪器及测试步骤。

（6）数据处理及试验结果的详细分析与讨论、转化到保证条件下的详细情况，对合同中要求的每个测试考核指标逐一分析比较，特别是对未满足保证值且有罚款条款的项目一定要有足够的说明。

（7）性能试验结论与建议。

（8）附录，包括试验数据记录表、主要运行参数记录表、试验室化学分析结果、必要的计算过程、性能修正曲线、参加试验的单位及证明试验有效的签证等。

试验报告应由试验负责单位编写，征求各参加试验单位意见后，由试验负责单位技术负责人批准。在规定的时间内提交给电厂或烟气脱硫装置总承包商。

# 第七章

# 烟气脱硫装置运行常见故障及处理

## 第一节 脱硫装置主要设备常见故障

### 一、烟气系统故障

(一) 增压风机问题

1. 增压风机的自动控制

FGD 系统正常运行时,系统增加的阻力由增压风机来克服。将 FGD 装置与锅炉机组看作一个大系统,则实际是增压风机与引风机的串联运行,在 FGD 系统正常运行时,如果增压风机的出力大于系统的阻力,即增压风机帮助引风机出力,当 FGD 系统发生保护增压风机跳闸时,会导致炉膛负压减小;反之,如果增压风机的出力小于 FGD 系统的阻力,即引风机帮助增压风机出力,当 FGD 系统发生保护增压风机跳闸时,会导致炉膛负压增大。因此 FGD 系统正常运行时,应尽量控制增压风机的出力与 FGD 系统的阻力相同,即尽量控制增压风机入口压力与增压风机未投运前相同。由于整个烟风系统是一个无自平衡能力的多容控制对象,引风机和增压风机串联运行特性不一、各段烟道特性不一、炉膛侧和脱硫侧工况相互影响、参数相互关联都要求必须采用良好的协调控制方案,不能把引风机和增压风机的控制设计成独立的单回路控制系统,同时要求增压风机的自动控制性能良好,否则会引发炉膛负压大幅波动、引风机喘振等现象,轻则影响机组的自动投入,严重的甚至会造成锅炉燃料跳闸(MFT),机组停运。

如某电厂三期 5、6 号 2×600MW 机组 FGD 增压风机为动叶轴流可调式,增压风机曾发生因动调自动调整迟缓,实际的动调开度和系统风量的要求不匹配,增压风机入口压力异常,出现增压风机跳闸、引风机喘振和炉内负压大幅波动现象。2006 年 8 月,5 号机组增压风机发生跳闸时出现如下情况:

(1) 发生增压风机跳闸前,动调开度在 69.5% 位置时不动作,动调指令在 85% 左右,动调调节方式由自动切为手动。

(2) 为保持与负荷匹配,操作员手动增加动调指令至 94%,此时动调突开至 90%,增压风机入口压力由 −230Pa 突降至 −1000Pa,达到连锁保护值后增压风机跳闸,炉膛压力由 −57Pa 突升至 383Pa,A/B 引风机电流突升,A 引风机喘振跳闸(连锁保护值为增压风机入口负压超过 −1000Pa,持续 15s 后增压风机跳闸)。

2006 年 8 月,6 号机组增压风机引发引风机喘振时出现的情况:

(1) 负荷 450MW，动调开度在 73% 时出现调整迟缓不动作，动调指令在 90% 左右，动调调节方式由自动切为手动。

(2) 负荷增长至 545MW，叶片开度未继续增大，增压风机入口压力由 -300Pa 增至 1054Pa，造成 B 引风机喘振。膛负压由 -20Pa 突升至 1123Pa，A 引风机电流异常增大，B 引风机电流下降，增压风机电流、入口负压、动调开度均大幅波动。

上述现象的原因是动调执行机构发生了调整迟缓现象。通过对增压风机动调进行检查，发现动调机构执行器扭矩在静态试验时设定在 30%（30N·m），该负荷下调整动调机构时频繁出现动调执行机构操作不动现象，指令与反馈信号的最大差值多次达到 15%，使动调由自动跳至手动，这表明此设定值与实际带负荷操作值相比偏低。

针对增压风机动调执行器力矩设定值较小的情况，增大力矩设定值到 50%（50N·m）；增加操作过程中指令与位返差别的保护，指令与位返的偏差大于 15% 时，操作员指令闭锁。同时增加增压风机入口压力设定预报警信号，定值设定为 500Pa，并将动调调整由自动切换至手动的曲线在切换前后做上颜色变化，便于运行人员监控。经过进一步完善之后，风机运行平稳，自动投入正常。

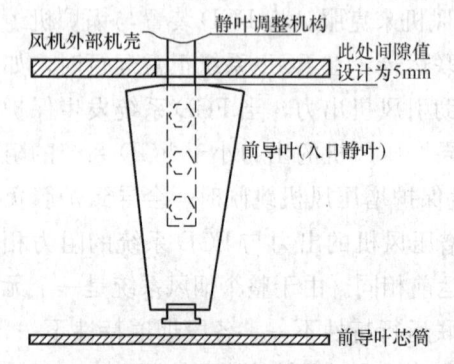

图 7-1 增压风机静叶结构示意

**2. 增压风机导叶调整机构卡涩**

增压风机导叶卡涩及过力矩现象是常见问题，除执行器本身质量及运行中损坏外，导叶安装质量也是一个原因。如某电厂四期 1000MW 机组增压风机为静叶可调轴流式风机，在调试期间，静叶调节时经常出现卡涩及过力矩现象，频繁引发电动执行器保护增大，增压风机入口压力变化大造成引风机喘振。经过对现场进行检查，发现静叶顶部与引风机外壳之间的设计距离仅为 5mm，由于安装误差以及风机运行时静叶窜动，在运行时静叶顶部与机壳的间隙过小，造成调节卡涩，如图 7-1 所示。后对静叶叶片进行了切割处理，增大了入口静叶顶部至机壳间隙（8mm），避免了卡涩现象，如图 7-2 和图 7-3 所示。

图 7-2 增压风机静叶卡涩　　图 7-3 增压风机叶片切割

### 3. 增压风机油系统故障

增压风机液压油和润滑油系统故障主要表现为管路堵塞或泄漏造成油压低、油箱油温高或低、系统连锁设计不合理等。油站以及油管路在安装过程中如焊接时杂物进入管道或安装后未有足够时间进行油循环、油质差；管路连接处不严等都会造成系统堵塞或泄漏。因此在安装时要控制质量，必须注意保护油系统管道；在调试时，润滑油流量、压力等均应该严格按照使用说明书进行调整，压力过大可能出现管路沿程漏油，压力过低或者润滑油流量过小可能出现润滑效果欠佳从而导致轴承温度升高、风机振动增大等，影响风机的稳定运行。油箱油温高或低主要是油冷却器设计偏小或运行故障、油箱加热器未正常工作之故，调试时做好其连锁启停功能就可避免。

某电厂四期 1000MW 机组静叶可调增压风机配套电动机的润滑油系统设计存在缺陷及设计控制逻辑与现场不符，造成增压风机非正常跳闸。电动机润滑油稀油站的最高工作压力为 0.4MPa，单台泵运行时的工作压力为 0.1~0.18MPa，而其原始的逻辑设计为：①单台泵运行油压低于 0.15MPa 后联启备用油泵；②备用泵联启后压力大于或等于 0.30MPa，否则，延时 5s 后跳增压风机。

图 7-4 为稀油站示意图，从图中可以看出，就地压力表在润滑油泵出口，2 个压力开关（分别为油压低联泵压力开关和压力低跳闸开关）设置在润滑油滤网和冷却器后的管路上，回油管路在压力开关之后。在运行过程中，压力开关处的压力值无法监视，就地压力表指示实际上显示为润滑油泵出口压力，参考意义不大；同时，压力开关后的回油调整阀为球阀，现场误动的几率较大，当球阀开大时，泵出口压力表无变化，而压力开关处的压力值则会降低，导致备用泵联启；因回油量仍然较大，备用泵联启后压力开关处母管压力仍然达不到 0.30MPa，最终导致增压风机电动机跳闸。

针对这种情况，对原有逻辑进行了修改，压力低连锁改为 0.07MPa；油泵联启后跳闸条件改为压力小于 0.15MPa 延时跳闸，并在压力开关与冷却器间加装就地油压表，增加油压量信号引入 DCS 便于监视。同时建议更换阀门形式，防止回油阀突然开大导致油循环短路至油箱造成润滑油压力低跳闸。

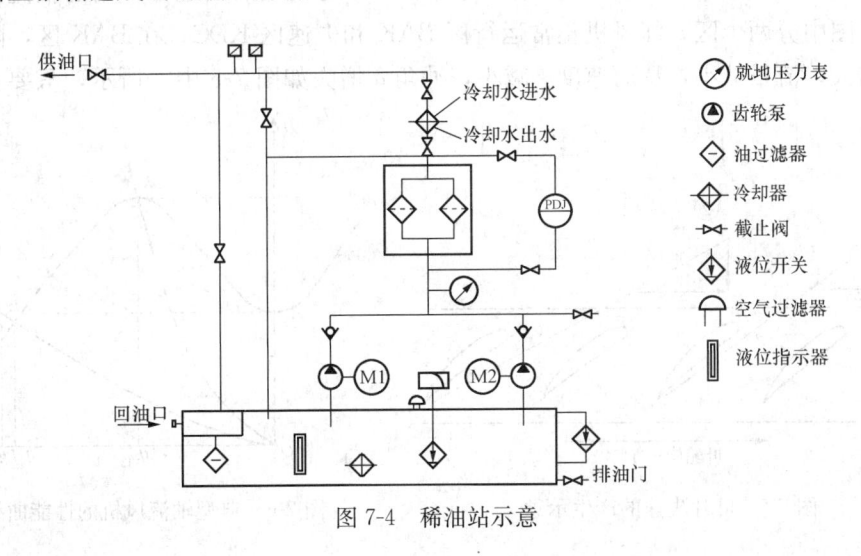

图 7-4 稀油站示意

### 4. 增压风机的振动

增压风机的振动问题主要是安装时造成的，风机安装过程中应该注意如下事项：

（1）必须在风机专业技术人员的现场指导下严格按照有关规定进行。

（2）目前增压风机一般都是通过中间轴连接电动机轴承和风机主轴，所以在安装联轴器时必须保证其同心度，任何一点的偏差都可能导致风机的振动超标。

（3）因为风机运行时处于热态，所以在风机轴承的膜式联轴器安装时必须保证其膨胀余量，一般要求不小于5mm。

（4）振动测量装置的安装必须严格按照说明书进行，目前风机的振动测量装置一般为水平振动和垂直振动两点，两点的测量仪为不同型产品，在安装时必须注意区分，同时振动仪作为精密仪表，其信号线必须屏蔽以避免出现干扰。另外，振动传感器就地布置部分应有相应的防雨措施。

某电厂二期工程 2×300MW 3 号 FGD 增压风机在性能试验期间多次发生振动超标跳闸现象，经过解体检查，并与风机厂家人员研究，反复试转发现风机固定静叶片的螺栓无防松垫圈而松动和风机内传动轴外导风筒与风机座的密封法兰螺栓松动，造成风机振动大超标跳闸。将上述问题处理好后，运行至今一直没有发生振动超标问题。

FGD 系统运行中，由于原烟气含尘量大或烟气腐蚀性大造成增压风机叶片磨损腐蚀或积灰，致使风机叶片不平衡而产生振动，对于这种情况，应保证锅炉电除尘器运行良好、改善燃煤质量，停运时及时清理风机叶片。

### 5. 增压风机喘振

在一些设有 GGH 的 FGD 系统中，当 GGH 阻力增大到一定数值、增压风机动叶开度调大后会出现"增压风机喘振或失速"信号，此时系统保护动作发生，旁路挡板被迫打开。

（1）失速和旋转失速。图 7-5 所示为安装了叶片的叶轮，其中气流速度为 $c$，叶轮旋转速度为 $u$，$u$ 与 $c$ 一起构成气流沿叶片叶轮方向的速度 $w$。速度 $w$ 的方向与叶片切线方向之间的夹角为冲角 $\alpha$，如图 7-5 中①所示。图 7-6 为典型的固定叶片角的轴流风机性能曲线图，图中分两个区，即风机正常运行区 BAK 和失速区 KDC。在 BAK 区，随着风机压头的增大，流量减小，从而速度 $c$ 减小，冲角 $\alpha$ 增大如图 7-5 中②所示，只要 $\alpha$ 低于临

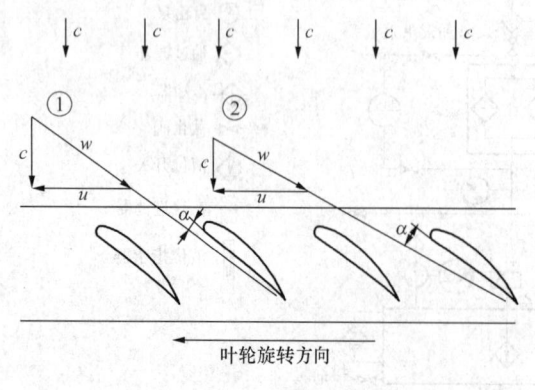

图 7-5 叶片失速的产生示意

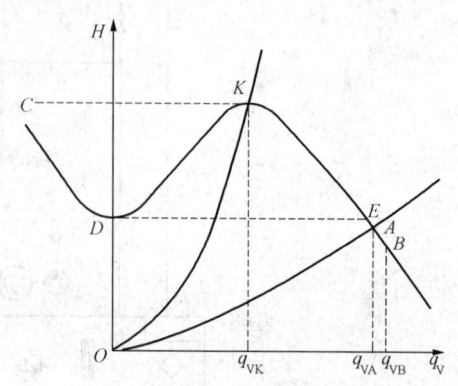

图 7-6 典型轴流风机的性能曲线

界值，气体就沿着叶片表面流动，一旦α超过临界值，气流将离开叶片的弧形表面形成涡流，同时风机压力陡降，这就是失速或脱流现象，即进入图7-6中的KDC区。冲角远大于临界值时，失速现象更严重，气体在烟道内的流动阻力增大，使叶道产生阻塞现象，风机压力降低。

风机的叶片由于加工及安装等原因不可能有完全相同的形状和安装角，同时流体的来流流向也不会完全均匀。因此，当运行工况变化而使流动方向发生偏离时，在各个叶片进口的冲角就不可能完全相同，如果某一叶片进口处的冲角达到临界值，就首先在该叶片上出现气流堵塞现象，叶道受堵塞后，通过的流量减少，在该叶道前形成低速停滞区（这里假定为叶道2），于是原来进入叶道2的气流只能分流进入叶道1和3。如图7-7所示，这两股分流来的气流又与原来进入叶道1和3的气流汇合，从而改变了原来的气流方向，使进入叶道1的气流冲角减小，而流入叶道3的冲角增大。这样，分流的结果将使叶道1内的绕流情况有所改善，脱流的可能性减小，甚至消失。而叶道3内部却因冲角增大而促使发生脱流。叶道3内发生脱流后

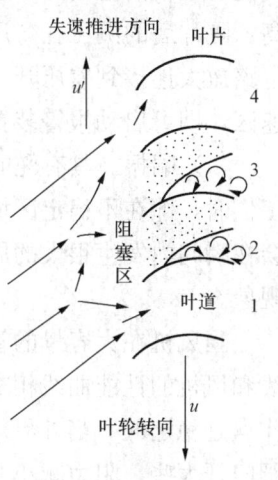

图7-7 旋转失速的产生

又形成堵塞，使叶道3前的气流发生分流，其结果又促使叶道4内发生脱流和堵塞。这种现象继续进行下去，使脱流现象所造成的堵塞区沿着与叶轮旋转相反的方向移动，这种现象称为旋转失速。实验表明，脱流的传播相对速度$u'$远小于叶轮本身旋转速度$u$，因此在绝对运动中，可以观察到一个由包括几个叶片的脱流区以小于叶轮的旋转速度旋转（$u'-u$），方向与叶轮转向相同。风机进入不稳定工况区运行，叶轮内将产生一个到数个旋转失速区，叶片依次经过失速区要受到交变力的作用，这种交变力会使叶片产生疲劳。叶片每经过一次失速区将受到一次激振力的作用，如果此激振力的作用频率与叶片的固有频率成整数倍关系，或者等于、接近于叶片的固有频率时，叶片将发生共振。此时，叶片的动应力显著增加，甚至可达数十倍以上，使叶片产生断裂，一旦有一个叶片疲劳断裂，就会将全部叶片打断。因此应尽量避免风机在不稳定区运行。

为了能及时发现风机落在旋转失速区内工作，以便及时采取措施使风机脱离旋转失速区，有些风机装设有失速检测装置。图7-8为英国Howden公司增压风机

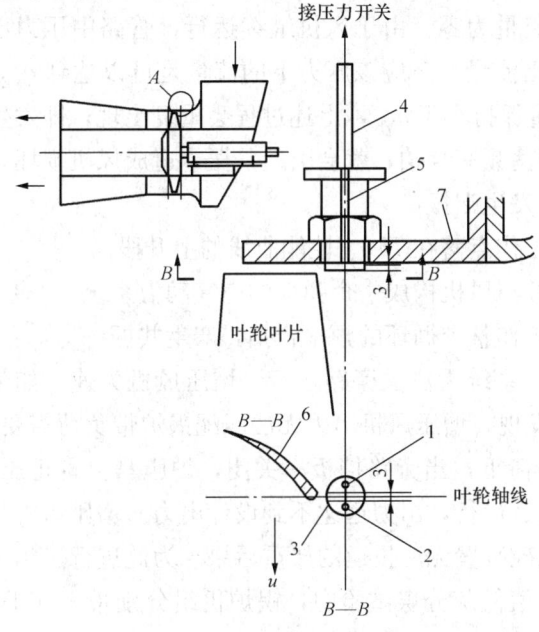

图7-8 风机失速检测装置
1，2—测压孔；3—隔片；4，5—测压管；
6—叶片；7—机壳

的失速检测装置,其工作原理为:在失速检测装置的自由端安装了压力表,即可测量气流中的两个孔 1 和 2 直接的压力差,如风机工作点位于非失速 BAK 区,叶轮进口的气流较均匀地从进气箱沿轴向流入,则压力差接近零;如果工作在失速区 KDC,叶轮进口前的气流除了轴向流动外,还受失速区流道阻塞的影响而向圆周分流。于是测压孔 1 压力升高,隔片后的测压孔 2 压力下降,则形成一个压差。将失速探测器测量到的差压信号通过电路放大连接到差压开关上,设定当差压大于某一值时(如 500Pa),则认为风机进入失速区,即可启动报警装置。

(2)喘振。具有驼峰形性能曲线(如图 7-6 所示)的增压风机在 $K$ 点以左的范围内工作时,即在不稳定区域内工作,而系统中的容量又很大时,则风机的流量、压头和功率会在瞬间内发生很大的周期性的波动,引起剧烈的振动和噪声,这种现象称为喘振或飞动现象。

当风机在大容量的管路中进行工作时,如果外界需要的流量为 $q_{VA}$,此时管路特性曲线和风机的性能曲线相交与 $A$ 点,风机产生的能量克服管路阻力达到平衡运行,因此工作点是稳定的。当外界需要的流量增加至 $q_{VB}$ 时,工作点向 $A$ 点的右方移动至 $B$ 点,只要阀门开大些,阻力减小些,此时工作点仍然是稳定的。当外界需要的流量减少至 $q_{VK}$ 时,此时阀门关小,阻力增大,对应的工作点为 $K$ 点。$K$ 点为临界点,如继续关小阀门,$K$ 点的左方即为不稳定工作区。当外界需要的流量继续减小到 $q_V < q_{Vk}$ 时,风机所产生的最大能头将小于管路中的阻力,然而由于管路容量较大,在这一瞬间管路中的阻力仍为 $H_K$。因此出现管路中的阻力大于风机所产生的能头,流体开始反向倒流,由管路倒流入风机中(出现负流量),即流量由 $K$ 点窜向 $C$ 点。这一窜流使管路压力迅速下降,流量向低压很快由 $C$ 点跳到 $D$ 点,此时风机输出流量为零。由于风机继续运行,管路中压力已降低到 $D$ 点压力,从而风机又重新开始输出流量,对应该压力下的流量是可以达到 $q_{VE}$,即由 $D$ 点又跳到 $E$ 点。只要外界所需的流量保持小于 $q_{VK}$,上述过程会重复出现,即发生喘振现象。如果这种循环的频率与系统的振荡频率合拍,就会引起共振,造成风机损坏。

可见,风机管路系统在下列条件下才会发生喘振:
1)风机在不稳定工作区运行,且风机工作点落在 $H$-$q_V$ 性能曲线的上升段。
2)风机的管路系统具有较大的容积,并与风机构成一个弹性的空气动力系统。
3)系统内气流周期性波动频率与风机工作整个循环的频率合拍,产生共振。

增压风机设计选型时偏小,会造成 FGD 系统无法关旁路运行,增压风机失速。如某电厂 215MW 机组 FGD 系统在调试过程中发现,增压风机出力无法匹配锅炉带负荷需要,烟气脱硫装置与锅炉系统无法并联。在大负荷下,当旁路挡板一关闭,炉膛马上冒正压,燃烧状况恶化,脱硫增压风机一直处于失速区运行,出力远达不到设计出力。增压风机与烟气脱硫装置严重不匹配,出现整个烟气脱硫装置无法投运的严重后果。为此进行了相关现场试验研究,在燃烧较差煤种和燃烧高热值低灰分煤试验中,锅炉机组分别带 150MW 和 180~190MW 负荷下,对增压风机流量压力特性、脱硫岛阻力特性进行了详细的测试,经仔细试验数据分析,认为造成烟气脱硫装置无法正常投运的问题主要有:

1)脱硫岛实际阻力远大于设计阻力。脱硫岛设计阻力总共相加不到 2500Pa,但第二次 190MW 负荷下,GGH 热段阻力 800～1000Pa,GGH 冷段阻力达到 1000～1400Pa,喷淋塔阻力为 1000～1200Pa,GGH 总阻力远大于设计阻力数据,也使得烟气脱硫装置真实阻力比原设计计算阻力大 1000Pa 以上,这是造成烟气脱硫装置不能带满负荷、增压风机容易失速的根本原因。

2) 风机设计选型时烟气密度选取与实际值相差较大。风机选型设计时,烟气介质密度=0.862kg/m$^3$,但实际增压风机进口烟气密度最大约为 0.76 kg/m$^3$。由于风机设计是按压力、流量、密度折算到无量纲化的比压能来选型的,密度的差距导致风机设计比压能大幅度下降,设计风机出力就小了。相同流量下风机压力设计值只有实际需要的 88%(0.76/0.862=0.88)。这是导致增压风机出力达不到实际需要的另一主要原因,也加剧了与脱硫岛阻力的不匹配。

(二) GGH 堵塞及结垢

1. GGH 堵塞、结垢的原因

造成 GGH 堵塞结垢的原因多,除设计不合理、运行维护工作不到位等原因外,以下几点也是导致 GGH 的结垢与堵塞的原因。

(1) 烟气中烟尘含量较高。烟气中烟尘含量较高会对烟气脱硫装置产生不利影响,烟尘中的 $Al_2O_3$ 会使 $CaCO_3$ 失去活性,降低脱硫率。一般当烟尘浓度大于 200mg/m$^3$ 时,有可能发生这一现象,而当烟尘浓度大于 300mg/m$^3$ 时,烟气脱硫装置很难稳定运行的。同时,由于烟气中 $CaO$、$Al_2O_3$、$SiO_2$ 等和石膏浆液液滴的相互反应,形成的小颗粒经过 GGH 时,容易黏附在波纹板上,形成难以清除的硬垢,如图 7-9 所示。

图 7-9 GGH 积灰

(2) 净烟气回流。由于系统一部分测点参数不准,而且系统没有做性能调试,增压风机可调导叶合适的运行开度无法获知。电厂脱硫装置开旁路运行,若增压风机导叶调整开度过大,将脱硫后的一部分洁净烟气抽回原烟气侧,会使系统的电耗增加;也增加了增压风机、原烟道的腐蚀;由于通过除雾器的烟气流速过高,除雾效果降低,更加剧 GGH 的堵塞。

(3) 除雾器堵塞。由于工艺水系统阀门关闭不严密,大量工艺水内漏到吸收塔,改变了系统的水平衡。尤其在系统长期低负荷运行时,影响更大,导致除雾器得不到足够的冲洗。除雾器堵塞后，会改变烟气的流通面积，降低除雾效果，堵塞严重的除雾器不能得到充分冲洗，堵塞会进一步发展，会堆积大量的石膏，严重时甚至导致除雾器的坍塌。

除雾器堵塞的原因有除雾器冲洗压力不够；部分除雾器冲洗阀门故障没能及时排除。由于运行人员在系统调整时，因系统水平衡、物料平衡控制不当，造成吸收塔液位长期在高液位下运行，除雾器无法冲洗，堵塞除雾器。由于除雾器的堵塞，造成净烟气侧流速增快，烟气携带大量浆液进入GGH，浆液在GGH表面蒸发结晶堵塞。

（4）运行参数控制不到位。当吸收塔循环泵浆液的pH值较高时，烟气透过除雾器夹带的液滴中含有未反应的$CaCO_3$与原烟气中高浓度的$SO_2$反应形成结晶石膏，即所谓石膏硬垢，牢固地黏附在换热板上，很难清除。

在运行中有时吸收塔液位过高，溢流管排浆不畅，浆液从吸收塔原烟气入口倒流入GGH，另外吸收塔运行时在液面上常会产生大量泡沫，泡沫中携带石灰石和石膏混合物颗粒；液位测量反映不出液面上虚假部分，造成泡沫从吸收塔原烟气入口倒流入GGH，随着泡沫水分的蒸发进而黏附在换热片表面，造成结垢。

2. GGH堵塞及结垢处理措施

减缓GGH堵塞和结垢的措施应从以下方面进行：

（1）系统设计方面。

1）采用易冲洗板型换热元件，上下蒸汽吹灰，使流经除雾器的烟气流速均匀分布在合适的范围内，避免产生流速不均引起烟气携带液滴而影响除雾效果。除雾器尽可能水平布置在吸收塔内，可使凝结在除雾元件上的液滴在重力作用下，直接落入吸收塔浆池内，降低除雾器结垢的几率。

2）GGH应尽量选择封闭型的传热元件，开放型的换热元件虽然具有高效换热性能，但是存在烟气通道不封闭造成吹扫压缩空气压力过早衰减，不利于吹透换热片，导致吹灰效果差的问题，造成无法将刚刚黏附在GGH换热片上的灰尘及石膏颗粒彻底吹掉。

（2）运行管理方面。

1）浆液浓度和pH值应控制在合理范围。浆液浓度和pH值越高，液滴中石膏、石灰石混合物浓度就越高，对烟气中$SO_2$与液滴中的石灰石反应越有利，但会造成石灰石耗量增加，同样条件下净烟气带到GGH的固体物增加。吸收塔浆液浓度一般控制在10%～15%，pH值控制在4.5～5.2，最大不超过5.6。

2）在运行过程中注意加强监测吸收塔液位，总结吸收塔真实液位以上的虚假液位规律，防止泡沫从吸收塔烟气入口进入GGH。

（3）日常维护方面。

1）在GGH运行中应及时进行吹扫，定期进行检查，如果发现有结垢的预兆就应进行处理。吹扫时一定要吹扫干净，不要留余垢，尤其是采用高压冲洗水在线冲洗时，一定要彻底冲洗干净。

2）记录、分析GGH运行数据，掌握GGH结垢规律，确定经济合理的吹扫周期和吹扫时间，把握高压冲洗水投运的时机和持续时间。通过掌握的运行资料，修编合理的GGH运行规程。

3) 如果采用压缩空气进行吹扫，建议提高吹灰器入口压缩空气压力和增加空气干燥设备。吹灰器入口压缩空气压力可以提高 0.8MPa 以上。

(4) 在大修期间，尤其是第一次大修期间更要对结垢进行彻底处理，可以采用机械方式或者是离线高压水冲洗，冲洗水压力不要超过 500MPa，如图 7-10 所示，有些甚至采用了化学清洗。

（三）烟道防腐鳞片的脱落

近年来，在 FGD 装置运行中发现的防腐蚀失效案例有不耐腐蚀、与钢结构基础脱层、穿孔等，如图 7-11 所示。这些失效情况的出现，其原因涉及工程设计、材料选择、施工、装置运行及维护等多方面。

图 7-10　人工离线冲洗 GGH

1. 基础结构设计

目前，国内 FGD 装置的基础绝大部分是钢结构，只有部分电厂的少部分烟道是混凝土结构。而在钢结构基础设计中，由于没有充分考虑内衬材料的特性，因强度和结构设计等方面的欠缺而导致最后的防腐蚀失效，是国内几个脱硫工程中出现的主要问题。

图 7-11　烟道防腐鳞片的损坏和穿孔

在钢结构装置中，若采用鳞片衬里材料，衬层在下述条件下容易产生振颤疲劳破坏：一是烟道等结构设计强度、刚性不足，特别是烟道布置受环境所限，其弯道、过流截面变化较大时，高速流动的烟气在烟道中过流会因弯道及过流截面变化而产生较大的压力变化，形成不稳定流动，导致烟道结构振颤，使本来就高温失强的鳞片衬里形成疲劳腐蚀开裂，严重时出现大面积剥落；二是在烟道结构强度设计中，出于结构补强需要，采用细杆内支承补强，当高速流动的烟气在烟道中过流时，因烟气冲击压力作用引发支承细杆抖动变形，导致支承杆与烟道壁焊接区衬层开裂。

国内外有关 FGD 装置的设计要求及经验表明，钢结构设计应有足够的强度。而在国内的一些 FGD 装置中，由于设计经验或者成本上的考虑，钢结构的材料均较薄。由于场地等限制性因素，在烟道的设计上又采用了多弯道、变截面结构，从而最终导致鳞片衬里脱层等质量隐患。

在采用混凝土基础结构时，尤其在原烟气烟道内，由于长期的高温烟气作用，混凝土结构发生开裂等现象，从而导致在混凝土基础上的鳞片衬里结构也受到破坏，混凝土结构发生这种情况是不可避免的。

2. 鳞片材料

在防腐蚀工程项目中，防腐蚀材料本身的特性是关乎最后质量的一个关键因素。而在近几年中，随着国内FGD装置的大量兴建和市场容量的不断扩大，大量公司进入FGD防腐蚀材料（乙烯基鳞片）的生产，使得市场竞争越来越激烈。与此同时，一些厂家在没有任何技术研发支持、没有检测条件、没有应用背景和没有技术服务的情况下，贸然生产鳞片材料，并采用低价手段，在一些FGD项目中得到应用，在运行不到半年的时间内就出现了质量问题。一些材料厂家为了争取到材料供应合同，一是通过采用劣质鳞片来降低成本，因为不同工艺（吹制法、压制法）生产出来的鳞片成本差异较大一些厂家甚至采用云母粉代替玻璃鳞片；二是鳞片表面不进行预处理，使鳞片的成本降低；三是不用助剂，或者是采用低性能助剂。

3. FGD装置鳞片衬里的设计技术方案

对于一个重防腐蚀性质的工程，材料本身的特性是一个基础保障，但是，如何运用高性能的衬里材料包括设计方案更是一个高要求的技术性工作。在玻璃鳞片衬里工程中，发现即使采用进口材料，但最后工程防腐蚀失效或者是役期缩短的情况也时有发生，在排除施工因素外，工程设计方案的不足也是一个主要原因。

另外，在一些支撑梁或是设计阴阳角处的结构，一些厂家没有采取玻璃钢加强的形式，最后均可能导致防腐蚀的失效和使用年限的缩短。

4. 工程施工

在正确设计，合理选材的基础上，施工的好坏也是决定防腐蚀工程质量的关键。一些施工队伍多以刷漆、做地坪等土建防腐蚀为主业，对于如FGD装置这种重要设备的防腐蚀施工要求，往往在技术、施工机械、检测仪器上准备不足。如表面喷砂质量不达标、涂装施工间隔过长、不按材料的施工工艺要求进行施工、材料用量不足等。

为了确保FGD工程和装置的经济性、长效性和系统性，应从FGD装置的设计开始，包括对材料供应商、施工公司的选择和施工过程的质量控制均是相当重要的，只有作好对每一环节的有效全面的质量控制，才能确保鳞片衬里在FGD装置中的长效防腐。

（四）烟道膨胀节泄漏

FGD烟道膨胀节泄漏也是一个普遍问题，特别是在吸收塔出口，膨胀节本身质量和安装质量是主要原因。由于FGD系统的烟气中带有一定量的水分，烟气温度较低时，水分便凝结成水，沉积在膨胀节空腔中，即使在非金属蒙皮上设置疏水口，但由于运行时蒙皮的不规则底部形状以及疏水口的数量限制，也无法将沉积水完全排出。酸性的水不仅会腐蚀金属框架的防腐层，而且也不断腐蚀非金属蒙皮。同时酸性的水可能从蒙皮与防腐层的接合面渗漏出来。所以仅通过将蒙皮处螺栓拧紧，也无法保证接合面不渗漏。所以非金属膨胀节的结构和非金属蒙皮内衬材料的选择是否合理将直接影响非金属膨胀节的耐腐蚀性和是否渗漏。

如某电厂在GGH的原、净烟道的出入口都设计安装了非金属膨胀节，共4个，但在运行过程中发现其中3个膨胀节都出现了不同程度的破损。破损的主要原因是该非金属膨胀节的耐高温、耐腐蚀性能较差，内表层短时间破损，造成烟气泄漏。另外，GGH密封系统管道非金属膨胀节多个有泄漏现象，造成管道膨胀节处锈蚀。泄漏的主要原因是安装工艺质量问题，该膨胀节为散装式，在现场进行组装过程中产生刮破、折皱，出现破口等造成泄漏，另外，管道与膨胀节连接部位密封不严也是造成泄漏的主要原因之一。某电厂二期工程 $2\times300MW$ 燃煤机组在3号FGD试生产阶段，经过多次启动后，吸收塔出口至GGH的入口前有一段烟道伸缩节在运行时被腐蚀漏了一个大洞，不断往外冒烟气和结露水，检查发现此段烟道伸缩节未做防腐处理，设计方面也未做详细要求，因此在运行过程中不断腐蚀成洞。

在这方面，某电厂有着很好的经验。一期 $3\sim5$ 号 600MW 机组采用鼓泡塔FGD技术，未设置GGH而采用湿烟囱排放脱硫后烟气，初期吸收塔出口非金属膨胀节泄漏严重，烟囱入口烟道处下方象在下雨。为此电厂采购了质量优良的非金属膨胀节并严格施工，目前未见一滴漏水，彻底解决了烟道膨胀节泄漏问题，如图7-12所示。

图7-12 膨胀节改造前泄漏的烟气造成保温腐蚀及改造后的比较

（五）烟道挡板门

典型的FGD系统中至少设置有原烟气挡板、净烟气挡板及旁路烟气挡板，烟气挡板是连接FGD系统和锅炉的重要部件，对锅炉的安全性有很大影响，特别是旁路烟气挡板。在FGD装置启动和停机期间，旁路挡板打开；正常运行期间，旁路挡板关闭，由FGD装置处理所有烟气。发生紧急情况时，旁路挡板自动打开，烟气通过旁路烟道进入烟囱。因此旁路挡板是确保事故状态下烟气畅通的关键部位，一旦失灵，则锅炉会因烟气被闷从而造成炉膛正压迅速上升，最终被迫跳机。鉴于此，应高度注意旁路挡板及其运行与控制方式。

国内众多的FGD系统旁路关闭及快开试验表明，只要操作正确，FGD旁路挡板动作正常，对锅炉负压不会造成大的影响；FGD系统跳增压风机的试验表明，即使FGD系统发生最坏的工况，只要FGD旁路挡板能正常打开，对机组的正常运行影响都不大，某660MW机组跳闸增压风机的试验结果如图7-13所示。因此，FGD系统在旁路挡板长期关闭情况下运行，应对旁路挡板定期（7～10天）进行开关试验，确保旁路挡板在有快开

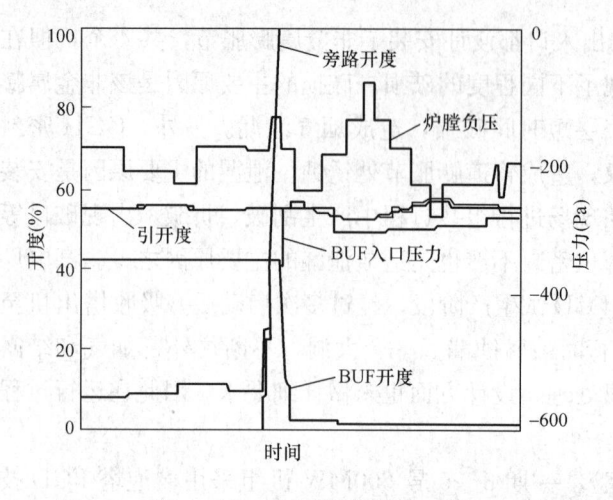

图 7-13 某 660MW 机组跳闸增压风机的试验结果

请求时能够正确开启。另外，利用机组检修的机会应及时对烟道中的积灰进行清理。同时，运行中必须严格正确地使用气源、电源，防止误操作导致分散控制系统 DCS 误显示以及造成热工拒动、误动，酿成不必要的事故。另外，当 FGD 装置检修或故障退出运行时，一定要将旁路挡板机械的闭锁装置锁定在开位，以防止在旁路挡板长期失去控制气源后因烟气压力波动而使挡板发生误关。这种现象在某电厂调试期间曾出现过，因承包方施工人员在 FGD 系统 168h 满负荷试运行结束停运消缺后忘记将旁路挡板机械闭锁装置锁定在开位，最终导致锅炉 MFT 保护动作。

某些 FGD 中，增压风机入口压力测点位置不合理，恰好落在烟气紊流区，波动极大。如果将旁路挡板直接放入烟气系统顺序启动程序中，则可能会因压力波动大而导致顺序启动无法进行。旁路挡板的控制方式可采用手动、自动两种方式，不参与烟气系统的顺控启、停而单独操作，这样对锅炉烟气几乎不造成冲击，更稳妥：即在顺启烟气系统结束后，手动调节开大增压风机前导叶同时调节关小旁路挡板。关闭旁路挡板的过程要缓慢，一边关闭挡板，一边监视原烟气压力和炉膛负压，同时关注增压风机的导叶开度情况。当旁路挡板关闭至 30% 左右开度时，注意关闭的速率要降低，因为这时旁路挡板的关闭幅度对烟道的压力影响最大。在关闭的过程中还要加强与锅炉主控的联系。停烟气系统结束后，手动调节开大旁路挡板同时调节关小增压风机前导叶。在自动切换的情况下，旁路挡板和增加入口导叶的同步动作，维持风机入口压力。

为保护 FGD 系统及减少对锅炉的影响，在设计时，原烟气挡板、净烟气挡板、旁路挡板的电源应接至主机房保安段，以保证在各种紧急情况下，各烟气挡板都能正常操作，提高 FGD 系统的安全性。

烟气挡板泄漏也是一个常见问题。对旁路挡板来说，泄漏造成一部分未脱硫的原烟气从旁路烟道直接排入烟囱，降低了整个系统的脱硫率。同时会产生脱硫后净烟气回流问题，回流净烟气和高温的原烟气混合后再次进入烟气脱硫装置，干湿烟气在原烟道内混合，水分增多、温度下降出现冷凝造成烟道腐蚀和风机动叶腐蚀积灰等，对 FGD 系统的安全性带来影响。

许多电厂都有 FGD 系统停运后因原烟气挡板关闭不严而存在原烟气漏烟问题。如某电厂 700MW 机组 FGD 系统，自 FGD 烟气系统连通以来，随着机组负荷的增加，烟气通过烟气挡板漏入停运的 FGD 系统的量也随之增大，在增压风机出口的各个人孔门处可以明显地闻到刺激的烟味，无法靠近。FGD 系统入口处压力与机组负荷基本成正比，当机组负荷达到 480MW 以上时，入口处为正压，挡板出现漏烟情况，正压越大，漏烟越严重。烟气漏入给 FGD 系统带来了许多负面影响：①漏烟造成 FGD 系统内如吸收塔、GGH 的安装、检修环境恶劣（温度最高可达 70℃以上，$SO_2$ 浓度大，再加上潮湿）。由于 $SO_2$ 的气味难闻，对人身伤害很大，安装/检修人员根本无法进入塔内开展工作。②由于烟气中 $SO_2$ 浓度大，漏入后会逐渐冷凝成酸液，对其后的烟道、增压风机动叶等设备具有很强的腐蚀性，严重影响设备的使用寿命。2007 年 2 月，2 号机组小修时检查发现，烟道和增压风机动叶已受到了较大的腐蚀。

经分析，烟气挡板漏烟的主要原因有：①密封风系统存在设计问题。该厂挡板密封风系统为集中式设计，即 3 个挡板共用 1 个密封风机（1 用 1 备），当其中 1 个挡板漏烟或其中 1 个烟道中压力比较低时，则大量密封风会从此处泄漏，从而使通到其他处的密封风量减少，降低其密封效果，甚至根本起不到密封作用。而烟气挡板处的压力恰恰是最大的。因此对烟气挡板的密封宜采用单独配置密封风机。②安装调整问题。安装过程中挡板安装不到位，密封片没有调整好而留有较大的空隙，这都会造成挡板漏烟。2007 年 2 月，2 号机组小修时，检查挡板门发现，烟道顶上的 1 片挡板在全关时有 50mm 的间隙，这样密封风就起不到作用了。另外，若挡板门的质量差，也会使密封片间隙过大而造成烟气泄漏。重新调整后漏风现象明显减少。

某电厂 FGD 装置原、净烟气挡板密封风机的运行方式为在脱硫正常运行时处在关闭状态，停运时开启，对挡板起到密封烟气的作用，但是由于该挡板受烟气腐蚀易沉积酸水，起不到密封烟气的作用，也易造成酸水倒灌到风机管道，腐蚀损坏挡板风机。待机组检修过程中将烟气挡板拆下后认真分析，认为原因是挡板门受烟气中酸水影响，稍有沉积就会造成腐蚀，决定在挡板门的低部安装疏水管道，定期进行疏水，运行几年来从未发生挡板门腐蚀卡涩、酸水倒灌现象。

**二、吸收塔系统故障**

（一）循环泵

烟气脱硫吸收塔采用的浆液循环泵均为离心泵，石灰石中二氧化硅含量高、浆液浓度大、浆液 pH 值低、浆液泵转速低、叶轮材料不合适，均可能导致浆液泵过流部件磨损腐蚀，目前浆液循环泵普遍存在的问题及缺陷包括机封泄漏、叶轮磨损汽蚀、减速机超温等。

1. 机封泄漏，更换频繁

浆液泵的密封处也是易漏之处（见图 7-14），循环泵、石膏排出泵、石灰石浆液输送泵相继发生机械密封损坏的故障而泄漏，而且大部分都是发生在启停过程中。在启停过程中，由于压力变化较大，浆液中的颗粒状物容易进入机械密封，虽然机械密封材料的硬度大，但比较脆，转动时挤压使机械密封损坏。

分析其产生的原因主要有产生料干摩擦、泵本身的振动超标以及机械密封本身制造问题。

图 7-14　循环泵机封泄漏

## 2. 泵的汽蚀及叶轮磨蚀

有的脱硫工程投运后不足半年甚至不足三个月便出现循环泵出口压力下降，导致脱硫效率下降，解体检查发现叶轮局部磨蚀严重，如图7-15所示。其原因主要在于：①叶轮铸造前对钢水中镍元素加入量不足（取样化验结果）；②浆液中硬质颗粒超标，泵机转速太高，加剧磨损。

图 7-15 循环泵叶轮磨损

泵的汽蚀在FGD系统也常见，加上磨损和腐蚀，使泵产生噪声和振动、缩短泵的使用寿命、影响泵的运转性能，严重时循环泵不到2个月就会报废。图7-16是泵汽蚀和磨损的图片。

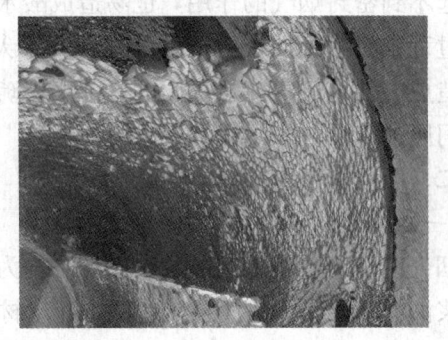

图 7-16 典型的泵汽蚀和磨损

汽蚀是水力机械以及一些与流体流动有关的系统和设备，如阀门、管道等都可能发生的一种现象。水和汽可以相互转化，是流体的固有属性，其转化的条件就是温度和压力。如水在101 325Pa压力下的汽化温度为100℃，而在4243Pa压力下的汽化温度则为30℃。同样，当温度不变，逐渐降低液面的绝对压力，当该压力降低到某一数值时，水便开始汽化。一定的压力对应一定的汽化温度，同样一定的温度对应一定的汽化压力。如水在水泵内的流动过程中，当其局部区域处液体的绝对压力降低到等于或低于该温度下的汽化压力时水便发生汽化，汽化的结果就是在液体中产生很多的汽泡。汽泡内充满蒸汽和从液体中析出而扩散到汽泡中的某些活性气体如$O_2$，当这些汽泡随流体流到泵内的高压区时，由于该处压力较高，迫使汽泡迅速变形和溃灭。与此同时，周围的流体质点以极高的速度流向原来汽泡占有的空间，质点相互撞击而形成强烈的水击。汽泡长得越大，溃灭时形成的水击压力也就越高，实测表明该压力可达数百甚至高达上千兆帕。如果汽泡溃灭发生在金属附近，就形成了对金属材料的一次打击，而汽泡的不断发生和溃灭，就形成了对金属表面的连续打击，金属表面很快因疲劳而侵蚀。此外，由于侵蚀的结果，金属保护膜不断被破坏，并在凝结热的助长下，活泼气体又对金属产生化学腐蚀，加剧了材料的破坏。侵蚀和腐蚀联合作用的结果，使得金属表面由点蚀成为蜂窝状或海绵状，最后甚至把材料壁面蚀穿。这种汽泡的形成发展和溃灭以及材料受到破坏的全过程称为汽蚀现象。

汽蚀的发生及发展取决于流体的状态（温度、压力）及流体的物理性质（包括杂质所溶解的气体）。根据观察到的汽泡形态，可把水力机械中发生的汽蚀归纳为四类：①移动汽蚀，它是指单个瞬态汽泡和小的空穴在流体中形成，并随流体流动而增长、溃灭时造成的汽蚀，汽泡量多时形成云雾状；②固定汽蚀，它是指附着于绕流体固定边界上的汽穴造成的汽蚀，也称附着汽蚀，水力机械中以这种汽蚀为主；③旋涡汽蚀，它是指在液体旋涡中心产生的汽泡，旋涡中心处的速度大，压力低，易使液体汽化发生汽蚀；④振动汽蚀，它是指由于流体中连续的高振幅、高频率的压力波动而形成的汽蚀。

汽蚀主要是由于泵和系统设计不当，包括泵的进口管道设计不合理，出现涡流和浆液发生扰动；进入泵内的气泡过多以及浆液中的含气量较大也会加剧汽蚀。泵与系统的合理设计，选用耐磨材料，减少进入泵内的空气量，调整好吸入侧护板与叶轮之间的间隙是减少汽蚀、磨损，提高寿命的关键措施。

**3. 减速机超温及其他故障**

目前，循环泵与电动机的连接有直接连接和通过减速器连接 2 种形式。实践表明，几乎所有的减速器都存在超温现象，一个主要原因是减速器设计过小，内部冷却面积偏小，冷却水流量难以增大。作为临时措施，一些电厂在减速器外加冷却水，更多的电厂是进行改造，将减速器拆除而更换较低速的电动机，如图 7-17 所示。

图 7-17 减速器超温与更换

循环泵噪声超标主要是电动机问题，选用质量好的电动机及确保安装质量，可减少噪声。另外，一些循环泵包括石膏排出泵入口设有不锈钢或 PP 滤网，滤网破损及堵塞也常发生，停运时要及时更换和清理。

**4. 处理措施**

叶轮由于高速旋转，介质在叶轮的流道内与流道发生剧烈的摩擦，因此在耐腐蚀性能保证的前提下，尽可能提高叶轮材质的耐磨蚀性，增加某几种元素的含量，降低某几种晶体成分的含量，提高叶轮的硬度，同时增强叶轮的耐磨蚀性能。

在叶轮形式的选择上，不必考虑非要采用半开式叶轮，因为浆液造成叶轮通道堵塞的可能性很小，可以考虑容积损失更小的闭式叶轮，减小在入口侧浆液涡流造成的冲刷，从而提高入口端盖和叶轮的使用寿命。

充分提高过流部件材质的耐磨、耐腐蚀性能后，还需从其他三方面着手，来提高泵的整体使用寿命和运行维护成本。

第一，根据不同工艺情况，泵采用优秀水力模型，设计合理的转速。在泵的流量、扬程一定的情况下，采用合理的转速，不仅泵本体重量差别很大（泵本体所用材料差别很大），寿命差别很大，更易维护。

在脱硫浆液、渣水输送、渣浆矿浆泵使用的理论和实践中，泵的寿命与转速的三次方成反比关系，转速合理降低，泵使用寿命会成倍增加；因此，泵采用低转速设计，摒弃早期渣浆泵生产的高速泵水力模型，从而大大提高泵的使用寿命。

第二，过流流道和过流部件进一步优化设计，加厚过流部件厚度，延长使用寿命。在选用优秀耐磨材料的同时，前护板、后护板、蜗壳护套、叶轮等过流部件的，在生产制造过程中，根据优化设计方案和模型，部件厚度加厚处理，增强设备的耐磨量，延长使用寿命。

第三，采用双泵壳设计，定期更换内泵壳，运行维护简单方便，成本低。外泵壳起固定支撑作用，不接触过流浆液，无磨损，使用寿命长，一般情况可达30年；内泵壳即过流部件可以定期更换，当该部分达到设计使用寿命后，根据磨损状况不同，仅通过更换部分或全部过流部件，无需全部更换整个泵本体，以较小的更换成本，即可实现全新运行状态；拆卸更换简单方便，运行维护成本低。

（二）氧化风机

1. 氧化风管堵塞

氧化风管标高较低、浆液倒流管内结垢。FGD氧化系统的送风总管在循环浆液池中安装的位置相对降低，其管道已浸在浆液之中，当浆池中的浆液没有排空、罗茨风机停止运行时，浆液沿着布风管迅速倒流管道内沉积，长此以往造成管内沉积物增多、结垢，堵塞氧化风管。所以设计时应使送风管的底部标高高于液面的最高标高，防止浆液倒流管内结垢，并设有冲洗水，在风机停运时冲洗氧化风管道。在现有的情况下，运行操作应在液面浸到送风管之前，启动罗茨风机运行，在浆液排空后，停止罗茨风机运行，以防浆液倒流管内结垢。

2. 氧化风管断裂

一些电厂出现吸收塔内氧化风管（管网式及喷枪式）断裂的事件，主要原因是安装固定问题。如某电厂一期2×125MW机组配套的两炉一塔FGD系统是该省第一套石灰石—石膏湿法FGD装置，该装置于2000年12月通过168h试运并正式移交生产。2006年6月，利用1、2号机组同时进行A级检修的机会，对FGD装置进行了第一次全面的检修，对吸收塔内的氧化风管及其支架进行了详细的检查。

氧化风管母管布置在吸收塔外，分成 3 根 DN200 的支管（材料为 FRP）进入吸收塔内。氧化风在进入吸收塔前用水冷却至 60℃。在吸收塔内水平安装了 3 根方型空心支架，用来固定氧化风管。支架由槽钢焊接制作而成，材料为 A3 钢，规格为 250mm×150mm×5mm。支架两端直接焊接在塔壁上，安装后进行了外衬两层 4mm 厚的 BS 胶板以防止腐蚀。吸收塔内的三根氧化风管水平安装在支架的下方，与支架交角为 90°，通过配套的 Ω 型管箍（材料为 FRP）固定在支架上。在固定点位置，支架与氧化风管之间贴了一块厚度为 3mm 的防磨硬胶板，以防止支架衬胶被氧化风管磨破。吸收塔内氧化风管和支架的管网式布置如图 7-18 所示，图中 H1～H6 为支架与塔壁的 6 个焊接点，G1～G9 为支架与氧化风管的 9 个固定点，吸收塔内径为 11 000mm，3 根支架的长度分别为 10 954、9798、8486mm。

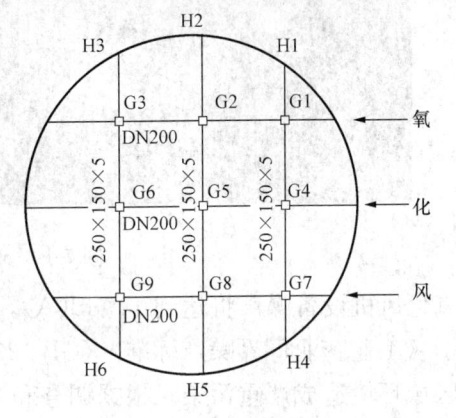

图 7-18 氧化风管和支架的管网式布置

检查发现，吸收塔内的 3 根 FRP 氧化风管已经全部断裂，断裂位置都在与支架的固定点，如图 7-18 所见。3 根支架中靠氧化风管进口端的 1 根已在 G4 位置断裂，另外 2 根支架虽然没有断裂，但在 G2、G3、G5、G6、G8、G9 等 6 个固定点位置的底部和两个侧面的衬胶已经破损，底部钢铁基体都腐蚀穿孔，并有石灰石、石膏浆液进入支架内。吸收塔外壁上的 H1～H6 等 6 个支架焊接点位置都有横向裂纹。

分析表明吸收塔内的氧化风管管口和支架的位置出现了偏差，施工单位采取了在氧化风管的固定位置割开口子的破坏性手段进行安装，这样 FGD 系统运行中大量的氧化风和工艺水从口子处喷出，对支架不断地吹扫，使支架衬胶被破坏，致使支架碳钢基体暴露在石灰石/石膏浆液中而产生化学腐蚀，最终导致支架断裂。氧化风管与管箍之间没有加防磨胶垫，属于硬对硬摩擦，使得两者之间的间隙越来越大，氧化风管的摩擦和摆动也越来越大，最终导致氧化风管固定点管壁的减薄，是氧化风管断裂的主要原因。另外，由于支架跨度较大，没有在支架两端焊接加强板以减缓支架的摆动也是导致氧化风管与支架断裂的主要原因。

同样某电厂吸收塔氧化空气主管的支承点和固定点少，引起接头振动断裂，许多氧化空气管道折断，如图 7-19 所示。另外，氧化空气管部分开孔向下正对其支撑的空心方梁，氧化空气支撑梁经常被氧化空气携带浆液吹损衬胶保护层及钢空心方梁，造成方梁防腐脱落，方梁腐蚀严重。

3. 噪声超标及超温

氧化风机噪声超标也是常见问题，以某电厂 14 号机组（300MW）烟气脱硫工程氧化风机的噪声控制为例，说明噪声超标的原因和控制方法。

脱硫氧化风机布置在烟囱北部 14 号机组水平烟道下部 18m×6.3m×7m 的区域，主要设备为 2 台 ARF-250E 型脱硫氧化风机。根据预测，若不采取噪声控制措施，脱硫

图 7-19 吸收塔内氧化空气的断裂

氧化风机设备噪声将达到 110dB(A)，机房外噪声 98dB(A)，厂界噪声 65dB(A)，超过了《工业企业厂界噪声标准》(GB 12348—1990) 中的Ⅱ类标准，将对作业环境及厂界区域环境造成严重污染。根据调查和测试，脱硫氧化风机在运行中产生的噪声主要有：①进、出气口及放气口的空气动力性噪声；②机壳以及电动机、轴承等的机械性噪声；③基础振动辐射的固体声等。在以上几部分噪声中，以进、出（放）气部位的空气动力性噪声强度最高，是脱硫氧化风机噪声的主要部分。在采取噪声控制措施时，应首先考虑对这部分噪声的控制。另外，机壳及电动机整体噪声也严重超标，整体噪声频率呈宽带和低、中频特性，高噪声透过门、窗、墙体向外辐射，使厂界噪声超标、对脱硫运行人员产生危害。

脱硫氧化风机噪声控制可按声级大小、现场条件及要求，采取不同的措施。一般包括安装消声器、加装隔声罩、车间吸声及新型机房设计等。

(1) 消声器。消声器可以采用阻性消声器或复合型消声器，消声量在 20～30dB(A) 之间，消声器设计时要综合考虑消声量、阻力损失及安装条件等。

(2) 隔声罩。隔声罩的设计和选用应符合以下要求：

1) 符合降噪要求及声学设计要求。隔声罩的壁材必须有足够的隔声量，罩内做吸声处理，开孔不能超过一定面积。

2) 符合生产工艺的要求，便于风机的观察、维护和检修。隔声罩与设备间距要合理，隔声罩上设置观察窗和检修门。为了散热降温，必须设计合理的通风散热系统。可以采用罩内负压法外加机械通风冷却法。

(3) 车间吸声。当脱硫氧化风机房单独布置、车间空间不超过一定范围时，可以适当采取顶面及侧墙吸声结构，可有效降低 7～10dB(A) 的混响噪声。

(4) 新型机房设计。将整个机房当成一个隔声罩结构设计是一种新的设计理念，既能够取得良好的降噪效果，又不会影响氧化风机的观察、维护和检修，而且噪声控制设施基本没有维护量，便于持久保持。

目前，国内脱硫氧化风机的噪声控制措施主要是进出气管安装消声器及整机隔声罩。采用装消声器的措施既方便又有效，而隔声罩由于影响散热、检修及操作，大多不能较好地发挥作用。大同电厂综合考虑各种因素，如环保要求、机房布置特点、设备噪声特点、噪声状况、环境影响程度及设备运行检修要求等，经反复比较后，采取的综合控制措施见表 7-1。

表 7-1　　　　　　　　　　　　脱硫氧化风机噪声控制措施

| 主要噪声源 | 主要噪声控制措施 | 主要噪声源 | 主要噪声控制措施 |
| --- | --- | --- | --- |
| 风机进、出气口 | 阻抗复合型消声器 | 风机基础 | 金属橡胶减振器 |
| 风机放气口 | 阻抗复合型消声器 | 风机整体噪声 | 组合型消声隔声装置，隔声门窗 |

阻抗复合型消声器安装于风机进、出气口及放空管道，以有效消减空气动力性噪声；设备基础安装金属橡胶减振器以削减振动辐射的固体声；机房则采用新型机房设计，普通砖墙围护结构，隔声量大、造价低、安全防火，同时为以后进一步的吸声措施留有余地；设备间设置换气口，用于设备进气及散热换气。进气口安装一种自行设计的组合型消声隔声装置，有效减少设备间噪声对厂界及脱硫区域的辐射。设备间均安装防火阻燃型隔声门窗，能有效地减少设备间噪声对厂界及脱硫区域的辐射。以上措施在取得降噪效果的同时，对设备的运行、检修、维护、通风散热、人员巡检等均不构成任何影响，同时采用不可燃或阻燃性材料，完全满足防火安全生产的要求。

噪声控制工程于 2005 年 10 月开始施工，11 月结束，2005 年底已投入运行，实施噪声控制措施后的噪声强度见表 7-2。从测试结果可以看出，实施噪声控制措施后，脱硫氧化风机设备噪声及环境影响均明显降低，厂界噪声降至 47dB（A），达到 GB 12348 要求的 Ⅱ 类标准，脱硫区域作业环境明显改善，取得了满意的效果。

表 7-2　　　　　　　　　　　　噪 声 控 制 效 果　　　　　　　　　　　　dB（A）

| 噪声测点 | 控制前 | 控制后 | 减噪量 | GB 12348 |
| --- | --- | --- | --- | --- |
| 机房内 | 110 | 98 | 12 | — |
| 机房外 | 98 | 74 | 22 | — |
| 厂界 | 65 | 47 | 18 | 昼间 60，夜间 50 |

另外，氧化风超温主要是喷水减温故障，如喷头或管道堵塞等，运行中加强温度监控就可及时发现。

（三）吸收塔搅拌器故障

目前，吸收塔搅拌器多数应用侧入式搅拌器，由于基本上为引进设备，因此可靠性较高。吸收塔搅拌器具有防止固体颗粒沉淀，促进氧化风均匀分布以及提高石膏产品质量的重要作用。运行中搅拌器漏油、机封漏浆主要是质量和安装问题，而叶轮磨损也是最常见现象，搅拌器机封漏浆如图 7-20 所示。

图 7-20　搅拌器机封漏浆

某 600MW 机组 FGD 运行一年检查发现，吸收塔 4 个搅拌器叶轮头部、侧部都有大小不一的坑，而其他部位都很正常，如图 7-21 所示。分析表明这是磨损所致而不是腐蚀

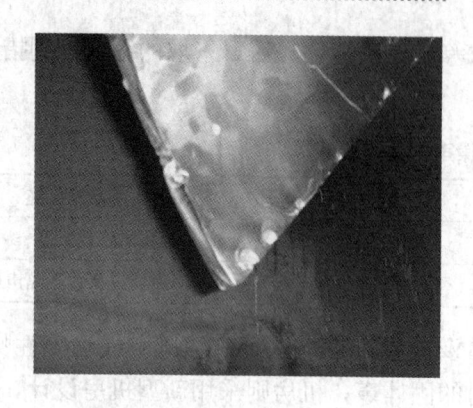

图 7-21 吸收塔 4 个搅拌器叶轮的磨损

造成的。

FGD 系统中引起磨损的固体颗粒物主要是烟气带入的飞灰、浆液中的石英砂、石膏和碳酸钙。图 7-22 是几种物质对钢板的磨损比较，可见磨损由强到弱的固体颗粒物是石英砂、飞灰、石膏和石灰石，并且随着含固量的增大磨损增大。检查吸收塔底留下的固体物质，见图 7-23 所示，这些物质明显不是石膏，而是一些石英砂和飞灰物质，它们是石灰石带入的和锅炉烟气携带入的飞灰等杂质，这些杂质是造成吸收塔内搅拌器磨损的主要原因。

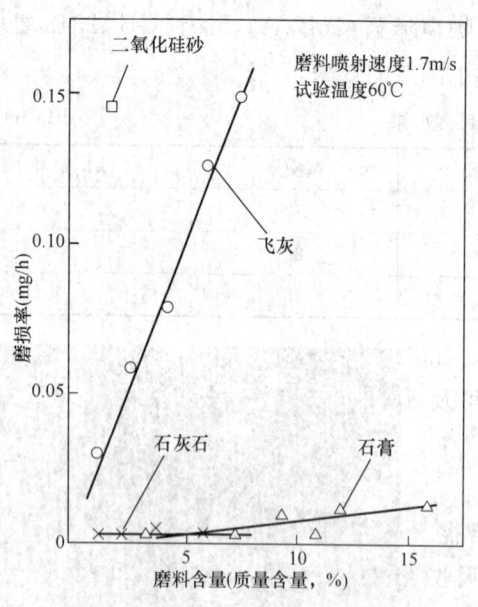

图 7-22 循环浆液中主要固体颗粒物
对 316L 不锈钢板的磨损比较

图 7-23 塔底非石膏沉积物

选择吸收塔搅拌器时一定考虑设备的使用工况，搅拌器应是具有耐腐蚀、耐磨损和密封性能好的产品，同时搅拌器安装接管的强度和刚度设计要充分考虑搅拌器供货商提供的载荷条件，保证搅拌器工作时不产生颤动。除合理的设计外（如选材、管道流速设计等），选用惰性物含量低的石灰石、降低烟尘含量、降低浆液含固量和颗粒尺寸是减少固体颗粒物磨损的重要措施之一,要减少磨损,需对吸收塔内的浆液成分进行定期的化学分析。另外,化学分析还可为FGD系统的运行优化调整提供依据,正常的化学分析制度的建立是FGD系统安全、稳定、经济运行的必要条件。但目前许多电厂的有关化学分析工作还不够,因此强烈建议尽快完善有关分析设备,平时FGD系统的运行一定要进行定期的化学分析。

(四)除雾器故障

1. 除雾器堵塞坍塌

除雾器是湿法脱硫中必不可少的设备,其结垢和堵塞现象较为常见,当除雾器堵塞严重时会导致除雾器不堪重负而坍塌。

图7-24为除雾器堵塞情况,除设计流速过大造成堵塞外,运行方面主要有:①除雾器冲洗时间间隔太长;②除雾器冲洗水量不够;③除雾器冲洗水压低,造成冲洗效果差;④除雾器冲洗水质不干净,造成冲洗水喷嘴堵塞;⑤冲洗水阀故障;⑥冲洗水管断裂。

某电厂除雾器叶片表面和支撑梁表面严重结垢,除雾器严重超载,结构有些变形,如图7-25所示。

图7-24 除雾器堵塞结垢　　图7-25 除雾器变形

由于结垢情况严重,一部分除雾器已坍塌,另一部分停留在支撑梁上,坍塌后的除雾器和冲洗水管严重变形,如图7-26和图7-27所示。

图7-26 除雾器坍塌　　图7-27 坍塌后的除雾器和冲洗水管

分析该电厂除雾器坍塌的主要原因：运行不当，包括冲洗不及时，冲洗水量等综合原因，引起除雾器的严重结垢，且由于除雾器长期冲洗效果不好，使其沉积过多的石膏浆液，最终不能承受其重量而坍塌。

除雾器的堵塞不仅会导致本身的损坏，还可导致除雾器的气速增高，除雾效果变差，更多的石膏液滴夹带进入出口烟道，颗粒物沉积在GGH上，引起GGH的堵塞；严重者引起烟囱下石膏雨，这在国内没有GGH再热系统的FGD烟囱中发生过多次。因此，正确运行除雾器是非常重要的。

运行中防止除雾器堵塞处理措施：

(1) 保证定期冲洗是除雾器长期、安全、可靠运行的前提。

(2) 根据除雾器压降的多少来判断是否冲洗，定期检查和清理除雾器的堵塞情况。

(3) 控制水质，保证冲洗水干净。

(4) 严格控制吸收塔液位，保证吸收塔液位不超过高液位报警。

(5) 粉尘不仅影响FGD系统的脱硫效率和石膏品质，而且会加剧GGH和除雾器的结垢堵塞，对FGD系统来说，务必要控制入口粉尘含量。

2. 除雾器冲洗水管及阀门内漏

在许多FGD系统中出现了除雾器冲洗水管断裂现象，如图7-28所见。其原因主要有三点：一是冲洗水阀门开启速度过快，冲洗水对管子产生了水冲击现象，频繁的冲击造成水管断裂；二是设计时冲洗水管固定考虑不周、不牢固，冲洗除雾器时管子或多或少地存在振动，最后造成水管断裂；三是安装不合格，如PP管连接处未严格按要求加热连接，或固定不牢。

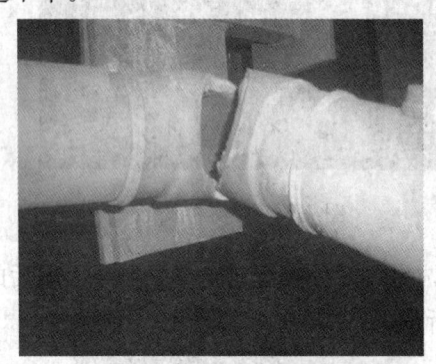

图 7-28 除雾器冲洗水管断裂

冲洗水管阀门内漏十分普遍，如某电厂3、4号机组采用石灰石—石膏湿法烟气脱硫，喷淋塔一炉一塔配置。2007年7月3号FGD投入运行，2007年11月4号FGD投入运行。在较短的运行时间里，暴露出不少问题。其中冲洗水系统运行短短几个月以来，发现除雾器冲洗、磨石机浆液泵冲洗、地坑泵冲洗等冲洗水系统阀门内漏，导致FGD水量平衡更加困难。冲洗水系统阀门全部设计为蝶阀，蝶阀在一般情况下是不能完全可靠隔绝的。在修复泄漏阀门的前提下，考虑逐步对冲洗水系统阀门进行更换。电动冲洗门可继续采用电动蝶阀，手动隔离门更换为闸阀或者截止阀。在电动冲洗门与手动隔离门之间管道上加排放门,一方面可便于检查冲洗水阀门是否内漏,另一方面可作为地面等冲洗。

上述除雾器冲洗水管断裂及阀门内漏造成除雾器局部冲洗不足进而引起结垢堵塞,严重者造成除雾器坍塌事故,在设计和运行中应引起足够重视。

对于塔外水平布置的除雾器,其入口处石膏堆积严重也是一个问题,如某些系统上,除雾器布置在水平烟道上,石膏堆积严重,如图 7-29 所示,造成除雾器流场分布不均匀、局部堵塞,进而使除雾效率降低,引起其后的 GGH 堵塞严重。通过改进吸收塔出口导流板分布、增加冲洗水,减少了石膏堆积现象。

图 7-29 水平布置的除雾器入口处石膏堆积

(五)吸收塔喷淋层与壳体故障

1. 喷淋层、喷嘴堵塞

循环泵故障而长久不运行,会造成停运喷淋管石膏浆液漏入沉积,最后堵塞喷嘴及喷淋管,运行中一些杂物进入喷嘴也会造成喷嘴的逐步堵塞,FGD 停运检修时,应逐个检查喷嘴的堵塞情况。当 FGD 运行时若发现出口压力升高,可能为出口管道或喷嘴堵塞。循环喷淋管被异物(施工遗留物、脱落垢片等)堵塞,造成个别部位喷液减少甚至无浆,如图 7-30 所示。吸收塔循环泵出口压力波动,使各喷头喷出的浆液量不稳定、不均衡。

图 7-30 喷嘴堵塞

在某电厂 FGD 吸收塔内部分喷嘴已经堵塞且有损坏,在下部 FRP 喷淋分管上,出现多处穿孔现象,喷淋管的支撑管也有衬胶穿孔,后更换了喷嘴并对穿孔处重新进行防腐加固。

堵塞是一个渐进的过程,这可能是进入吸收塔的灰分过大、塔内浆液浓度过大所致。浆液有磨损 FRP 管道现象,局部浆液黏附在喷嘴上慢慢堵塞,使浆液的通路减少,循环泵停运后未及时进行冲洗,最后浆液不能形成 95° 的喷淋角度而是正对着往下冲,下方的 FRP 管道及衬胶支撑管变逐渐被穿孔,如图 7-31 所示。

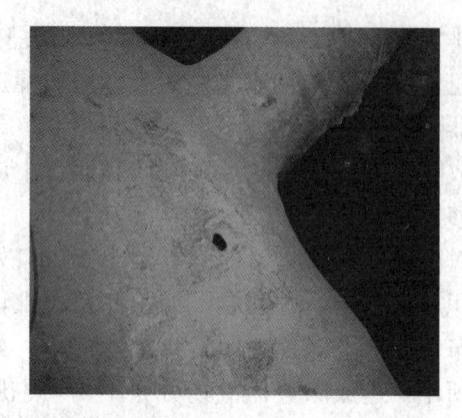

图 7-31 喷淋管冲刷

在一些 FGD 吸收塔中，在靠近喷嘴的喷淋层支撑管上加装 PP 板及 FRP 板来减缓喷淋浆液的冲刷，如图 7-32 所示。

图 7-32 喷淋层上支撑梁上加 PP 板及 FRP 板防冲刷

**2. 塔壁冲刷及支撑梁防腐层磨损腐蚀**

喷嘴安装位置不合适主要表现在对支撑梁及塔壁的冲刷磨蚀上，如图 7-33 所示。喷淋层外圈喷嘴喷出的循环浆液对塔壁防腐内衬的冲刷是防腐内衬磨损脱落导致腐蚀穿孔的重要原因。为减轻防腐内衬的冲刷磨损，应合理布置喷淋层外圈喷嘴。在设计中外圈喷嘴与塔壁保持合适的距离，外圈喷嘴的喷射角应小于内圈喷嘴的喷射角，一般以 90°为宜。美国 MET 公司的专利技术 ALD，在外圈喷嘴下方的塔壁周边设置若干层一定宽度并向塔中央以一定角度倾斜的环形合金钢板，既能减轻喷淋浆液对塔壁的冲刷，又能防止烟气短路，增加烟气与液体的接触，提高脱硫率或降低液气比，是一个很有创意的方案。同时，在布置喷淋层喷嘴时还要防止喷淋浆液对下一层喷淋管及支撑梁的冲刷，并保证足够的喷淋覆盖率。

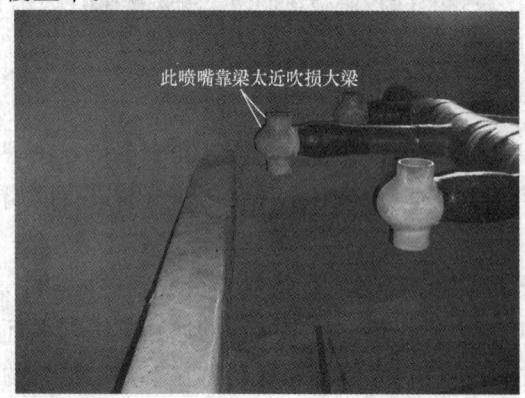

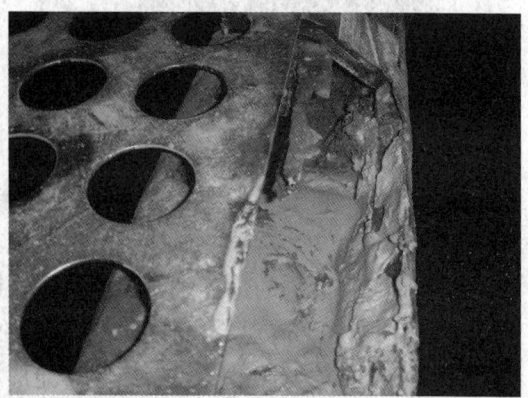

图 7-33 喷嘴对支撑梁的损坏

### 三、石膏脱水系统

#### （一）石膏旋流器

目前国内火电厂石灰石—石膏湿法脱硫装置中旋流器大多为进口设备，且多为国内某公司代理的南非某公司生产的聚氨酯旋流器。从使用情况看，破损情况严重，筒体或锥体开裂，石膏浆或石灰石浆四溢，致使石膏脱水系统或湿式磨石机制浆系统无法正常运行，尤以石膏浆液旋流器破损更为严重，石膏水力旋流器破裂一是因为旋流子材料太差、制造粗糙，易出现磨穿事故；二是运行控制不当，旋流器入口压力太高，超出了其设计承压能力，如图 7-34 所示。可采取的对策如下：

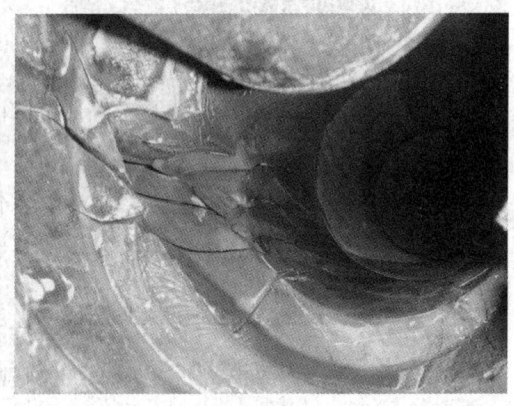

图 7-34 石膏旋流子的破裂

（1）选用材质可靠的旋流器。对开裂的聚氨酯旋流子，建议与供货商联系，并取样请质检单位化验分析，确认是合格的聚氨酯产品还是贴牌伪劣产品。在聚氨酯旋流器中以聚醚型为宜。若聚氨酯质量难以保证时，可采用钢制外壳内衬碳化硅的旋流子，耐磨耐腐。

（2）向旋流器供货商提供的设计参数应考虑燃煤含硫量、灰分及电除尘器除尘效率、水质变化对浆液浓度、黏度与粒度的要求或影响，并留有合理的裕量。脱硫项目设计部门应对供货商提供的旋流器性能参数与结构参数予以分析确认。对废水旋流器，因废水中固形物浓度与粒度更小，尤应认真设计或采用其他有效的分离方式。

（3）重视旋流器的装配精度。旋流器一般是由一组零部件装配而成，轴向各连接部分应保证一定的同轴度，并且内表面不能有凸凹或裂缝，否则其内部流场的不对称性加剧，或使内部流场受到破坏，使分离性能恶化。因此对采用法兰连接的旋流器，对加工精度、密封垫圈的尺寸及边缘光整等应有较高的要求。

（4）供浆泵出口压力应与旋流器进料设计压力匹配，并保持稳定。石灰石浆旋流器一般在此前设置石灰石浆循环罐，由再循环泵向旋流器供料，其液位与压力较稳定，故其破损明显低于石膏浆旋流器。而石膏浆液旋流器，大部分设计由吸收塔旁的石膏浆排出泵直接向石膏浆旋流器供料，输送距离长，输送管道压力降设计偏大，致使旋流器进料压力不稳定，明显超过旋流器设计参数，对旋流器分离效率与使用寿命均有不利影响，故建议在条件许可的情况下，在石膏浆旋流器前设置石膏浆缓冲罐，保持稳定的液位，用压力匹配的石膏浆缓冲泵向旋流器供料。另外，按设计要求运行可减少旋流器破裂的发生。

(5) 加强检修维护,对旋流子易磨损的部位如进料口与沉砂嘴,及时进行修补或更换。在条件许可的情况下,旋流器上应多设几个在线备用的旋流子。

(二) 真空泵

水环式真空泵在运行中,经常发生内部结垢情况,致使转子无法转动。造成转子不能转动的主要原因是真空泵的工作介质,水硬度高水中钙、镁化合物沉积结垢造成泵转子与壳体之间间隙变小、堵塞,进而引起真空泵不能正常运行,如图 7-35 所示。

处理措施:

(1) 启动前手动试转;

(2) 出现试转困难的时候采取柠檬酸清洗;

(3) 增加泵停运后水冲洗,确保停运后泵体内的清洁,维持真空泵的正常运行;

(4) 若有条件,可将真空泵密封水更换为软化水。

(三) 真空皮带脱水机

脱水机常见的问题有皮带跑偏、滤布跑偏、滤布打折破损、滤布接口断裂、冲洗水管道和喷嘴堵塞、落料不均匀或堵塞等,这里某电厂一期工程 4×600MW 烟气脱硫的真空皮带脱水机系统运行情况来分析各种故障的原因及改进。该厂真空皮带脱水机采用德国 THYSSENKRUPP 的设备,运行中出现的问题有:

图 7-35 真空泵结垢

(1) 电动机因过流或过热跳闸。经常出现电动机电流超过额定电流或电动机发热等现象跳闸,分析其原因主要有以下几个方面:

1) 脱水机电动机及减速机选型偏小。电动机减速机输出扭矩的大小主要取决于胶带和胶带支撑平台之间的摩擦阻力以及真空盒的真空度。电动机减速机输出扭矩仅有 24000N·m,经过计算,这一扭矩只有在正常理想情况下才能够满足真空皮带脱水机的运行要求,当系统瞬间负荷发生变化时就无法满足。如真空皮带脱水机启动、机组负荷变化、石膏浆液浓度变化、真空皮带脱水机运行速度变化、真空盒的真空度发生变化时,都会引起电动机瞬间负荷过大,由此引起电动机过电流和电动机发热。

2) 脱水机胶带和胶带支撑平台之间出现比较严重的胶带磨损,磨损下来的橡胶条堵塞了胶带支撑平台的润滑水槽,造成胶带和胶带支撑平台之间的摩擦阻力增大,从而导致驱动电动机负荷过大,引起跳闸。

(2) 滤布纠偏装置故障。在皮带脱水机调试期间,曾出现滤布纠偏装置长时间故障,保护投运不了,造成了真空皮带脱水机滤布撕裂的严重后果。投产后经常出现滤布跑偏后,纠偏装置光杆动作虽然能自保持跟随滤带同方向动作,同时发出反方向纠偏的信号,但在很多情况下,纠偏装置反方向纠偏动作未将滤布纠偏到位时,尾部滤布限位开关就动作,造成真空皮带脱水机跳闸。分析其原因,可能是真空皮带机滤布纠偏装置行程与滤布跑偏不匹配,而且调节装置抗干扰能力太差。另外,纠偏装置为机电集成式电动机,内设置电动机、调节限位开关和安全开关,现场检修极其不方便。由于此电动驱动机为克虏伯定制的专有产品，国内很难采购到可替换的备品备件。

(3) 胶带磨损。真空皮带脱水机胶带和胶带支撑平台之间发生了比较严重的胶带磨损。在胶带支撑平台两边的接水槽中，随处可见磨损下来的胶带碎末。一方面，磨损下来的橡胶条会堵塞接水槽；另一方面，还会堵塞支撑平台润滑水槽，致使皮带摩擦阻力增大，严重影响胶带的使用寿命。磨损的主要原因如下：

1) 胶带支撑平台的材质为超高分子聚乙烯板，常规采用此材质的胶带支撑平台通常设计厚度为 35～50mm，而该工程中皮带脱水机支撑平台厚度只有 20mm。支撑平台用料太薄造成平台变形，从而导致胶带磨损。

2) 真空皮带机胶带支撑平台安装调平度不够。

3) 现场胶带支撑平台接口处没有涂胶，接口处安装不平。

(4) 漏水。真空皮带脱水机漏水严重，造成石膏脱水楼三楼、二楼地面积水。真空皮带脱水机主要的漏水部位是真空盒密封水外漏和胶带支撑平台两边的接水槽，其原因是：

1) 真空盒密封水进水管路布置不合理，造成真空盒密封水量前后分布不均匀，头部水量太大漏水严重，而尾部水量不足。

2) 胶带支撑平台接口处张口没有涂胶，造成接口处漏水严重。

3) 胶带支撑平台两边的接水槽及接水管被磨损下来的胶带碎末堵塞，接水管下水不畅，接水槽处胶带润滑水溢出。

针对以上出现的问题，对真空皮带脱水机进行了系统改造。

1) 在不改变原有真空皮带脱水机框架结构的基础上，将脱水机胶带平台支撑改为托辊支撑。托辊采用高分子 PE 管制成，托辊间距为 300～400mm。这种支撑方式结构简单、可靠，不需要任何监测设施，可最大限度地减少摩擦阻力（皮带承受的是滚动摩擦），减少皮带的磨损，有利于延长皮带的使用寿命，同时也解决了电动机功率偏小的问题。

由于取消了脱水机胶带和胶带支撑平台之间的润滑水，从根本上解决了皮带脱水机接水槽漏水的问题。

2) 对真空皮带脱水机真空盒密封水进水管路进行改造，使真空盒密封水量前后分布均匀，解决真空盒头部密封水水量太大、而尾部水量不足的问题。管道布置简洁、美观。

3) 将电动纠偏装置改为常规使用的气动纠偏装置，将纠偏装置的光电感应开关改为电感式接近开关或机械式限位开关，使纠偏装置简单、可靠。

4) 真空皮带机出口落料管材质由碳钢改为碳钢内衬 PP 板，减少石膏在下料口的黏结，使下料畅通，防止出料堵塞。

将真空皮带机的平板支撑改为托辊支撑后，真空皮带脱水机整体运行平稳，电动机过热现象已彻底消除，皮带磨损也得到明显遏制。由于使用托辊支撑，省却了润滑水，可减少用水量 $0.7m^3/h$。漏水的现象也已消除。纠偏装置改为气动纠偏装置后，动作正常可靠，纠偏效果良好。由于气动纠偏装置结构简单、维修方便，维护费用也大大下降。

从石膏参数上看，由于真空盒没有皮带碎削的堵塞，真空系统能力加强，且在真空系统出力降低的情况下仍然可以使石膏的含水率保持在 7% 左右。石膏冲洗水位置改变后，

图 7-36 石膏下料口的堵塞

使石膏冲洗更为直接、有效，氯离子含量明显降低。技术改造达到明显的安全、经济效益。

某电厂石膏下料的堵塞问题是脱水系统的主要问题，原因是设计不合理，下料口太小了，如图 7-36 所示。可以更换更宽的石膏皮带输送机并相应加宽石膏下料口，同时将下料口由现在的钢板改为稍硬橡胶板连接。

### 四、石灰石制浆系统故障

#### （一）磨石机入口堵塞

磨石机入口堵塞，浆液溢流，磨石机不能正常运行，主要原因是磨石机入口水管设计不合理。脱硫磨石机设计为湿式钢球磨石机，运行中石灰石和工艺水同时进入磨石机系统，水源主要来自滤液池的滤液水，水温在 50℃左右，入口水管安装位置在弯头下部约 200mm 处，这样来水中的蒸汽在弯头上遇冷凝结，使石灰石下料中的粉状物逐渐黏附在弯头上部，积到一定厚度便造成下料口堵塞。

解决的措施：

（1）将入口来水管变更在弯头上部，减少水汽对下料的影响。

（2）加装报警装置并引入控制室，便于运行人员及时发现和处理堵塞。

#### （二）湿式钢球磨石机内衬板损坏

橡胶衬板用于石灰石制备系统中的磨石机内衬，衬板在磨石机内主要受到腐蚀、撞击、磨损、易损坏，如图 7-37 所示，因此选择合适的磨石机衬里在石灰石浆液的制备生产中很重要。磨石机衬板要求必须具有很好的耐磨、抗冲击、耐老化、抗腐蚀的性能，其中耐磨是最主要的。国家标准对磨石机橡胶衬板的技术要求是：拉伸强度 16MPa，硬度 65±5，拉断伸长率大于或等于 400%，回弹性 36%，相对体积磨耗量小于或等于 60mm$^3$。瑞典 SKEGA 公司的技术要求是：拉伸强度 20(±10%)MPa，硬度 60±3，拉断伸长率 590%，回弹性 40%，相对体积磨耗量小于或等于 40mm$^3$。根据这些要求，制造衬板是要对橡胶材料、补强剂、硫化体系、软化剂进行试验和筛选。

图 7-37 湿式磨石机橡胶衬板的损坏

从磨损的观点看，影响衬板磨损的主要因素有进料尺寸、磨矿介质尺寸、磨石机转速、磨石机直径、矿物硬度与填充率，但通常这些参数是不变的。因此正确的衬板结构设计和安装质量，直接影响到磨石机处理能力、生产效率、衬板磨损速度和磨矿成本。若运行中钢球磨石机筒体内撞击声音异常增大，是橡胶内衬损坏的征兆，需及时停机检查更换。

（三）湿式钢球磨石机漏浆

由于钢球磨石机筒体内装有大量浆液，筒体的旋转给钢球磨石机入口的密封带来一定困难，会出现漏浆现象。有的电厂密封形式不好，采用的是填料密封，密封结构简单，加之浆液浸泡和磨损，使用寿命短，不超过一周就有泄漏；有的电厂密封垫的尺寸选择错误，漏浆更为严重。在某电厂，当单台钢球磨石机负荷大于 5t/h（额定 8.6t/h）时，钢球磨石机出料端粗料排放口的甩料开始加剧，导致出料端粗料排放口堵塞，地面石灰石浆液堆积最高时达 400mm，将地沟全部堵死，整个钢球磨石机车间地面淌满浆液，磨石机出力也无法提高。清理地面时大量的冲洗水又通过制浆区地坑泵抽至石灰石浆液储存箱，使石灰石浆液的浓度进一步降低。

对入口漏浆，一些电厂通过更换更好的机封，在磨石机入口机封下部增加汇流管，并从磨石机入口比例水引取冲洗水源，减少了漏浆现象。钢球磨石机出料端甩料的原因有：

(1) 石灰石给料与钢球磨石机给水配比存在问题，配水量过多。造成配比不当的因素有：逻辑控制上，阀门给水配比设置不当；钢球磨石机入口和石灰石浆液循环箱的注水调节门没有设自动，或是阀门有损坏，导致给水量过多；石灰石称重给料机不准等。

(2) 钢球磨石机本身问题。因钢球磨石机本身的问题导致甩料的因素有：钢球磨石机安装不水平；钢球磨石机内钢球过多；各种规格的钢球配比不合理。出料端位置偏低将导致钢球磨石机内部液位不水平，浆液从出料端以过快的速度流出，出料网筛的回旋螺纹无法将大量的浆液挡回，导致溢流口溢流浆液过多。钢球磨石机内钢球过多则容易使磨石机内部浆液液位过高，即使加料量很少，也会导致浆液溢流，钢球是否过多可从钢球磨石机的主电动机运行电流及停机检修时重新筛选钢球后的情况来判断。钢球规格的配比不合理主要会导致浆液磨制的质量不好，如果粗钢球过多，则浆液的磨制循环次数会增加，过多的粗颗粒循环往复地由旋流器回到钢球磨石机，间接导致回流浆液过多，钢球磨石机内液位过高。

(3) 石灰石浆液旋流器对钢球磨石机甩料有较大影响，主要是回流浆液与成品浆液的流量比，回流浆液流量大易使磨石机内浆液过多，磨石机系统物料平衡失去而溢流。可以通过在旋流器喷嘴处用水桶、秒表和磅秤等较粗略的方法来测量该处的体积流量和密度。如果测量结果与设计值偏差较大，则需更换旋流子底流喷嘴。运行时应逐一排查原因并针对性地去解决。

（四）磨石机出力或浓度达不到设计要求

磨石机出力不足主要是设计选取时就小了，或钢球磨石机内钢球装载量不足、钢球大小比例配置不当造成的。对于前者属先天不足，只有更换磨石机或增加磨石机来满足烟气脱硫装置运行要求。钢球装载量不足可从运行中电流的大小来判断，这时应及时补充钢球，一般来说，只需补充直径较大的两种型号的钢球即可。钢球磨石机应在额定工况下运行，给料量大小对电耗的影响不大，在空载和最大出力两种工况下，主电动机电流几乎相等，但给料量小会造成钢球磨损变快和制浆量不足等弊端。根据经验，运行中应按实际钢球装载量的最大出力给料，既可降低电耗也能降低浆液细度。小钢球过多则磨石机出力也将不足。

脱硫用石灰石浆液对密度和细度有较严格的要求,设计要求石灰石浆液密度一般为 $1210\sim1250kg/m^3$,对应的石灰石浆液质量百分比浓度在25%~30%左右,合格的石灰石浆液细度大多要求为大于325目（44μm）90%通过。密度过高易造成管道磨损和堵塞,同时也会加快石灰石浆液箱搅拌器的磨损；密度过低会造成即便吸收塔供浆调节阀门全开,石灰石浆液量仍无法满足吸收塔的需要,使吸收塔内吸收液pH值过低。湿式钢球磨石机制浆系统运行调整的目的是使磨制出的石灰石浆液的密度（或浓度）、细度满足脱硫工艺要求,达到设计值,并保证系统安全稳定运行,能耗最低。磨石机带负荷试运时,应通过对磨石机石灰石浆液的密度（或浓度）、细度等指标进行多次调整,包括对其影响因素如磨石机加球量、制浆系统水量平衡、给料量以及旋流器的入口压力及底流流量的调整等多方面的反复试验,才能取得理想的效果。

调整石灰石浆液细度的途径有：

(1) 保持合理的钢球装载量和钢球配比。石灰石足靠钢球撞击、挤压和碾磨成浆液,若钢球装载量不足,细度将很难达到要求。运行中可通过监视钢球磨石机主电动机电流来监视钢球装载量,若发现电流明显下降则需及时补充钢球。钢球磨石机在初次投运时钢球质量配比应按设计进行。

(2) 控制进入钢球磨石机石灰石粒径大小和 $Fe_2O_3$ 和 $SiO_2$ 成分,使之处于设计范围。一般湿式钢球磨石机进料粒径为小于20mm。

(3) 调节钢球磨石机入口进料量。为了降低电耗,钢球磨石机应经常保持在额定工况下运行,但当钢球补充不及时,则需根据钢球磨石机主电动机电流降低情况适当减小给料量,才能保证浆液粒径合格。

(4) 调节进入钢球磨石机入口工艺水（或来自脱水系统的回收水）量。钢球磨石机入口工艺水（或来自脱水系统的回收水）的作用之一是在筒体中流动带动石灰石浆液流动,若水量大则流动快,碾磨时间相对较短,浆液粒径就相对变大；反之变小。为保证浆液的密度和细度,水量应与钢球磨石机出力相对应,要控制在一个合适的范围内,通常情况下,进入钢球磨石机的石灰石和给水量比例在2.3~2.5较为合适,石灰石较湿时可减少给水量。

(5) 调节旋流分离器的水力旋流强度。旋流器入口压力越大,旋流强度则越强,底流流量相对变小,但粒径变大；反之粒径变小。因此在运行中要密切监视旋流器入口压力在适当范围内。对于调节旋流分离器入口压力,若系统装有变频式再循环泵,则可通过调节泵的转速来改变旋流器入口压力；若旋流器由多个旋流子组成,则可通过调节投入旋流子个数去实现调整目的。旋流子投入个数和旋流器压力应在运行中找出一个最佳组合范围,这是保证浆液细度、物料调节平衡的关键。

(6) 适当开启细度调节阀,让一部分稀浆再次进入钢球磨石机碾磨。旋流器入口石灰石浆液的密度设定值一般不要超过 $1.5t/m^3$,超过此限系统磨损、堵塞现象明显加剧,磨制的浆液细度也无法保证。

(7) 上述各种手段的调节需要检测、化验数据,因此运行应经常冲洗密度计,保证测量准确性,同时加强化学监督,定期化验浆液细度和密度,为磨石机的调节提供依据。

(五)干式磨石机系统漏粉严重等

脱硫干石灰石粉制备系统分为辊式立式磨石机和钢球磨石机两种。辊式立式磨石机系统具有系统简单、能量利用率高、调节方便、环保效益好等特点,是目前应用较多的技术。磨制系统处于负压运行,循环风管粉尘不易外溢,但检修时设备内积存的粉尘会对检修人员及周围环境造成一定的影响;系统通过排风口不断向外排放粉尘气体,长时间可能会对周围环境产生影响。干式钢球磨石机制粉系统成熟可靠,适应磨制硬度较高的物料,出力和细度稳定,但其系统较为复杂、效率低、运行电耗较高,运行维护不当易造成粉尘泄漏,粉尘及噪声污染严重。如某石灰石干式钢球磨石机系统采用管道和高压离心风机输送风粉混合物,因为操作不当、系统正压运行或石灰石粉输送管道堵塞,造成石灰石粉泄漏,粉尘污染严重。所以在设计时应采取有效防范措施,配套足够地面冲洗水设施,在石灰石浆液罐顶部等设计带有水封的浆液罐排气装置,防止石灰石粉进入浆液罐时溢出。运行中加强参数调整与分析,保持系统负压在一定范围内,同时对部分设备及收尘的布袋效果进行定期检查。

磨石机的噪声常有超标,使用橡胶衬板可降低噪声,改善操作环境,运行中要及时更换损坏的衬板。

### 五、其他问题

(一)仪表问题

1. pH 计故障

一般来说,吸收塔石膏浆液的 pH 值测量设有 2 个 pH 计,正常同时投入运行,并能自动冲洗校验,取平均值或取某一值作为控制用,当两套仪表测量数据超过 0.1 或 0.2 时会自动报警,需要进行校正处理。

故障现象:某个 pH 计的测量值变化太快或明显有偏差。

原因分析:pH 仪测量数据偏差大的原因是冲洗不正常、探头使用时间太长、设计不合理。

2. 密度测量故障

若密度计的流量变小,先冲洗密度计;密度计故障,需人工实验室测量各浆液密度;密度计需尽快修复,校准后尽快投入使用。

3. 液体流量测量故障

用工艺水清洗或重新校验。

4. 液位测量故障

用工艺水清洗或人工清洗测量管子或重新校验液位计。

5. CEMS 故障

运行人员应立即查明原因并修复尽快投入,同时做好 FGD 系统各运行参数的控制。

6. 烟道压力测量故障

用压缩空气吹扫或机械清理。

7. 烟气流量测量故障

用压缩空气进行吹扫。

8. 称重设备不准备

重新校验。

9. 料位计故障

重新校验。

所有FGD系统的测量仪表应定期维护和校验，必要时更换。

(二) 电气系统故障

1. 6kV失电

故障现象：

(1) CRT上有电气故障报警信号，6kV母线电压消失。

(2) 运行中的脱硫设备跳闸，对应母线所带的6kV电动机停运。

(3) 该段所对应的380V母线自动投入备用电源，否则对应的380V负荷失电跳闸。

故障原因。不同的电气系统设计有不同的原因，主要有：

(1) 全厂停电。

(2) 6kV脱硫段母线或电缆故障。

(3) 电气保护误动作或电气人员误操作。

(4) 发电机跳闸，备用电源未投入。

(5) 脱硫变压器故障，备用电源未能投入。

故障处理：

(1) 运行人员应立即确认FGD系统连锁跳闸动作是否完成，确认烟气旁路挡板打开，FGD原、净烟气挡板关闭，吸收塔放散阀打开。若旁路挡板动作不良应立即将其手动操作打开；确认FGD系统处于安全状态。

(2) 确认脱硫保安段、UPS电源、仪控电源正常，工作电源开关和备用电源开关在断开位置，并断开各负荷开关。

(3) 尽快联系值长及电气检修人员，查明故障原因，争取尽快恢复供电。

(4) 若给料系统连锁未动作时，应手动停止给料。

(5) 注意监测烟气系统内各点温度的变化，必要时应手动开启冲洗水门。

(6) 将增压风机调节挡板关到最小位置，做好重新启动FGD装置的准备。

(7) 若6kV电源短时间内不能恢复，按停机相关规定处理，并尽快将管道和泵体内浆液排出以免沉积。

(8) 若造成380V电源中断，按相关规定处理。

2. 380V失电

故障现象：

(1) "380V电源中断" 报警信号发出。

(2) 30V电压指示到零。

(3) 低电压电动机跳闸。

(4) 工作照明跳闸，事故照明自动投入。

故障原因：

(1) 相应的 6kV 母线故障，备用电源未能投入。

(2) 380V 母线故障。

(3) 脱硫低压变压器跳闸，备用电源未能投入。

故障处理：

(1) 若属 6kV 电源故障引起，按短期停机处理。

(2) 若 380V 单段故障，应检查故障原因及设备动作情况，并断开该段电源开关及各负荷开关，及时向上级领导汇报。

(3) 当 380V 电源全部中断，且电源在 8h 内不能恢复，应利用备用设备将所有泵、管道的浆液排尽并及时冲洗。

(4) 电气保护动作引起的失电，严禁盲目强行送电。

(三) 脱硫 DCS 系统中 CRT 显示数据问题

由于设计和调试问题，一些 DCS 系统中 CRT 显示数据会欠缺或与实际不符，这需要补充设计和认真调试。由于仪表故障如 CEMS 检测元件故障等，会使其读数不准，需加强维护和定期校验。

(四) 脱硫废水处理系统不能正常运行

脱硫废水系统一般为不同机组脱硫岛的公用系统，随着机组停运，脱硫废水系统处理水量也会变化；另外，脱硫废水的排放量主要是根据吸收塔内氯离子浓度的大小决定的，因此系统排放的水量并不稳定，这样会导致脱硫废水处理系统起停比较频繁，很容易导致系统堵塞、末级澄清器无法正常工作（易翻池，导致出水浊度偏高）等故障的发生。堵塞和不能投自动运行是废水系统不能正常投运的 2 个最重要原因，这里有设计和运行等各方面的因素，包括：

(1) 设计对进入废水处理系统的浆液含固量考虑过于理想，设计余量小，造成系统内固体大量沉积而不能运行，图 7-38 是某电厂澄清池内固体沉积过多压死搅拌器、污泥泵不能动旦的情形，只有花大量人力去清泥。

(2) 废水旋流子喷嘴尺寸选择不当，导致溢流和底流浆液浓度不正常。进入废水旋流器的浆液浓度过高，旋流子底部常被堵死。废水旋流器压力不足，旋流效果差。废水旋流器入口加装的滤网堵塞频繁，导致废水旋流器无法正常投运。

图 7-38 某废水系统入口浆液浓度高造成固体的沉积

(3) 废水系统各箱罐（中和箱、沉降箱、絮凝箱等）因来水中固体含量太高，固体沉积而堵塞。

(4) 石灰乳加药管很小，设计冲洗水考虑不周或运行不当造成堵塞。

(5) 废水系统自动控制要求高，任一台设备或仪表故障都会导致系统不能正常运行。

(6) 废水处理作为 FGD 系统的子系统在运行中未能得到应有的重视，加上运行药品较贵，设备故障后得不到及时修理，时间一久更运行不好。因此要保证废水处理系统的正常运行，就需在设计和运行管理上共同重视。

设计上的措施有：

(1) 适当加大废水处理系统的容量，如加大缓冲池容量并保持废水连续稳定排放。为了防止悬浮物的沉淀，废水缓冲箱中需要设计搅拌装置。搅拌装置分为机械搅拌和曝气搅拌两种方式。对于机械搅拌一般适于体积较小的水箱，而曝气搅拌除了能够提供搅拌外，因曝气过程中空气与水充分接触，能够进一步氧化水中亚硫酸盐，有利于降低系统出水的 COD 值，因此应用较广。在系统设计时，如果脱硫废水的曝气装置选用与常规工业废水相同的类型如筒式结构，曝气筒就很容易被沉降下来的泥浆堵塞，造成罗茨风机电动机发热。实践表明，曝气装置采取母管支管，并在支管上打曝气孔的方式较好，但采取母管支管结构时，支管的排列密度及曝气强度应是普通工业废水的 2~4 倍。

(2) 石灰乳加药系统的设计：

1) 加药泵的选择。石灰乳加药泵有隔膜式加药计量泵和螺杆泵。隔膜式计量泵的进出口逆止球很容易被杂质卡塞，从而导致计量泵无法正常投运。为了保证其正常投运，需要在计量泵入口设置效率较高的过滤器，并且对过滤器滤网进行频繁冲洗。螺杆泵耐污堵能力较强，一般不会发生堵塞。

2) 系统的材质选择根据《火力发电厂化学设计技术规程》（DL/T 5068—2006）的要求，石灰加药系统的溶药箱和管道可采用普通 Q235 材质，不需要进行防腐，但从实际工程情况看，石灰乳溶液箱体内壁锈蚀严重，因此采用衬胶更好。另外，石灰乳易沉积，不宜采用磁翻板液位计而采用超声波液位计；如果采用了磁翻板液位计，建议在磁翻板液位计进口导管处加装检修阀门，并在液位计进液口加设一路冲洗水作为防堵措施。

3) 系统的冲洗设计。由于脱硫废水中悬浮物含量较高，系统每次停运后若不及时冲洗，会导致系统堵塞，无法正常运转。具体考虑的冲洗位置为废水泵出口至 pH 值调整槽管路、石灰乳加药系统管路、絮凝槽至澄清器管路、澄清器泥浆输送管路。此外，若 pH 值调整槽、反应槽、絮凝槽为单独的箱体，则箱体间的连接管路应适当放大，并在箱体加装液位计。

4) 系统管路的选择。脱硫废水系统中与废水接触的管线一般选用 CPVC 工程塑料、衬塑管或孔网钢塑管等耐腐蚀管材。尽管脱硫废水系统设计时考虑了系统的自动冲洗，但还存在污堵现象。一旦有污堵发生，仅靠冲洗无法解决问题时，必须对系统管路分段拆卸冲洗。对于衬塑管，因为管段间采取法兰连接，拆卸方便；而对于 CPVC 或孔网钢塑管，设计时必须考虑拆卸问题，应采用法兰连接，法兰距离 3~5m 为宜。

5) 系统控制。设计时应考虑整个系统的变频控制，即废水泵、加药泵应采用变频控制，以保证脱硫废水处理系统的连续、正常运行。

脱硫工艺设计的废水流量系指平均流量，而在实际运行过程中，脱硫废水随石膏的生产过程而排放，因石膏并非连续生产，这也意味着烟气脱硫装置的废水并非连续排放。废水系统和脱水系统息息相关，废水的正常排放有助于脱水系统的正常运行，而脱水效果的好坏又影响废水旋流器的运行和排放至废水系统的石膏含量，所以要做好系统的调试工作及运行中的监控。首先对石膏旋流器和废水旋流器进行调试，对石膏浆液浓度和结晶情况进行分析，对旋流器的各部位浆液浓度和流量进行测试，确保旋流器各部分浆液浓度达到设计值，可以通过调节压力和选配恰口径当的喷嘴达到旋流效果。正常投运以后要定期对浆液化验，若发现浓度异常，应查明原因并及时处理。在脱水系统上各级流程上加装可在线人工清理的开式滤网，这些滤网能将进入系统内的所有稍大的杂质全部过滤掉，确保各系统不会发生堵塞。由于脱硫废水悬浮物沉降性能很好，在中和、沉降、絮凝箱沉淀部分固体是必不可免的，为了防止固体物质沉淀过多将废水通道堵塞，建议定期（如7天）对中和沉降絮凝箱进行排污。运行中对停运的设备要及时冲洗干净，并对故障及时维修。

## 第二节　脱硫装置运行调整中常见问题分析

### 一、脱硫效率低原因分析

脱硫装置工艺系统复杂，影响脱硫率的因素比较多，如图 1-23 所示，各因素之间又存在相互影响。需要对具体装置进行具体分析，抓住主要原因解决问题。运行中脱硫装置效率不高的原因主要有以下几方面。

（一）$SO_2$ 测量仪、pH 计等仪表测量不准确

石灰石浆液的供浆量由吸收塔入口、出口烟气中 $SO_2$ 的含量来确定。如果 $SO_2$ 测量仪不准确会导致供浆量过多或不足，最终引起脱硫率下降。

浆液的 pH 值是脱硫的重要运行参数，一方面，pH 值影响 $SO_2$ 的吸收过程；另一方面，pH 值还影响石灰石、$CaSO_4 \cdot 2H_2O$、$CaSO_3 \cdot \frac{1}{2}H_2O$ 的溶解度，溶解度的变化会形成液膜阻碍进一步反应。

当进入吸收塔的烟气量、烟气中的 $SO_2$ 含量以及石灰石品质、石灰石浆液浓度发生变化时，吸收塔浆液的 pH 值也会随之发生变化。为保证脱硫装置的脱硫率并为防止 $SO_2$ 吸收塔系统的管道发生堵塞，此时吸收塔浆液的 pH 值应在一最佳范围 (5.5~6.2)。

高 pH 的浆液环境有利于 $SO_2$ 的吸收，而低 pH 则有助于 $Ca^{2+}$ 的析出，两者互相对立。pH=6 时，二氧化硫吸收效果最佳，但此时易发生结垢，堵塞现象。低的 pH 值有利于亚硫酸钙的氧化，石灰石溶解度增加，却使二氧化硫的吸收受到抑制，脱硫效率大大降低，当 pH=4 时，二氧化硫的吸收几乎无法进行，且吸收液呈酸性，对设备也有腐蚀。一般 pH 控制在 4~6，具体最合适的 pH 值应在调试后得出。如果 pH 计测量不准，会导致供浆量过多或不足，造成脱硫率下降。

因此，计量仪表在使用时要保证校正准确，平时要加强维护，冲洗干净，经常校正，以保证测量值准确。

（二）烟气量增加或循环泵出力不足

如果脱硫装置烟气流量增加，入口 $SO_2$ 浓度增大，或表现为循环泵运行数量不够，

循环泵叶轮磨蚀等原因造成出力不够,循环浆液流量不够,会导致脱硫率下降。

烟气自气—气加热器进入吸收塔后,自下而上流动,与喷淋而下的石灰石浆液雾滴接触反应,接触时间越长,反应进行得越完全。因此长期投运对应高位喷淋盘的循环泵,有利于烟气和脱硫剂充分反应,相应的脱硫率也高。为保证较高的脱硫率,必须有足够大的液气比,加开循环泵,增加气液接触面。

### (三) pH 值过低

吸收塔内浆液的 pH 值,是通过调节进入吸收塔的石灰石浆液流量来实现的。增加石灰石浆液流量,可以提高吸收浆液的 pH 值,减小石灰石浆液流量,吸收浆液的 pH 值随之降低。如果 pH 过小 (pH<4.0),需要检查石灰石浆液密度,加大石灰石浆液供浆量,检查石灰石的反应活性。

### (四) 石灰石的品质差

石灰石颗粒越细,其表面积越大,反应越充分,吸收速率越快,石灰石的利用率越高。一般要求为:90%通过 325 目筛或 250 目筛,石灰石纯度一般要求为大于 90%。石灰石中的杂质对石灰石颗粒的消溶起阻碍作用,且杂质含量越高,阻碍作用越强,杂质 $MgCO_3$、$Fe_2O_3$、$Al_2O_3$ 均为酸易溶物,它们进入吸收塔后均会生成易溶的镁、铁、铝盐类。由于浆液的循环,这些盐类将会富集起来,浆液中大量增加的非 $Ca^{2+}$ 离子将弱化 $CaCO_3$ 在溶液中的溶解和电离。所以石灰石中杂质含量高时,会影响脱硫效果。

### (五) 氧化空气量不足

$O_2$ 参与烟气脱硫的化学过程,使 $HSO_3^-$ 氧化为 $SO_4^{2-}$,随着浆液中 $O_2$ 含量的增加,$CaSO_4 \cdot 2H_2O$ 的形成加快,脱硫率也呈上升趋势。在一定范围内多投运氧化风机可提高脱硫率。

### (六) 烟尘过多

原烟气中的飞灰在一定程度上阻碍了 $SO_2$ 与脱硫剂的接触,降低了石灰石中 $Ca^{2+}$ 的溶解速率,同时飞灰中不断溶出的一些重金属会抑制 $Ca^{2+}$ 与 $HSO_3^-$ 的反应。烟气中粉尘含量持续超过设计允许量,将使脱硫率大为下降,喷头堵塞。一般要求烟气脱硫装置入口粉尘含量小于 $200mg/m^3$。

### (七) 烟气温度过高

吸收温度降低时,吸收液面上 $SO_2$ 的平衡分压降低,有助于气液传质。进入吸收塔烟气温度越低,越利于 $SO_2$ 气体溶于浆液,形成 $HSO_3^-$,即:低温有利于吸收,高温有利于解吸。通常,将烟气冷却到 60℃ 左右再进行吸收操作最为适宜,较高的吸收操作温度,会使 $SO_2$ 的吸收效率降低。

### (八) $Cl^-$ 含量过高

氯在系统中主要以氯化钙形式存在,去除困难,影响脱硫效率,后续处理工艺复杂,在运行中应严格控制工艺水中的 $Cl^-$ 含量,及时排放废水,以保证系统中 $Cl^-$ 含量(一般控制在 $20000×10^{-6}$ 以内),确保其在设计(一般设计在 $40000×10^{-6}$ 左右)允许范围内。

### (九) 原烟气泄漏到净烟气

GGH 密封风机和净化风机(低泄漏风机)故障,出力不够,或 GGH 内部密封装置腐蚀等，造成原烟气到净烟气的泄漏。这种情况也会造成脱硫率低。

脱硫率低的原因有很多，需要在实际运行中仔细考察，对症下药，才能保证烟气脱硫装置健康运行。

## 二、烟气脱硫装置入口烟气参数变化大

烟气脱硫装置入口烟气参数有烟气量、$SO_2$ 浓度、烟尘浓度、烟气温度等，这些参数是烟气脱硫装置的重要设计参数，它决定了脱硫装置各主要设备的主要技术参数和主要辅助系统设备的容量。大多数脱硫项目都规定了脱硫装置应在锅炉燃用设计煤种时脱硫效率能够达到保证值，但由于一段时间里我国电煤供需矛盾突出，电煤质量下降严重，一些电厂实际燃用煤种已与原设计煤种有较大差异，原煤中硫含量和灰成分明显增加，造成烟气脱硫装置烟气量、$SO_2$ 浓度、烟尘浓度等严重超过设计要求，不但严重影响了锅炉的安全运行，也给脱硫装置的稳定运行带来巨大影响。如当进入吸收塔的烟气量不变而烟气中 $SO_2$ 含量增大时，受气/液接触面积和传质速率的限制，脱硫效率将会显著下降；另外，进入浆液中的 $SO_2$ 摩尔数增加使得浆液池中的吸收反应和氧化结晶的时间和空间不足，浆液的 pH 值将下降，对设备的安全性带来影响。同时，浆液中亚硫酸钙质量浓度增高，影响石膏脱水系统的正常运行。当进入吸收塔的 $SO_2$ 质量数增大到一定数值后，整个吸收塔的动态平衡将被破坏，烟气脱硫装置将无法维持运行，图 7-39 所示是某电厂 2 周内 $SO_2$ 浓度的变化，可见煤值变化之剧烈，$SO_2$ 浓度低至 $1300mg/m^3$ 以下，高到 $5000mg/m^3$ 以上，而设计在 $3000mg/m^3$。又如烟尘浓度高时，造成吸收塔内惰性物质、镁、氟等影响石灰石吸收的化学成分增加，石灰石溶解能力开始下降，逐渐失去吸收 $SO_2$ 的能力，使 pH 值异常下降，即使长时间的补充石灰石浆液也无效，最终导致系统操作恶化等。

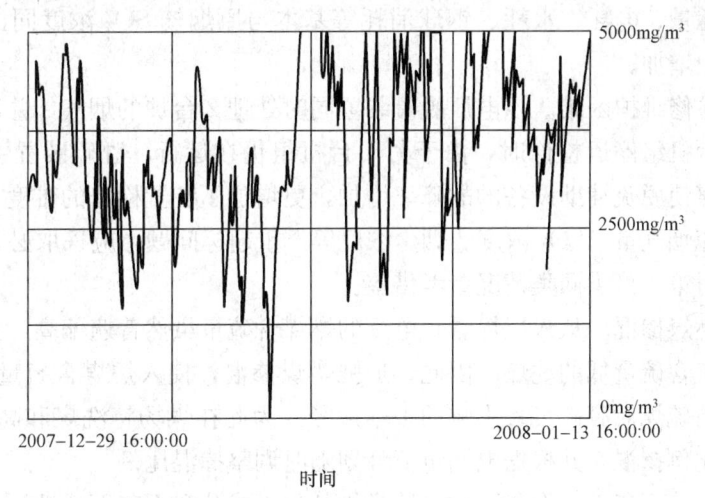

图 7-39 某电厂 2 周内 $SO_2$ 浓度的变化

某电厂的 1、2 号锅炉（200MW 机组）采用 2 炉 1 塔方式共用 1 套德国斯坦米勒公司进口的石灰石—石膏湿法脱硫装置，2000 年 10 月通烟气运行，2001 年 9 月投入半商业运行，2002 年 7 月完成性能考核，2003 年 9 月签订了最终验收协议。2004 年开始，随着煤炭市场的变化，该电厂燃煤含硫量大大超过脱硫装置的设计值，入厂煤低位发热量经常低

于设计值（23.5MJ/kg），最低至 7MJ/kg；燃煤折算硫分经常超出 2.2%～3.9% 的设计范围，最高达到 8%；原烟气 $SO_2$ 浓度实际值也经常大于脱硫装置设计最大的浓度 9400mg/m³，最高达到 17 000mg/m³。由此给脱硫装置带来了一系列问题：

（1）脱硫装置出口 $SO_2$ 浓度升高，脱硫效率下降。由于入口原烟气 $SO_2$ 浓度大大增加，超出脱硫装置处理能力，在未采取措施以前，脱硫装置出口净烟气 $SO_2$ 浓度增加，机组满负荷时脱硫装置出口 $SO_2$ 浓度经常大于设计值（400mg/m³），脱硫效率低于设计的 95%。

（2）石膏浆液及副产品石膏品质下降。石膏浆液品质随脱硫装置入口 $SO_2$ 浓度的增加而下降，导致脱水效果的降低和脱硫副产品石膏品质的下降，石膏中的氯离子含量、石膏含水量均有升高，石膏纯度下降；同时也造成吸收塔内石膏浆液浓度增加，石膏排出泵、吸收塔再循环泵电流增加、电动机线圈温度升高，浆液泵、搅拌器、管道磨损加剧，危及设备安全运行。

（3）辅助系统运行时间大大增加，腐蚀、磨损、泄漏、结垢加剧。脱硫装置入口烟气 $SO_2$ 浓度增加，引起石灰石消耗量增加，因而产生的石膏量相应增加，石灰石预破碎系统、制浆系统、脱水系统运行时间大大增加。除必须的检修外，脱水系统 24h 全部运行；制浆系统平均每天运行时间增加 4h 左右，石灰石预破碎系统平均每天运行时间增加 2h 左右。系统及设备的高投入率使脱硫装置的腐蚀、磨损、泄漏、结垢等问题增多。由于亚硫酸盐含量增加，一些浆液管道出现明显结垢，最严重之处内径由原来的 65mm 变为 20mm。

（4）发电成本增加伴随着脱硫装置入口 $SO_2$ 浓度增加，脱硫的各种消耗指标大大增加。石灰石消耗量、电耗、水耗、钢球消耗等基本与原烟气 $SO_2$ 浓度同比增加。最终导致发电成本相应增加。

（5）装置检修维护困难。该电厂脱硫装置同时处理 2 台炉的烟气，并且共用 1 台增压风机。其中 1 台机组停运检修时，由于另 1 台机组仍在运行，脱硫装置主要设备无法停运。燃用高硫煤使脱硫辅助设备的故障率增加，更增加了装置检修的难度。

为减少脱硫烟气量、$SO_2$ 浓度、烟尘浓度等严重超标问题，应采取必要的措施。该电厂采取了如下对策，可供同类情况参考借鉴。

（1）加强燃煤掺混。从入厂煤看，电厂的燃煤含硫量虽然普遍偏高，但并不是每批煤都高，其中也有含硫量低的洗煤。因此，加强燃煤掺混，使入炉煤含硫量保持相对平稳、不过高是解决高硫煤对脱硫装置影响的根本途径。为此在煤场将洗煤和高硫煤分开卸车，分开堆储，按比例掺混，并根据电网负荷计划随时调整掺混比例。

（2）更换部分石灰石。石灰石的品质是指其化学成分和石灰石活性。鉴于燃用高硫煤的实际，采用提高石灰石品质来改善吸收塔内的反应，以降低高硫煤给装置带来的影响，使脱硫装置运行参数得到改善和提高。

（3）加强运行调整。在烟气含硫量有限增加时可通过调整运行控制参数的方法，尽量维持烟气脱硫装置稳定运行。主要可采用的手段有：

1）尽量保持较高液气比。一般来说，相对较高的液气比有利于脱硫反应。实际运行中，液气比通常维持设计值，当机组负荷降低时停运 1 台吸收塔再循环泵以降低脱硫电耗（由于该电厂是调峰电厂，负荷变化幅度大）。煤质改变后为了提高装置的适应能力，电厂在低负荷或 1 台炉运行阶段不再停运再循环泵，以保持较高的液气比。

2) 尽量保持浆液低密度。调整浆液密度，将原来的下限 1080kg/m³ 下调为 1060 kg/m³，低负荷或 1 台炉运行阶段尽量降低吸收塔浆液密度。

3) 增大石膏旋流器出力。电厂石膏旋流器共 14 个旋流子，按设计运行 12 个，备用 2 个。当石膏浆液密度上涨较快时，12 个旋流子运行往往出力不够，不能降低浆液密度。将备用旋流子投入运行后，其出力能在一定程度上满足要求。

4) 调整氧化空气量。脱硫装置入口烟气 $SO_2$ 浓度增加后石膏浆液的产量随之增加，因此需要的氧化空气量相应加大。运行中根据入口烟气 $SO_2$ 浓度随时调整氧化空气量，必要时启动备用氧化风机，并增加 1 台氧化风机，以实现备用。但氧化空气量的增加受到氧化空间和时间的限制，因此，脱硫装置对烟气含硫量增大的适应性是有限的。

5) 加强检修维护工作，及时处理缺陷，提高设备可靠性。

另外，当烟气参数大幅度和较长时间偏离设计值时，脱硫装置的运行平衡将被破坏，最终导致脱硫装置被迫退出运行。为了避免这种情况，可人为限制脱硫装置的进烟量，以保持脱硫装置在设计的含硫负荷下运行。这种方法可有效避免由于脱硫运行参数恶化对设备寿命带来的严重影响，也避免了由于脱硫设备被迫退出运行给环境带来的更大污染。

(一) 工程实例：某电厂 2×300MW 燃煤机组烟气脱硫

1. 改造的原因

由于锅炉实际燃用煤质发生变化，实际燃煤含硫量远远超过了设计值，实际燃煤低位发热量远低于设计值，造成烟气中 $SO_2$ 含量成倍的增加，致使已建 FGD 装置不能适应现有工况运行，烟囱出口污染物排放严重超标，无法满足环保排放标准的要求。为满足国家环保要求 $SO_2$ 排放值需小于 400mg/m³（标态），需对现有 FGD 装置进行改造。

2. 改造参数

脱硫装置改造后，在设计煤种情况下，锅炉烟气流量为 1 084 679m³/(h·台)（标态，BMCR 工况），脱硫装置处理 100% 烟气，二氧化硫设计含量为 11 410mg/m³（标态），校荷煤种二氧化硫设计含量为 120 000mg/m³（标态）。改造工程在 $SO_2$ 浓度设计工况下，脱硫率按大于或等于 96% 设计，烟囱出口 $SO_2$ 污染物浓度小于 400mg/m³（标态）；改造工程在 $SO_2$ 浓度校核工况下脱硫率大于或等于 95%。FGD 装置可用率不小于 95%。FGD 出口 $SO_2$ 浓度不超过 400mg/m³（标态）。

3. 改造的内容

(1) 吸收塔系统改造。

1) 为满足石灰石溶解、亚硫酸钙氧化和石膏结晶的要求，同初步设计相比，吸收塔浆池加大到 3317m³（比现有浆池加大 1247m³），吸收塔高度将由 32.7m 改为 43.25m，相应吸收塔入口高度由 16.65m 改为 24.95m，吸收塔出口高度由 31.6m 改为 42.025m，如图 7-40 所示。

2) 在原有每台吸收塔四层喷淋层的基础上增加 1 层喷淋层（喷嘴数量为 104 个），同

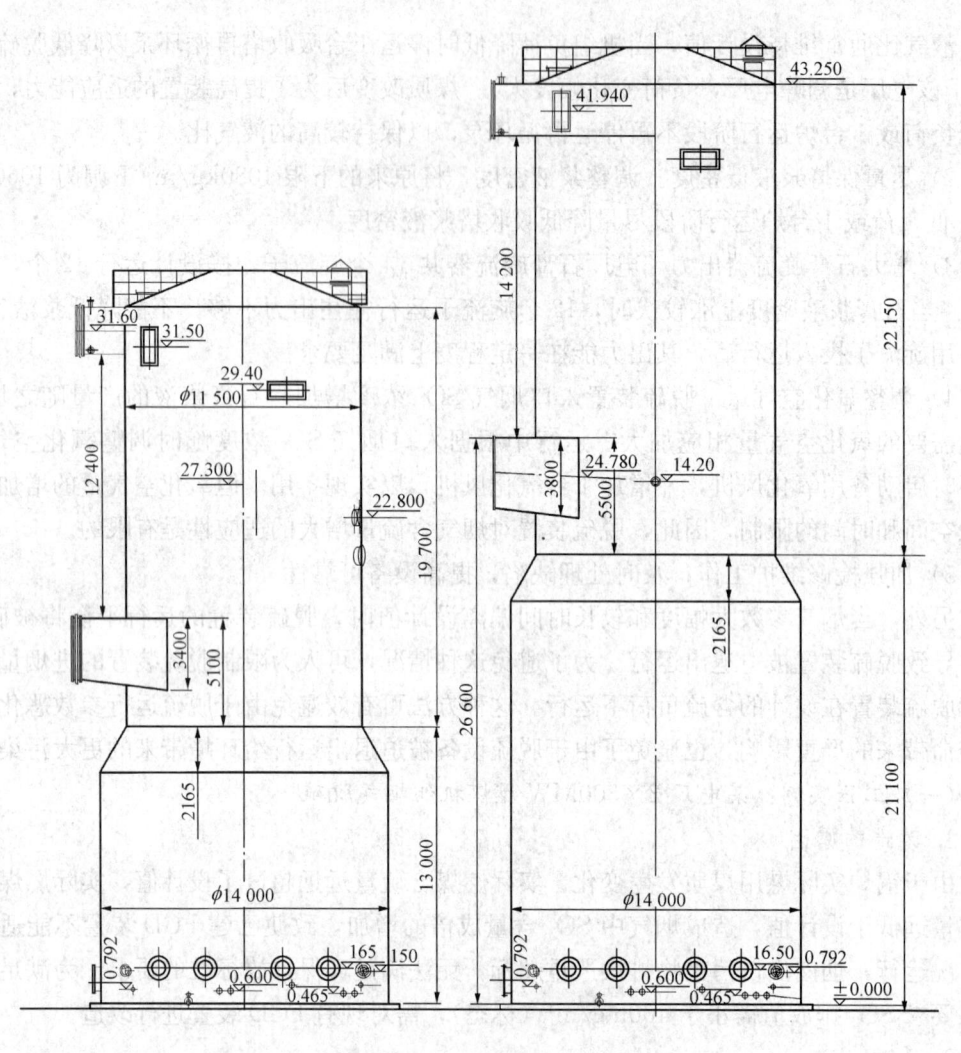

图 7-40 改造前后吸收塔尺寸对比

时改造第 4 层喷淋层，保留原有 3 层喷淋层，改造后共 5 层喷淋层。对应增加 2 台流量 10150m³/h、扬程分别为 22.55m 和 24.55m 的浆液循环泵及其浆液循环管道（管径为 DN1200 钢衬胶管道）、阀门和补偿器等。

3）为确保吸收塔浆池中亚硫酸钙的氧化，每台吸收塔增加 1 台与现有氧化风机出力相同的罗茨式氧化风机及其配套管道和阀门等，并对吸收塔内氧化空气管道进行改造，每塔新增 3 根氧化管道格栅。

4）为确保吸收塔浆池中石膏浆液不发生沉集和亚硫酸钙氧化的均匀性，对现有的吸收塔搅拌器进行改造，新增同型号同规格吸收塔搅拌器 2 台/塔。

(2) 烟道系统改造。

1）受烟气量增大、吸收塔喷淋层增加等因素的影响，需要对现有增压风机进行改造。经计算核实，改造工程的增压风机选型（TB）流量为 1 193 147m³/h（标态），全压升为 5295Pa(TB)，风机轴功率为 2996kW(TB)，配套电动机功率 3300kW。

2）由于吸收塔进出口标高加高，进出口烟道做相应修改。

(3) 脱水系统及石膏排浆系统改造。

1) 由于吸收塔排浆量由 126.5m³/h 增加为 228.9m³/h，吸收塔排浆量增大，需新增 1 台/塔排浆泵；新增的排浆泵规格型号和原排浆泵相同，流量为 140m³/h，扬程 75m，同时对排浆管道作相应改造。

2) 由于排浆量增加，新增加 2 台石膏旋流器、1 套废水给料系统（包括 1 台废水给料箱、1 台废水给料箱搅拌器和 2 台废水给料泵）和 1 套废水旋流器系统，公用现有的废水处理系统。

3) 新增 2 套与现有脱水设备相同的真空皮带脱水设备，用于处理增加的石膏浆液。脱水后的石膏经新增的 2 套石膏皮带输送系统送入石膏库。新增脱水系统布置在综合楼 C 列柱外新建的建筑物内，底层为石膏库。

(4) 石灰石浆液系统改造。由于系统 $SO_2$ 浓度设计值和校核值较现有设计增加较大，石灰石浆液给料量相应增加较大，需对 1、2 号石灰石浆液池给料管道系统进行改造：1 号石灰石浆液池单独为 1 号吸收塔供浆，2 号石灰石浆液池单独为 2 号吸收塔供浆，石灰石浆液泵不改造，运行方式为 1 运 1 备，相应改造石灰石给料管道系统布置。

(5) 事故浆液罐系统改造。由于改造后吸收塔浆池容积增加，对事故浆液罐做增容改造，新建尺寸为 $\phi10.5m \times H15m$ 事故浆液罐一台，保留原有事故浆液罐，同时改造事故浆液罐系统管道。

4. 烟气脱硫装置改造后主要技术经济指标

该厂烟气脱硫装置改造后主要的经济指标如表 7-3 所示。

表 7-3　　　　　　　　烟气脱硫装置改造后主要技术经济指标

| 序号 | 项目 | 单位 | 改造工程设计点 | 改造工程校核点 |
|---|---|---|---|---|
| 1 | 机组容量 | MW | 2×300 | |
| 2 | 脱硫率 | % | ≥96（设计点） | |
| | | | ≥95（校核点） | |
| 3 | 年利用小时数 | h | 5500 | |
| 4 | 年利用率 | % | 95 | |
| 5 | 改造后 $SO_2$ 污染物排放值（标态、干基、6% $O_2$） | mg/m³ | <395 | <396 |
| 6 | 年 $SO_2$ 减排量 | 万 t | 2×6.366 318<br>较改造前增加 5.960 549 万 t/年 | 2×6.835 856<br>较改造前增加 6.357 69 万 t/年 |
| 7 | 年粉尘减排量 | t | 2×358<br>较改造前增加 30t/年 | 2×371<br>较改造前增加 238t/年 |
| 8 | 年石灰石消耗量 | 万 t | 2×11.34578<br>较改造前增加 10.542 43 万 t/年 | 2×12.155 64<br>较改造前增加 11.199 3 万 t/年 |
| 9 | 年循环水消耗量 | 万 t | 2×39.27839<br>较改造前增加 17.896 44 万 t/年 | 2×54.857<br>较改造前增加 38.709 万 t/年 |
| 10 | 年石膏产量（表面含水 10%） | 万 t | 2×20.32253<br>较改造前增加 19.860 91 万 t/年 | 2×21.781 95<br>较改造前增加 21.077 3 万 t/年 |

5. 改造后的运行效果

该厂 2×300MW 机组 1、2 号 FGD 脱硫改造工程于 2008 年 7 月、12 月顺利完成 168h 试运行，在 168h 期间，各项参数均达到设计要求，改造项目实现了预期目标。

（二）改造工程实例：某电厂 2×300MW 机组烟气脱硫

该厂工程建设规模是 2×300MW 亚临界燃煤火力发电机组，汽轮机、发电机、锅炉三大主设备由中国东方电气集团公司设计制造。该厂为西电东输项目电厂之一，二期两台机组为当地首座配置有脱硫设备的火电厂。两台机组 FGD 和主机同时设计、同时施工。工程于 2000 年 11 月 25 日正式破土动工，3 号机组于 2003 年 3 月 14 日完成 168h 满负荷试运行，4 号机组于 2003 年 8 月 8 日完成了 168h 满负荷试运行。2004 年 3 月 31 日，3 号机组完成试生产阶段，正式投入商业运行，同年 11 月 30 日，4 号机组也正式投入商业运行。

1. 改造的原因

（1）锅炉燃煤含硫量超过设计煤种含硫量。该厂两套 FGD 装置于 2004 年 9 月通过性能考核试验，投入试运行。2005 年 8 月通过国家环保总局组织的竣工验收，正式投入运行。该厂两台锅炉设计燃烧煤种收到基硫分（$S_{ar}$）为 2.29%，收到基低位发热量为 21 465kJ/kg，相应烟气脱硫装置脱硫能力为 6t/h（单台）。由于电煤市场的变化，导致机组投产以后锅炉燃煤质量无法达到设计煤种要求。2004 年全年燃煤平均收到基硫分（$S_{ar}$）为 3.07%，平均收到基低位发热量为 20 883kJ/kg；2005 年全年燃煤平均收到基硫分（$S_{ar}$）为 3.63%，平均收到基低位发热量为 18 206kJ/kg；2004 年全年燃煤平均收到基硫分（$S_{ar}$）为 3.45%，平均收到基低位发热量为 20 013kJ/kg。

（2）排放浓度超过国家标准（1200mg/m³ $SO_2$，标态）。按照《火电厂大气污染物排放标准》（GB 13223—2003）要求，该厂 $SO_2$ 排放浓度应不大于 1200mg/m³（标态）。根据 FGD 在线监测系统监测数据及当地电力环境监测中心现场检测结果显示，该厂 FGD 运行时，机组 $SO_2$ 排放浓度为 4000～10 000mg/m³（标态），远大于排放标准 1200mg/m³（标态）。

（3）排放总量超过标准（6700t $SO_2$）。按照国家环境保护总局《关于×电厂环境影响报告书审查意见的复函》的要求，该厂机组全年 $SO_2$ 排放总量应控制在 0.67 万 t 之内。当地环保局签发的临时排污许可证中也要求该厂全年 $SO_2$ 排放总量应控制在 0.67 万 t 之内。该厂 2005 年 $SO_2$ 实际排放总量为 7.7 万 t，2006 年 $SO_2$ 实际排放总量为 5.9 万 t。

2. 改造参数

确定 FGD 改造工程设计煤种全硫分（$S_{t,ar}$）为 4.5%，收到基低位发热量为 16 748 kJ/kg。烟气脱硫装置 $SO_2$ 脱除率不小于 97%，FGD 装置可用率不小于 95%。FGD 出口 $SO_2$ 浓度不超过 400 mg/m³（标态）。

3. 改造的主要内容

（1）石灰石浆液制备系统。原有的石灰石给料储存系统配置有 2 套 16t/h 湿式钢球磨石机系统。此次改造保留原有系统，再新增一台出力为 44t/h 的湿式钢球磨石机系统，同时增加一套石灰石给料储存系统，系统包括石灰石卸料斗、石灰石卸料振动给料机、卸料间布袋除尘器、石灰石卸料皮带输送机、金属分离器、石灰石斗式提升机、仓顶皮带输送机、石灰石仓、石灰石仓顶除尘器、石灰石称重式皮带给料机等组成一个独立的石灰石浆液制备系统，石灰石浆液经新增的石灰石浆液旋流器溢流到新增的石灰石浆液箱。

(2) $SO_2$ 吸收系统。原吸收塔直径 14.2m，高 25m，吸收塔内逆流区烟气流速为 4.5m/s，顺流区烟气流速为 10m/s。在逆流区和顺流区配有 3 组喷淋层，分别对应 3 台循环泵。另有 1 台循环泵的本体作为仓库备用。此次改造为了充分利用有限空间，决定拆除原有吸收塔，在原有吸收塔的基础上重建一个直径 14.7m、高 41m 的吸收塔。新吸收塔内上流区烟气流速达到 4.2m/s，下流区烟气流速为 10m/s。在上流区配有 6 组喷淋层，每组喷淋层由带连接支管的母管制浆液分布管道和喷嘴组成。喷淋组件及喷嘴的布置设计成均匀覆盖吸收塔上流区的横截面。喷淋系统采用单元制设计，每个喷淋层配一台与之相连接的吸收塔浆液循环泵，共 6 台循环泵。原系统每台吸收塔配置有 3 台氧化风机，2 用 1 备。改造后每套系统配置 4 台氧化风机，3 用 1 备。

(3) 石膏脱水系统。原系统中石膏脱水系统为两炉公用，包括 2 套石膏旋流系统、2 台带冲洗系统的真空皮带机、2 套真空系统、2 套滤液分离装置（滤液罐）、2 个滤布冲洗水箱。改造后的石膏脱水系统保留原有系统，同时新增两套脱水系统保证吸收塔容量增加后的脱水要求。

(4) FGD 废水处理系统。该工程原脱硫废水水量为 4.35t/h（2 台炉）由废水处理系统、化学药品加药系统、污泥处理系统 3 个部分组成。系统改造后，在保证脱硫效率和石膏品质情况下，经物料平衡后，两套 FGD 系统改造后的总排污量为 30t/h。改造废除原有废水处理系统，重建一套处理能力为 30t/h 的废水处理系统。

4. 改造后的运行效果

该厂 FGD 2007 年 11 月 15 日顺利完成 168h 试运行，在 168h 期间，吸收塔入口 $SO_2$ 平均浓度为 11 271mg/m³（标态），出口平均浓度为 300mg/m³（标态），脱硫效率达 97.3%。GGH 净烟侧出口烟温平均为 81.35℃。各项参数达到设计要求，改造项目实现了预期目标。

### 三、吸收塔内溢流及水平衡

在脱硫运行中，吸收塔的水平衡是一个很重要的因素，如果在运行中掌握不好水平衡，会造成一些设备的不正常停运和吸收塔的溢流等情况。吸收塔溢流装置是为保证塔内水平衡而设置的。

(一) 吸收塔内溢流的主要原因

1. 液位计显示不准确或液位控制模块故障

针对压力液位计不准现象，运行中应尽量避免高液位运行；还要经常用水冲洗检查、校验密度计。在发现液位计不准确时，应及时找检修人员维修，保持其准确性，从而避免液位计出现较大偏差。

2. 设备原因

除雾器补水阀关闭不严而造成塔内液位升高。

### 3. 塔内泡沫

吸收塔内溢流通常是由塔内泡沫引起的，吸收塔起泡严重危害设备安全运行。锅炉投油、燃煤劣质不充分、入口粉尘超标、吸收剂品质不合格、工艺水水质差、氧化风机搅拌方式等都可能会造成吸收塔内起泡问题，泡沫还能造成液位计不准，如果有泡沫需要加消泡剂。

氧化风机风量是根据设计煤种将 $HSO_3^-$ 充分氧化为 $SO_4^{2-}$ 所需要的空气量，再考虑一定的裕量而确定的，扬程则是由氧化区的高度来选定的。进入吸收塔的氧化风量大大超过实际需要，这些富余的空气都以气泡的形式从氧化区底部溢至浆液的表面，从而助长了浆液动态液位的虚假值，导致吸收塔溢流。

### 4. 浆液在溢流管道处形成虹吸现象

如果浆液在溢流管道处形成虹吸现象，可采用在溢流管最高点加装对大气的排放直管来破坏虹吸现象的产生。

总之，在烟气脱硫装置设备仪器正常的情况下，运行中为了避免溢流，可用的手段大致有：适当地降低浆液静态液位；坚持正常排放废水，减少塔内杂质浓度；在保证脱硫效率的前提下，停用一台浆液循环泵，以减弱液面的波动；更主要的控制手段还是被动的加消泡剂。

（二）吸收塔水平衡

当烟气脱硫装置运行时，由于水分蒸发进入烟气、生成的石膏浆液排出及反应等造成吸收塔系统水的损失，因此需要不断地向吸收塔补充水，以维持吸收塔的水平衡。

为了保证烟气脱硫装置的正常运行，达到预期的脱硫率，吸收塔内要维持一定的液位高度。当吸收塔浆液池的液位高度低于最低的设定值，设置的控制系统实施连锁保护，使浆液循环泵和搅拌系统等停运；液位高于最高设定值时，吸收塔浆液将产生溢流。

进入烟气脱硫装置的水源主要有除雾器冲洗水、进入吸收塔的石灰石浆液中所含的水、其他各系统冲洗水、氧化空气冷却水等；烟气脱硫装置的水损失主要是废水系统带走的、吸收塔内蒸发掉的和生成最终产物石膏所带走的水分。烟气脱硫装置的水平衡即指两者之间的平衡。水平衡的直接体现就是吸收塔液位的稳定及浆液回收箱液位的稳定。吸收塔液位主要靠除雾器冲洗来维持。通过调整除雾器每一层冲洗的等待时间，来达到维持吸收塔液位的目的。而等待时间是由进入烟气脱硫装置的烟气量与吸收塔液位水平共同决定的，虽然有经验公式计算，但还需要在实践中针对不同系统进行修正、优化。

加强烟气脱硫装置设备的运行管理，及时消除设备缺陷；提高运行及检修人员的操作及维护水平是维持烟气脱硫装置设备安全正常运行的保证。同时，加强脱硫化学监测分析表单的管理，建立监测数据与运行操作的紧密联系，使监测数据真正起到监测、监督、指导运行的作用，可为脱硫运行问题的解决提供宝贵的经验。

### 四、吸收塔内浆液 pH 值异常

在 FGD 系统正常运行时，系统根据锅炉烟气量和 $SO_2$ 浓度的变化，通过石灰石供浆量进行在线动态调整,将 pH 值控制在指定范围内,一般为 5.0~5.6,以保证设计钙硫比下的脱硫率以及合格的石膏副产品。但在实际运行过程中,会出现吸收塔内浆液 pH 值持续下降甚至低于 4.0,即使长时间增供石灰石浆液后仍也难以升高的现象,脱硫率也维持不住,最终导致系统操作恶化。当出现该种情况时,可判定为出现了石灰石盲区现象,其原因大致有以下几种:

(1) FGD 进口 $SO_2$ 浓度突变。由于烟气量或 FGD 进口原烟气 $SO_2$ 含量突变,造成吸收塔内反应加剧,$CaCO_3$ 含量减少,pH 值下降。此时若石灰石供浆流量自动投入,为保证脱硫效率则自动增加石灰石供浆量以提高吸收塔的 pH 值,但由于反应加剧,吸收塔浆液中的 $CaSO_3 \cdot \frac{1}{2}H_2O$ 含量大量增加,若此时不增加氧量使之迅速反应成为 $CaSO_4 \cdot 2H_2O$,则由于 $CaSO_3 \cdot \frac{1}{2}H_2O$ 可溶性强先溶于水中,而 $CaCO_3$ 溶解较慢,过饱和后形成固体沉积,即出现石灰石盲区,这是亚硫酸盐致盲,主要是由于氧化不充分引起的。另外,吸收塔浆液中的 $CaSO_4 \cdot 2H_2O$ 饱和会抑制 $CaCO_3$ 溶解反应。

(2) 进入 FGD 系统中的灰分过高,造成氟化铝致盲。由于电除尘后粉尘含量高或重金属成分高,在吸收塔浆液内形成一个稳定的化合物 $AlF_n$($n=2\sim 4$),附着在石灰石颗粒表面,影响石灰石颗粒的溶解和反应,导致石灰石供浆对 pH 值的调节无效。

(3) 石灰石粉的质量变差,纯度远低于设计值。石灰石粉中的 $CaCO_3$ 含量低了,意味着其他成分含量增高了,如惰性物、MgO 等,它们使得石灰石粉的活性大大降低,吸收塔吸收 $SO_2$ 的能力大为降低,即使大量供浆也无济于事。

(4) 工艺水水质差、烟气中的氯离子浓度含量大等也会对吸收塔浆液造成影响而发生石灰石盲区。

预防出现石灰石盲区的措施有:

(1) 控制进入 FGD 系统中 $SO_2$ 含量,使之在设计范围内。

(2) 在每次锅炉负荷或原烟气 $SO_2$ 含量突变时,如需快速加大石灰石的供给量时,把石灰石供浆调节阀改为手动控制,根据人工计算缓慢加大供浆量,避免由供浆阀自动调节造成迅速加大供浆量,并根据运行参数趋势提前分析和判断,以缩短处理时间。当原烟气 $SO_2$ 含量或烟气量突然增大超出设计范围时,增开 1 台氧化风机以加强氧化效果,并掌握时机将吸收塔浆液外排脱水。

(3) 定期对吸收塔浆液和石灰石浆液取样进行化学分析,掌握吸收塔浆液品质动态变化,根据吸收塔浆液中的 $CaCO_3$ 和 $CaSO_3 \cdot \frac{1}{2}H_2O$ 含量调整 pH 值;对品质差的石灰石(粉)要坚决更换。

(4) 调整电除尘器电场运行参数和电场振打运行方式,提高电除尘器效率,使进入吸收塔的粉尘量减少,防止粉尘中的氯离子、氧化铝、二氧化硅、F 对 $CaCO_3$ 溶解产生抑制作用。

(5) 做好各运行仪表的维护和校验,使之真实地反应运行状况,如在线 pH 计要用便携式 pH 计每周一次进行对比,发现偏差大时及时进行标定等。

(6)适当加大废水排放量。当出现严重的石灰石盲区现象时,短时最有效的办法是加强碱如 NaOH 或换浆,即将吸收塔内原品质恶化的浆液暂时外排,更换为新鲜的石膏/石灰石浆液,当然这治标不治本。

吸收塔内浆液 pH 值异常的另一个表现是 pH 值过高,有的在 5.8 以上甚至超过 6.0。其原因是为了始终保持高的脱硫效率如 90% 以上而拼命往吸收塔内加石灰石浆液,造成塔内石灰石大量过剩而浪费,很不经济,这种做法应当改变。

### 五、烟囱附近下石膏雨

在一些 FGD 系统中,特别是无 GGH 的湿烟囱,烟囱附近会出现石膏雨现象,地面上可显见一层石膏粉。其直接原因是脱硫烟气中携带了大量的石膏,间接原因是除雾器出现了问题,如除雾器效率差、堵塞、坍塌等。要从根本上消除石膏雨,良好的除雾器设计和运行维护是关键。

### 六、脱硫废水处理后达不到设计指标

FGD 装置产生的废水来自石膏旋流站溢流液,经废水旋流站由废水泵送至废水处理系统。在典型的废水处理系统中,废水经加入石灰浆控制 pH 值范围进行碱化处理,部分重金属以氢氧化物的形式沉淀出来;通过加入有机硫化物,使某些重金属如镉、汞等沉淀出来;通过添加絮凝剂及助凝剂,使固体沉淀物以更易沉降的大粒子絮凝物形式絮凝出来,在澄清浓缩器中将固形物从废水中分离后脱水外运、合格的澄清液外排或回用。在实际运行过程中,澄清液中的一些排放指标达不到设计要求,如 COD、$F^-$ 以及部分重金属等。

在脱硫废水中,形成 COD 的因素不是有机物,而是还原态的无机离子,主要是连二硫酸盐,一般通过氧化降低其含量。氧化剂通常采用空气,系统曝气在废水箱中完成,曝气时间为 6~8h,汽水比为 2:1,实践表明,脱硫废水经曝气处理后,COD 去除率只能达到 8%~10%,因此经常超标。这源于我国对脱硫废水中的 COD 处理研究还不够,脱硫废水的 COD 处理工艺与通常的 COD 处理工艺不一致,并成为脱硫废水处理中的一个难点,国内学者对此难点的研究明显落后于国外同行。日本火电厂一般采用专用的吸附剂或专用树脂来吸附脱硫废水中的 COD,吸附饱和的吸附剂或树脂能够再生循环利用,反复进行吸附处理。处理脱硫废水中 COD 的另外一种方法是酸解,即向脱硫废水中加入无机酸,在酸性条件下加热废水,使其中的连二硫酸、氮硫化合物分解。日本还研究开发出一种能选择吸附氟离子的吸附剂,并正在研究将其应用于脱硫废水处理。

脱硫废水中的氟化物主要来源于煤燃烧后产生的 HF,其含量与煤质关系很大。一般采用直接加入石灰的方法对氟离子进行处理,即在调节废水 pH 值时选石灰作为碱化剂进行除氟处理。同时,由于脱硫废水含有一定量的镁、铁、铝等金属离子,在碱性条件下生成氢氧化物沉淀。因此,当采用石灰进行碱化处理时,通过以下 3 个方面将氟离子除去:①$Ca(OH)_2$ 与 $F^-$ 直接反应生成 $CaF_2$ 而沉淀下来;②$Mg(OH)_2$ 絮凝物吸附 $F^-$;③氟化物与 $Al(OH)_3$、$Fe(OH)_3$ 沉淀物共沉淀。上述的反应对 pH 值有很高的要求,但在实际运行过程中,因各种原因使 pH 值与设定值的偏差往往过大,造成 $F^-$ 的去除效果

不佳而超标，同样使部分重金属的排放不合格。

另外，对脱硫废水的水质进行分析时，人们往往会忽略其中氨氮化合物的分析。脱硫废水中氨氮化合物也是煤燃烧后产生的，氨氮化合物含量应符合《污水综合排放标准》(GB 8978—1996) 中规定的排放指标，需要经过处理后才能排放。但目前对此问题重视不够，应当加强研究和治理工作。

# 参 考 文 献

[1] 阎维平,刘忠,王春波,等. 电站燃煤锅炉石灰石湿法烟气脱硫装置运行与控制[M]. 北京:中国电力出版社,2005.
[2] 张磊. 大型电站煤粉锅炉烟气脱硫技术[M]. 北京:中国电力出版社,2009.
[3] 杨旭中. 燃煤电厂脱硫装置[M]. 北京:中国电力出版社,2006.
[4] 曾庭华,等. 湿法烟气脱硫系统的安全性及优化[M]. 北京:中国电力出版社,2004.
[5] 孙克勤,钟秦. 火电厂烟气脱硫系统设计、建造及运行[M]. 北京:化学工业出版社,2005.
[6] 孙克勤. 电厂烟气脱硫设备及运行[M]. 北京:中国电力出版社,2007.
[7] 钟秦. 燃煤烟气脱硫脱硝技术及工程实例[M]. 北京:化学工业出版社,2003.
[8] 周至祥,段建中,薛建明. 火电厂湿法烟气脱硫技术手册[M]. 北京:中国电力出版社,2006.
[9] 王海宁,蒋达华. 湿法烟气脱硫的腐蚀机理及防腐技术[J]. 能源环境保护,2004,10(18):5.
[10] 杨兆春. 水力旋流器磨损分析[J]. 流体机械,1999,10(27):10.
[11] 赵传军,户春,李小燕. 湿法脱硫系统设备腐蚀浅析[J]. 化工设计通讯,2007,9(33):3.
[12] 李守信,胡玉亭,纪立国. 湿式石灰石—石膏法烟气脱硫中石膏质量的工艺控制因素[J]. 电力环境保护. 2002,9(18):3.
[13] 冯金煌,江水. 脱硫石膏及其综合利用探讨[J]. 非金属矿,2000,11(23):6.
[14] 胡斌,温治,孔维军. 石灰石湿法烟气脱硫石膏含水率超标原因初探[J]. 装备制造技术,2008,2.
[15] 胡秀丽. 脱硫石膏含水率超标原因分析及控制措施[J]. 电力设备,2005,7(5):6.